遥感与地理信息基础系列教程

城市地理信息科学

刘小平　欧金沛　张鸿辉
许晓聪　陈逸敏　编著

中山大學出版社
SUN YAT-SEN UNIVERSITY PRESS
·广州·

图书在版编目（CIP）数据

城市地理信息科学 / 刘小平等编著．--广州：中山大学出版社，2024.11．--（遥感与地理信息基础系列教程）．--ISBN 978-7-306-08221-3

Ⅰ．P208

中国国家版本馆CIP数据核字第2024XX0644号

审图号：GS粤（2024）1932号

CHENGSHI DILI XINXI KEXUE

出 版 人：王天琪
策划编辑：王旭红
责任编辑：王旭红
封面设计：曾　斌
责任校对：刘　丽
责任技编：靳晓虹
出版发行：中山大学出版社
电　　话：编辑部 020-84110283，84113349，84111997，84110779，84110776
　　　　　发行部 020-84111998，84111981，84111160
地　　址：广州市新港西路135号
邮　　编：510275　　传　　真：020-84036565
网　　址：http://www.zsup.com.cn　E-mail：zdcbs@mail.sysu.edu.cn
印 刷 者：佛山市浩文彩色印刷有限公司
规　　格：787mm×1092mm　1/16　21.5印张　578千字
版次印次：2024年11月第1版　2024年11月第1次印刷
定　　价：88.00元

作 者 简 介

刘小平，中山大学地理科学与规划学院教授、博士生导师，国家级人才项目获得者。担任广东省城市化与地理环境空间模拟重点实验室主任、中国地理信息产业协会教育与科普工作委员会副主任等。长期致力于土地利用模拟理论、方法与应用研究，先后以第一作者或通讯作者在 *Nature Sustainability*、*Nature Communications* 发表论文 4 篇。在中科院一区期刊发表 SCI/SSCI论文 28 篇，其中 23 篇论文入选 ESI 高被引论文，有成果被评为 2020 年度中国百篇最具影响国际学术论文。入选科睿唯安“全球高被引科学家”、爱思唯尔“中国高被引学者”及全球前 2% 顶尖科学家榜单。构建和开发了自主知识产权的系列模型和软件 GeoSOS、FLUS，被国内外同行广泛使用，并应用服务于全国五十多个城市国土空间规划，先后获得了 2010 年广东省自然科学奖一等奖和 2021 年广东省科技进步奖二等奖。

欧金沛，中山大学地理科学与规划学院副教授，硕士生导师。致力于能源碳排放与土地利用变化的理论与方法研究，尤其在碳排放时空分布与影响方面取得了较好的研究成果。主持国家自然科学基金面上项目、青年科学基金项目，广东省自然科学项目，中国博士后科学基金项目等。作为主要完成人荣获 2021 年广东省科技进步奖二等奖、2020 年中国地理信息科技进步奖一等奖、2020 年中国测绘科学技术奖二等奖、2022 年金粤自然资源科学技术奖一等奖。

张鸿辉，工学博士、理学博士后，正高级工程师，自然资源部科技领军人才（国土空间规划行业），自然资源部“碳中和与国土空间优化”重点实验室副主任，广州市产业创新领军人才。先后主持国家级、省部级科研项目近30项，在国内外期刊发表文章100多篇，出版专著6部。

许晓聪，中山大学地理科学与规划学院副教授，硕士生导师。主要从事全球土地覆盖变化、城市扩张模拟、遥感信息提取、土地利用变化引起的资源环境影响及灾害评估、遥感与GIS应用等方面的研究。主持国家自然科学基金面上项目、青年科学基金项目，广东省自然科学基金面上项目，广州市科技计划项目等，获博士后创新人才支持计划（博新计划）资助。发表论文近30篇，其中以第一作者/通讯作者身份发表论文15篇，论文总引用超过3600次，H指数为17。

陈逸敏，中山大学地理科学与规划学院副教授、博士生导师，国家优青、广东省杰青获得者。主要从事城市大数据计算、城市演化过程建模、城市可持续发展情景分析等方面的研究。主持国家自然科学基金项目、广东省自然科学基金项目等。研究成果获2020年广东省科技进步二等奖。

内 容 简 介

本书系统地论述了城市地理信息科学的基础理论、模型方法和前沿研究进展，以及在城市规划与资源环境方面的许多应用实例。除总论外，本书主要内容共16章，分为四大部分。第一部分是基础编（第1～3章），重点阐述了城市地理信息科学的理论基础、城市时空信息数据与技术方法等。第二部分是信息感知编（第4～6章），主要介绍了城市地理信息的获取方法，包括传统方式、遥感感知方式以及时空大数据获取等。第三部分是模型方法编（第7～13章），重点介绍了城市大数据模型方法、城市用地信息提取方法、基于深度学习的高分辨率土地覆盖制图、城市土地利用变化时序监测、元胞自动机（cellular automata，CA）与城市空间演化模拟、基于群智能算法的城市资源优化配置与大数据驱动下的城市交通出行研究等。第四部分是应用编（第14～16章），着重介绍了城市地理信息科学的应用前景，包括国土空间规划、智慧城市、城市化及其对资源环境的影响等。

本书可作为大专院校地理、遥感、测绘、环境、计算机科学等相关专业学生的教材，也可供城市规划和管理人员、城市地理信息系统研究和开发人员阅读参考。

前　言

城市是人类社会发展的产物，是人类文明和文化的集中体现，是经济、政治、文化和社会活动的重要场所。在城市化的进程中，城市社会经济快速发展，人口不断增加，已导致一系列的问题，包括住房紧张、交通拥堵、资源浪费、环境污染等。城市空间的快速扩张以及环境生态的负面影响给城市规划和管理带来了巨大的挑战，严重威胁着城市的可持续发展。传统的城市规划和管理方法已经无法满足城市发展的需求，需要更加科学、精细的空间信息分析和决策支持。地理信息科学的出现，使得城市空间数据的收集、存储、管理、分析和展示变得更加高效和精确，为城市规划和管理提供了新的思路和方法。

城市地理信息科学（urban geographic information science，UGIS）是一门综合学科，主要研究城市空间结构、城市地理环境、城市地理信息系统等方面的知识体系和方法论。城市地理信息科学结合了地理学、计算机科学、测绘学、城市规划和土地资源管理等多个学科的知识和技术，以空间信息为核心，探索城市化过程中的空间结构、空间分布、空间关系等方面的规律和特征，为城市规划、建设和管理提供了科学依据。随着全球城市化进程的加速，城市地理信息科学逐渐成为一个重要的研究领域，在城市规划、交通管理、环境保护、灾害风险管理等方面的应用不断扩大，为城市的可持续发展提供了重要支持。同时，地理信息技术的不断创新也为城市地理信息科学的发展注入了新的活力，例如遥感、全球定位系统（global positioning system，GPS）、物联网、大数据、人工智能等新技术的运用，使得城市地理信息科学的研究和应用更加丰富。在这样的背景下，城市地理信息科学逐渐成为一个重要的交叉学科，为促进城市规划和管理的现代化、城市可持续发展和智慧城市建设提供了科学的支撑。

党的二十大报告指出，要加强基础学科、新兴学科、交叉学科建设，加快建设中国特色、世界一流的大学和优势学科。在“双一流”高校建设及学科建设，以及一流本科专业建设“双万计划”的共同推动背景下，本书旨在全面系统地论述城市地理信息科学的基本理论、模型方法和实际应用，紧扣“城市”特色，把理论性和实用性紧密地统一起来，力求将最新的研究成果和发展趋势融入本书内容，以帮助读者更好地理解和运用城市地理信息科学的理论和方法。同时，本书特别注重案例分析和实际应用，以适合于城市地理信息科学的科研、开发、高校教学及其城市信息化管理等方面的使用。本书集科学性、系统性、基础性、前沿性、实用性为一体，涉及面广、内容跨度大，具有广泛的适用性。希望本书的内容能够为城市地理信息科学的研究和应用提供参考和帮助，为我国的城市可持续发展和智慧城市建设做出贡献。

本书除总论外，有四编：基础编、信息感知编、模型方法编和应用编。总论部分简单地介绍了城市地理信息科学的研究背景、研究意义、科学概念、研究内容、应用发展等。第一编是基础编。其中，第 1 章介绍了城市地理信息科学的理论基础，第 2 章介绍了城市时空信息数据，第 3 章介绍了城市地理信息科学的技术方法。第二编是信息感知编。其中，第 4 章介绍了城市地理信息获取的传统方式，第 5 章介绍了城市地理信息的遥感感知方式，第 6 章介绍了城市地理信息的时空大数据获取。第三编是模型方法编。其中，第 7 章介绍了城市大数据模型方法，第 8 章介绍了城市用地信息提取方法，第 9 章介绍了基于深度学习的高分辨率土地覆盖制图，第 10 章介绍了城市土地利用变化时序监测，第 11 章介绍了元胞自动机与城市空间演化模拟，第 12 章介绍了基于群智能算法的城市资源优化配置，第 13 章介绍了大数据驱动下的城市交通出行研究。第四编是应用编。其中，第 14 章介绍了城市地理信息科学在国土空间规划领域的应用；第 15 章介绍了城市地理信息科学在智慧城市领域的应用；第 16 章介绍了城市地理信息科学在城市化及其对资源环境的影响，分别讨论了城市碳排放时空分布与影响分析、城市热岛效应及其影响、基于雷达遥感的城市洪涝灾害监测、城市内涝模拟、顾及洪灾风险的土地利用调控优化等应用案例。

本书是编者们在多年从事城市地理信息科学领域教学、科研工作的基础上，参阅了国内外大量有关著作、论文完成的。本书的编写过程，得到了中山大学罗明教授、齐志新副教授、黄华兵副教授、廖威林副教授、何达副教授、高金顶博士和刘耿博士的大力支持和协助。华东师范大学黎夏教授、广州大学李少英教授和香港中文大学陈广照博士也给予了多方面的指导与帮助。广东国地规划科技股份有限公司的张鸿辉教授和钟镇涛工程师提供了很多宝贵的素材。在此，一并表示衷心的感谢！本书的出版得到了国家自然科学基金杰出青年科学基金项目（项目编号：42225107）的资助。

由于编者的水平有限，书中难免存在疏漏和不妥之处，恳请读者批评指正。

编　者
2024 年 1 月

目　录

第一编　基础编

第二编　信息感知编

第三编　模型方法编

第四编　应用编

总　　论

0.1 引　　言

城市地理信息科学是集信息技术、地理学、城市规划、测绘学、遥感技术（remote sensing，RS）等多学科为一体的综合性学科。它以城市空间信息为研究对象，以城市信息系统为研究工具，以城市规划与管理为应用领域，致力于研究城市空间信息的获取、处理、分析、应用和管理等。随着人口的增长和经济的发展，城市化进程必将加快，但也会导致城市产生一系列社会问题，如环境污染、交通拥堵、居住拥挤、资源短缺等。这些城市问题在追求社会经济的可持续发展中更加突出。城市地理信息科学的研究内容主要包括城市地理信息系统、城市遥感技术、数字城市等，为解决城市问题提供了重要的技术与方法。例如，在节约能源、控制污染、缓解热岛效应、提高绿化、改善交通、清洁生产及文明施工等现代化城市的动态监测和管理中，城市地理信息科学被广泛地应用，已成为规划、管理和决策的常规技术和规范化理论（牛雪峰、杨国东，1998）。城市地理信息科学能够为城市规划、管理、决策等提供科学的依据和技术支撑，有助于提高城市的治理能力和管理水平，促进城市的可持续发展。城市地理信息科学的发展也将对城市化进程产生深远的影响，推动城市的信息化建设和智慧城市的发展，促进城市与人类社会的可持续发展。

0.1.1 重要性和研究意义

随着全球城市化的不断加速，城市地理信息科学成为一个备受关注的领域。城市地理信息科学通过研究城市的空间组织、人口分布、土地利用以及城市基础设施等方面的信息，为城市规划、管理和决策提供重要的支持。在城镇化的背景下，城市地理信息科学对城市信息化、智慧城市建设等具有一定的重要性和研究意义。

城镇化是将农村人口转化为城镇人口的一个过程，是解决资源、环境、庞大的人口物质需求与我国可持续发展的多种矛盾以及实现现代化的必由之路（黄正东 等，2010）。经过几十年的不懈努力，中国的城镇化取得了巨大的成就，但也随之带来了交通拥挤、居民居住条件较差、环境噪声污染严重、水资源短缺等一系列城市问题。城市是一个整体，由于城市管理的复杂性和管理人员能力的有限性，目前，我国不得不将城市进行分割管理，形成了以分工为基础、以各司其职和层级节制为特征的行政管理体制。随着城市规模的不断扩大，这种体制出现了行政业务间、政府各部门间、各地方政府间、垂直部门与地方政府间以及各行政层级间的分割，形成了碎片化的分割管理模式。在网络化、信息化快速发展的今天，这种管理模式的缺陷更加突出，既妨碍了政府整体效能的提升，增加了部门间协调的成本，又阻碍了服务型政府的建设，给公众办事带来极大的不便。智慧城市建设就是将信息技术全方位地嵌入、渗透和应用在新型城镇化的规划和建设、管理和运行、生产和生活等各方面，提升城镇化的发展水平，推动产业转型升级和政府行政效能大幅提升，在推进城镇化的过程中扮演着越来越重要的角色。

城市地理信息科学对城镇化背景下的城市管理与决策具有重要意义。城市地理信息科学可以集成各类城市数据，包括人口、交通、环境等方面的数据，实现对城市的全面监测和管理。通过城市地理信息科学的空间分析和模拟功能，可以帮助城市管理者进行城市资源的合理配置、城市设施的优化布局、城市服务的提升等工作，还可以为城市安全管理、城市应急管理等提供科学依据和技术支持，提高城市管理的效率和水平。同时，城市地理信息科学的研究成果对城市决策也具有重要影响。城市地理信息科学可以通过对城市的空间数据进行分析和建模，提供决策者所需的信息和洞察力。城市地理信息科学的决策支持功能，可以为决策者进行城市规划、土地利用、交通规划等方面的决策提供科学的依据。模拟和预测技术，可以帮助决策者预测城市的发展趋势、评估政策措施的效果，为城市决策提供科学支持。

城市地理信息科学在推动城市信息化的进程中发挥着重要作用（朱炳贵，2002）。随着信息技术的快速发展，城市信息化已成为现代城市发展的重要方向。现代社会是信息社会，现代城市必定是建立在高度信息化基础上的各种资源得到高效利用的信息化城市。资金流转、交易支付、远程购票、通信咨询等过程无不建立在信息技术的基础上，因此信息化已经深入城市活动的方方面面。城市的城市化水平越高、经济实力越强、第三产业越发达，就越依赖于信息技术基础。城市中人口及产业的高度聚集构成了复杂的社会经济联系，实现这种复杂联系的方式有物资的流动和信息的传播。利用信息化和通信技术，信息可以得到及时、高效的传播，对物资和人员的流动起到了有效的支撑作用。例如，物流管理中信息化技术的应用，可以使物流配送体系得到合理安排，节约人力成本，并且使配送过程处于全程监管之下；远程视频会议技术可以大幅减少参会者的交通出行，具有提高效率、节约开支、减少排放等方面的综合优势；金融系统的信息化可以使客户足不出户实现在线支付、股票及债券交易等，具有提高工作效率的作用。城市规模越大，其社会经济联系越复杂，信息化所带来的社会、经济、环境效益就越显著。城市地理信息科学通过研究城市的空间数据和地理信息，可以为城市信息化提供基础支撑。例如，通过建立城市地理信息系统，可以对城市的各类数据进行整合和分析，为城市规划和决策提供科学依据。

城市地理信息科学为智慧城市的建设提供了理论和技术支持（李积祯，2018）。智慧城市是利用信息技术和通信技术从而提高城市管理和公共服务效率的城市发展模式。城市地理信息科学通过研究城市的空间数据和地理信息，可以为智慧城市的建设提供理论和技术支持。例如，通过建立智慧交通系统，可以实现对交通拥堵的监测和调度；通过建立智慧环境监测系统，可以实现对城市环境质量的实时监测和预警（崔铁军，2017）。因此，城市地理信息科学在智慧城市的建设中具有重要的支撑作用。

城市地理信息科学对城市的可持续发展具有重要的意义。通过对城市地理信息科学的研究，可以实现对城市的空间布局、土地利用、交通网络、绿地系统等进行全面的分析和评估。城市地理信息科学的空间分析功能可以为规划师进行城市规划方案的设计和评估提供科学依据和决策支持。同时，城市地理信息科学还可以对城市的环境质量、土地利用效率、交通拥堵等问题进行监测和评估，为城市的可持续发展提供科学指导。

总的来说，城市地理信息科学在城市规划、管理、决策和可持续发展方面具有重要意义。城市地理信息科学通过研究城市的空间组织、土地利用、交通网络等方面的信息，为城市规划提供科学依据和决策支持，帮助城市管理者进行资源配置和设施布局，有助于提高城市管理的效率和水平。同时，城市地理信息科学还可以为城市决策者提供信息和提高洞察力，帮助他们预测城市的发展趋势、评估政策措施的实施效果，有助于推动城市的可持续发展。此外，城市地理信息科学的研究成果对城市化的进程也产生了重大影响，有助于推动城市信息化的建设和智慧城市的发展。因此，有必要进一步加强城市地理信息科学的研究和应用。

0.1.2　研究背景和发展历程

城市地理信息科学的研究背景可以追溯到20世纪60年代，随着计算机技术和遥感技术的发展，人们开始意识到利用地理信息系统（geographic information system，GIS）研究城市空间问题的重要性（陈燕申，1999）。在此之前，城市规划和管理主要依赖于人工收集和处理信息，效率低下且容易出错。地理信息系统的出现，为城市地理信息科学的发展提供了强大的技术支持。地理信息系统是集成了地理数据的采集、存储、管理、分析和展示等功能的计算机软件系统，可以将各种空间数据进行整合，并利用空间分析方法揭示数据之间的关系。通过地理信息系统，研究人员可以获取城市的地形、地貌、土地利用、交通网络、人口分布等数据，从而深入了解城市的空间特征和发展趋势。随着计算机技术的不断进步，地理信息系统的功能也得到了极大的扩展。传统的二维地理信息系统逐渐发展成为三维地理信息系统，可以更加真实地模拟城市的空间结构。此外，还出现了基于物联网的地理信息系统，使得城市地理信息可以实时共享和交流。这些新技术的应用为城市地理信息科学的研究提供了更多的可能性和挑战。

城市地理信息科学在我国起步于20世纪80年代中后期。当时，计算机硬件成本高，软件功能不成熟，行业应用经验欠缺，地方政府在财政上的投入也较少，加之专业人才极度紧缺，导致应用水平较低。随着计算机、GIS等技术的推广和应用，越来越多的城市开始将计算机技术应用到城市规划管理与设计中。进入20世纪90年代初期，沿海开放地区的城市建设的规模越来越大，规划部门的工作负荷日益繁重，地方政府开始加大投入力度以支持新技术在规划部门的应用，许多城市的规划部门也开始考虑建设自己的信息系统。但此时的信息系统仍侧重于对规划文档的管理，空间信息和图形处理还只处于较低的应用水平，更没有考虑到规划文档与规划空间信息的一体化管理模式。到20世纪90年代中期以后，计算机硬件的性能价格比极大提高，GIS软件的功能也不断加强，许多城市开始建立空间数据库，通过不同的技术路线和模式建立自己的城市规划信息系统。进入21世纪，计算机、互联网、数据库和GIS等技术发展更加迅猛，我国城市建设步伐也明显加快，对信息化管理的需求更加迫切。与此同时，专业化的城市规划管理系统通过企业的运作发展得到了推广使用，使数据和技术的标准化成为可能。例如，在广州市基础地理、规划与管理信息系统的建设中，广州市国土规划部门提出了实现“一张图”管理。“一张图”管理投入使用后，解决了广州市国土资源和房屋管理数据与城市规划测绘成果不一致的问题，实现了全市基础测绘坐标系统的统一，从而改善了城市建设的基础环境，提高了政府的工作效能和服务水平。对于有关企业来说，国土、规划测绘坐标的统一，将能避免因测绘标准不一致而造成的种种麻烦，节省开发时间。武汉市土地规划部门在办公自动化系统的基础上，正在探索运用三维数字技术辅助城市规划管理。自2006年起，武汉市全面启动了三维数字地图的建设工作，并于2009年全面构建了城市建成区约450 km^2范围内的三维现状模型，建立了一个地上地下兼备、规划现状融合、立体动态、实时调度的三维数字地图系统，实现了建筑管理审批从传统的二维方式向三维虚拟技术的飞跃，在城市规划管理中发挥了重要作用。

0.2 科学概述

0.2.1 概念和范畴

城市地理信息科学是研究城市空间组织、土地利用、交通网络等方面的信息，以及利用地理信息技术和方法来分析和解决城市规划、管理、决策等问题的学科。它涵盖了地理学、城市规划、地理信息系统、遥感技术等多个知识领域，是地理学和信息技术的交叉学科。

城市地理信息科学的概念主要包括以下 4 个方面。

（1）地理信息系统（GIS）。它是城市地理信息科学的核心工具和方法之一，用于收集、存储、管理和分析地理空间数据，以及生成地图和空间分析结果。

（2）地理信息技术（geographic information technology，GIT）。它是城市地理信息科学的基础技术，包括遥感技术、全球定位系统（global positioning system，GPS）、地理数据库等，用于获取和处理地理空间数据。

（3）城市规划与管理。城市地理信息科学的研究对象主要是城市的空间组织、土地利用、交通网络等方面的信息，通过分析这些信息，可以为城市规划和管理提供科学依据和决策支持。

（4）可持续发展。城市地理信息科学的研究还涉及城市的可持续发展问题，通过分析城市的空间组织和土地利用等方面的信息，可以评估城市发展的可持续性，为城市的可持续发展提供科学支持。

城市地理信息科学涵盖了地理学、城市规划、地理信息系统、遥感技术等多个知识领域。地理学为城市地理信息科学提供了理论基础，可以研究城市的空间组织和土地利用等问题。城市规划为城市地理信息科学提供了应用背景，可以研究如何利用地理信息技术和方法来解决城市规划和管理中的问题。地理信息系统是城市地理信息科学的核心技术，用于收集、存储、管理和分析地理空间数据。遥感技术提供了获取地理空间数据的方法，可以通过遥感卫星获取城市的空间数据，用于分析和研究。

从狭义来看，城市地理信息科学的范畴包括地理数据库、地理编码、地理可视化和空间分析等方面。地理数据库是城市地理信息科学的关键组成部分。它是一个存储和管理地理空间数据的系统，可以用来存储城市的地理特征、地形地貌、道路网络、建筑物分布等信息。地理数据库的建立有助于城市规划师和决策者更好地了解城市的空间分布和特征，从而制定更科学的城市发展战略。地理编码是将地理位置信息转化为数字代码的过程。通过地理编码，可以将地理位置与数字信息相对应，从而实现对地理数据的快速检索和分析。地理编码在城市交通管理中起着重要作用，如通过车辆的地理编码可以实现交通流量监测和拥堵预测，从而优化城市交通系统的运行。地理可视化是将地理空间数据以图像形式展示出来的过程。通过地理可视化，可以更直观地了解地理现象和空间关系。在城市规划和环境保护中，地理可视化可以帮助决策者更好地理解城市的空间布局和环境状况，从而制定出更有效的城市发展和环境保护策略。空间分析是城市地理信息科学的重要研究方向之一。通过对地理空间数据的分析和建模，可以揭示地理现象的规律和关系。空间分析在城市规划中有着广泛的应用，如通过对城市人口和资源分布的空间分析，可以帮助决策者更好地规划城市的发展方向和资源利用。

0.2.2 与其他相关学科的关系和区别

城市地理信息科学与地理学紧密相关。地理学是研究地球表面空间分布和相互关系的学科，城市地理信息科学则是地理学在城市环境中的应用。通过地理信息系统和遥感等技术，城市地理信息科学可以收集和分析城市的地理信息数据，从而研究城市的空间结构、土地利用和城市发展趋势等。与传统地理学相比，城市地理信息科学更加注重城市空间的定量分析和模拟，可以提供更精确和详细的城市地理信息数据。

城市地理信息科学与城市规划学有紧密的联系。城市规划学是研究城市发展和城市空间组织的学科，城市地理信息科学可以为城市规划提供重要的数据支持和决策分析工具。通过分析城市地理信息数据，城市地理信息科学可以揭示城市内部不同功能区域的空间分布特征，为城市规划师提供科学依据和决策支持。同时，城市地理信息科学还可以模拟城市的发展趋势，评估城市规划方案的可行性和效果。

城市地理信息科学与交通规划学也有紧密的联系。交通规划学是研究交通系统组织和交通需求满足的学科，城市地理信息科学可以为交通规划提供重要的空间数据和交通模拟工具。通过分析城市地理信息数据，城市地理信息科学可以揭示交通网络的空间结构和交通需求的空间分布特征，为交通规划师提供科学依据和决策支持。同时，城市地理信息科学还可以模拟交通流量和交通拥堵情况，评估交通规划方案的可行性和效果。

城市地理信息科学和环境科学都是研究地理空间信息和环境问题的学科，两者有一些联系和区别。城市地理信息科学和环境科学都需要使用 GIS 和遥感技术来获取和分析空间数据，也都需要进行空间分析，以了解地理空间的特征和环境变化。但是，城市地理信息科学主要关注城市空间的地理信息和城市规划，主要应用于城市规划、土地利用和交通规划等领域，而环境科学更关注自然环境和人类活动对环境的影响，主要应用于环境监测、环境保护和可持续发展等领域。总体上来说，城市地理信息科学和环境科学在研究方法和技术上有一些相似之处，但在研究对象、内容和应用领域上有明显的区别。

城市地理信息科学在研究城市空间结构和城市发展方面具有独特的优势。它与地理学、城市规划学、交通规划学、环境科学等学科紧密相关，通过收集、整理和分析城市地理信息数据来揭示城市内部和城市与周边地区之间的空间关系。通过提供精确和详细的城市地理信息数据，城市地理信息科学可以为城市规划学、交通规划学和环境科学等学科提供重要的数据支持和决策分析工具。随着信息技术的不断发展和应用，城市地理信息科学在城市研究和规划中的作用将愈发重要。

0.3 核心理论

0.3.1 地理信息系统和遥感技术

城市地理信息科学的研究领域是城市空间特征及其变化，利用地理信息系统和遥感技术相结合的方法，为城市规划、资源管理和环境保护等提供支持。

首先，GIS 是城市地理信息科学中的核心工具之一。它是一种整合空间数据和非空间数据的技术系统，能够有效地管理、分析和展示各种地理信息。通过 GIS，可以整合城市的人口统计数据、土地利用数据、交通网络数据等，从而形成具有空间关系的多维数据集。地理信息系统的核心理论包括以下 4 个方面。

（1）地理空间数据模型。地理空间数据模型是 GIS 的基础，它描述了地理现象在计算机学科中的表示方式。常见的地理空间数据模型包括矢量模型和栅格模型。矢量模型以点、线、面等几何要素描述地理对象，栅格模型则将地理空间分割成规则的网格单元进行描述。地理空间数据模型的选择对 GIS 数据的存储、分析和可视化都有重要影响。

（2）地理信息系统的数据结构和组织。GIS 数据的结构和组织是指如何存储和管理地理信息数据。常见的 GIS 数据结构包括点、线、面等要素数据，以及栅格数据。GIS 数据的组织包括数据的存储格式、索引方式、数据关系等。这些都对 GIS 数据的管理和查询有重要影响。

（3）地理信息系统的功能和应用。GIS 具有空间数据的采集、存储、管理、分析和可视化等功能。这些功能使得 GIS 可以应用于地图制作、空间分析、资源管理、环境监测等多个领域。地理信息系统的功能和应用对 GIS 的设计和开发具有重要的指导意义。

（4）地理空间分析方法。地理空间分析是 GIS 的重要功能之一，它包括空间关系分析、空间模式分析、空间数据挖掘等方法。地理空间分析方法是 GIS 的核心内容，它为 GIS 的应用提供了理论支持和技术手段。

其次，遥感技术是获取地理空间数据的重要手段。它通过卫星、航空器和无人机等平台，采集高分辨率的遥感图像和全球定位系统数据，以获取大范围和多维度的城市地理信息。遥感技术可以快速地捕捉城市发展的变化，监测土地利用的变化、城市扩张和环境变化等。遥感技术的核心理论包括以下 4 个方面。

（1）电磁波辐射理论。遥感技术是利用地球表面反射或发射的电磁波进行信息获取和分析的技术。因此，电磁波辐射理论是遥感技术的基础。电磁波辐射理论包括电磁波的波长、频率、能量等基本概念，以及电磁波在大气和地表反射、吸收、散射等过程的作用机制。

（2）遥感传感器原理。遥感传感器是遥感技术的核心，它负责接收、记录和传输地球表面反射或发射的电磁波信号。根据原理不同，遥感传感器可分为光学遥感传感器和微波遥感传感器两种类型。光学遥感传感器主要利用光学原理来观测地球表面，如摄影机、卫星成像仪等；微波遥感传感器则利用微波辐射来观测地球表面，如雷达、微波成像仪等。

（3）遥感数据处理方法。遥感数据处理是遥感技术的关键环节，它包括遥感图像预处理、特征提取、分类等方法。遥感图像预处理主要是对原始遥感图像进行去除大气影响、几何校正、辐射校正等处理；特征提取是从遥感图像中提取出地物的特征信息，如纹理、形状、颜色等；分类是将地物按照一定的规则划分为不同的类别，如水体、林地、城市等。

（4）遥感数据应用。遥感技术的应用包括地表覆盖分类、环境监测、资源管理、城市规划等多个领域。遥感数据应用的关键是将遥感数据与其他地理信息数据进行集成和分析，以实现对地球表面的全面、准确的描述和分析。

0.3.2　空间数据的获取、处理和分析方法

在现代社会中，空间数据的获取变得越来越重要。空间数据是指地球表面上各个地理位置的相关信息，它们可以帮助我们了解和研究地球上的各种现象和事物。空间数据的获取可以通过多种方式实现，其中地图的数字化是一种重要的方法（邬伦，2002）。

地图数字化是把地球表面的地理信息转化为数字形式的过程。地图数字化包括两个主要

步骤：数据采集和数据处理。数据采集是指收集和记录空间数据的过程。这个过程可以通过多种技术，如遥感技术、测量技术和全球定位系统（GPS）等来实现。遥感技术主要通过航空或卫星图像来获取地球表面的信息，测量技术主要通过测量仪器来测量地球表面的地理位置和其他属性数据，GPS 技术可以帮助我们准确地测量地球上各个地点的经纬度。数据处理是指将采集到的空间数据转化为可用的数字形式，包括对采集到的数据进行清理、整理和存储的过程。地图数据的类型非常丰富，包括地形图、卫星图、航空图、交通图等。不同类型的地图数据需要采用不同的处理方法，以确保数据的准确性和可用性。一种常用的方法是数字化仪数字化，即将纸质地图通过数字化仪扫描转化为数字形式。数字化仪是一种专门用于将纸质地图转化为数字格式的设备，它可以将地图上的点、线和面等要素转化为计算机可以识别的数据。这个过程涉及图像处理和矢量化的算法，以确保数字化后的地图数据的准确性和完整性。另一种常用的方法是扫描矢量化。该过程涉及将地图扫描成位图形式，并通过矢量化算法将位图转化为矢量数据。矢量数据使用点、线和面等几何要素来表示地图数据。矢量化的过程包括边缘检测、拟合曲线、对象识别等步骤，以确保矢量化后的地图数据准确无误。

空间数据录入后的处理也非常重要，包括图形坐标变换、图形拼接和拓扑生成等步骤。图形坐标变换是将地图数据的坐标系统转换为另一种坐标系统。由于不同的地图数据可能采用不同的坐标系统，因此，在进行数据处理和分析时，需要将它们转换为统一的坐标系统，以确保数据的一致性和准确性。图形拼接是将不同的地图数据拼接在一起。由于地图数据的获取通常是分块进行的，因此，需要将这些分块数据拼接在一起，以生成完整的地图。图形拼接涉及对数据进行校正、配准和栅格化等步骤。拓扑生成是在地图数据中生成拓扑关系。拓扑关系描述了地图数据中要素之间的空间关系，如点与点之间的连接关系、线与线之间的交叉关系等。通过生成拓扑关系，可以进一步分析和处理地图数据，以获得更为精确和全面的信息。

0.3.3 地理空间分析理论

空间分析是城市地理信息科学中的一个重要领域，它涉及空间查询、空间量算、空间变换、再分类、缓冲区分析、叠加分析、网络分析、空间插值、空间统计分类分析等多个方面（邬伦，2002）。

空间查询是指在 GIS 中对地理空间数据进行检索和提取。通过空间查询，可以根据特定的空间条件来筛选数据，并获得相关的空间信息。在空间查询中，常用的方法包括点查询、线查询、面查询等。

空间量算是指对地理空间数据进行测量和计算。通过空间量算，可以得到地理空间对象的面积、长度、周长等属性数据。常用的空间量算方法包括欧几里得距离计算、直线距离计算等。

空间变换是指对地理空间数据进行转换和调整。通过空间变换，可以改变地理空间对象的位置、形状、旋转角度等属性。常见的空间变换包括平移、旋转、缩放等操作。

再分类是指对地理空间数据进行重新分类和分组。通过再分类，可以将原始的空间数据重新分配到不同的类别中，从而获得更加准确和有用的空间信息。

缓冲区分析是指在 GIS 中创建地理空间对象的缓冲区，并进行相关的分析和查询。通过缓冲区分析，可以确定某个地理空间对象周围的区域，并对其进行进一步的处理和分析。

叠加分析是指将不同的地理空间数据进行叠加，并进行相关的分析和计算。通过叠加分析，可以获得多项地理空间数据之间的交集、并集、差集等信息。在叠加分析中，常用的方法包括视觉信息叠加、点与多边形叠加、线与多边形叠加、多边形叠加等。

网络分析是指在 GIS 中对网络数据进行分析和计算。通过网络分析，可以获得基于网络结构的路径、距离、连接等信息。在网络分析中，常用的方法包括网络数据结构的构建和主要网络分析功能的应用。

空间插值是指在 GIS 中对地理空间数据进行插值和估计。通过空间插值，可以根据已知的数据点推测未知位置的数据值。常用的空间插值方法包括反距离加权插值、克里金插值、样条插值等。

空间统计分类分析是指将统计学方法应用于地理空间数据的分类和分析。通过空间统计分类分析，可以获得地理空间数据的聚类、主成分分析、判别分析等信息。

0.4 研究内容

城市地理信息科学是一门综合性学科，旨在研究城市中地理信息的获取、管理、分析和应用。它结合了地理学、地理信息系统、地理空间分析、城市规划、交通工程、环境科学等多个学科的理论和方法，对城市空间结构、城市功能、城市规划、城市环境等进行分析和模拟，以解决城市发展和管理中的问题。城市地理信息科学的主要内容包括以下 4 个部分。

（1）城市空间数据的获取和管理。这是城市地理信息科学的基础，涉及城市空间数据的来源、类型、格式、质量、标准、元数据等，以及如何建立城市空间数据库和空间数据基础设施，实现城市空间数据的有效组织、存储、更新和服务。

（2）城市空间的分析和建模。这是城市地理信息科学的核心内容，它利用 GIS 的空间分析功能，对城市的形态结构、功能区划、交通网络、土地利用、人口分布、环境质量等进行定量描述、评价和比较。通过空间分析，可以揭示城市的空间关系、相互作用和影响，帮助理解城市的发展规律和趋势。同时，利用数学模型和计算机模拟技术，对城市的发展趋势、规划方案和政策效果进行预测和优化，为城市规划和决策提供科学依据。

（3）城市空间的可视化和表达。这是城市地理信息科学的重要应用，它利用 GIS 的可视化技术，如二维和三维地图制图、动画演示、虚拟现实等，将城市空间数据以直观和生动的方式呈现给用户。通过可视化，可以更好地理解和传达城市的空间信息，提高城市空间信息的认知和传播效果。

（4）城市空间决策的支持系统。这是城市地理信息科学的高级应用，它将 GIS 与其他信息技术（如数据库管理系统、专家系统、人工智能等）相结合，构建面向特定领域或问题的城市空间决策的支持系统。这些系统可以提供智能化的辅助决策工具，帮助城市规划、管理和服务等领域的决策者制定合理的城市规划方案，实现城市空间的优化配置和协调发展。

通过在上述 4 个方面的应用，城市地理信息科学可以为城市的规划、管理和决策提供科学支持和技术参考，促进城市的可持续发展和智慧化建设。

0.5　应用与意义

0.5.1　应用领域

城市地理信息科学在很多领域都有广泛的应用，主要包括空间规划和土地利用、环境保护和生态恢复、交通规划和交通管理、城市经济和商业发展、能源规划和能源管理、社会经济发展和社会公平、灾害风险评估和应急响应、社会服务和公共安全等。

（1）空间规划和土地利用。城市地理信息科学能够提供精确的空间数据和分析工具，协助城市规划师和决策者进行土地利用规划和空间布局，合理配置土地资源，避免过度开发和碎片化发展，达到城市的紧凑型和高效型发展，促进城市发展的可持续性。例如，北京市利用城市地理信息科学技术，制定了《北京城市总体规划（2016 年—2035 年）》，明确了城市开发边界、生态保护红线、永久基本农田等空间管控范围和措施，实现了城市的有序发展和生态安全。王晓峰等（2018）利用 GIS 和 RS 技术，对北京市 2013 年至 2017 年的土地利用变化进行了分析，揭示了北京市土地利用结构和空间格局的变化特征，为北京市的土地利用规划提供了参考。李晓东等（2019）运用 GIS 和多准则决策方法，对重庆市主城区的住宅用地适宜性进行了评价，确定了住宅用地的最优布局，为重庆市主城区的住宅用地规划提供了依据。

（2）环境保护和生态恢复。城市地理信息科学能够监测和评估城市的环境状况，包括空气质量、水资源、生态系统等，协助决策者制定环境保护政策和措施，优化城市生态系统，减少环境污染和生态破坏，达到保护城市生态的可持续发展。例如，上海市利用城市地理信息科学技术，建立了上海市生态环境遥感监测系统，实时监测和分析城市的绿化覆盖率、水体质量、大气污染等指标，为实施环境保护措施提供了科学依据。张晓娟等（2019）利用 GIS 和 RS 技术，对广州市 2000 年至 2015 年的土壤重金属污染情况进行了监测和评价，分析了土壤重金属污染的时空分布特征和影响因素，为广州市的土壤污染防治提供了科学依据。陈晓莹等（2020）运用 GIS 和模糊综合评价法，对南京市 2015 年至 2018 年的空气质量进行了评价，探讨了空气质量与气象因子、交通流量、人口密度等因素的关系，为南京市的空气质量改善提供了建议。

（3）交通规划和交通管理。城市地理信息科学能够分析城市的交通流量、交通网络状况等，可以为交通规划和交通管理提供科学依据，优化交通组织和交通设施布局，从而提高交通效率，减少交通拥堵和污染，改善居民的出行条件，促进城市交通的可持续发展。例如，深圳市建立了智慧交通系统，通过大数据分析和人工智能算法，实现了交通信号灯的自适应控制、公共交通的智能调度、停车场的智能引导等功能，有效地缓解了交通压力。纽约市的交通管理局通过实时监测交通状况和优化信号控制，成功地减少了交通拥堵和车辆排放。王磊等（2019）利用 GIS 和 GPS 技术，对北京市出租车的运行轨迹进行了分析，揭示了出租车的空载率、空载里程、空载时间等指标的时空分布特征，为北京市出租车的运营管理提供了参考。李娜等（2020）运用 GIS 和遗传算法，对武汉市公共自行车的站点布局进行了优化，确定了最佳的站点数量、位置和容量，为武汉市公共自行车的运营管理提供了支持。

（4）城市经济和商业发展。城市经济和商业发展是指依托城市的产业结构和竞争优势，促进城市的经济增长和商业活跃，提高城市的经济水平和居民生活质量。城市地理信息科学可以通过 GIS 建立城市的经济数据库，对城市的产业分布、商业区位、消费行为等进行统计分析并建立空间模型，为经济发展提供战略规划，实现商业智能。同时，城市地理信息科学也可以通过电子商务、移动互联网等技术，使城市的商业运营实现网络化和智能化，为商业发展提供便捷服务和创新模式。

（5）能源规划和能源管理。城市地理信息科学可以帮助城市能源规划师和管理者制定能源策略，优化能源供应和消费。通过 GIS 技术和能源数据分析，可以评估城市的能源需求、分布和潜力，从而制定可持续的能源发展方案。例如，Firozjaei 等（2019）基于 GIS，分析了在伊朗不同区域部署太阳能发电的可行性，并对太阳能发电厂安装区域进行优化选址，以实现对资源的高效利用。Zhang 等（2023）利用 GIS 技术对京津冀地区的能源消费和时空变化模式进行了分析。研究结果显示，GIS 可以帮助揭示城市不同区域的能源消费差异，为能源规划提供科学依据。通过优化能源供应和消费的空间布局，可以实现能源利用效益的最大化。Li 等（2020）利用 GIS 技术评估了上海市的可再生能源潜力，并将其应用于城市能源规划。研究结果表明，GIS 可以帮助确定可再生能源的最佳布局，为城市能源规划提供可持续发展的方案。

（6）社会经济发展和社会公平。城市地理信息科学能够分析城市的社会经济特征、社会空间分布等，为社会政策制定和社会发展提供支持，促进社会公平和社会经济的可持续发展，提高居民的生活质量和福祉。Goodchild（2007）的研究表明城市地理信息科学可以帮助分析城市的社会经济特征和社会空间分布。通过收集和分析人口普查数据、经济指标和地理信息数据，可以揭示不同社区之间的社会经济差异，为社会政策的制定提供依据。例如，成都市建立了社会治理大数据平台，通过对社会治安、民生服务、社区建设等数据的收集和分析，为社会治理提供决策支持，并通过微信小程序等方式向公众提供便捷的服务。美国的芝加哥市分析了犯罪率和社会经济指标的空间关联，以便更好地布局社区警务资源，减少犯罪率，提高社区安全水平。

（7）灾害风险评估和应急响应。城市地理信息科学能够评估城市的灾害风险，包括洪水、地震、台风等，协助决策者制定灾害防治政策和应急响应措施，提高城市的抗灾能力，减少灾害损失，保障居民的生命和财产安全。例如，武汉市建立了洪水风险评估系统，通过对历史洪水数据和现有地形地貌数据的综合分析，预测了不同降雨强度下的洪水淹没范围和深度，为洪水防治提供参考。日本的东京建立了地震和洪水等灾害的实时监测和预警系统，以及灾害应急资源的调度和分配系统，提高了城市的抗灾能力和灾害应对效率。张建平等（2019）通过收集和分析城市地理信息数据，包括地形、土地利用、降雨等，可以评估洪涝灾害的潜在风险区域，为决策者制定相应的防灾措施和应急响应计划提供科学依据。刘晓东等（2018）通过分析不同区域的地震灾害潜在风险，帮助决策者制定相应的建筑规范和应急预案，提高城市的抗震能力和灾害应对能力。

（8）社会服务和公共安全。社会服务和公共安全是指根据城市的人口特征和社会需求，提供教育、医疗、文化、娱乐等公共服务，保障城市的社会稳定和公共秩序。城市地理信息科学可以通过 GIS 建立城市的社会数据库，对人口分布、社会结构、公共设施等进行空间分析和优化配置，对社会服务进行资源整合，提升效率。同时，城市地理信息科学也可以通过物联网、大数据等技术，对城市的突发事件、安全隐患等进行预警和应急，为公共安全提供风险评估和危机管理。

综上所述，城市地理信息科学在城市规划、环境保护、交通管理等领域有着广泛的应用，它可以帮助各个领域的专业人员获取更多的城市地理信息，从而进行更深入的城市空间分析，做出更合理的城市决策。随着技术的不断发展和完善，城市地理信息科学将在城市建设和发展中发挥更大的作用。

0.5.2 对城市可持续发展和决策支持的意义

城市地理信息科学在城市可持续发展和决策支持方面发挥着重要作用。通过使用地理信息数据和分析工具，可以帮助决策者制定科学合理的城市规划、交通规划、能源规划和社会政策，为城市可持续发展和决策支持提供强大的工具和平台，有助于促进城市的智慧化、绿色化和人文化。

（1）城市地理信息科学可以促进城市规划和土地利用优化。通过收集和分析城市的地理空间数据，包括地形、土地利用、人口分布等信息，城市规划师和决策者可以制定合理的城市发展策略，优化土地利用，减少资源浪费，提高城市发展的可持续性。例如，利用地理信息系统，可以对城市土地利用进行模拟和预测，从而帮助规划师选择最佳的土地利用方式，提高土地利用效率，减少不必要的土地开发。

（2）城市地理信息科学可以支持交通规划和交通管理。通过分析城市的交通网络和交通流量等数据，可以帮助决策者制定交通规划和交通管理策略。例如，通过分析交通事故黑点、交通拥堵等问题，可以提出有效的交通改善方案，减少污染排放，改善空气质量，发展城市的可持续交通系统。同时，地理信息科学还可以帮助优化公共交通路线和站点布局，提高交通运输效率，减少交通拥堵。

（3）城市地理信息科学可以评估能源需求和能源规划。通过分析城市的地理特征、气候条件和能源消耗数据，可以评估城市的能源需求和能源分布，帮助能源规划师和管理者制定可持续的能源发展方案。例如，利用地理信息技术和能源数据分析，可以确定合理的能源供应策略，促进城市能源的可持续发展。此外，地理信息科学还可以帮助发现和利用城市的可再生能源发展潜力，如太阳能和风能等，进一步推动城市能源的绿色化和可持续发展。

（4）城市地理信息科学可以支持社会经济发展和社会公平。通过分析城市的社会经济特征和资源空间分布，可以为社会政策和发展提供支持。例如，通过分析城市的经济活动、就业机会、教育资源等数据，可以制定合理的社会政策，促进社会公平和经济的可持续发展。地理信息科学还可以帮助发现和解决城市中的社会经济问题，如贫困地区的发展定位和扶贫措施的制定等。

0.6 未来发展

0.6.1 发展趋势和前沿研究方向

（1）城市空间数据的多源融合和大数据分析。随着各种类型的城市空间数据的不断增加，如社交媒体数据、移动设备数据、交通数据、环境监测数据等，如何有效地整合和利用这些数据，提取有价值的信息，成为城市地理信息科学的一个重要课题。多源融合指的是将来自不同数据源的城市空间数据进行整合，以获取更全面、准确的信息。例如，可以将卫星遥感数据、无人机影像、传感器数据等多种数据源进行融合，以获得更高分辨率、更详细的城市地理信息。同时，还可以将社交媒体数据、移动设备数据等非传统数据源与传统的地理信息数据进行融合，以获取更深入的城市洞察。大数据分析是利用大数据处理和挖掘技术，从庞大的城市空间数据中提取有价值的信息。这些数据的规模和复杂性使得传统的数据处理方法无法胜任，因此需要运用云计算、分布式计算、机器学习等技术来处理和分析这些数据。通过大数据分析，可以发现城市中的潜在模式、趋势和关联性，为城市规划和管理提供科学依据。多源融合和大数据分析的发展将为城市地理信息科学提供更全面、准确的数据支持，可以帮助更好地理解城市的空间特征、人口分布、交通流动等，为城市规划和管理提供更精准的决策支持。此外，多源融合和大数据分析还可以发现城市中的问题和挑战，如交通拥堵、环境污染等，从而促进城市的可持续发展和社会公平。

（2）城市空间结构的多尺度和多维度建模与模拟。随着城市的不断发展和变化，城市空间结构呈现出多尺度和多维度的特征，需要采用适应性强的建模和模拟方法来揭示其内在规律。在多尺度建模方面，城市空间结构可以从微观、中观和宏观三个层次进行建模。微观层次考虑个体建筑物、道路等要素的空间分布和组织方式，中观层次考虑城市区域内的街区、功能区等要素的空间分布和组织方式，宏观层次考虑城市整体的空间格局和结构。通过多尺度建模，可以全面地理解城市空间结构的复杂性和多样性。在多维度建模方面，城市空间结构可以考虑多个维度的要素，如人口、土地利用、建筑形态、交通网络、环境质量等。将这些要素进行综合分析和建模，可以揭示它们之间的相互作用和相互影响关系，为城市规划和管理提供科学依据。在模拟方面，可以运用各种模型和算法来模拟城市空间结构的演化过程和未来变化。这些模型和算法可以基于规则、统计、机器学习等方法，通过模拟城市内部要素的相互作用和演化规律，预测城市的未来发展趋势，并评估不同规划方案的效果。然而，城市空间结构的多尺度和多维度建模与模拟还存在一些问题和挑战。例如，尺度转换问题涉及如何在不同尺度之间进行数据和模型的转换和对比；维度选择问题涉及如何确定哪些要素是重要的，哪些要素是可以忽略的；参数确定问题涉及如何确定模型中的参数值，以使模拟结果更加准确和可靠。因此，需要通过进一步研究和开发更多的方法和技术，来解决这些问题，实现城市空间结构的多尺度和多维度建模与模拟。

（3）城市功能的动态监测和评价。通过对城市功能进行监测和评价，可以了解城市各个领域的发展情况，评估城市的综合竞争力和可持续发展水平，为城市规划和管理提供科学依据。在城市功能的动态监测方面，可以对多源数据进行分析，包括传统的统计数据、遥感影像数据、社交媒体数据等。这些数据可以揭示城市功能的时空变化和演化趋势。例如，通过分析商业活动的空间分布和变化，可以了解商业中心的发展情况；通过分析教育资源的分布和利用情况，可以评估教育服务的覆盖范围和质量；通过分析医疗设施的分布和服务水平，可以评估医疗服务的可及性和质量等。通过动态监测，可以及时发现城市功能的变化和存在的问题，以便采取相应的措施进行调整和改进。在城市功能的评价方面，需要选择合适的指标和方法来进行评估。城市功能的评价指标包括定量指标和定性指标，涉及经济指标、社会指标、环境指标等。评价方法可以采用综合评价、层次分析、模型模拟等方法，通过对各个指标的权重和关联性进行分析，得出综合评价结果。评价结果可以反映城市功能的优劣和差距，为城市规划和管理提供决策支持。然而，城市功能的动态监测和评价还存在一些问题和挑战。例如，功能界定问题涉及如何准确界定城市的各项功能，以避免功能重叠或遗漏；指标选择问题涉及如何选择合适的指标来评价城市功能，使评价结果具有科学性和可比性；数据获取问题涉及如何获取全面、准确的数据，以支持监测和评价工作。因此，需要利用新的数据源和方法，如移动定位数据、传感器数据、人工智能技术等，来解决这些问题，实现城市功能的动态监测和评价。

（4）城市演化的机制分析和过程模拟。通过对城市变化的内在驱动力和影响因素进行分析，可以揭示城市演化的规律和机制，为城市规划和管理提供科学依据。在城市演化的机制分析方面，研究人员通常从不同的角度进行探索，包括经济、社会、环境等方面。例如，经济因素可以影响城市的发展方向和速度，社会因素可以影响城市人口的迁移和社会结构的变化，环境因素可以影响城市的土地利用和建筑更新。通过对这些因素的分析，可以深入理解城市演化的机制。在城市演化的过程模拟方面，研究人员通常借助数学模型和计算机算法来模拟城市变化的过程。这些模型可以基于不同的理论和假设，如城市增长理论、空间交互理论等。通过模拟城市变化的过程，可以预测城市的未来发展趋势，评估不同规划方案的效果，并为决策提供科学依据。然而，目前城市演化的机制分析和过程模拟还存在一些挑战和不足。首先，城市演化是一个复杂的系统，涉及多个学科的知识，需要加强跨学科的合作，整合不同领域的理论和方法。其次，传统的模型往往忽视了个体行为的影响，需要引入更多的行为模型和智能算法来模拟城市居民的决策和行为。最后，缺乏有效的验证方法也是亟待解决的问题，需要开发出更多可靠的数据和指标来验证模型的准确性和可靠性。因此，未来的研究需要加强跨学科合作，引入更多的理论和模型，来深入分析和模拟城市演化的机制和过程。这将有助于我们更好地理解城市的发展规律，为城市的可持续发展和促进社会公平提供科学支持。

0.6.2 新技术对城市地理信息科学的影响

随着新技术和新方法的不断发展，城市地理信息科学面临着新的机遇和挑战。新技术和新方法为城市地理信息科学提供了更多的数据、更好的模型和更直观的可视化方式，推动了城市的可持续发展和决策支持的进步，为城市规划师、政策制定者和研究人员提供了更高效、智能的分析方法，有助于提升决策效率和解决问题的能力，以应对日益复杂的城市挑战。

实景三维与数字孪生技术为城市地理信息科学提供了更加精确、全面、动态的数据源。实景三维技术是将城市空间进行数字化建模，包括对建筑物、道路、地形等要素的精确还原。通过激光扫描、摄影测量等技术手段，可以获取大规模、高精度的城市地理信息数据。这些数据可以用于城市规划设计，如在建筑物设计阶段就可以在虚拟空间中模拟建筑效果，评估其对周边环境的影响。同时，实景三维技术也可以用于城市管理决策，如在交通规划中可以模拟交通流量、优化道路布局，从而提高交通效率。此外，实景三维技术还可以用于城市风险评估，如在自然灾害预防中模拟洪水、地震等灾害情景，评估风险程度，以制定相应的防灾措施。数字孪生技术是将城市中的实体对象与其数字模型进行对应，通过物联网传感器采集的数据来更新数字模型，并实时反映实体对象的状态和变化。这种技术可以用于城市设施管理，如对道路、桥梁、管道等基础设施进行监测和维护，以及时发现问题并进行修复。同时，数字孪生技术也可以用于城市运营管理，如在能源管理中实时监测能源消耗情况，以优化能源利用效率。此外，数字孪生技术还可以用于城市规划和设计，通过模拟不同规划方案的效果，评估其对城市发展的影响，为决策提供科学依据。这些新技术为城市地理信息科学提供了更准确、全面、动态的数据源，改善了数据获取和处理能力，拓展了研究内容和范围。同时，这些新技术也提供了更直观、交互、沉浸的表达方式，可以通过虚拟现实技术将城市数据进行可视化展示，使研究人员和决策者能够更好地理解和分析城市现状和存在的问题。此外，大数据和人工智能的应用也使得城市地理信息科学能够更高效地处理和分析庞大的数据集，提高了分析效率和决策支持能力。总体上说，新技术和新方法的应用推动了城市地理信息科学的发展，为城市规划和管理提供了更好的支持。

城市信息模型（city information modeling，CIM）与虚拟现实（virtual reality，VR）技术为城市地理信息科学提供了更直观、交互、沉浸的表达方式。CIM 是一种综合了多维信息模型数据和城市感知数据的方法，用于构建城市的数字化模型。CIM 将城市的各种信息（如地理、建筑、交通、环境等）整合在一起，形成一个综合性的城市信息模型。这种模型可以提供更全面、准确的城市信息，为城市规划、建设和管理提供支持。通过 CIM，研究人员和决策者可以在一个统一的平台上获取和分析城市各个方面的数据，以进行综合评估和决策。VR 技术是一种通过计算机生成的仿真环境，让用户可以在虚拟空间中进行交互和体验。在城市地理信息科学中，VR 技术可以用于创建一个虚拟的城市环境，让使用者可以像身临其境一样感受城市的空间环境。通过 VR 技术，用户可以自由导航和观察城市的各个角落，以及与虚拟环境中的对象进行交互。这种直观、交互的表达方式可以帮助用户更好地理解和分析城市空间信息，提升决策效果和用户体验。通过城市信息模型的整合和虚拟现实的呈现，研究人员和决策者可以更好地理解城市的多维信息，以进行综合分析和决策。同时，这种表达方式也提供了更直观、沉浸的用户体验，使用户能够更深入地感知和理解城市空间信息。因此，城市信息模型和虚拟现实技术在城市地理信息科学中具有重要的应用价值。

大数据与人工智能技术为城市地理信息科学提供了更高效、智能、深入的分析方法。大数据技术可以处理和分析大规模的城市数据，包括传感器数据、社交媒体数据、交通数据等，从中挖掘出有价值的信息和知识。这些数据可以帮助城市规划师和决策者更好地了解城市的运行情况和存在的问题，从而制定更有效的政策和规划。人工智能技术可以模拟人类的思维和决策过程，为城市地理信息科学提供更智能的分析和决策支持。例如，机器学习算法可以通过训练大量的数据，自动发现数据中的模式和规律，从而预测城市的未来发展趋势。深度学习算法可以处理复杂的图像和语音数据，帮助城市地理信息科学研究人员提取和分析城市中的特征和问题。这些技术为城市地理信息科学提供了更高效、智能的分析方法，有助于提升决策效率和解决问题的能力。

新技术和新方法提高了对城市地理信息的获取和处理能力。例如，高分辨率卫星影像、无人机航拍、社交媒体数据、移动设备数据等，都可以提供更加细致和实时的城市地理信息，有助于揭示城市的微观特征和动态变化。云计算、大数据、人工智能等技术，可以提高城市地理信息的存储、管理、分析和可视化能力，实现更加高效和智能的数据处理。同时，新技术和新方法拓展了城市地理信息科学的研究内容和范围。例如，虚拟现实（VR）、增强现实（augmented reality，AR）、混合现实（mixed reality，MR）等技术，可以构建更加真实和沉浸式的城市空间模拟环境，为城市规划、设计、评价等提供了新的工具和平台。网络空间、数字孪生、智慧城市等概念，也引入了新的研究对象和视角，为城市地理信息科学的发展提供了新的思路和方向。此外，新技术和新方法促进了城市地理信息科学与多学科的交叉融合和创新发展。例如，与社会科学、经济学、心理学、生态学等学科的交叉融合，可以深化对城市空间行为、城市空间治理、城市空间公平等问题的认识并提出有效解决方案。与计算机科学、数学、物理学等学科的交叉融合，可以推动城市地理信息科学的方法论和理论体系的创新和完善。

0.7 总结与展望

城市地理信息科学是以城市空间信息为研究对象，运用地理信息系统、遥感等技术手段，对城市空间结构、城市发展规律、城市规划和管理等方面进行研究的学科。随着遥感技术和地理信息系统的发展，城市地理信息科学已经实现了大规模、高分辨率的城市空间数据获取，包括卫星影像、航空影像、激光雷达数据等，为城市空间分析提供了丰富的数据基础。同时，城市地理信息科学借助地理信息系统的空间分析功能，开展了城市土地利用变化分析、城市扩张模式研究、城市热岛效应分析等空间分析研究，为城市规划和管理提供了科学依据和技术支持。

未来，城市地理信息科学将面临更多、更复杂的挑战，但也将有更多的新技术和新方法可以应用。通过多源数据融合、人工智能分析、跨学科合作和虚拟现实技术等技术手段，城市地理信息科学将为城市的可持续发展和智慧城市建设提供更强大的技术支持和决策依据。同时，公众参与和社会影响也将成为重要的考量因素，促进城市地理信息科学更好地服务于城市和社会的发展。

第一编

基础编

第 1 章　城市地理信息科学的理论基础

1.1　基本原理和概念

1.1.1　定义、特点和发展历程

城市地理信息科学是研究地理信息的采集、分析、存储、显示、管理、传播与应用，以及地理信息的传输和转化规律的一门学科，其通过信息技术，构建地理空间认知、表达、分析、模拟、优化方法，探索自然地理空间、人文社会空间在地理信息空间中的表达与耦合方式，开展地理场景建模，致力于研究地理信息系统实现和应用中的基础科学问题（李新 等，2021）。城市地理信息科学主要涉及地理学基础知识、地理信息系统、数据库原理、遥感原理与技术等。这门学科运用了 3S（GPS、GIS、RS）技术，将地球系统内部的物质进行信息化，如根据城市地貌制成手机可查询的电子地图，用于远程遥控无人机、实时定位导航等。城市地理信息科学在信息技术的支持下，通过对地理空间数据进行采集、管理、分析、表达（刘瑜，2022），帮助城市管理者和决策者了解城市的空间特征、资源分布、环境状况等，为城市规划、土地利用、交通管理、环境保护等提供科学依据和决策支持。城市地理信息科学可以综合利用遥感影像、地理位置数据、地图数据、人口数据、建筑数据等多种数据源，通过空间分析、网络分析、模型模拟等技术手段，为城市管理和发展提供全面、准确、及时的地理信息支持（廖小罕，2020）。城市地理信息科学具有以下 5 个特点。

（1）空间性。城市地理信息科学能够准确描述和分析城市的地理特征，包括地理位置、边界、土地利用和建筑物分布等。

（2）综合性。城市地理信息科学可以整合多种数据源信息，如遥感影像、地图数据、人口数据和建筑数据等，提供全面的城市信息。

（3）实时性。城市地理信息科学中的地理信息系统能够及时更新和处理数据，实时反映城市的变化和发展趋势。

（4）可视化。城市地理信息科学以图形化的方式展示地理信息数据，通过地图、图表和可视化模型等形式，直观地呈现城市的空间特征和变化。

（5）分析性。城市地理信息科学能够进行空间分析和模型模拟，如空间查询、缓冲区分析和路径分析，为城市管理和决策提供科学依据。

综上所述，城市地理信息科学具有空间性、综合性、实时性、可视化和分析性等特点，经历了从传统地理学以及传统地图制作到计算机辅助设计再到空间数据集成和实时智能化的发展历程，不断地提升数据处理能力和空间分析功能，为城市管理和决策提供了更强大的工具和支持。城市地理信息科学发展经历了以下 4 个主要阶段（周成虎 等，2020）。

（1）初期阶段（20 世纪 60—70 年代）。在这个阶段，城市地理信息科学主要依赖传统的地理信息数据和地图制作技术，主要应用于城市规划和土地管理领域，包括绘制和管理城市地图、土地利用和基础设施信息。

（2）技术发展阶段（20 世纪 80—90 年代）。随着计算机技术和地理信息系统技术的快速发展，城市地理信息科学开始采用计算机辅助设计（computer aided design，CAD）和地理信息系统（GIS）技术。这一阶段的主要特点是数据的数字化和计算机化处理，使得城市地理信息科学具备了更高的数据处理能力和空间分析功能。

（3）空间数据集成阶段（21 世纪 00—10 年代）。在这个阶段，城市地理信息科学开始整合多源数据，包括遥感影像、卫星数据、人口普查数据和建筑数据等，形成了多层次、多维度的城市空间数据集成体系，使得城市地理信息科学能够提供更全面、精确的城市信息，并支持更复杂的空间分析和模拟。

（4）实时更新和智能化阶段（21 世纪 20 年代至今）。随着物联网、云计算和人工智能等技术的发展，城市地理信息科学开始实现实时更新和智能化分析。通过利用传感器和监测设备，城市地理信息系统可以实时收集和处理城市的各种数据，并通过智能算法和模型进行实时分析和预测，为城市管理和决策提供更准确、及时的信息支持。

1.1.2 组成、功能和分类

城市地理信息科学主要研究城市地理信息的获取、处理、管理和应用，其组成包括城市地理信息系统、全球导航定位技术、遥感技术等。

城市地理信息系统是一个由硬件、软件、数据和人员组成的系统，用于存储、管理、分析和展示与城市相关的地理数据和信息，具有多种功能和分类。城市地理信息系统具有数据采集和管理、空间分析和模拟、可视化展示和决策支持等功能。它能够采集和管理各种地理数据，实现数据的统一管理和存储。同时，城市地理信息系统具有空间分析和模拟功能，可以进行空间查询、缓冲区分析、网络分析、空间插值等，帮助用户理解和解决城市空间问题。此外，城市地理信息系统能够将地理数据以地图、图表、报表等形式进行可视化展示，帮助用户直观地理解和分析城市情况。最重要的是，城市地理信息系统可以为城市规划和管理提供决策支持，通过数据分析和模拟，帮助决策者制定合理的城市发展策略和政策。

全球导航定位技术是一种以人造地球卫星为基础的高精度无线导航定位系统，它由地面控制部分、空间部分和用户装置 3 个部分组成。其中，地面控制部分包括主控站、地面天线、监测站和通信辅助系统。主控站负责管理和协调整个地面控制系统的工作；地面天线向卫星注入导航电文；监测站用于数据自动收集；通信辅助系统用于数据传输。空间部分由 24 颗卫星组成，分布在 6 个轨道平面上。用户装置部分主要由 GPS 接收机和卫星天线组成。其系统组成使得它在全球任何地方以及近地空间都能提供准确的地理位置、车行速度及精确的时间信息，具有高精度、全天候、全球覆盖、方便灵活等特点。

遥感技术是一种非接触、远距离的探测技术，用于获取目标物体的电磁波特性，从而提取信息。遥感技术主要由信息源、信息获取、信息处理和信息应用等方面组成，其中，信息源是遥感需要探测的目标物体。任何目标物体都具有反射、吸收、透射和辐射电磁波的特性，遥感技术通过探测目标物体对电磁波的反射、辐射特性来获取信息。信息获取是指运用遥感技术装备对目标物体的电磁波特性进行探测的过程，信息获取所采用的遥感技术装备主要包括遥感平台和传感器。信息处理是指对获取到的遥感信息进行校正、分析和解译处理的过程，其作用是掌握或清除遥感原始信息中的误差，从而提取出被探测目标物体的有用信息。信息应用是指将遥感信息应用于各个领域遥感信息可以作为地理信息系统的数据源，供人们进行查询、统计和分析利用。遥感技术由于具备全球性、高效性、多源性、多时相性等特点，已被广泛应用于环境监测、资源调查、城市规划、农业生产等领域。

1.2　学科基础

1.2.1　自然地理

1. 城市水文和气象的基本概念、特征和分类

城市水文主要指城市地区的水文循环和水资源状况，包括城市降水、蒸发、径流、地下水、水质等要素，以及城市化对这些要素的影响和反馈。城市水文有2个主要的特点，即综合性和动态性，其中，综合性指的是城市水文研究的对象是城市内外受到城市化影响的水文过程，动态性指的是城市水文研究的对象是动态变化的。城市水文可以根据不同的方法进行分类，如可以根据城市类型划分为沿海城市水文、内陆城市水文、干旱城市水文等（陈发虎 等，2021），也可以根据研究对象的不同分为城市内部水文和城市外部水文。

城市气象指城市地区的气候状况和气象现象，包括城市温度、湿度、风速、降水、辐射等要素，以及城市化对这些要素的影响和反馈。城市下垫面的改变，以及城市化的加剧，使得城市气象的环境条件不断发生着变化，包括天气、气候和大气环境的变化等（苗世光 等，2020）。城市气象的特征因城市的地理位置、气候、人口密度、建筑物密度、交通等因素而异，一般包括城市热岛效应、城市风场变化、城市降水增加等。城市气象可以按照城市地理位置、地形等因素划分为海洋性气候、山地气候等。

水文循环在城市水文和城市气象中起到了中间角色的作用，它们相互作用、相互制约，共同维持着城市的生态平衡。

（1）城市水文循环的过程。水文循环指地球上水分在不同形态之间的循环过程，可分为大循环和小循环。其中，大循环主要包括蒸发、降水、地表径流和地下径流，小循环分为陆地小循环和海洋小循环。陆地小循环指陆地上的水通过蒸发过程进入大气，之后遇冷凝结成水滴或冰雪颗粒，又回到陆地上的循环过程。海洋小循环指水从海洋上蒸发进入大气，遇冷后形成降水，又回落到海洋的循环过程。水文循环是地球上海洋、陆地和大气之间相互作用中最活跃且最重要的枢纽，能为城市提供饮用水、废水营养物的回收、废水灌溉等（Niemczynowicz，1999），对于维持生态平衡和人类社会的发展具有重要意义。

城市水文循环指城市区域内的自然水循环，包括降水、蒸发、渗漏、径流等，主要是自然现象，但由于受到城市化的影响，与自然区域的水文循环有所差异，涉及城市的洪涝灾害、地下水位变化、生态环境恢复等方面的问题。

（2）城市水文循环的影响因素。城市水文循环主要受到气候变化、人类活动的影响，快速城市化也会反作用于城市水文循环（Yang and Wang，2014）。气候变化会影响城市区域的降水、蒸发、温度等水文要素，从而改变城市水文循环的速率和方向；人类活动，尤其是城市化进程，会改变城市区域的地貌、下垫面、排水性能等水文条件，从而增加地面径流，减少入渗和蒸发，进而引发城市洪涝灾害、地下水位下降、水质恶化等问题。因此，城市水文循环需要科学的管理和调控，以保持水循环的良好平衡，促进城市的可持续化发展。

（3）城市水文循环的环境效应。城市水文循环过程产生的环境效应主要包括以下4个方面。①城市中地表不透水面积的增加，可能会减少植被覆盖，导致城市区域的蒸发量降低，形成干岛效应。②城市中降水、产流、汇流、入渗等水文循环过程发生改变，可能会增加地表径流系数和洪峰流量，缩短汇流时间，降低地下水位，容易引起城市内涝、河水断流、水资源短缺等问题。③城市中气候条件发生改变、温度和湿度提高，容易形成城市热岛效应，影响城市降水的分布和强度，增加暴雨的频率和强度。④城市区域的水质和水生态发生改变，污染物的排放和扩散增加，容易导致水质恶化、富营养化、缺氧等现象，从而破坏水生态系统的平衡和多样性。

2. 城市气候的形成、变化和生态服务

（1）城市气候的形成。城市气候指因城市化的影响而形成的一种局部气候，它与城市周围区域的气候有所不同。城市气候的形成主要与城市地表的热物理特性、城市的人为热源、城市的空气污染、城市的地形和地理位置等有关。

（2）城市气候的变化。城市气候特别容易受到极端天气的影响（Masson et al.，2020），其变化主要表现在以下 4 个方面。①城市热岛效应：城市中建筑物密集，人类活动频繁，导致城市地区的温度高于周围农村地区，形成了一个热岛。②城市风场变化：城市中建筑物阻挡风的流动造成城市地区的风速较周围地区低，同时也影响了风向和湍流的分布。③城市降水变化：城市中空气污染物和粉尘的增加影响了云的形成和降水过程，导致城市地区的降水量和降水强度与周围地区不同。④城市空气质量变化：城市中燃料消耗和工业排放的增加，造成城市地区的空气中含有大量有害气体和颗粒物，如二氧化碳、二氧化硫、一氧化碳等，容易对人体健康和生态环境造成危害。

（3）城市气候的生态服务。城市气候的生态服务指城市气候为人类和自然环境所提供的各种功能和价值，如调节温度、湿度、空气质量、水文循环等。生态服务的类型可以划分为以下 4 类。①提供服务：城市气候为人类提供了自然资源，如太阳能、风能、雨水等，可以用于生产和生活。②调节服务：城市气候通过影响温度、湿度、风速、降水等气象要素，对城市环境和人体健康产生重要作用，如缓解热岛效应、净化空气、降低噪音、改善水质等。③文化服务：城市气候为人类提供了文化和精神享受，如美化景观、增加舒适度、提高幸福感等。④支持服务：城市气候为其他生态服务提供了基础性的支持，如维持水循环、碳循环、能量平衡等。

3. 城市水文气象的监测、评价和管理

城市水文气象指城市地区的水文和气象过程及其相互作用，包括城市降水、蒸发、径流、洪涝、干旱等现象。城市水文气象的监测、评价和管理指利用各种仪器设备和技术方法，对城市水文气象要素进行定量观测、分析和控制，以保障城市防洪排涝、水资源合理利用和生态环境保护等目标的实现。

（1）监测。根据城市特点，布设适当的水文站网，采用自动化、智能化、网络化的技术手段，对城市降水、径流、地下水、土壤含水量等要素进行实时或定期的观测，获取城市的水文气象数据。

（2）评价。运用统计学、数学模型、遥感技术等方法，对城市的水文气象数据进行质量控制、校验和分析，评估城市水文气象的状况和变化趋势，识别城市洪涝、干旱等灾害风险，为城市规划和管理提供科学依据。

（3）管理。根据城市水文气象的评价结果，制定合理的防洪排涝、节约用水、生态修复等措施，调节城市水循环和水平衡，优化城市水资源的配置和利用效率，改善城市水环境质量，提高城市抵御自然灾害的能力。

1.2.2　人文地理

人文地理是城市地理信息科学的另一重要学科基础。通过对人文地理的研究，可以了解城市的社会经济状况、人口分布和城市发展的历史演变等方面的信息，为城市地理信息科学的规划和管理提供依据。城市人文地理探讨城市的起源和发展、城市人口的分布和迁移、城市的社会经济特征等。

1. 城市的起源和发展

城市的起源和发展不仅是人类社会历史演进的重要组成部分，而且是城市人文地理研究的重要内容之一。城市的形成的研究内容涵盖人类社会从农耕社会向城市化社会转变的过程，包括城市形成的原因和动力，不同历史时期城市发展的特点和阶段，以及城市规模、结构和功能的变化（陆大道 等，2020）。

（1）城市形成的原因和动力。城市形成的原因和动力可以归结为农业发展、经济交流、政治权力集中和社会文化发展等多个方面。农业发展促进了人口增长和农业生产的集约化，经济交流促进了城市作为商业和交通中心，政治权力集中和社会文化发展也推动了城市的形成。

（2）不同历史时期城市发展的特点和阶段。城市发展经历了不同的历史时期，每个时期都有其特定的发展特征和主要产业。例如，古代城市的特点是以城墙为界限，城市中心有政治和宗教建筑，以及以农业和手工业为主要经济活动；中世纪城市的特点是以城市特权和市场为基础，商业和手工业的发展成为城市的主要动力；现代城市的特点是工业化和城市化的加速，城市规模和人口大幅增长，服务业和知识经济成为主要产业。

（3）城市规模、结构和功能的变化。城市规模、结构和功能的变化是城市发展过程中的重要表现。城市规模指城市的人口数量和面积，随着城市化的进程加速，城市规模不断扩大。城市结构涉及城市的布局和空间组织，包括城市中心区、住宅区、商业区、工业区等不同功能区域的划分。城市功能指城市在经济、政治、文化和社会等方面的作用和职能，随着时代的变迁，城市的功能也在不断演变和调整。

2. 城市人口的分布和迁移

城市人口的分布和迁移是城市人文地理研究的重要内容之一，主要包括人口分布的格局和变化趋势，城市人口增长和减少的原因，以及城市内部、城市间及农村向城市的人口迁移现象等方面，对于理解城市人口的空间分布和变化趋势具有重要意义。

（1）人口分布的格局和变化趋势。城市人口分布的格局和变化趋势受多种因素的影响。一般来说，城市人口密度较高，人口分布呈现明显的空间集聚特征。大城市和特定地理位置的城市往往人口密度更高。城市人口分布的变化趋势受到城市化进程中的人口增长、城市外迁和城市内部人口流动的影响。

（2）城市人口增长和减少的原因。城市人口增长和减少的原因多种多样。人口增长的原因主要包括自然增长（出生率高于死亡率）和人口迁移（外来移民和内部迁移）。人口减少的原因主要包括低生育率、高死亡率、人口外流和气候恶化等（Cattaneo and Peri，2016）。

（3）城市内部、城市间及农村向城市的人口迁移现象。城市内部和城市间的人口迁移现象是城市人口分布和迁移的重要方面。城市内部人口迁移可能是城市发展不均衡、就业机会和教育资源的差异等因素导致的。城市间人口迁移可能是经济发展、政策导向、环境条件等因素导致的。农村向城市的人口迁移可能是城市提供了更高的生活质量，具备更集中的社会资源（如教育、医疗、公共服务等）因素导致的（Buhaug and Urdal，2013）。

3. 城市的社会经济特征

城市的社会经济特征指城市在社会和经济方面的特点。如城市的经济活动多样性、高度专业化劳动力、高度集中的人口、高消费水平和消费多样性，以及社会多元性和文化多样性等特征，都对城市的经济发展和社会进步起到了重要的作用（Lambiri et al.，2007）。

（1）经济活动多样性。城市是经济活动的中心，产业结构和经济活动具有多样性。城市内有各种各样的企业和产业，包括制造业、服务业、金融业、科技业等。多样性的经济活动为城市提供了更多的就业机会和经济发展的动力。

（2）高度专业化劳动力。城市的劳动力更加专业化和高度分工。城市提供了更多的教育和培训机会，人们可以获得更高的教育水平和专业技能，从而能更好地适应城市的经济发展需求。专业化劳动力的存在促进了城市的经济发展和创新能力提高。

（3）高度集中的人口。城市通常有高度集中的人口。城市提供了更多的就业机会、教育和医疗资源等，吸引了大量人口聚集。人口集中导致城市的人口密度较高，同时也导致城市面临一些挑战，如交通拥堵、住房紧张等。

（4）高消费水平和消费多样性。城市居民的消费水平相对较高，城市提供了丰富多样的消费选择。城市内有各种商业设施和服务，包括购物中心、餐饮业、娱乐设施等。高消费水平和消费多样性对城市经济的发展起到了推动作用。

（5）社会多元性和文化多样性。城市是多元性社会和多样性文化的集合体。城市吸引了来自不同地区和国家的人口，城市内生活着不同民族、宗教、语言和文化的群体。社会多元性和文化多样性使得城市具有丰富的社会交往和文化活动。

1.2.3 遥感和测绘

1. 遥感和测绘的原理、技术和应用流程

（1）原理介绍。

遥感是从高空或外层空间，通过飞机或卫星等运载工具搭载传感器，“遥远”地采集目标地物的数据，并通过数据处理、分析后获取目标对象的属性、空间分布特征或时空变化规律的一门学科和技术（Rees，2013）。

测绘是运用系统的方法，结合各种技术手段来获取和管理空间数据，并作为科研、管理、法律和技术服务的一部分参与空间信息生产和管理的一门应用学科。测绘的主要内容包括测量空间、大地的各种信息（如位置、高程、形状、大小等）、地球重力场及其内部物理特征、运动物体的特征及其多维参数等。

测绘和遥感的联系与区别如下：①测绘和遥感都是空间信息技术的重要组成部分，都可以用于获取和管理城市地理数据，如位置、高程、形状、大小、地貌、地形等，也都可以用于城市规划、建设、管理等方面。②测绘是运用各种技术手段来测量空间数据的一门应用学科，遥感是利用遥感器从空中探测地面物体性质的一门技术。测绘的主要技术手段是全球导航卫星系统（global navigation satellite system，GNSS），遥感的主要技术手段是卫星遥感。测绘可以提供更精确的空间数据，遥感可以提供更广泛的空间信息。

（2）技术和应用流程。遥感和测绘在城市地理数据的获取和应用中涉及的技术和流程大致如下。

第一，遥感技术。遥感技术主要是利用卫星遥感器从空中探测地面物体性质的一门技术，包括数据获取、数据处理、数据分析和数据应用4个步骤。数据获取指利用卫星平台搭载的各种光学、雷达、红外传感器等，接收地面物体反射或发射的电磁波信号。数据处理指对遥感影像进行校正、配准、融合、分类等操作，提高数据的质量和精度。数据分析指利用各种遥感分析模型，如反演、变化检测、目标识别等，从遥感影像中提取有价值的信息，如土地利用、城市扩张、环境变化等。数据应用指将遥感信息与其他空间信息结合，运用地理信息系统（GIS）等工具，为城市规划、建设、管理等方面提供决策支持。

第二，测绘技术。测绘技术是运用各种技术手段来测量空间数据的一门应用学科，包括数据采集、数据处理、数据表达和数据管理4个步骤。数据采集指利用全球导航卫星系统（GNSS）等设备，测量地面物体的位置、高程、形状、大小等参数，形成测绘数据。数据处理指对测绘数据进行平差、转换、拟合等操作，提高数据的精度和可靠性。数据表达指利用图形、图像、文字等方式，将测绘数据呈现出来，形成测绘成果，如地图、图表、报告等。数据管理指利用数据库等工具，对测绘成果进行存储、更新、查询和共享。

2. 遥感和测绘数据的类型、特征和处理

（1）数据类型。遥感数据主要分为模拟数据和数字数据两类。模拟数据指用胶片记录的遥感影像，如航空摄影、卫星摄影等。数字数据指用数字信号记录的遥感影像，如光学扫描、数字传输等。测绘数据主要分为点、线、面、体4种类型，分别表示地面物体的位置、形状、大小等属性。

（2）数据特征。遥感数据主要有如下特点：①探测范围大，具有综合、宏观的特点；②信息量大，具有获取手段多、技术先进的特点；③获取信息快，更新周期短，具有动态监测的特点；④用途广、效益高。测绘数据的特点包括：①精度高，具有准确、可靠的特点；②表达丰富，具有图形、图像、文字等多种方式；③管理规范，具有法律效力，符合国家标准。

（3）数据处理。遥感数据处理主要包括图像预处理、图像增强、图像变换、图像分类等步骤。图像预处理指对遥感影像进行几何校正、辐射校正等操作，消除系统误差和随机误差。图像增强指对遥感影像进行对比度拉伸、滤波平滑等操作，提高图像的视觉效果和信息含量。图像变换指对遥感影像进行主成分分析、小波变换等操作，提取图像的特征信息，降低数据冗余。图像分类指利用监督分类或非监督分类等方法，根据地面物体的电磁波辐射在遥感图像上的特征，判断识别地面物体的属性。测绘数据处理主要包括数据平差、数据转换、数据拟合等步骤。数据平差指利用最小二乘法等方法，对测绘数据进行加权平均或最优估计，消除随机误差并提高精度。数据转换指利用坐标系转换、投影变换等方法，对测绘数据进行不同空间参考的转换，实现不同空间尺度或不同空间形式之间数据的对应。数据拟合指利用曲线拟合、曲面拟合等方法，对测绘数据进行数学建模和参数估计，进而描述地面物体的形状和规律。

3. 遥感和测绘在城市地理信息科学中的作用和应用

（1）遥感和测绘在城市地理信息科学中的作用。遥感和测绘可以为城市地理信息科学提供高精度、高效率、高时效的数据源，支持城市规划、建设、管理和服务等各个方面。应用遥感技术可以实现对城市形态与结构的精准化与高效化监测，通过遥感和测绘获取到的数据信息能够为城市的基础建设与相关要素发展提供重要的参考依据（于永民，2017）。遥感和测绘具有以下特点：①可以突破地形制约，不受外界干扰，保证测绘精度；②可以感测较大范围，获取信息量大，获取信息快，更新周期短，具有动态监测的特点；③可以利用多种传感器和平台，提供多种类型和尺度的数据，满足不同需求。

（2）遥感和测绘在城市地理信息科学中的应用。随着遥感测绘技术的快速发展，其应用范围不断扩大。例如，现阶段在GIS技术的应用下，遥感数据的异构性提升得较快，数据呈现出多尺度和多格式等特点（陈天喜，2022）。遥感测绘在城市地理信息科学中的应用主要包括以下6个方面。①地理形式展示。遥感和测绘可以通过卫星影像、航空影像、无人机影像等方式，直观地展示城市的地形、地貌、土地利用、建筑物等地理要素，为城市规划和设计提供基础数据。②数据修正。遥感和测绘可以通过图像预处理、图像配准、图像融合等方法，对城市地理信息数据进行几何校正、辐射校正、数据更新等操作，提高数据的质量和可靠性。③地质测绘。遥感和测绘可以通过多光谱、高光谱、热红外等技术，对城市的地质构造、矿产资源、水文地质等进行探测和分析，为城市资源开发和环境保护提供依据。④成像质量提升。遥感和的测绘可以通过图像增强、图像变换、图像分类等方法，对城市的遥感影像进行对比度拉伸、滤波平滑、特征提取等操作，提高图像的视觉效果和信息含量。⑤辅助数据。遥感和测绘可以通过主成分分析、小波变换等方法，对城市的遥感影像进行降维处理，生成辅助数据，并与其他数据源进行融合分析，提高数据的利用率和价值。⑥监测地表变化。遥感和测绘可以通过多时相影像对比分析，对城市的土地利用变化、建设进度、人口密度变化等进行动态监测和评估，为城市管理和服务提供支持。

遥感和测绘在城市地理中有着广泛的应用。例如，基于遥感技术实现对城市的三维建模、地形分析、土地利用分类、城市热岛效应监测等功能，为城市规划和管理提供数据支持；利用遥感技术进行城市地质灾害风险评估，实现对城市及周边区域发生滑坡、泥石流、地裂缝等灾害的快速识别、监测和预警，为城市防灾减灾提供技术支持；利用遥感技术进行城市生态环境评价，实现对城市植被覆盖度、空气质量、水质状况等指标的监测和评价，为城市生态文明建设提供科学依据。将测绘技术应用于对城市的空间布局、土地利用、交通网络等方面的精确测量和分析，为城市规划编制和管理提供精确的数据和统一的基准。例如，北京市利用GPS测绘技术，建立了北京市城市测量控制网，为北京市的城市地理信息系统平台提供了统一的测绘基准。

1.2.4 计算机科学

1. 计算机科学的基本概念、原理和方法

（1）基本概念。计算机科学的基本概念主要涉及计算机硬件、计算机软件、算法、数据结构、编程语言、数据库等多个方面。

计算机硬件指计算机系统的物理组成部分，包括中央处理器（CPU）、内存、硬盘、显示器、键盘、鼠标等。硬件负责执行计算机程序的指令并处理数据。

计算机软件指计算机系统中的程序和数据。软件可以分为系统软件和应用软件两大类。系统软件包括操作系统、编译器、数据库管理系统等，可用于管理和控制计算机系统的运行。应用软件指为特定任务或应用需求而开发的软件，如办公软件、图像处理软件等。

算法指解决问题的一系列步骤或指令。在计算机科学中，算法精确描述了如何通过有限的步骤和有限的时间来解决问题。

数据结构指组织和存储数据的方式。它涉及如何组织和管理数据，以便有效地进行操作和访问。常见的数据结构包括数组、链表、栈、队列、树、图等。

编程语言指用于编写计算机程序的形式化语言。它定义了一组语法规则和语义规则，用于编写和执行计算机程序。常见的编程语言包括 C、Java、Python、JavaScript 等。

数据库指用于存储和管理数据的系统。它提供了一种结构化的方式来组织和存储数据，并提供了查询和操作数据的功能。常见的数据库系统包括 MySQL、Oracle、SQL Server 等。

人工智能是研究和开发智能机器的学科。它涉及模拟和实现人类思维的方法和技术，包括机器学习、自然语言处理、计算机视觉等。

（2）原理。城市地理信息系统是城市地理信息科学的一个分支，其中涉及的计算机科学原理主要有以下6类。

第一类，数据结构和算法。城市地理信息系统中的数据通常是大规模的地理空间数据，如地图、遥感影像等。为了高效地存储和查询这些数据，需要使用适当的数据结构和算法。常见的数据结构有空间索引结构，如四叉树、R 树等，可用于快速地检索和查询空间数据。

第二类，数据库管理系统。城市地理信息系统通常使用数据库来存储和管理地理空间数据。数据库管理系统（database management system，DBMS）提供了数据的结构化存储、高效查询和更新等功能。在城市地理信息系统中，常用的数据库管理系统包括关系数据库（如 MySQL、Oracle）和空间数据库（如 PostGIS）。

第三类，空间数据模型。城市地理信息系统需要对地理空间数据进行建模和表示。常用的空间数据模型包括矢量数据模型和栅格数据模型。矢量数据模型使用点、线、面等几何对象来表示地理空间数据，栅格数据模型使用像素网格来表示地理空间数据。这些数据模型提供了不同的数据表示和分析方法，适用于不同类型的地理空间数据。

第四类，空间数据分析。城市地理信息系统需要进行各种空间数据分析，如缓冲区分析、叠加分析、路径分析等。这些分析需要使用空间分析算法和方法，如距离计算、空间关系判断等。同时，还需要考虑数据的精度和准确性，以及处理大规模数据的效率和可扩展性。

第五类，空间数据可视化。城市地理信息系统需要将地理空间数据以图形的形式展示给用户。空间数据的可视化涉及地图制作、图表绘制等技术，需要考虑数据的可视化效果、交互性和易用性。常用的可视化工具包括地图引擎（如 Mapbox、Leaflet）、可视化库（如 D3. js、Matplotlib）等。

第六类，空间数据挖掘和机器学习。城市地理信息系统介绍了地理数据挖掘和机器学习的基本原理和方法，如聚类、分类、回归等，以及它们在地理信息系统中的应用。

（3）方法。计算机科学的方法指在解决问题或实现目标时，使用计算机科学的原理、技术和工具进行分析、设计、实现和评估的过程。计算机科学的方法主要包括以下6个方面。

第一，问题分析。在解决问题之前，需要对问题进行详细的分析和理解，包括确定问题的需求和目标、明确问题的输入和输出、分析问题的特点和约束条件等。问题分析的目的是确保对问题有清晰的认识，为后续设计解决方案提供基础。

第二，算法设计。算法是计算机科学中解决问题的基础。算法设计指根据问题的特点和需求，设计出能够解决问题的步骤和规则。算法设计的目标是使算法具有高效、准确和可靠的特性。常见的算法设计方法包括分治法、动态规划法、贪心算法、回溯法等。

第三，数据结构选择。数据结构是组织和存储数据的方式。在解决问题时，需要选择合适的数据结构来存储和操作问题对应的数据。数据结构的选择应考虑问题的特点和需求，以及数据的访问和操作效率。常见的数据结构包括数组、链表、栈、队列、树、图等。

第四，编程实现。计算机科学的方法需要通过编程语言将算法和数据结构转化为可执行的程序。编程实现的过程包括将算法转化为具体的代码，选择合适的编程语言和开发环境，进行编译和调试等。编程实现的目标是将解决方案转化为计算机可执行的形式。

第五，测试和评估。在编程实现计算机程序之后，需要进行测试和评估来验证程序的正确性和性能。测试指通过输入一组测试数据，检查程序的输出是否符合预期。评估指对程序的性能和效果进行评估，如运行时间、内存占用、准确性等。测试和评估的目的是确保程序的质量和可靠性。

第六，优化和改进。在实际应用中，计算机科学的方法可能需要进行优化和改进。优化指通过改进算法、数据结构或编程实现，提高程序的运行效率和性能。改进指根据用户反馈和需求，对程序进行修改和扩展，以满足新的需求和功能。

2. 计算机程序设计的语言、工具和技巧

城市地理信息科学在计算机程序设计方面有一些特定的语言、工具和技术。以下对城市地理信息系统中计算机程序设计常用的语言、工具进行详细介绍。

（1）编程语言。

Python 是城市地理信息系统（UGIS）中最常用的编程语言之一。它具有简洁易读的语法和丰富的第三方库，如 GeoPandas、Shapely 和 Folium，可以方便地处理地理数据、进行空间分析和可视化。

R 也是 UGIS 中常用的编程语言之一，特别适合用于统计分析和数据可视化。它有许多与地理信息系统相关的包，如 sp、rgdal 和 Leaflet，可以进行地理数据处理和地图绘制。

（2）开发工具。

Jupyter Notebook 是一个交互式的开发环境，可以结合代码、文本和图像，方便地进行数据分析和可视化。它支持 Python 和 R 等多种编程语言，并且可以直接在浏览器中运行。

QuantumGIS（QGIS）是一个开源的地理信息系统软件，提供了丰富的功能和工具，可以进行地理数据的处理、分析和可视化。它支持 Python 和 R 的插件，可以进行自动化的地理处理和脚本编写。

（3）数据处理和分析。

GeoPandas 是一个基于 Pandas 的地理数据处理库，提供了专门用于处理地理数据的数据结构和函数。它可以方便地进行地理数据的读取、转换、筛选和计算。

PostGIS 是一个扩展的地理空间数据库，可以与 PostgreSQL 数据库一起使用。它提供了许多地理空间函数和查询语句，可以进行高效的地理数据处理和分析。

（4）地理信息系统工具。

ArcGIS 是一个商业化的地理信息系统软件，提供了强大的地理数据处理和分析功能。它支持多种编程语言和脚本，可以进行自动化的地理处理和脚本编写。

Leaflet 是一个开源的 JavaScript 库，用于创建交互式地图。它可以与地理数据进行集成，支持各种地图图层和标记，可以在网页中展示地理信息系统数据。

（5）网络编程和 Web 开发。

Flask 是一个轻量级的 Python Web 框架，用于开发 Web 应用程序。它可以方便地进行数据的传输和通信，支持 RESTful API 的开发。

Django 是一个强大的 Python Web 框架，提供了完整的 Web 开发工具和功能。它可以用于构建复杂的Web应用程序，包括地理信息系统。

通过使用这些语言、工具和技巧进行设计，UGIS中的计算机程序可以更加高效和灵活地处理地理数据、进行空间分析和可视化。同时，还可以开发出更加强大和易用的城市地理信息系统。

3. 计算机科学在城市地理信息科学中的作用和应用

计算机科学是城市地理信息科学的基础，它提供了强大的工具和技术，用于处理、分析和可视化大量的地理数据，在城市地理信息科学中扮演着重要的角色，为城市地理信息科学的建设和应用提供了技术支持。以下对计算机科学在城市地理信息科学中的作用和应用进行详细阐述。

（1）数据处理和管理。城市地理信息科学需要处理和管理大量的地理数据，如地图、卫星影像、传感器数据等。计算机科学提供了各种数据处理和管理的技术，如数据库管理系统、数据挖掘和机器学习等。这些技术可以帮助有效地存储、查询和分析地理数据，从而提取有用的信息和知识。

（2）空间分析和模拟。城市地理信息科学需要进行各种空间分析和模拟，如地理空间查询、路径规划、空间插值等。计算机科学提供了各种算法和技术，如空间索引、图算法和模拟建模等，可以帮助城市地理信息系统进行高效和准确的空间分析和模拟。

（3）可视化和交互。城市地理信息科学需要通过计算机将地理数据可视化，并与用户进行交互，以便更好地理解和分析地理信息。计算机科学提供了各种可视化和交互的技术，如地图绘制、数据可视化和用户界面设计等。这些技术可以帮助设计和开发出直观、易用和交互式的城市地理信息系统。

（4）智能决策和规划。城市地理信息科学需要支持智能决策和规划，如城市规划、交通优化和环境管理等。计算机科学提供了各种智能决策和规划的技术，如决策支持系统、优化算法和智能模型等。这些技术可以帮助城市地理信息科学进行精确、高效和可持续的城市规划和管理。

（5）数据共享和协作。城市地理信息科学需要实现数据共享和协作，以便不同的利益相关者可以共同使用和分析地理数据。计算机科学提供了各种数据共享和协作的技术，如云计算、分布式计算和Web服务等。这些技术可以帮助实现数据的共享、集成和协作，从而促进城市规划和管理的合作和协调。

总之，计算机科学在城市地理信息科学中发挥着重要的作用，它提供了丰富的工具和技术，用于处理、分析和可视化地理数据，支持智能决策和规划，并促进数据的共享和协作。通过计算机科学的应用，城市地理信息科学可以更好地协助理解和管理城市空间，提高城市发展的可持续性和生活质量。

1.3 应用范畴

城市地理信息科学的应用范畴非常广泛，涉及城市、区域、土地、灾害、资源、环境、交通、水利、农业、产业、人口、文化、卫生、治安、住房、城管、基础设施和规划管理等领域的政府部门业务、企业运营、物流和大众出行服务。它可以为这些领域提供基于位置的信息服务，集成、关联、融合各种数据资源，为大数据挖掘、知识逻辑推理和知识发现提供支持。它也可以通过各项空间分析、空间感知和智慧决策为这些领域提供数字化的基础设施规划和管理服务，促进城市资源的公平管理、快速调配，支撑构建更加高效、智慧的城市空间管理体系。城市地理信息科学的应用范畴主要可以划分为城市规划和管理、城市资源和环境、城市交通和物流、城市社会和文化4个方面。

1.3.1 城市规划和管理

城市规划和管理指处理城市及其邻近区域的工程建设、经济和社会发展、土地利用布局以及对未来发展进行预测的专门学问或技术。它不仅对一个城市的整体空间布局起着重要作用，而且对城市的经济、政治、文化能够持续、稳定、健康地发展具有重要意义。它的目的是提高城市的功能性、美观性、可持续性和适应性，满足城市居民的各种需求和期望。GIS技术可以为城市规划和管理提供城市空间可视化、分析、模拟、评估和优化等功能，帮助规划师和管理者制定更加科学、合理、高效的规划方案和管理措施。城市地理信息科学在城市规划和管理中的应用如下。

城市地理信息科学可以利用地理信息系统、遥感、卫星导航系统等技术，为城市规划提供基于位置的信息服务，集成、关联、融合全市域的全部信息资源，为大数据挖掘、知识逻辑推理和知识发现提供支持。

城市地理信息科学可以在土地利用规划、城市设计、城市更新、城市交通规划、城市环境规划等工作中发挥作用，提高城市规划的科学性、合理性和可视化，对谋划城市的定位、发展方向与规模具有指导意义（付明花，2013）。

城市地理信息科学可以通过时空信息云平台的建设，满足各项城市量化计算、空间感知和智慧决策需求，提供数字化的基础设施管理平台，促进城市资源的公平管理、快速调配，支撑构建更加高效、智慧的城市空间管理体系。

1.3.2 城市资源和环境

城市资源和环境指城市中的自然资源、人文资源、社会资源、经济资源、生态资源和环境质量等要素，它们共同构成了城市的物质基础、社会基础和生态基础。城市地理信息科学在这方面的应用主要是通过GIS技术，为城市资源和环境的调查、监测、评价、保护和管理提供基于位置的信息服务。GIS技术还可以为城市资源和环境的可视化、分析、模拟、优化和决策提供服务，帮助城市实现资源的合理利用、节约集约、循环利用和可持续发展，提高城市的生态效益和环境效益。城市地理信息科学在城市资源和环境方面的应用主要包括以下两个方面。

（1）城市资源和环境的监测和评价。利用GIS技术对城市空气质量、水质量、噪声、温室气体排放等进行监测和评价，以保护城市生态环境和人类健康（程琦 等，2021）。

（2）城市灾害预警和应急响应。利用GIS技术对城市洪涝、地震、火灾等灾害进行风险分析和预警，以减少灾害损失并提高应急响应效率。

1.3.3 城市交通和物流

城市交通和物流指对城市中的人员、货物和信息进行运输、分配和管理的活动，它们是城市经济、社会和生活的重要组成部分，也是城市可持续发展的重要保障（耿莉萍、陈易辰，2011）。城市地理信息科学在这方面的应用主要是利用GIS技术强大的空间数据处理能力，为城市交通和物流系统的设计、建设、运营、监控和优化提供服务。GIS技术还可以帮助城市实现交通运输的高效、安全、便捷和绿色，提高城市交通和物流系统的运行效率和效益。城市地理信息科学在城市交通和物流方面的应用主要包括以下 4 个方面（Chen et al.，2021）。

（1）城市公共交通。利用 GIS 技术进行公共交通线路的设计、评价、调整和管理，提供公共交通信息服务，如实时公交、出租车、共享单车等，提高公共交通的效率和便利性（Chen et al.，2016）。

（2）城市轨道交通。利用 GIS 技术进行轨道交通线路的选址、规划、建设和运营，分析轨道交通的影响因素、效益和风险，提供轨道交通信息服务，如换乘导航、票价查询等，提高轨道交通的竞争力和吸引力。

（3）城市微观交通仿真。利用 GIS 技术进行城市微观交通的建模、模拟和分析，考虑各种交通参与者的行为特征、决策机制和相互作用，评估不同交通方案和控制策略对城市微观交通的影响，为城市微观交通管理提供科学依据。

（4）城市货运物流。利用 GIS 技术进行城市货运物流的规划、组织、协调和监控，分析城市货运物流的需求、供给、成本、效率等，制定合理的货运物流网络和路径，提供货运物流信息服务，如货物追踪、配送状态等，提高城市货运物流的服务水平。

1.3.4　城市社会和文化

城市社会指城市中的人口、社会结构、社会组织、社会关系、社会问题等方面的总和，反映了城市的人文特征和社会功能。城市社会是城市发展的主体和动力，也是城市发展的目标和结果。城市社会的形成和变化受到自然环境、经济发展、政治制度、文化传统等多种因素的影响，同时也对这些因素产生反馈和影响。

城市文化指城市中的物质文化、精神文化、行为文化和制度文化等方面的总和，反映了城市的历史积淀、文化特色和价值取向。城市文化是城市发展的灵魂和基础，也是城市发展的标志和象征。城市文化的形成和变化受到自然环境、经济发展、政治制度、文化传统等多种因素的影响，同时也对这些因素产生反馈和影响。

城市地理信息科学在城市社会和文化方面的应用主要包括以下 4 个方面。

（1）利用 GIS 技术分析城市人口的规模、分布、流动、结构，以揭示城市人口的特征和规律，为城市人口规划和管理提供支持。

（2）利用 GIS 技术进行城市社会组织的识别、分类、定位等分析，以揭示城市社会组织的形态和功能，为城市社会治理和服务提供支持。

（3）利用 GIS 技术进行城市社会问题的监测、预警、评估等分析，以揭示城市社会问题的成因和影响，为城市社会稳定和发展提供支持。

（4）利用 GIS 技术进行城市物质文化的展示、保护、利用等分析，以揭示城市物质文化的价值和意义，为城市文化遗产和旅游业提供支持。

第 2 章　城市时空信息数据

2.1 空间认知

空间认知指个体对于空间环境的感知、理解和表征，以及在空间环境中的行为和决策。它涉及个体对于空间信息的获取、加工和利用，以及建立和维护空间的认知表征和地图。

2.1.1 空间认知的概念、原理和模型

1. 空间认知的概念和原理

空间认知的概念来自行为地理学和认知心理学领域。在行为地理学中，空间认知的研究关注人类如何感知和利用环境中的空间信息，是人类获取地理空间知识、认识地理环境的重要方法和手段，以及这些信息如何影响个体的行为和决策。在认知心理学中，空间认知的研究关注个体如何构建、存储和使用关于空间的认知表征和地图。空间认知的理论包括以下重要的概念和原理。

（1）空间感知。空间感知是对结构、实体和空间关系的内心描绘和认识，即对空间和思想的重建和内在反映（冯健，2005）。个体通过感官获取空间信息，包括视觉、听觉、触觉等。人的感知系统是根据环境中的物理特征进行信息处理和获取的。

（2）认知地图。认知地图是个体在大脑中建立和维护的对于环境中空间关系的内部表征。它是一个心理模型，描述了个体对于环境的认知结构，包括地理特征、路径、地标等。认知地图不一定与地理地图一一对应，它可能是个体对于环境的主观组织和表示。

（3）空间注意和记忆。个体在空间环境中需要选择性地关注和记忆特定的空间信息。空间注意与认知注意密切相关，个体根据任务需求和目标选择性地引起和维持对于特定空间信息的注意。空间记忆涉及个体在认知地图中存储和检索空间信息的能力。

（4）空间导航和定位。个体通过使用自身位置感和环境信息进行空间导航和定位（De Cothi and Barry，2020）。空间导航包括路径选择、方向判断、距离估计等能力，空间定位涉及个体在环境中确定自身位置的能力。

2. 空间认知的模型

空间认知的模型旨在解释和预测个体在空间环境中的感知、理解和行为。其中最著名的模型是大脑认知地图模型（cognitive map model），它是由行为地理学家 Edward Tolman 于 1948 年提出的（Glykas，2010）。该模型认为个体在空间环境中建立认知地图，并根据这个地图进行导航和决策。其他模型还包括地理知觉模型、路径选择模型等，它们试图解释个体如何在环境中获取、加工和利用空间信息。

总体而言，空间认知的研究关注个体如何感知、理解和利用空间环境，建立认知地图并进行空间导航和决策。在行为地理学和认知心理学中，已经形成了一些重要的概念、理论和模型，用于解释和预测个体的空间认知和行为（Mark et al.，1999）。

2.1.2 空间认知的影响因素、测量方法和评价指标

空间认知的影响因素包括空间经验、空间能力和社会文化因素。空间认知的测量方法包括路径记忆、空间导航和问卷调查等。空间认知的评价指标包括准确性、完整性和效率等，这些指标可以帮助研究者理解和评估个体在空间环境中的认知能力和行为表现。

1. 空间认知的影响因素

（1）空间经验。个体对于空间环境的认知受到其在环境中的经验和接触的影响。经验丰富的个体可能更加熟悉和了解环境中的空间关系，对于空间信息的感知和利用也更加准确和高效。

（2）空间能力。个体的空间能力包括感知、记忆、导航和定位等方面的能力。这些能力的差异会影响个体对于空间信息的获取和利用。例如，个体的空间记忆能力强，可能更容易建立和维护认知地图。

（3）社会文化因素。社会文化因素会影响个体对于空间环境的认知。不同的文化背景下，个体可能对于空间关系的理解和表征方式有所差异。社会文化因素还可以通过影响个体的空间经验和教育背景来间接影响空间认知。

2. 空间认知的测量方法

（1）路径记忆。通过让个体在实验室或真实环境中记忆和复述特定路径的方式来测量个体的路径记忆能力。可以通过记录正确路径的长度、方向和地标等指标来评估个体的路径记忆准确性和完整性。

（2）空间导航。通过让个体在实验室或虚拟环境中完成导航任务的方式来测量个体的空间导航能力。可以通过记录导航过程中的路径选择、方向判断和时间等指标来评估个体的导航准确性和效率。

（3）问卷调查。通过设计针对空间认知的问卷调查来获取个体对于空间环境的主观感知和理解。问卷可以包括对于特定地点、路径或地标的认知评价，以及对于空间关系的理解和表征方式的评价。

3. 空间认知的评价指标

（1）准确性。评估个体对于空间信息的感知和理解的准确性，即其与实际环境的一致程度。可以通过与地理数据进行对比来评估个体的空间认知的准确性。

（2）完整性。评估个体对于空间信息的表征的完整性，即其是否包含了环境中的所有关键地点、路径和地标等。可以通过与实际环境进行对比来评估个体的认知地图的完整性。

（3）效率。评估个体在空间导航和决策中的效率，即其完成任务所需的时间和资源消耗。可以通过记录导航过程中的路径长度、方向判断的准确性和时间等指标来评估个体的导航效率。

2.1.3 空间认知在城市地理信息科学中的作用和应用

空间认知在城市地理信息科学中具有重要的作用，且其应用非常广泛。可以通过了解个体对于城市空间的认知和行为，更好地理解和分析城市现象，为城市规划师和管理者提供更准确和有效的决策支持。空间认知在城市地理信息科学中的作用和应用主要体现在以下 5 个方面。

（1）城市规划和设计。空间认知可以帮助城市规划师和设计师更好地理解和分析城市

居民对于城市空间的感知和使用。通过了解居民对于不同区域的认知和评价，可以更好地满足他们的需求，提升城市发展的可持续性和人居环境质量。

（2）地理信息科学分析。空间认知可以帮助提升 GIS 分析结果，如路径规划和网络优化。通过了解个体在空间中的认知和行为，可以更准确地预测和模拟其路径选择和行动。这对于交通规划、物流管理和紧急响应等领域都具有重要意义。

（3）城市交通与出行。空间认知可以帮助研究城市居民的出行决策和行为。通过了解个体对于城市交通网络的认知和理解，可以预测和模拟其出行模式和路径选择。这对于交通管理和出行政策的制定具有重要意义。

（4）城市环境感知和评价。空间认知可以帮助研究城市居民对于城市环境的感知和评价。通过了解个体对于城市景观、公共空间和环境质量的感知和评价，可以获取城市居民对于城市环境的需求和偏好的信息，以指导城市环境的改善和管理（王茂军 等，2009）。

（5）城市可视化和用户体验。空间认知可以帮助设计和开发城市可视化工具和应用。通过了解个体对于城市空间的认知和理解，可以设计出更符合用户认知和需求的城市可视化界面和交互方式，以提升用户体验和参与度。

2.2 数据结构

2.2.1 数据结构的概念、分类和特征

1. 概念

数据结构是计算机科学中研究数据组织、存储和管理的一门学科。它指一组数据元素及其之间的关系，以及在这些数据元素上定义的一组操作。数据结构旨在提供高效的数据操作和访问方式，以满足不同应用场景下的需求。

在数据结构中，数据元素是数据的基本单位，可以是一个数字、一个字符、一个对象等。数据元素之间的关系可以是线性的，也可以是非线性的。线性关系指数据元素之间存在一对一的关系，如数组中的元素按照顺序排列；非线性关系指数据元素之间存在多对多的关系，如树中的节点之间存在父子关系。

数据结构还定义了一组操作，用于对数据元素进行增删改查等操作。这些操作可以是插入、删除、查找、排序等。数据结构的设计应该考虑到对数据的操作效率，不同的数据结构在不同的操作上有着不同的效率。

数据结构的设计和选择应该根据具体的应用场景和需求来进行。不同的数据结构适用于不同的场景，如数组适用于随机访问，链表适用于插入和删除操作频繁的场景。选择合适的数据结构可以提高程序的性能和效率。

2. 分类

在城市地理信息科学中，数据结构主要划分为矢量数据结构、栅格数据结构、拓扑数据结构、层次数据结构和索引数据结构。以下是一些常见的数据结构分类。

（1）矢量数据结构。矢量数据结构将地理空间数据表示为点、线、面等几何对象。常见的矢量数据结构包括点、线、面、多点、多线、多边形等。

（2）栅格数据结构。栅格数据结构将地理空间划分为规则的网格单元，每个单元包含一个值。常见的栅格数据结构包括点栅格、线栅格和面栅格。

（3）拓扑数据结构。拓扑数据结构用于描述地理对象之间的拓扑关系，即对象之间的邻接关系和连接关系。

（4）层次数据结构。层次数据结构用于表示地理对象的层次结构，即对象之间的包含关系。

（5）索引数据结构。索引数据结构用于加快地理数据的查询和检索速度。常见的索引数据结构包括四叉树（Quadtree）、R树（R-tree）、KD树（KD-tree）等。

这些数据结构的选择和设计需要根据具体的需求和应用场景进行评估和决策。不同的数据结构可以提供不同的地理数据操作和查询功能，以方便对城市地理数据进行管理。

3. 特征

在城市地理信息科学中，数据结构的特征主要包括以下6个方面。

（1）空间性。城市地理数据结构主要用于存储和处理地理空间信息。因此，数据结构需要具备对地理空间信息的表达和操作能力。例如，矢量数据结构能够表示点、线、面等地理对象的几何形状和位置关系；栅格数据结构能够表示地理空间的离散化和连续性。

（2）拓扑性。城市地理对象往往具有拓扑关系，即对象之间的邻接关系和连接关系。因此，数据结构需要能够表示和处理地理对象之间的拓扑关系。例如，拓扑数据结构能够表示地理对象之间的邻接关系和连接关系，以支持拓扑查询和分析。

（3）层次性。城市地理对象通常具有层次结构，即对象之间的包含关系。因此，数据结构需要能够表示和处理地理对象的层次结构。例如，层次数据结构能够表示点、线、面等地理对象的层次关系，以支持层次查询和分析。

（4）索引性。城市地理数据往往非常庞大，需要高效的数据索引机制来提高数据查询和检索的速度。因此，数据结构需要具备高效的索引特性。例如，索引数据结构能够加速地理数据的查询和检索，以提高系统的响应性能。

（5）可扩展性。城市地理数据往往具有不断变化和增长的特点，需要具备良好的可扩展性。因此，数据结构需要能够支持数据的动态更新和扩展，以适应地理数据的变化和增长。

（6）空间复杂度和时间复杂度。城市地理数据结构需要具备较低的空间复杂度和较高的时间复杂度。因此，数据结构需要能够高效地利用存储空间，并且要能够快速地进行数据操作和查询。

2.2.2　数据结构的存储方式

在城市地理信息科学中，数据结构在计算机中的存储方式可以分为以下4种。

（1）文件存储。城市地理数据可以以文件的形式进行存储。每个文件通常对应一个地理数据集，例如，一个矢量文件用于存储点、线、面等地理对象的几何信息，一个栅格文件用于存储地理空间的离散化和连续性。文件存储方式简单直观，适用于小规模的数据集。

（2）数据库存储，城市地理数据也可以以数据库的形式进行存储。常见的数据库管理系统包括关系型数据库（如MySQL、Oracle）和非关系型数据库（如MongoDB、Redis）。数据库存储的方式可以提供更高效的数据管理和查询功能，适用于大规模的数据集和复杂的数据操作。

（3）索引存储，为了加快地理数据的查询和检索速度，可以使用索引数据结构来存储地理数据。索引存储的方式将地理数据按照特定的索引结构进行组织和存储，以支持高效的空间查询。常见的索引存储方式包括四叉树、R 树、KD 树等。

（4）内存存储，为了提高地理数据的访问速度，可以将部分或全部数据存储在内存中。内存存储的方式可以大大加快数据的读取和处理速度，适用于对实时性要求较高的应用场景。同时，内存存储的方式还可以结合索引数据结构，进一步提升数据查询和检索的性能。

2.2.3 数据结构的设计与实现技术

在地理信息科学中，数据结构在计算机中的设计和实现技术涉及多个方面，包括数据模型选择、数据存储方式、索引结构设计等，具体如下。

（1）数据模型选择。在地理信息科学中，常用的数据模型包括矢量模型和栅格模型。矢量模型以点、线、面等几何要素来表示地理对象，适用于精确表示地理对象的形状和位置关系。栅格模型将地理空间划分为规则的网格单元，适用于描述地理现象的分布和变化。需要根据具体的应用需求和数据特点，选择合适的数据模型来设计和实现地理数据结构。

（2）数据存储方式。地理数据可以以文件存储或数据库存储的方式进行存储。文件存储的方式简单直观，适用于小规模的数据集。数据库存储的方式能提供更高效的数据管理和查询功能，适用于大规模的数据集和复杂的数据操作。需要根据数据规模、查询需求和性能要求，选择合适的数据存储方式。

（3）索引结构设计。为了加快地理数据的查询和检索速度，需要设计合适的索引结构来存储地理数据。常见的索引结构包括四叉树、R 树、KD 树等。这些索引结构能够将地理数据按照特定的方式进行组织和存储，以支持高效的空间查询。需要根据数据特点和查询需求，选择合适的索引结构来设计和实现地理数据结构。

（4）空间分析算法。在地理信息科学中，数据结构的设计和实现还需要考虑空间分析算法。空间分析算法可以用于处理地理数据的空间关系和空间操作，如判断两个地理对象是否相交、计算地理对象的距离等。常见的空间分析算法包括缓冲区分析、叠加分析、网络分析等。需要根据具体的空间分析需求，选择合适的算法来设计和实现地理数据结构。

（5）数据库管理系统。在城市地理信息科学中，要实现对城市地理大数据的存储与管理，需要建立数据库管理系统（DBMS）。DBMS 提供了数据存储、查询、更新和管理等功能，对地理数据结构的设计和实现有着重要影响。常见的 DBMS 包括关系型数据库（如 MySQL、Oracle）和非关系型数据库（如 MongoDB、Redis）。需要根据具体的需求，选择合适的 DBMS 来支持地理数据结构的设计和实现。

2.3 数据获取

2.3.1 数据获取的来源和类型

随着城市化和互联网信息化发展，城市地理数据呈现指数级的增长。根据数据内容和形式的不同，可以将城市地理数据划分为以下 4 类。

（1）地理、生态环境数据。这类数据主要来源于遥感影像卫星、资源卫星、气象卫星等空间平台，以及地面观测站、传感器网络等地理观测设备。这类数据可以反映城市的地形、地貌、土壤、水文、气候、植被、生态等自然特征，也可以反映城市的空气质量、噪声、温室气体排放等环境问题。

（2）城市宏观数据。这类数据主要来源于国家统计局以及各地方统计局进行的与城市发展相关的调查，如城市人口、经济、社会、教育、卫生、住房等方面的数据。这类数据可以反映城市的规模、结构、功能、发展水平等宏观特征，也可以反映城市的发展问题和政策效果。

（3）微观社会调研数据。这类数据主要来源于国家或相关科研机构组织进行的社会调查，如中国家庭追踪调查（China family panel studies，CFPS）、中国健康与营养调查（China health and nutrition survey，CHNS）、中国社会状况综合调查（Chinese general social survey，CGSS）等。这类数据可以反映城市居民的生活状况、消费行为、健康状况、价值观念等微观特征，也可以反映城市居民的需求和满意度。

（4）城市互联网大数据。这类数据主要来源于互联网平台或移动设备产生的海量用户行为，多来源于百度指数、高德地图、社交媒体等。这类数据可以反映城市居民的出行模式、消费偏好、情感态度等动态特征，也可以反映城市的热点事件和舆情变化（杜云艳 等，2021）。

2.3.2　数据获取的方法和步骤

城市的矢量地图数据，如道路、河流、建筑物等，可以通过国家基础地理信息中心、高德地图开放平台、百度地图开放平台等获取。

城市宏观数据，可以通过国家统计局网站或各省市统计局网站查询或下载，也可以通过第三方平台如国泰安数据库、CEIC 数据库等获取更多维度和格式的数据。

社会调查数据，可以通过相关科研机构的网站或数据库下载，如中国家庭追踪调查（CFPS）、中国健康与营养调查（CHNS）、中国社会状况综合调查（CGSS）等，也可以通过第三方平台（如中国社会科学院数据中心、清华大学数据中心等）获取更多类型和来源的数据。

城市互联网大数据，可以通过一些互联网平台或移动设备提供的开放接口或工具获取，如百度指数、高德地图 API、微博开放平台等，也可以通过第三方平台（如易观智库、TalkingData 等）获取更多维度的数据和相关分析。

1. 空间数据存储

（1）空间数据库的概念。空间数据库指 GIS 在计算机物理存储介质上存储的与应用相关的地理空间数据的总和。空间数据库主要是为 GIS 提供空间数据的存储和管理方法（Breunig et al.，2020），通常由数据库存储系统、数据库管理系统、数据库应用系统三部分组成。空间数据库有五种管理方式：基于文件的管理方式、文件与关系数据混合型空间数据库、全关系型空间数据库、对象－关系型空间数据库和面向对象空间数据库。

相较于一般的数据存储方式，空间数据库具有以下特点：①能存储海量空间数据；②能将属性数据和空间数据联合管理以表达地理要素的特征和位置；③可以高效地存储和分析空间数据，支持多种空间数据类型和操作；④可以与其他数据库系统或应用程序集成，提供位置智能分析和地图服务。

（2）空间数据库的类型。空间数据库有很多种类型，它们分别应用于不同的场景，提供不同的空间数据操作。

第一，分布式数据库。分布式数据库是使用计算机网络把物理上分散的空间数据库连接起来，共同组成一个统一的数据库的空间数据库管理系统（韩海洋 等，2000）。相较于集成式的空间数据库，分布式空间数据库具有以下3个特点：①更好的数据存储和更新。数据存储分布在各个专业职能部门，减少了数据集中存储的复杂性和单一地点的数据量，并由数据所在部门进行维护和更新。②更有效的数据恢复。专业数据按类别存储在专业职能部门，数据责任明确，数据组织更有效，数据查询方向更明确。③更有效的数据输出。数据由专业职能部门维护，可以保障权威的数据供给。

第二，基于Web的空间数据库。基于Web的空间数据库指通过Web技术和协议来实现空间数据的存储、访问和管理的数据库系统。相较于传统的空间数据库，基于Web的空间数据库具有以下4个特点：①更方便的空间数据访问和共享。用户可以通过Web浏览器或移动设备来访问和共享空间数据，无须安装专门的软件或驱动。②更灵活的空间数据集成和交换。用户可以通过Web服务或协议来集成和交换不同来源和格式的空间数据，避免了数据的多次转换或导入。③更丰富的空间数据展示和交互。用户可以通过Web地图或应用来展示和交互空间数据。④更低的空间数据成本和风险。用户可以通过开源的软件和协议来建立和维护空间数据库，无须购买昂贵的许可凭证或承担侵犯版权风险。

第三，时空数据库。时空数据库是一种能够存储和管理时空数据的数据库。时空数据指具有时间和空间属性的数据，如物体的位置、轨迹、范围等。时空数据库可以存储和管理城市地理空间内与自然、经济、社会、人类活动等相关的多源数据，如位置轨迹数据、地图数据、遥感影像数据等（王慧 等，2023）。相较于传统数据库，时空数据库的优、缺点如下：①优点。时空数据库可以存储和管理位置或形状随时间变化的各类空间对象，如传感器数据、移动设备数据、地图数据等。时空数据库可以利用时空数据模型、时空索引和时空算子，对时空数据进行高效的检索、分析和可视化。时空数据库可以支持时空数据和业务数据一体化存储、无缝衔接，易于集成使用。②缺点。时空数据库需要处理超大规模的时空数据，对存储和计算资源的要求较高。时空数据库需要考虑时空数据的复杂性、动态性和不确定性，对数据模型和算法的设计有较大的挑战。时空数据库需要兼容不同的标准和格式，数据的转换和集成有较高的难度。

（3）空间数据查询及定义。

空间数据查询指从空间数据库中查找或者标识一系列满足特定的语义与空间关系准则的地理目标子集的过程。空间查询的目的是为用户查找满足特定条件的空间要素，不改变空间数据库数据，也不产生新的空间实体和数据。

空间数据指用来表示地理空间系统诸要素的数量、质量、分布、相互联系及变化规律等特征的数据。空间数据的组成包括位置、属性和时间。

2. 空间数据互操作

通常，不同的GIS软件对数据模型和数据结构的定义有所差异，导致不同的GIS软件所支持的数据存储格式不能直接相互使用，需要经过特定格式转换后才能被对方使用。空间数据互操作指不同的GIS软件之间，对不同格式的数据进行相互转换和使用的操作，具有高度的抽象性（Jiang et al.，2018）。空间数据互操作是实现空间数据共享的基础。

（1）数据格式转换的方式。①通过外部数据交换文件进行转换。即通过一种中间格式来实现不同格式数据之间的转换，如ArcInfo的EOO格式、MapInfo的MID/MIF格式、AutoCAD的DXF格式等。②通过标准空间数据文件进行转换。定义空间数据交换文件标准，每个GIS软件都按这个标准向外提供交换格式，并提供读入标准格式的接口。这样系统之间的数据交换只需经过2次转换即可完成。③通过标准的API函数进行转换。若不同的GIS软件之间能提供直接读取对方存储格式的 API 函数，则系统之间的数据交换只需一次转换即可完成。

（2）矢量数据和栅格数据之间的转换。

矢量数据和栅格数据是 GIS 系统中主要的数据格式，二者各有其优劣势：①栅格数据结构简单，易于计算和显示，便于空间分析和地表模拟，但数据量较大；②矢量数据结构严密，数据量小，且图形显示质量好、精度高，尤其其拓扑结构能完整地描述空间关系，但计算量大、速度慢。因此，在数据分析、制图和显示时，经常需要对二者进行相互转换，来实现优势互补。

一般来说，矢量数据转栅格数据比较方便，只需要根据设定的栅格分辨率，将矢量数据的空间特征转为离散的栅格单元，并赋予栅格属性值。点的栅格化只需要将点的坐标换算为栅格行列号并将点的特征赋予栅格属性值即可；线的栅格化有八方向和全方向两种，分别根据线段的斜率和方向确定栅格点；面的栅格化有内部点扩散法、射线法、线扫描法等。

栅格数据转矢量数据，需要将离散的栅格单元转换为独立表达的点、线或多边形，通常需要经过多个步骤，如多边形边界的提取、边界线追踪、拓扑关系生成、除去多余点及曲线圆滑等。

2.3.3　数据的质量评估

1. 评估指标

城市地理数据获取的质量和效率评估需要考虑数据的类型、内容、规格、制作方式、更新周期、应用场景等因素，并考虑数据的准确性、完整性、时效性、一致性、可用性等指标（薛冰 等，2023）。

第一，数据的准确性指数据是否正确反映了真实的现象或情况，是否符合预设的标准或规范，是否没有错误或偏差。

第二，数据的完整性指数据是否包含了所有需要的信息，是否没有遗漏或缺失，是否能满足数据使用者的需求。

第三，数据的时效性指数据是否能及时地获取、更新和传递，是否能反映最新的变化或动态，是否能在有效的时间范围内使用。

第四，数据的一致性指数据是否在不同的来源、场景或平台中保持一致，是否没有矛盾或冲突，是否遵循统一的规则或标准。

第五，数据的可用性指数据是否能容易地获取、存储和处理，是否有合适的格式和结构，是否有清晰的定义和描述，是否有有效的保护和管理。

2. 评估方法

空间数据质量的评估方法分为直接评估法和间接评估法。直接评估指通过对数据集全面检测或抽样检测的方式进行质量评估，而间接评估指通过对数据源、生产方法、数据处理等间接信息进行检查以评估数据集质量。

2.4 数据分析

2.4.1 数据分析的概念

城市地理数据实质上是空间数据，对其进行分析的过程即空间分析。空间分析指对具有空间坐标或相对位置的数据和过程进行深度加工的理论和方法，是对地理空间现象的定量化研究，以提取空间数据中隐含的空间信息，如地理对象的空间位置、空间分布、空间形态、空间构成和空间演变等。根据数据类型，空间分析可以分为矢量数据空间分析和栅格数据空间分析，前者包括叠加分析、邻近度分析、网络分析等，后者包括数字地形模型分析、栅格统计分析、地图代数等。

2.4.2 数据分析的方法

1. 数字地形分析

数字地形分析（digital terrain analysis，DTA）指在数字地形模型（digital terrain model，DTM）上进行地形属性计算和特征提取的数字信息处理技术。DTM 是利用一个任意坐标系中大量选择的已知 x、y、z 的坐标点对连续地面进行模拟表示，或者说，DTM 就是地形表面形态属性信息的数字表达，是带有空间位置特征和地形属性特征的数字描述（Hirt，2016）。DTA 常用于流域分析、地形特征提取、可视域分析等。

流域分析指基于数字高程模型（digital elevation model，DEM）的一种数字水文分析技术。它利用 DEM 来提取流域特征，如流向、流量、坡度、坡向等，常应用于水文分析、流域规划、防洪预警等方面。流域分析的主要步骤有生成 DEM、填洼处理、判断水流方向、链接河流、提取流域等。

地形特征提取指从 DEM 中提取地形点、地形线、地形面等地形结构的基本特征，并通过基本要素的组合进行地表形态分析。地形特征提取是为了定性或定量地表达地表的几何形态、空间分布、动态变化等特征，以支持水土流失、土地利用、土地资源评价、城市规划等方面的研究和应用。

可视域分析指对给定观察点可视覆盖区域的分析，其目的是确定一个或多个观察点在一定的空间范围和方向范围内所能看到的区域，以支持城市规划、景观评价、军事侦察等方面的研究和应用。

2. 叠合分析

叠合分析是一种地理信息处理方法，它可以将不同的空间数据图层叠加在一起，以产生新的空间特征或属性。叠合分析有两种主要的类型，即基于矢量数据的叠合分析和基于栅格数据的叠合分析。

（1）基于矢量数据的叠合分析。基于矢量数据的叠合分析指在相同的空间坐标系统下，将同一地区的两个或多个不同地理特征的空间和属性数据叠加，以产生新的空间图形或空间位置上的新属性。常用的方法有点与多边形的叠合、线与多边形的叠合和多边形与多边形的叠合等。其中，多边形与多边形的叠合又可以分为 Union、Intersect、Identity、Erase 和 Update 等操作。

（2）基于栅格数据的叠合分析。基于栅格数据的叠合分析指将同一地区的两个或多个栅格数据图层进行数学运算，以得到新的栅格数据图层。常用的运算方法包括布尔逻辑运算、地图代数法和重分类。布尔逻辑运算是对栅格数据进行交、并、差、余等集合运算。地图代数法是对栅格数据进行加、减、乘、除等算术运算。重分类是对栅格数据进行重新分组或赋值。

3. 邻近度分析

邻近度分析指描述和分析地理空间中两个或多个地物之间的距离或相邻关系的一种空间分析方法。邻近度分析可以分为最近邻分析、缓冲区分析和邻域分析等。最近邻分析指将区域中点的分布与基于相同区域中点的理论意义的随机分布相比较，以判断点的分布是否呈现聚集、随机或均匀的趋势。缓冲区分析指根据分析对象的点、线、面实体，自动建立它们周围一定距离的带状区，以识别这些实体或主体对邻近对象的辐射范围或影响度。邻域分析指根据每个栅格像元周围一定范围内的像元值，计算该像元的新值，以反映空间变化或特征。

4. 网络分析

网络分析是对地理网络或城市基础设施网络进行空间分析和优化的技术。网络分析通常可以分为以下 5 种类型。

（1）点对点分析。点对点分析指寻找两个地点之间的最佳路线。

（2）服务区域分析。服务区域分析指明确从一个或多个地点出发，在一定时间或距离内可以到达的区域。

（3）最近设施分析。最近设施分析指找出距离一个或多个事件最近的设施，如医院、消防站等。

（4）位置分配分析。位置分配分析指根据需求和供给，将需求点分配给最合适的供给点，如将学生分配到学校、将货物分配到仓库等。

（5）车辆路径分析。车辆路径分析指规划一组车辆的行驶路线，以满足各种约束条件，如时间窗口、容量限制、优先级等。

5. 空间相关性分析

空间相关性分析是对空间数据的分布模式和相互关系进行量化和检验的方法。空间相关性分析可以分为 2 种类型。

（1）空间自相关分析。空间自相关分析指衡量一个变量在空间上的相似性或差异性，如高/低聚类报表、莫兰指数等。

（2）空间交叉相关分析。空间交叉相关分析指衡量两个或多个变量在空间上的相关程度，如两个变量相关系数的空间分布图。

6. 地理模拟

地理模拟是利用 GIS 的功能和方法，对地理现象和过程进行抽象、描述和重现的过程。地理模拟可分为以下 3 种类型。

（1）静态模拟。静态模拟指根据已有的空间数据，生成新的空间数据，如插值、分类、叠加等。

（2）动态模拟。动态模拟指根据空间数据的变化规律，预测未来的空间数据，如趋势分析、马尔可夫链等。

（3）过程模拟。过程模拟指根据地理系统的结构和功能，模拟地理系统的运行机制，如元胞自动机、多主体系统等。

2.4.3 数据分析的流程和框架

城市地理数据分析的流程和框架可能根据不同的目的和需求有所区别，但一般包括以下4个步骤。

（1）数据获取。数据获取指从各种来源收集和整理城市空间数据，如遥感影像、地形图、统计数据等。

（2）数据处理。数据处理指对城市空间数据进行清洗、转换、投影、融合等操作，以提高数据的质量和一致性。

（3）数据分析。数据分析指对城市空间数据进行空间统计、空间聚类、空间回归、空间模式等分析，以揭示城市空间的特征和规律。

（4）数据可视化。数据可视化指利用地图、图表、动画等方式，将城市空间数据的分析结果以直观和美观的形式呈现给用户。

第3章　城市地理信息科学的技术方法

3.1　统计分析

3.1.1　统计分析的概念、原理和方法

统计分析指通过对数据进行整理、描述、分析和解释，从数据中提取有关现象、关系或规律的信息的过程。通过合理应用统计分析方法，可以为科学研究和决策的制定提供科学依据。统计分析的原理和方法主要包括以下6个方面。

（1）样本与总体。统计分析的基本思想是通过对样本数据的分析推断总体的特征或规律。样本是总体的一个子集，通过对样本数据的分析，可以对总体进行推断。样本的选择应该具有代表性，即能够准确反映总体的特征。

（2）描述统计分析。描述统计分析是对数据进行整理、概括和描述的过程。常用的描述统计指标包括计数、求和、平均值、中位数、标准差等。通过这些统计指标，可以了解数据的集中趋势、离散程度和分布形态等信息。

（3）推断统计分析。推断统计分析是通过对样本数据的分析，对总体的特征进行推断的过程。推断统计分析的核心是利用概率和统计模型，对样本数据的抽样误差进行估计，从而得出对总体的估计或假设检验的结论。

（4）假设检验。假设检验是统计分析中常用的方法，用于检验关于总体参数的假设是否成立。假设检验的基本步骤包括提出原假设和备择假设、选择适当的统计检验方法、计算检验统计量、确定显著性水平、进行假设检验并得出结论。

（5）相关分析。相关分析是研究变量之间关系的统计方法。常用的相关分析方法包括皮尔逊（Person）相关系数、斯皮尔曼（Spearman）相关系数和判定系数等。通过相关分析可以了解变量之间的线性关系强度和方向。

（6）回归分析。回归分析是研究变量之间关系的统计方法，用于建立变量之间的数学模型。常用的回归分析方法包括线性回归、多元线性回归和逻辑回归等。通过回归分析可以预测和解释因变量的变化。

3.1.2　统计分析在城市地理信息科学中的应用

通过统计分析可以揭示数据的分布特征、关联关系和趋势变化，从而为城市规划、环境评估、交通管理等方面的决策提供科学依据。城市地理信息科学中应用的统计分析的方法包括描述统计分析、空间统计分析、时空统计分析和空间交互分析等（Xia et al.，2020）。

（1）描述统计分析。描述统计分析是对城市地理数据进行基本的统计描述和概括的方法。常用的描述统计指标包括计数、求和、平均值、中位数、标准差等。通过这些统计指标，可以了解数据的集中趋势、离散程度和分布形态等信息。

（2）空间统计分析。空间统计分析是对城市地理数据的空间关系进行统计和分析的方

法。常用的空间统计分析方法包括空间自相关分析、聚类分析和热点分析等。空间自相关分析用于研究地理现象在空间上的相关性，包括全局自相关和局部自相关。聚类分析用于识别空间上的聚集和分散现象，包括点聚类和区域聚类。热点分析用于识别地理现象的高值和低值区域，以揭示空间分布的异质性。

（3）时空统计分析。时空统计分析是对城市地理数据的时空变化进行统计和分析的方法。常用的时空统计分析方法包括时序分析、时空聚类和时空回归等。时序分析用于研究地理现象随时间的变化趋势，包括时间序列模型和趋势分析。时空聚类用于识别地理现象在时空上的聚集和分散现象，包括时空点聚类和时空区域聚类。时空回归用于研究地理现象在时空上的影响因素和关联关系，包括时空回归模型和时空关联分析。

（4）空间交互分析。空间交互分析是对城市地理数据的空间交互关系进行统计和分析的方法。常用的空间交互分析方法包括距离分析、邻近分析和网络分析等。距离分析用于计算地理现象之间的距离和接近程度，包括欧氏距离、曼哈顿距离和最短路径距离等。邻近分析用于研究地理现象的邻近关系和空间连接性，包括邻近图、邻近度和聚集度等。网络分析用于研究城市交通网络的路径规划和网络优化，包括最短路径、最优路径和网络流等。

3.2 空间分析

3.2.1 空间分析的核心内容和关键技术

空间分析是地理信息科学的一项重要技术，主要用于研究和分析地理现象的空间关系和空间模式。其核心内容和关键技术主要包括以下 6 个方面。

（1）空间数据模型。空间数据模型是空间分析的基础，用于描述和组织地理现象的空间特征。常用的空间数据模型包括点模型、线模型和面模型。通过空间数据模型，可以对地理现象的位置、形状、大小等进行准确的描述和分析。

（2）空间关系分析。空间关系分析是研究地理现象之间的空间关系的过程。常用的空间关系包括邻近关系、包含关系、交叉关系等。通过空间关系分析，可以揭示地理现象之间的相互作用和影响。

（3）空间查询与选择。空间查询与选择是根据特定的空间条件和属性条件，从空间数据中提取符合条件的地理对象的过程。常用的空间查询包括范围查询、邻近查询、缓冲区查询等。通过空间查询与选择，可以获取感兴趣的地理对象，以进行后续的分析和应用。

（4）空间统计分析。空间统计分析是研究地理现象的空间分布特征和空间关联关系的过程。常用的空间统计分析方法包括空间自相关分析、空间插值分析、空间聚类分析等。通过空间统计分析，可以揭示地理现象的空间模式、趋势和异常情况。

（5）网络分析。网络分析是研究地理现象之间的路径规划和网络优化的过程。常用的空间网络分析方法包括最短路径分析、最优路径分析和网络流分析等。通过空间网络分析，可以确定最佳路径、最优方案和网络流量等。

（6）空间模拟与预测。空间模拟与预测是基于已有的空间数据和模型，对未来的地理现象进行模拟和预测的过程。常用的空间模拟与预测方法包括地理模型、遥感影像分析和地理模拟等。通过空间模拟与预测，可以预测地理现象的空间分布和变化趋势。

3.2.2 空间分析的软件和工具

空间分析是地理信息科学的核心应用之一，有许多软件和工具可用于空间分析。以下是一些常用的空间分析软件和工具。

（1）ArcGIS。ArcGIS 是 ESRI 公司开发的一套完整的 GIS 软件平台，包括 ArcMap、ArcCatalog 和 ArcGIS Pro 等组件。ArcGIS 提供了丰富的空间分析工具，包括空间查询、空间统计分析、空间插值分析、空间网络分析等。

（2）QGIS。QGIS 是一款免费开源的 GIS 软件，提供了广泛的空间分析功能。QGIS 具有用户友好的界面和丰富的插件，可以进行空间查询、空间统计分析、空间插值分析等。

（3）GRASS GIS。GRASS GIS 是一款免费、开源的 GIS 软件，专注于地理空间分析和地理空间建模。GRASS GIS 提供了许多高级的空间分析工具，包括地形分析、遥感影像分析和地理模拟等。

（4）R 语言。R 语言是一种常用的进行统计分析和数据可视化的编程语言，也可以用于空间分析。R 语言有许多扩展包（packages）可以用于空间分析，如 spatial、raster 和 sf 等。

（5）Python。Python 是一种通用的编程语言，广泛用于空间分析。Python 有许多库（libraries）可以用于空间分析，如 geopandas、shapely 和 pyproj 等。

（6）GeoDa。GeoDa 是一款专门用于空间数据分析和空间统计的软件，提供了许多高级的空间分析工具，如空间自相关分析、空间聚类分析和空间回归分析等。

（7）MapInfo。MapInfo 是一款商业的 GIS 软件，提供了丰富的空间分析工具，包括空间查询、空间统计分析和空间网络分析等。

除了上述列举的软件和工具，还有许多其他的空间分析软件和工具可供选择，如 SAGA GIS、ENVI、GeoTools 等。可以根据具体的需求、数据类型和分析目标选择合适的软件和工具。

3.2.3 空间分析在城市地理信息科学中的应用

空间分析在城市地理信息科学中的应用非常广泛，涉及城市规划、交通管理、犯罪分析、地理健康、城市环境、商业定位和城市景观等方面。通过合理应用空间分析技术，可以提供科学的决策支持，优化城市发展并提高居民生活质量（Wang et al.，2020）。以下列举了 7 类常见的应用。

（1）城市规划。城市规划被视为国家与社会之间的互动，旨在阐明该地区的公共政策，促进社会发展和福祉（Lopez and Castro，2020）。空间分析可以帮助城市规划师评估和优化城市规划方案。例如，通过分析人口分布、土地利用和交通网络等数据，可以确定最佳的住房和商业区域，以及交通规划和基础设施建设。

（2）城市交通。空间分析可以用于城市交通规划和管理。通过分析交通流量、交通拥堵和交通事故等数据，可以确定交通瓶颈、优化交通路线，从而提高交通效率和安全性（Droj et al.，2022）。

（3）犯罪分析。空间分析可以帮助警察和执法机构分析犯罪模式和犯罪热点，以制定更有效的犯罪预防和打击策略（Ogneva-Himmelberger et al.，2019）。例如，通过分析犯罪事件的空间分布和时间模式，可以确定最需要加强巡逻和警务资源的区域。

（4）地理健康。空间分析可以用于研究城市健康问题和疾病传播。例如，通过分析疾病发病率和人口分布等数据，可以确定疾病的高风险区域和传播路径，从而采取相应的预防和控制措施（Khashoggi and Murad，2020）。

（5）城市环境。空间分析可以用于评估和管理城市环境质量。例如，通过分析空气质量、噪声水平和绿地分布等数据，可以确定环境污染源、优化环境保护措施，从而提高居民的生活质量。

（6）商业定位。空间分析可以帮助商业决策者选择最佳的商业定位。通过分析人口密度、消费水平和竞争对手等数据，可以确定最有潜力的市场和最适合的商业位置，从而提高商业设施的竞争力和盈利能力（Murray et al.，2019）。

（7）城市景观。空间分析可以用于评估和规划城市景观（Shan and Sun，2021）。例如，通过分析土地利用、景观类型和生物多样性等数据，可以确定保护和恢复自然景观的最佳策略，从而提高城市的生态可持续性和宜居性。

3.3 可 视 化

城市地理信息可视化是将城市地理信息数据以可视化的方式呈现，如通过图表、图像、动画等形式展示城市地理信息的空间分布、关系和变化。城市地理信息可视化可以帮助人们更直观地理解和分析城市的空间特征、问题和趋势，以支持城市规划、决策和管理。

3.3.1 城市地理信息可视化的基本原则和方法

城市地理信息可视化是将城市地理信息数据以图形化的方式展示出来，以便更好地理解和分析城市的地理特征和空间关系（Sobral et al.，2019）。在进行城市地理信息可视化时，需要遵循一些基本原则并采用合适的方法，以确保可视化结果更加清晰、准确和易于理解。

1. 基本原则

（1）简洁性。可视化结果应该尽量简洁明了，避免过多的冗余信息和复杂的图形设计。只展示必要的数据和关键信息，避免视觉混乱和信息过载。

（2）一致性。保持可视化结果的一致性，包括颜色、图形符号、比例尺等方面。一致的设计可以帮助观察者更容易理解和比较不同的地理数据。

（3）清晰度。确保可视化结果的清晰度，包括图像的分辨率、字体的清晰度等。清晰的图像可以提供更好的观察和分析体验。

（4）精确性。确保可视化结果的准确性，包括数据的准确性和图形的准确性。数据应该经过验证和处理，图形应该正确地反映数据的实际情况。

（5）可交互性。提供交互式的功能，使观察者可以根据自己的需求和兴趣进行数据的探索和分析。交互式功能可以增强用户的参与感和数据的可理解性。

2. 方法

城市地理信息可视化的方法有很多，下面是一些常见的方法。

（1）地图可视化。地图是最常见的城市地理信息可视化的形式。地图可以以 2D 或 3D 的形式展现城市的地理空间分布和特征。通过使用不同的符号、颜色和图层叠加等技术，可以呈现不同的地理信息，如人口密度、土地利用、交通网络等。

（2）热力图。热力图是一种通过颜色渐变来表示数据密度或强度的可视化技术。在城市地理信息可视化中，热力图可以用来展示人口分布、交通流量、犯罪热点等。热力图的颜色渐变可以反映数据的空间分布和变化趋势。

(3) 三维可视化。通过三维可视化，可以将城市的地理信息以立体的形式呈现出来。通过使用三维模型、点云数据等，可以更准确地展示城市的建筑物、地形和地貌等特征。三维可视化可以帮助城市规划师和设计师更好地理解和规划城市的空间结构。

(4) 时间轴可视化。时间轴可视化是一种将时间维度与地理信息相结合的可视化技术。通过在地图或图表上添加时间轴，可以展示城市地理信息随时间的变化，如人口增长、土地利用变化、交通拥堵等。时间轴可视化可以帮助人们更好地理解城市的发展历程和趋势。

(5) 虚拟现实和增强现实。虚拟现实和增强现实技术可以将城市地理信息与现实世界进行融合，以提供更沉浸式和交互式的可视化体验。通过佩戴虚拟现实头盔或使用增强现实应用程序，人们可以在虚拟或增强的环境中观察和分析城市地理信息，如在虚拟城市中进行规划和设计。

3.3.2 可视化设计的流程和步骤

可视化设计的流程指在进行可视化设计时需遵循的一系列步骤。可视化设计的流程包括确定设计目标、收集和准备数据、分析数据和确定可视化方法、设计可视化界面和布局、绘制可视化图形和图表、优化和调整可视化效果、进行用户测试和反馈，以及发布和分享可视化结果等。下面是一个常见的可视化设计流程及对其中各个步骤的详细阐述。

(1) 确定设计目标。在开始可视化设计之前，需要明确设计的目标和目的。这包括要传达的信息、解决的问题或者展示的数据特征等。明确设计的目标可以帮助设计者更好地确定设计的方向和内容。

(2) 收集和准备数据。在进行可视化设计之前，需要收集和准备相关的数据。这包括从各种来源收集、整理和清洗数据，以及对数据进行必要的转换和加工等。确保数据的准确性和完整性对于可视化设计非常重要。

(3) 分析数据和确定可视化方法。在收集和准备数据后，需要对数据进行分析，以了解数据的特征和关系。基于数据分析的结果，可以确定合适的可视化方法和技术，如地图可视化、图表可视化、热力图可视化等。选择合适的可视化方法可以更好地展示数据的特点和信息。

(4) 设计可视化界面和布局。在确定可视化方法后，需要设计可视化界面和布局。这包括确定可视化元素的排列方式、颜色、字体等。设计可视化界面时，需要考虑用户的需求和使用场景，确保界面的易用性和可读性。

(5) 绘制可视化图形和图表。在设计可视化界面和布局后，可以开始绘制可视化图形和图表。这可以使用各种可视化工具和软件来实现，如数据可视化编程语言（如 Python 的 Matplotlib 库、R 的 ggplot2 库等）或可视化软件（如 Tableau、Power BI 等）。

(6) 优化和调整可视化效果。在绘制可视化图形和图表后，需要对可视化效果进行优化和调整。这包括调整颜色、字体大小、线条粗细等，以及添加必要的标签和注释。优化和调整可视化效果可以使可视化结果更加清晰、易读和美观。

(7) 进行用户测试和反馈。在完成可视化设计后，可以进行用户测试并获取用户反馈。这可以帮助设计者了解用户对可视化结果的理解和反应，并根据反馈进行必要的调整和改进。

(8) 发布和分享可视化结果。可以将可视化结果发布和分享给目标用户和观众。如将可视化结果嵌入到网站或应用程序中，或者以图片、报告等形式进行分享。

3.4 模拟预测

模拟预测是一种通过建立数学模型和使用计算机模拟技术来预测和模拟未来事件或系统行为的方法。它被广泛应用于各个领域，包括经济学、环境科学、交通规划、天气预报等。

3.4.1 城市模拟预测的基本理论和方法

城市模拟预测的基本理论和方法包括数据收集和处理、建立城市模型、参数估计和模型校准、模拟和预测，以及模型评价和优化。其基本理论和方法包括以下 5 个方面。

（1）数据收集和处理。城市模拟预测的第一步是收集和处理相关的数据，包括人口数据、经济数据、土地利用数据、交通数据等。这些数据可能来自统计局、调查问卷、遥感影像等多种来源。数据处理包括数据清洗、数据整合和数据转换等过程，以确保数据的质量和一致性。

（2）建立城市模型。城市模拟预测需要建立一个合理的城市模型，可以分为宏观模型和微观模型。宏观模型通常使用代理变量和统计模型来描述城市的发展趋势和变化规律，如经济增长模型、人口增长模型等。微观模型通常使用个体行为模型和空间模型来描述城市内部的交互和空间分布，如交通模型、土地利用模型等（Firozjaei et al.，2019；Xu et al.，2019）。

（3）参数估计和模型校准。建立城市模型后，需要对模型的参数进行估计和校准。参数估计可以使用历史数据和统计方法来进行，模型校准可以使用实地调查结果和专家经验来进行。参数估计和模型校准的目标是使模型能够更好地拟合现实情况，并具有较好的预测能力。

（4）模拟和预测。在建立和校准城市模型之后，可以利用模型进行模拟和预测。模拟指对城市的发展过程进行模拟，可以通过调整模型的输入参数来观察城市的发展趋势和变化规律。预测指对城市未来的发展进行预测，可以通过模型的输出结果来预测城市的人口增长、经济发展、土地利用等方面的变化。

（5）模型评价和优化。模型评价和优化是城市模拟预测的重要环节。模型评价可以通过与实际数据进行对比，评估模型的预测精度和准确性。模型优化可以通过调整模型的结构和参数，提高模型的预测性能和适应性。

3.4.2 城市模拟预测的验证方法和评价指标

城市模拟预测的验证方法和评价指标是评估模型预测能力和准确性的重要手段。下面详细介绍 5 种常见的验证方法和评价指标。

（1）对比验证法。这是最常用的验证方法之一，通过将模型的输出结果与实际观测数据进行对比，评估模型的预测精度和准确性。可以比较模型的输出结果与实际观测数据的差异，如误差大小、误差分布等。常见的对比指标包括均方根误差（root mean square error，RMSE）、平均绝对误差（mean absolute error，MAE）等。

（2）敏感性分析。敏感性分析通过评估模型对输入参数变化的响应程度，用于评估模型的稳定性和可靠性。可以通过改变输入参数的值，观察模型输出结果的变化情况。常见的敏感性分析方法包括单因素敏感性分析、多因素敏感性分析等。

（3）空间一致性分析。城市模拟预测通常涉及空间分布的预测，因此空间一致性分析是评价模型预测能力的重要手段。可以通过比较模型预测的空间分布与实际观测数据的空间分布，评估模型在不同空间尺度上的一致性。

（4）时间一致性分析。城市模拟预测还涉及随时间变化的预测，因此时间一致性分析也是评价模型预测能力的重要手段。可以通过比较模型预测的时间序列与实际观测数据的时间序列，评估模型在不同时间尺度上的一致性。

（5）预测能力评价指标。除了上述方法外，还可以使用一些常见的评价指标来评估模型的预测能力。常见的评价指标包括决定系数（R^2）、相关系数（Pearson 相关系数、Spearman 相关系数）、预测误差百分比（prediction error percentage，PEP）等。

总之，城市模拟预测的验证方法和评价指标可以帮助评估模型的预测能力和准确性。通过对比验证、敏感性分析、空间一致性分析、时间一致性分析和预测能力评价指标等手段，可以对模型的预测结果进行评估和优化，提高模型的预测精度和适应性。

3.5　人工智能

人工智能是利用数字计算机控制的机器来模拟、延伸和扩展人类的思维，感知环境、获取知识并使用知识获得最佳结果的理论、方法、技术和应用系统。人工智能的能力范围包括感知能力、记忆与思维能力、归纳与演绎能力、学习能力以及行为能力。人工智能可以分为弱人工智能、强人工智能、人工常规智能和人工超级智能等不同的层次。

3.5.1　人工智能的常用技术和工具

人工智能的常用技术和工具有很多，主要包括以下4种。

（1）机器学习。利用数据和算法让计算机自动学习和改进模型，以实现分类、回归、聚类、降维等任务。常用的机器学习工具有 TensorFlow、PyTorch、Scikit-learn 等。

（2）知识图谱。利用图结构表示实体和关系，构建复杂的知识系统，以实现语义搜索、推荐系统、问答系统等功能。常用的知识图谱工具有 Neo4j、GraphDB、AllegroGraph 等。

（3）自然语言处理。利用计算机处理和分析自然语言，以实现文本分析、机器翻译、语音识别、情感分析等功能。常用的自然语言处理工具有 NLTK、SpaCy、Gensim 等。

（4）计算机视觉。利用计算机处理和分析图像及视频，以实现人脸识别、目标检测、场景理解等功能。常用的计算机视觉工具有 OpenCV、PIL、Dlib 等。

3.5.2　人工智能在城市地理信息科学中的应用

人工智能在城市地理信息科学中的应用主要包括以下4个方面。

（1）空间数据挖掘和分析。利用人工智能技术对海量的空间数据进行挖掘、分析和可视化，发现空间数据中隐藏的模式、规律和关联，为城市规划、管理和服务提供数据支撑（Balica and Cutitoi，2022）。

（2）空间智能建筑和城市设计。利用人工智能技术对建筑和城市设计进行优化、模拟和评估，实现建筑和城市的自适应、节能和美观，提高建筑和城市建设的品质和效率（Xia et al.，2022）。

（3）空间智能交通和出行。利用人工智能技术对交通和出行进行预测、控制和优化，实现交通和出行的安全、便捷和绿色，提高交通和出行的效率和满意度（Yuan and Li, 2021）。

（4）空间智能环境和灾害。利用人工智能技术对环境和灾害进行监测、预警和应对，实现环境的保护、灾害的减轻和恢复，提高环境韧性和对灾害的适应性（Wang et al., 2021）。

3.6 云 计 算

3.6.1 云计算的基本概念和服务模式

云计算是一种分布式计算技术。它通过网络将大量的计算任务分拆成小的子任务，交由多台服务器组成的系统进行处理，并将结果返回给用户（刘江涛，2023）。云计算的目的是将计算资源作为一种公共设施提供给用户，让用户可以按需使用并付费，不需要自己购买和维护硬件及软件。

1. 云计算的特点

（1）按需自助服务。用户可以根据自己的需求，自主选择和使用云服务，无须人工干预。

（2）广域网络访问。用户可以通过网络，随时随地访问云服务，无须考虑地理位置和设备类型。

（3）资源池化。云服务提供商将多台服务器的资源集中起来，形成一个大的资源池，可以按照用户的需求动态地分配和调整资源。

（4）弹性伸缩。云服务可以根据用户的负载变化，自动增加或减少资源的使用量，以适应不同的场景。

（5）按使用量计费。用户只需要为实际使用的资源付费，无须为闲置的资源浪费资金。

2. 云计算的服务模式

云计算有三种服务模式，即 IaaS（基础设施即服务，infrastructure as a service）、PaaS（平台即服务，platform as a service）、SaaS（软件即服务，software as a service）。IaaS 是将基础设施层的资源（如 CPU、内存、磁盘等）虚拟化，并以服务的形式提供给用户。PaaS 是将开发平台（如操作系统、数据库、中间件等）作为服务提供给用户，用户可以在平台上开发自己的应用。SaaS 是将应用软件（如办公软件、游戏软件等）作为服务提供给用户，用户可以通过网页浏览器或编程接口使用云端的软件。

3. 云计算的部署模式

云计算有 4 种部署模式，即私有云、公有云、社区云、混合云。私有云指由单个组织或企业拥有和管理的云计算环境，只对内部用户开放。公有云指由第三方云服务提供商拥有和管理的云计算环境，通过公共网络向所有用户开放。社区云是指由多个组织或企业共同拥有和管理的云计算环境，只对特定社区的用户开放。混合云指将私有云、公有云和社区云结合起来，根据不同的业务需求和安全要求，在不同的云环境中部署不同的应用和数据。

3.6.2 云计算在城市地理信息科学中的应用

云计算作为一种基于互联网的计算方式，可以提供按需、可扩展、低成本的计算资源和服务。云计算在城市地理信息科学中的应用主要包括以下4个方面。

（1）云GIS。利用云计算技术将GIS的平台、软件和地理空间数据部署到云端，实现地理空间信息的快速获取、处理和共享，为城市规划、管理和服务提供高效的空间分析和决策支持（赵明 等，2020）。

（2）遥感云计算。利用云计算技术对海量的遥感数据进行存储、管理和分析，实现对全球尺度的地理现象和地球科学过程的动态监测、智能识别和知识发现，为城市环境、灾害、资源等领域提供大数据驱动的解决方案。

（3）智慧城市。利用云计算技术整合城市的各种信息资源，构建城市的智能化基础设施和服务平台，实现城市管理、教育、医疗、房地产、交通运输、公用事业和公众安全等领域的互联、高效和智能，为市民提供更美好的生活和优质的公共服务（Liu et al.，2020）。

（4）地理空间信息服务。通过云计算，可以按需提供IT基础设施和地理空间设施，降低地理信息系统的维护成本和难度，提高地理信息系统的性能和可扩展性。

3.6.3　云计算在城市地理信息科学中应用的优势和挑战

云计算在城市地理信息科学应用中的优势和挑战是一个很有意义的话题。云计算可以为城市地理信息服务提供强大的数据存储、分析和计算能力，实现地理空间信息的互联共享，支持智慧城市的建设。云计算也可以促进GIS的发展，将GIS的平台、软件和数据部署到云端，推动云GIS的诞生。将云计算应用于GIS可以提高地理空间信息服务的可用性、可扩展性和可靠性，降低用户的使用成本和风险。但是，云计算在城市地理信息科学应用中也面临一些挑战，以下列举了4个方面。

（1）数据安全和隐私。云计算涉及对大量城市数据的收集、传输、存储和分析，这些数据可能包含敏感的个人信息或商业机密，如何保证数据的安全性和隐私性是一个重要的挑战。

（2）数据质量和标准。云计算需要处理不同来源、不同格式、不同质量的城市数据，如何保证数据的准确性、一致性、完整性和时效性，以及如何制定统一的数据标准和规范，是一个技术和管理方面的挑战。

（3）计算能力和成本。云计算需要大量的计算资源和网络带宽来支持城市地理应用的运行，如何提高计算效率和降低计算成本，以及如何平衡计算能力和应用需求，是一个优化和创新方面的挑战。

（4）技术成本和维护。云计算需要大量的硬件和软件资源，以及专业的技术人员，这些都会增加云计算在城市地理信息科学中应用的成本和维护难度。

3.7　城市感知

3.7.1　城市计算与城市感知

城市计算是一个交叉学科，是计算机科学以城市为背景，与城市规划、交通、能源、环境、社会学和经济等学科融合的新兴领域（Kaginalkar et al.，2021）。城市计算的核心内容是通过不断获取、整合和分析城市中的多种异构大数据，来解决城市所面临的挑战，如环境恶化、交通拥堵、社会不公等。城市计算的关键技术包括数据采集、数据管理、数据挖掘、数据可视化、数据驱动的建模和优化等。城市计算是新城市科学的重要组成部分，是利用新数据、新方法和新技术研究新城市的一种方式。

城市感知是一个涉及多个学科和领域的概念，根据不同的角度和目的，它可以有不同的定义和含义。

从人文社会科学的角度来理解，城市感知关注人们如何通过视觉、听觉、嗅觉、味觉、触觉等感官来体验和评价城市空间，以及如何通过记忆、情感、认同等心理因素来建立对城市的印象和态度。这属于人们对城市环境的感知和认识。

从信息科学和智能科学的角度来理解，城市感知关注城市如何通过各种感知设备和平台（如卫星、无人机、测量车、行业网、机器人、智能手机等）来获取和分析城市中的多源异构数据（如人口、交通、能源、环境等），以及如何通过各种智能技术和系统（如数据挖掘、机器学习、优化算法、仿真模型等）来实现对城市的动态调控和优化（Malik et al.，2019）。这属于城市本身对外界信息的感知和响应。

3.7.2 方法分类

城市感知的方法有很多，可以按照不同的目的和对象来分类。

（1）城市监测方法。这是从城市本身的角度来感知城市的方法，它主要利用各种感知设备和平台（如卫星、无人机、测量车、行业网、机器人、智能手机等）来采集城市中的各种数据（如人口、交通、能源、环境等），并通过数据处理和分析技术（如数据挖掘、机器学习、优化算法、仿真模型等）来实现对城市的监测和评估。

（2）社会感知方法。这是从人的角度来感知城市的方法，它主要利用各种社交媒体和网络平台（如微博、微信、知乎、百度等）来收集人们对城市的意见和反馈（如情感、态度、评价等），并通过文本处理和分析技术（如自然语言处理、情感分析、话题挖掘等）来实现对城市的感知和理解。

3.7.3 发展现状

目前国内外已有不少关于城市感知的研究成果，根据不同的应用场景可以大致划分为以下 3 类。

（1）城市风貌分析。这是利用图像处理和深度学习技术来感知城市的建筑、街道、景观等风貌特征的方法，它可以帮助评估城市的美学、文化、历史等价值，以及城市的可持续性、适应性等能力。

（2）城市问题侦测。这是利用传感网和智能分析技术来感知城市的各种问题和隐患的方法，它可以帮助发现和解决城市在安全、环境、交通等方面的问题，以及提升城市的韧性、效率、便捷等水平。

（3）城市智能决策。这是利用空天地集成化传感网和数据挖掘技术来感知城市的多层次用户需求和管理目标的方法，它可以帮助实现对城市的实时管理和智能调控，以及提高城市的服务质量、公平性、满意度等指标。

3.7.4 面临的挑战

城市感知是利用各种信息传感设备和网络，实现对城市各个方面数据的采集、分析和应用，从而提高城市的智慧化水平。城市感知当前面临的挑战主要有以下 4 个方面（Hashem et al.，2023)。

(1) 网络安全风险。城市感知涉及大量的设备、数据和系统，可能成为攻击者的目标或入口，导致数据泄露、系统瘫痪或被恶意篡改。

(2) 数据质量问题。由于城市感知的数据来源多样、规模庞大、时效要求高，可能存在数据不完整、不准确、不一致或不及时的问题，影响数据的可信度和可用性。

(3) 数据共享难题。由于城市感知的数据涉及多个部门、领域和利益相关者，可能存在数据的壁垒、孤岛或垄断的现象，影响数据的流动和价值。

(4) 城市治理困境。由于城市感知的数据需要与城市的规划、建设、管理和服务相结合，可能存在数据的应用不足、不匹配或不协调的问题，影响数据的效能和效果。

第二编

信息感知编

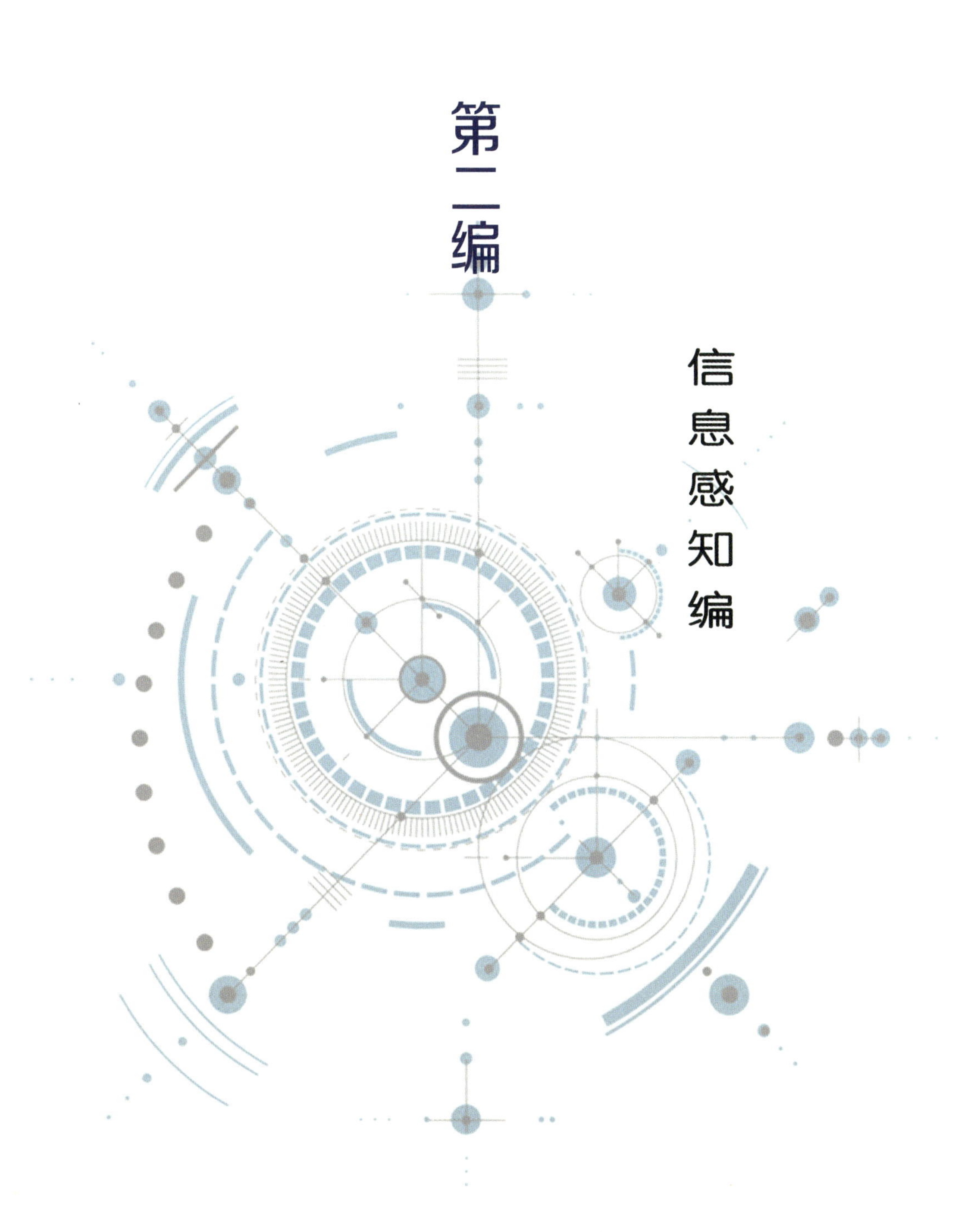

第 4 章　城市地理信息获取的传统方式

城市地理信息指有关城市空间组织、地理位置、土地利用、交通网络、人口分布、建筑结构以及其他与城市相关的地理数据和信息。城市地理信息对于城市规划、发展和管理具有重要意义（姚欣，2022）。在城市规划和土地管理方面，通过收集和分析城市地理数据，能够帮助规划师了解城市的空间布局、土地使用情况和人口分布，从而制定有效的城市规划政策和土地管理策略，还可以帮助规划师确定新的建设用地、改善交通网络和基础设施布局，并提供支持决策的依据（瞿嗣澄 等，2022）；在交通管理和智能交通系统的设计和运营方面，通过收集和分析交通流量数据、道路网络和交通设施的地理信息，能够帮助交通管理者更好地优化交通流动、减少拥堵、提高道路安全，并为智能交通系统的实施提供数据支持，还可以用于交通模拟和预测，帮助决策者制定交通规划和交通政策（张建通 等，2002）；在环境保护和资源管理方面，通过收集和分析城市地理数据，可以监测和评估城市的环境质量、自然资源利用情况和生态系统健康状况，帮助环境保护机构和决策者制定环境保护政策、资源管理策略，并支持环境影响评价和可持续发展规划（王桥、魏斌，1999）；在应急管理和灾害风险评估方面，通过收集和分析城市地理数据，可以了解城市内的脆弱区域、灾害风险和应急资源分布情况，用于制定灾害风险评估模型、应急响应计划和灾后恢复策略，提高城市的抗灾能力和紧急响应效率（Zlatanova et al.，2006）；在市场调研和商业决策方面，通过分析城市地理数据，可以了解人口特征、消费模式、市场需求和商业机会，进而帮助企业和决策者确定市场定位、商业战略和销售网络，优化资源配置并提高商业竞争力（Piarsa et al.，2012）。

总的来说，城市地理信息在城市规划、交通管理、环境保护、资源管理、应急管理和商业决策等领域发挥着重要作用。通过收集、分析和利用城市地理数据，可以帮助决策者制定科学、有效的政策和计划，推动城市的可持续发展和提高生活质量。随着科技的进步，现今我们可以借助卫星遥感、无人机、激光扫描等现代技术来获取大规模的城市地理信息（万太礼，2019）。然而，在过去的几十年里，这些现代技术并未得到广泛应用，城市地理信息的获取主要依赖传统方法和手段，如地面调查方法、档案和文献研究等。尽管现代技术的出现为我们提供了更多的数据来源和更高的数据精确性，但传统的城市地理信息获取方式仍然是了解城市过去和现状的重要途径，并且在某些情况下仍然是可行和有效的选择。

4.1 原　　理

4.1.1 城市地理信息传统获取方式的基本原理

城市地理信息传统获取方式的基本原理根据不同的获取方法会呈现不同的特点。以下是 3 种常见的传统获取方式及其基本原理。

1. 地面调查方法

地面调查方法是通过实地勘测和测量来获取城市地理信息的方式。其基本原理包括以下

3 项。

（1）现场勘测和测量。通过实地考察和使用测量工具（如测距仪、测量仪器等）来获取城市地理数据，如建筑物的高度、道路的宽度、地形的变化等。勘测人员根据特定的测量原理和技术方法，采集数据并制作相应的地图、图表或记录。

（2）问卷调查和统计数据收集。通过向居民或相关机构发放问卷、进行面访或电话调查的方式，获取城市地理信息，如人口分布、居民需求、交通出行习惯等（Balram and Dragićević，2005）。通过统计和分析收集到的数据，可以了解城市的人口特征和社会经济情况。

（3）空中摄影和航空遥感。利用航空器、飞机或无人机进行空中摄影和遥感图像采集。通过摄影或遥感技术，获取城市地理信息，如土地利用情况、建筑物分布、交通网络等（石伟波，2023）。可以对摄影或遥感图像进一步处理和解译，以提取有用的地理数据。

2. 档案和文献研究

档案和文献研究是通过研究历史档案、古代地图、历史文献等获取城市地理信息的方式。其基本原理包括以下 2 项。

（1）城市地理信息的历史档案研究。通过查阅城市的历史档案和文献资料，如城市规划文件、地籍记录、建筑设计图纸等，了解城市过去的规划、发展和变化（Roth，1992）。这些历史档案提供了获取城市地理信息的宝贵资源，可以揭示城市的历史特征和演变。

（2）历史地图和古代文献的分析。通过研究历史地图和古代文献，如古代地理书籍、旅行记录、地方志等，获取关于城市地理的信息（赵耀龙、巢子豪，2020）。历史地图和古代文献记录了城市的地理特征、建筑物分布、交通网络等，可以用于了解城市的历史地理格局和特点。

3. 地理统计和空间分析

地理统计和空间分析是通过数据采集、整理和分析来获取城市地理信息的方式。其基本原理包括以下 3 项。

（1）数据采集和整理。通过各种手段和来源，如官方统计数据、调查数据、业务数据等，采集城市地理信息的原始数据。这些数据包括人口统计、交通流量、土地利用、设施分布等。

（2）统计分析和空间模式分析。将采集到的数据进行统计分析，如数据清洗、计算指标、制作统计图表等。此外，还可以应用空间模式分析方法，研究地理现象的分布模式、相关性和聚集程度，揭示城市地理信息的空间特征。

（3）地理信息系统的应用。利用地理信息系统软件和技术，对采集到的地理数据进行空间叠加、查询和可视化。地理信息系统可以帮助整合、分析和展示城市地理信息，提供空间分析、决策支持和可视化展示的功能。

通过以上传统获取方式，可以获取到城市地理信息的丰富数据，从而深入了解城市的空间特征和地理特点。这些方法在以往的城市规划、地理研究和决策制定中发挥了重要作用，为城市的发展提供了重要的支持和参考。

4.1.2　城市地理信息传统获取方式的发展历程和演变

城市地理信息传统获取方式的发展历程和演变可以追溯到几个世纪以前。在古代，城市地理信息的获取方式主要依靠古代地图和手绘图。古代地图和手绘图主要靠艺术家、地理学家或地方知识渊博者的努力制作而成。这些地图和手绘图记录了城市的地理特征、街道布局、建筑物分布和重要地点。虽然古代地图的精确性和细节可能有限，但它们提供了对城市空间组织的初步了解。

在现代城市的形成和发展过程中，地籍记录和官方档案成为获取城市地理信息的重要来源。地籍记录是土地权属和使用的记录，包括土地面积、用途和所有权。官方档案和记录包括城市规划文件、建筑设计图纸、历史档案等，提供了城市发展的历史背景和相关地理信息。随着测量技术的发展，地面调查和测量成为获取城市地理信息的重要手段。通过实地勘测和使用测量工具，如测距仪、测量仪器等，可以获取精确的地理数据，如建筑物的高度、道路的宽度、地形的变化等。地面调查和测量为城市规划、土地管理和基础设施设计提供了重要依据。

在城市发展和管理的过程中，地理统计和人口普查成为获取城市地理信息的重要途径（梁艳平，2003）。地理统计通过数据采集、整理和分析，揭示城市的土地利用、交通流量、设施分布等方面的信息。人口普查可以提供人口分布、居住特征、就业状况等相关数据，为城市规划、社会经济研究和市场调研提供基础数据。档案和文献研究是获取城市地理信息的重要途径。通过研究历史档案、古代地图、文献等，可以了解城市的历史发展、地理特征和社会文化背景。这些研究提供了关于城市过去和现状的宝贵信息。

随着科技的进步，如航空摄影、卫星遥感、地理信息系统等技术的发展，城市地理信息的获取方式发生了革命性的改变。这些现代技术为获取大规模、高分辨率的城市地理信息提供了新的途径（王宾波、汪祖进，2005）。但传统的获取方式在某些情况下仍然具有重要价值，尤其是在保证数据可靠性、历史连续性和成本可行性方面。总体而言，城市地理信息的传统获取方式经历了从古代地图、手绘图、地籍记录到地面调查、档案和文献研究的演变。在科技进步的背景下，现代技术对城市地理信息的获取产生了深远影响，但传统获取方式仍然是理解城市历史和现状的重要途径。传统获取方式的演变反映了人类对城市地理信息认识的不断深化和扩展。

4.2　方　　法

4.2.1　地面调查方法

1. 现场勘测和测量

现场勘测和测量是地面调查方法中的重要方式，主要通过实地勘测（即实地考察和观测）和使用测量工具来获取城市地理信息的详细数据。

（1）实地考察和观察。实地考察是现场勘测和测量的起点。调查员会亲自到目标地点，进行仔细的观察和记录。他们会注意建筑物的结构和高度、道路的宽度和类型、地形的起伏、自然特征、水系等。通过实地考察和观察，调查员可以获取直接的感知数据，了解城市的实际状况。

（2）测量工具的使用。现场勘测和测量通常需要使用专业的测量工具来获取精确的地理数据。一些常用的测量工具包括：①测距仪，用于测量两点之间的距离，如建筑物之间的距离、道路的长度等。现代测距仪通常使用激光或电子技术，能够提供高精度的测距结果。②测量仪器，如全站仪、经纬仪、水准仪等，用于测量建筑物的高度、地面的坡度和高程差等。这些仪器使用光学、电子或机械原理，能够提供准确的测量结果。③现场绘图工具，如测量尺、角度测量器等，用于在现场进行简单的绘图和记录，如勾画建筑物的轮廓、测量道路的宽度等。

在现场勘测和测量过程中，调查员需要记录和整理收集到的数据。这些数据包括详细描述和对测量结果的记录，如建筑物的高度、道路的宽度、地形的起伏等。调查员还可以使用现场绘图工具或草图来制作简单的示意图或平面图。记录的数据和图纸将在后续的数据处理和分析中使用。

现场勘测和测量方法能够提供精确、直接的地理数据，特别适用于获取城市地理信息中的细节和局部特征。但这种方法可能需要较多的人力、时间和资源投入，尤其是在大规模和复杂的城市环境中。因此，在决定使用现场勘测和测量方法时，需要权衡成本和效益，并结合其他获取方式来获取全面的城市地理信息。

2. 问卷调查和统计数据收集

问卷调查和统计数据收集是地面调查方法中的常用方式，可以通过向居民或相关机构发放问卷、进行面访或电话调查的方式来获取城市地理信息。

（1）问卷的设计与发放。在进行问卷调查之前，需要进行问卷设计。问卷应该明确目标和调查问题，并确保问题的准确性和完整性。问卷可能包括关于人口特征、居住环境、交通出行、设施需求等方面的问题。同时，问卷设计还应考虑受众群体的特点和问卷的可操作性。问卷可以通过多种方式发放，具体如下。①随机抽样。通过随机抽样的方式从目标人群中选择一定数量的样本，向被选中的人群发放问卷。②定点发放。将问卷发放到特定地点，如社区中心、学校、商场等，供居民或访客填写。③邮寄或电子发放。将问卷通过邮寄或电子邮件等方式发送给目标受众，以便他们填写和返回。

（2）面访调查。面访调查指调查员亲自前往目标受访者的居住地、工作地或其他地点，与其进行面对面的问卷调查。面访调查通常具有较高的回应率和信息准确性，可以提供更详细和深入的信息。调查员会在现场向被访者解释调查目的、明确信息的保密性，并回答他们可能有的疑问。

（3）电话调查。电话调查指调查员通过电话与受访者进行问卷调查。调查员通过电话解释调查目的并提供问卷。电话调查可以有效地覆盖较大范围的人群，并在相对较短的时间内完成。但电话调查可能受到拒绝接听或信息不准确的限制。

在完成问卷调查后，需要对收集到的问卷进行数据整理和分析。这包括将问卷中的答案进行编码和录入，以便进行后续的统计和分析。此外，数据整理和分析还可能包括处理缺失数据、异常值和逻辑错误，以确保数据的质量和准确性。

问卷调查和统计数据收集是一种常用的地面调查方法，可以收集到关于城市地理信息的定量和定性数据。这种方法有助于了解居民的需求、评估设施利用情况、了解交通出行模式等。但问卷调查也存在一定的局限性，如样本选择偏差、调查结果受到受访者主观态度和记忆偏差的影响等。因此，在进行分析和解释时需要谨慎处理。

3. 空中摄影和航空遥感

空中摄影和航空遥感是地面调查方法中的重要方式，可以利用航空器（如飞机、无人机）进行空中摄影和遥感图像采集，进而获取城市地理信息。具体方法如下。

（1）空中摄影。空中摄影是通过航空器搭载相机或摄影设备，从空中拍摄城市地面的照片。这些照片包括垂直摄影和倾斜摄影。垂直摄影指相机垂直向下拍摄，可以提供正射或近似正射的影像，用于制作地图、测量建筑物的高度和道路宽度等。倾斜摄影指相机以一定的倾斜角度拍摄，可以提供更立体和逼真的影像，用于对建筑物外观、立面和细节的观察（Xu et al.，2020）。

（2）航空遥感。航空遥感又称机载遥感，指利用飞机、飞艇、气球等作为传感器运载工具，在空中进行地理信息收集的遥感技术，是由航空摄影侦察发展而来的一种多功能的综合性探测技术。航空遥感通过航空器搭载遥感传感器，以电磁辐射的方式获取城市地理信息（Colomina and Molina，2014）。遥感传感器包括光学传感器、红外传感器、雷达等。航空遥感可以获取多光谱、高光谱、热红外和雷达图像等，能提供丰富的地理信息。光学遥感可以用于土地利用分类、建筑物提取、道路网络分析等；红外遥感可以用于植被覆盖分析、热岛效应研究等；雷达遥感可以用于地表形态测量和地形分析等。

在进行空中摄影和航空遥感时，航空器需要按照特定的航线和参数飞行。飞行期间，摄影设备或遥感传感器会按一定的时间间隔进行数据采集。采集到的数据包括航空照片、遥感图像或原始传感器数据。这些数据需要进行处理和整理，包括图像校正、几何校正、辐射校正等，以获得准确的地理数据和可用的图像产品（Gong et al.，2008）。在此基础上，采集到的航空照片和遥感图像可以通过图像解译和分析来提取有用的地理信息。其中，图像解译包括人工解译和计算机辅助解译。通过解译图像中的特征和目标，可以获得城市地理信息，如建筑物、道路、绿地、水体等。解译后的数据可以进行地理统计和空间分析，以揭示地理现象和空间关系，并为城市规划、环境研究等提供支持。

空中摄影和航空遥感是一种快速获取大范围地理信息的方法，可以提供高分辨率、广覆盖的数据，能够揭示城市的空间特征和细节。然而，使用这种方法也面临一些挑战，如天气条件影响、飞行限制和数据处理复杂性等。因此，在使用空中摄影和航空遥感时，需要充分考虑这些因素，并结合其他获取方式进行全面的数据收集。

4.2.2　档案和文献研究

城市地理信息的历史档案研究方法是通过研究城市的历史档案、文献和相关资料，来获取城市地理信息的方法（Fitch and Ruggles，2003）。具体方法如下。

1. 档案和文献搜集

档案和文献搜集是历史档案研究的起点。调查员需要收集和获取与城市相关的历史档案、文献和资料，包括城市规划文件、城市发展和建设的记录、地籍记录、建筑设计图纸、政府文件、商业档案、地方志、历史地图等。搜集过程可以借助图书馆、档案馆、历史协会、政府部门等机构的资源。

2. 档案和文献审查

完成档案和文献搜集之后，研究人员需要对搜集到的档案和文献进行审查和筛选。这包括仔细阅读和分析档案和文献的内容，了解它们的相关性、准确性和可靠性。研究人员还需要注意文献的时代背景、作者身份和立场等，以综合考量其可信度和权威性。

3. 档案和文献解读和解析

在审查和筛选完档案和文献后，研究人员需要对内容进行解读和解析。这包括理解文献中的地理描述、地名、地标等，并将其与现实世界中的地理实体相对应。通过对档案和文献的深入解读，可以了解城市的历史地理格局、城市规划和建设的过程、建筑物的分布和功能等。

4. 地图和图像分析

历史地图和图像是城市地理信息研究中重要的资源。研究人员可以通过分析历史地图、空中照片和手绘图等，了解城市的地理特征、建筑物的形态、道路网络、土地利用等。地图和图像分析可以帮助研究人员重建城市的历史地理景观，并揭示城市的发展演变。

5. 历史文献的比较和交叉验证

在进行历史档案研究时，研究人员可以通过比较和交叉验证不同的历史文献和资料，获得更全面和准确的城市地理信息。通过将不同来源的文献进行对比，研究人员可以验证信息的一致性、纠正错误和填补信息的缺失。

此外，地理信息系统可以在历史档案研究中发挥重要作用。如将历史档案和文献中的地理信息与现代地理数据结合，利用地理信息系统技术进行地理叠加、空间分析和可视化展示（Knowles，2008）。地理信息系统可以帮助研究人员更好地理解城市地理信息的空间关系、变化和演变。可见，历史档案研究方法可以提供丰富的城市地理信息，帮助研究人员了解城市的历史演变、地理特征和空间格局。通过深入研究历史档案、文献和相关资料，结合其他获取方式，可以获取多维度的城市地理信息的数据，为城市规划、历史研究、文化保护等领域提供重要的支持和参考。

4.2.3 地理统计和空间分析

1. 数据的采集和整理

数据的采集和整理是进行地理统计和空间分析的重要步骤，涉及数据的收集、清洗、整理和准备等过程。其中，数据采集是获取原始数据的过程，可以通过上述提及的地面调查、档案和文献研究等方式进行。完成数据采集后，需要进行数据清洗和校正，以确保数据的准确性和一致性，具体包括以下操作。

（1）缺失数据处理。识别并处理数据中的缺失值，可以通过填补缺失值、删除缺失值或使用插值等方法进行处理。

（2）异常值处理。检测和纠正数据中的异常值，这些异常值可能是数据采集过程中产生的误差或异常观测值，可以通过排除异常值、替换为合理值或使用统计方法进行处理。

（3）逻辑错误处理。识别并修复数据中的逻辑错误，如不一致的数据关系或不符合预期的数值范围。

在进行地理统计和空间分析之前，数据还需要进行整理和准备，以满足分析的需求。具体包括以下操作。

（1）数据格式转换。将数据从原始格式转换为适合分析的格式，如将文本数据转换为数字数据、将数据整理成表格或数据库格式等。

（2）数据标准化。对数据进行标准化处理，确保数据具有一致的度量单位、范围和数据类型。

（3）空间参考和投影。对地理数据定义空间参考和投影，以便在地理信息系统中进行空间分析和可视化。这包括选择合适的坐标系统、地理参考框架和投影方法。

数据管理和存储是确保数据安全和可持续使用的重要环节，具体包括以下操作。

（1）数据备份和归档。将数据定期备份并进行归档，以保持数据的完整性和可访问性。

（2）数据库管理。将数据存储在结构化的数据库中，以便进行高效的数据管理和检索。

此外，要确保数据的适当共享，以促进合作研究和数据交流。

通过数据采集和整理，地理统计和空间分析可以得到准确、完整的数据集，为地理现象的描述、模式的发现和决策的制定提供支持。然而，在进行数据采集和整理时，需要注意数据的质量、一致性和可信度，以确保数据的有效性和可靠性。

2. 统计分析和空间模式分析

统计分析和空间模式分析是城市地理信息研究中常用的数据分析方法（Unwin，1996）。统计分析用于描述、总结和推断数据的特征和关系，具体如下。

（1）描述性统计。描述性统计用于描述数据的中心趋势、离散程度和分布形态。常用的描述性统计指标包括均值、中位数、标准差、频数分布等。

（2）推论统计。推论统计用于从样本数据中推断总体特征和进行假设检验。常用的推论统计方法包括 t 检验、方差分析、相关分析等。

（3）回归分析。回归分析用于研究变量之间的关系。回归分析方法包括线性回归、多元回归、逻辑回归等，可以用于建立模型和探索变量间的因果关系（Gelman and Hill，2006）。

（4）时间序列分析。时间序列分析用于分析时间上的变化趋势、季节性和周期性特征等。时间序列分析方法包括平稳性检验、趋势分析、季节调整等。

（5）空间统计。空间统计用于研究数据在地理空间上的相关性和聚集性。常用的空间统计方法包括空间自相关分析、地理加权回归（geographically weighted regression，GWR）分析、克里金插值等。

空间模式分析旨在揭示数据在地理空间上的分布模式和相关性（Leung et al.，2000），具体如下。

（1）空间自相关分析。空间自相关分析用于研究数据在地理空间上的相关性。空间自相关分析可以检测数据的空间聚集和空间分散，揭示空间上的相似性和异质性。常用的空间自相关指标包括莫兰指数和 Geary's C 指数。

（2）空间插值和外推。空间插值和外推用于根据有限的点观测数据，推断或预测未观测位置上的值。插值方法包括反距离权重插值（inverse distance weighting，IDW）、克里金插值等。

（3）空间聚类分析。空间聚类分析用于检测地理空间上的聚类模式。空间聚类分析可以识别相似性较高的空间单元，并将它们划分为具有相似特征的簇或群集（Grubesic et al.，2014）。常用的空间聚类方法包括基于密度的聚类（density-based clustering）、网格聚类（grid-based clustering）等。

（4）空间回归和空间交互模型。空间回归和空间交互模型用于研究空间上的因果关系和空间依赖性。空间回归和空间交互模型考虑了空间邻近性对变量关系的影响，如地理加权回归（GWR）和空间误差模型（spatial error model）等。

通过统计分析和空间模式分析，可以揭示数据的空间特征、趋势和关联，帮助研究人员理解城市地理现象的分布和演化规律（黄芳，2005）。这些方法可以为城市规划、环境研究、资源管理等领域提供决策支持，并揭示出潜在的空间优化和改进策略。在应用这些方法时，研究人员需要根据具体问题选择合适的统计分析和空间模式分析方法，并结合地理信息系统和统计软件工具实施分析和展示结果。

3. 地理信息系统的应用

在地理统计和空间分析中，地理信息系统（GIS）扮演着重要的角色。GIS 是一种用于捕捉、存储、管理、分析和展示地理信息的技术系统，其主要应用包括以下6个方面。

（1）空间数据管理。GIS可以用于管理和存储空间数据。它可以整合不同来源的地理数据，如卫星遥感影像、地形数据、GPS测量数据等，并将其组织成一种结构化的空间数据库。通过GIS，用户可以对数据进行查询、编辑、更新和共享，以更好地管理和利用地理数据。

（2）空间数据集成和叠加分析。GIS允许将不同类型的地理数据集成在一起，并进行叠加分析。通过将多个地理数据集合并到同一个GIS项目中，可以进行叠加分析来探索数据之间的空间关系和相互作用。这可以帮助研究人员更好地理解地理现象的复杂性，并揭示隐藏的模式和关联。

（3）空间查询和空间选择。GIS提供了强大的空间查询和空间选择功能。用户可以使用空间查询来从地理数据中提取感兴趣的区域或要素。例如，可以通过设定特定的空间范围和属性条件来筛选出位于特定区域的建筑物或土地利用类型。这有助于对地理现象进行分析和筛选，并获取特定的空间子集。

（4）空间统计分析。GIS具备各种空间统计分析功能，可以用于探索地理数据的空间分布、相关性和聚集性。例如，可以使用GIS进行空间自相关分析，检测数据的空间聚集和空间相关性。还可以使用空间插值、空间回归分析、空间交互模型等空间统计方法，来研究地理现象的空间特征和关联性。

（5）可视化和地图制作。GIS可以用于可视化地理数据和制作地图。它提供了丰富的图形和符号化选项，可以根据数据的特征和目的设计专题地图（Kovarik and Talhofer，2013）。通过地图制作，可以更直观地展示地理现象的分布、变化和关系，并用于研究结果分析和决策支持。

（6）空间模型和决策支持。GIS可以用于开发空间模型和决策支持系统，并用于模拟和预测地理现象的变化和影响。通过整合地理数据、模型和算法，GIS可以帮助研究人员和决策者评估不同决策方案的空间影响，并支持城市规划、资源管理、环境保护等领域的决策制定。

综上所述，在地理统计和空间分析中，GIS为数据整合、分析、可视化和决策提供了强大的工具和平台。它能够整合多源地理数据，进行空间分析和模拟，并以图形化的方式呈现地理信息，帮助研究人员更好地理解和利用城市地理信息。在应用GIS时，研究人员需要掌握GIS软件的操作技能，并结合统计分析和空间模式分析的方法进行有效的数据处理和解释。

4.3 应用实例

通过地面调查、档案和文献研究以及地理统计和空间分析等方法获取的城市地理信息可被广泛应用于城市规划、城市测绘、建设管理、水资源和环境管理等多个领域。本节以城市地理信息在土地利用规划、环境保护和资源管理中的应用为例进行详细介绍。

4.3.1 在土地利用规划中的应用

在土地利用规划中，城市地理信息的调查方法可以为城市规划师提供丰富的数据和信息，用于理解和分析土地利用情况，以制定合理的土地利用规划（Malczewski，2004）。城市地理信息调查方法在土地利用规划中的应用如下。

1. 档案和文献搜集

通过搜集与城市土地利用规划相关的档案和文献，包括规划文件、土地利用规划报告、土地分区图、土地利用变更记录等，可以了解城市土地利用规划的历史演变、现行规划政策和限制条件。这些信息对于制定新的土地利用规划具有重要的参考价值。

2. 现场勘测和测量

现场勘测和测量是获取土地利用数据的重要手段。通过实地考察和测量，可以获得土地利用类型、用地面积、地块边界、地块权属等信息。例如，可以测量不同用途的土地，如住宅区、商业区、工业区等的面积和边界，以及用地的现状和利用情况。

3. 地理信息系统分析

地理信息系统（GIS）在土地利用规划中发挥着重要作用。通过整合各种地理数据，如土地利用图、地形数据、人口分布等，结合 GIS 软件进行空间分析和叠加分析，可以快速分析和理解土地利用格局、用地变化趋势和潜在冲突点。例如，可以使用 GIS 工具计算各类土地利用类型的面积比例、分布密度等指标，进一步了解土地利用结构和组织形式。

4. 遥感数据分析

利用遥感数据进行土地利用分析是土地利用规划中常用的方法之一。遥感数据可以提供大范围的土地利用信息，包括土地利用类型、变化情况、空间分布等。通过解译卫星影像和遥感图像，可以获取详细的土地利用信息，再结合 GIS 可以进行进一步的分析和规划。

5. 访谈和问卷调查

通过访谈和问卷调查可以获取居民对土地利用的意见和需求。通过与居民进行面对面的访谈或通过问卷调查，可以了解他们对现有土地利用的评价、需求和改进意见。这些调查结果可以为土地利用规划提供参考，通过考虑居民的利益和意愿，可以使规划更加符合实际需求。

通过以上调查方法的应用，城市规划师可以收集和整理各种土地利用数据和信息，对土地利用现状、潜力和问题进行全面的分析和评估。这将有助于制定科学合理的土地利用规划，优化城市土地资源的配置，促进城市的可持续发展。

4.3.2　在环境保护和资源管理中的应用

城市地理信息的调查方法在环境保护和资源管理中发挥着重要的作用（Korchenko et al.，2019）。通过收集、整理和分析地理信息数据，可以深入了解环境状况、资源分布和可持续管理的需要。城市地理信息调查方法在环境保护和资源管理中的应用如下。

1. 遥感数据分析

利用遥感数据进行环境保护和资源管理的分析是常见的方法之一。遥感技术可以提供大范围、高分辨率的环境和资源信息。例如，使用卫星影像可以监测和评估土地利用变化、森林覆盖、水体变化等，以及分析城市热岛效应和植被状况等（Sun et al.，2014）。这些信息对于环境保护和资源管理的决策制定非常有价值。

2. 地形和地质数据分析

地形和地质数据对于环境保护和资源管理至关重要。通过收集和分析地形数据，如数字高程模型（digital elevation model，DEM）、地形图等，可以了解地势起伏、水文特征和水资源分布。通过分析地质数据可以获得关于地下水资源、地质灾害风险、矿产资源等的信息，为环境保护和资源管理提供基础数据。

3. 数据库建设与管理

建立环境保护和资源管理的地理信息数据库是重要的步骤。通过整合、存储和管理各种地理信息数据，如环境监测数据、水质数据、空气质量数据、土地资源数据等，可以实现对数据的有效利用和共享。数据库的建设和管理有助于快速获取和更新环境和资源数据，提供决策支持和信息交流的平台。

4. 空间分析与模拟

地理信息系统的空间分析和模拟功能对于环境保护和资源管理具有重要作用。通过 GIS 工具，可以进行空间叠加分析、缓冲区分析、景观模拟、水资源模型构建等，以识别环境敏感区域、评估资源利用效率和规划生态保护区等（曹建军、刘永娟，2010）。这有助于制定环境保护政策、合理规划资源利用，以最大限度减少对环境和资源的负面影响。

5. 社区参与和公众意见收集

环境保护和资源管理需要公众的参与并考虑公众的意见。通过城市地理信息调查方法，如访谈、问卷调查、公众会议等，可以收集居民和利益相关者对环境问题和资源管理的意见和需求。这有助于实现公众参与共同决策，提高环境保护和资源管理的可持续性和可接受性。

通过以上调查方法的应用，城市环境保护和资源管理者可以获取与环境和资源相关的地理信息数据，并进行深入的分析和评估。这将有助于制定科学合理的环境保护和资源管理策略，推动可持续发展和实现保护环境的目标。

第5章　城市地理信息的遥感感知方式

对城市空间现状的全面感知是实现智慧城市、智慧国土的首要条件，城市感知数据的采集与获取是其中重要且基础的工作之一，无论是对城市空间现状的评估，还是对国土资源的监测，都需要依赖相应的数据支撑（阳建强，2012）。在观测平台快速发展的推动下，城市空间数据的采集和获取可以分为城市水平扩展感知、城市垂直维度感知、城市侧面感知三大类。其中，城市水平扩展感知主要指通过航空遥感、航天遥感等空天监测手段获取土地利用/覆盖分类、地物要素信息等二维空间信息；城市垂直维度感知主要指通过雷达卫星监测手段获取城市建筑物或其他基础设施的高度数据等三维空间信息；城市侧面感知主要指通过手持可见光相机、背包激光雷达设备或车载相机及激光雷达设备等地面监测手段获取照片视频数据、三维点云数据和位置数据等城市立面三维空间信息。因此，充分结合遥感卫星、地面传感器等多种途径获取反映城市不同维度的数据，是实现对城市空间现状全方位感知的重要手段。涵盖“水平 + 垂直 + 侧面”维度的空间数据感知技术极大地丰富了城市空间现状监测的数据来源，为多源时空地理大数据体系构建提供了基础，也是提升新时代城市空间治理能力现代化水平的关键，为研究城市地理信息学科提供了崭新的思路。

5.1　城市水平扩展感知

5.1.1　城市遥感数据获取原理

以航空遥感、航天遥感等空天监测手段为主的遥感技术，具有全天候、大尺度、空间连续的城市二维空间地表监测能力，已被广泛应用于各种尺度的城市空间土地利用和土地覆被提取与变化分析研究（Hansen et al.，2013）。

按照遥感平台高度的不同，遥感技术分为航天遥感、航空遥感、低空遥感。其中，航天遥感是利用搭载在人造地球卫星、探测火箭、宇宙飞船、航天飞机等航天平台上的遥感器对地球进行遥感观测（张作华，2002），但其地面分辨率通常在米级尺度，较弱于航空遥感和地面遥感。当然，随着 IKONOS、WorldView 系列、国产高分系列、吉林一号、高景一号等高分辨率遥感卫星的不断发射，遥感数据的地面分辨率越来越高，已逼近分米级别。航空遥感又称机载遥感，是利用各种飞机、飞艇、气球等作为传感器运载工具在空中进行地理信息收集的遥感技术，具有技术成熟、成像比例尺大、地面分辨率高的特点，适用于区域地形测绘和小面积详查，按照其摄影方式分为垂直航空摄影和倾斜航空摄影。低空遥感是以高塔、无人机为平台的遥感观测系统，通过将传感器安装在这些低空平台上，可近距离测量地物，能真实地反映地物的空间结构和光谱反射特性。下面分别对不同遥感平台进行介绍。

航天遥感是利用装载在卫星上的传感器接收地物目标辐射或反射的电磁波，以获取地球表层陆地环境和城市空间信息的技术。航天遥感观测范围广、重放周期短，可定期或连续监测感兴趣区域，不受国界和地理条件的限制，能获取通过地面手段难以获取的信息，对于军事、经济、科学等均有重要作用。常见的用于城市高分辨率观测的航天遥感技术包括可见光遥感和天基激光雷达。可见光遥感能把人眼可以看见的景物真实地再现出来，它的优点在于直观、清晰、易于判读。常见的可见光传感器是具有红、绿、蓝三波段的成像阵列，目前卫星上的成像传感器阵列在 160 km 的太空拍照，其地面分辨率可达 0.3 m。但可见光遥感只能白天工作，而且易受云雨、薄雾等气象条件的影响，导致地表信息被遮挡难以看清。天基激光雷达又称星载激光雷达，主要以在卫星、航天飞机、太空站等平台上搭载为主，通过主动遥感的方式发射电磁波并接收反射电磁波来实现成像，具有能够穿透云层，获取云层下方地物、高程等信息，且观测范围比较广的优势。

航空遥感是以中低空遥感平台为基础进行摄影（或扫描）成像的遥感方式，具有自主性强、信息维度广、地面分辨率高、综合效率高、使用灵活方便等优点，适合比较微观的空间结构的研究分析，服务领域可广泛覆盖城市空间研究涉及的林业、测绘、环境、灾害等。航空遥感通过在飞行平台上搭载航摄仪，获取垂直方向的航空影像。因其具有较高的空间分辨率，能够真实地反映地表形态及纹理，可广泛用于地图测绘、地质、水文、矿藏和森林资源调查、大型厂矿和城镇的规划等。

低空遥感主要以搭载在无人机平台上的传感器，近距离测量地物，获取地物的细节影像，能够较为真实地反映地物的空间结构和光谱反射特性，可为航空遥感和航天遥感做校准和辅助工作。通过利用先进的无人驾驶飞行器技术、遥感传感器技术、遥测遥控技术、通信技术、GPS 差分定位技术，低空遥感可自动化、智能化、专题化快速获取国土、资源、环境等地理空间信息数据。无人机低空遥感技术具有低成本、低损耗、可重复使用且风险小等诸多优势，其应用领域从最初的侦察、早期预警等军事领域扩大到资源勘测、气象观测及处理突发事件等非军事领域。无人机遥感的高时效、高分辨率等性能是传统卫星遥感所无法比拟的，越来越受到研究者和生产者的青睐，扩大了遥感的应用范围和用户群，具有广阔的应用前景。

综上所述，基于遥感技术的空天对地观测网能够获取大量城市空间观测数据。然而，如何从海量原始遥感观测数据中进行知识发现，自动化地挖掘有价值的土地覆盖和土地利用信息，是城市空间地理信息调查与环境监测的关键。

5.1.2 城市遥感影像智能解译方法

遥感影像智能解译指从图像中获取认知信息的基本过程，即从遥感影像上识别目标，运用解译标志和实践经验与知识，对图像所提供的各种识别目标的特征信息进行分析、推理与判断，定性、定量地提取出目标，并把它们表示在地理底图上的过程（Lillesand et al.，2015）。例如，土地覆盖现状解译，是先在影像上识别土地覆盖类型，再对分类图进行测算以获得各类土地覆盖的面积。

遥感图像所提供的信息是通过图像的色调、结构等形式间接体现的。因此，遥感图像解译需要用到一些背景知识和解译标志（张安定 等，2016）。

1. 遥感解译要素

结合遥感影像的解译标志，解译者能直接在图像上识别地物的性质、类型和状况，或者通过已识别出的地物或现象，进行相互关系的推理分析，进一步识别其他不易在遥感影像上直接解译的目标。这些解译标志，也称判读要素，即图像上能直接反映和判别地物信息的影像特征，其中，遥感解译最重要的 9 个要素包括形状、大小、阴影、色调、颜色、纹理、图案、位置和布局。

（1）形状。形状指目标物在影像上的成像方式。地物的形状特性通常受影像的空间分辨率、比例尺、投影性质等的影响，不同目标物在影像中呈现不同的形状，可以用于识别和区分地物。如工厂、飞机场、港口设施等可以通过形状信息进行判别。

（2）大小。大小指目标物在影像上的尺寸。部分地物之间，由于具有相似的形状，难以进行准确判别，如单轨与双轨铁路。此时，可以根据地物的大小标志进行区别。地物在影像上的大小取决于比例尺，根据比例尺可以测算和比较不同目标物的大小。

（3）阴影。阴影指目标物在影像上因阻挡阳光直射而出现的影子。一方面，阴影可以反映地物的高度及结构，从而辅助判读具有立体特性的地物，如铁塔、桥和高层建筑物等。另一方面，阴影的存在也可能会使目标丢失，给判读带来困难。阴影的长度、形状会受到太阳高度角、地形起伏、目标所处的地理位置等多种因素的影响。

（4）色调。色调指目标物在影像上黑白深浅的程度。色调是地物电磁辐射能量大小或地物波谱特征的综合反映，一般用灰阶（灰度）表示。同一地物在不同波段的图像上会有很大差别；在同一波段的影像上，由于成像时间和季节的差异，即使同一地区同一地物的色调也会不同。例如，由于不同岩石的反射和发射波谱不同，在同一波段的图像上，不同岩石的影像会产生不同的色调和密度，据此可以鉴定岩石的种类。

（5）颜色。颜色指目标物在彩色图像上的色别和色阶。颜色也是地物电磁辐射能量大小的综合反映。用彩色摄影的方法可以获得真彩色影像，摄得的地物颜色与天然彩色一致；用光学合成的方法可以获得假彩色影像，可以根据需要突出某些地物，以便于识别特定目标。

（6）纹理。纹理指目标物表面在影像上的质感，即与色调配合所呈现的平滑或粗糙的程度。部分特殊地物具有特有的纹理结构，可作为图像解译的线索。例如，草场及牧场的纹理相对平滑，成片的树林的纹理则相对粗糙。

（7）图案。图案指目标物在影像上呈现出有规律的排列和组合形式。部分地物具有独特的图形结构，以这种图案为线索容易判别出目标物，如层叠的梯田、狭长的道路、弯曲的水系等。

（8）位置。位置指目标物在影像上所处的环境。不同地物有特定的发生或存在的环境，因此，可以将位置作为判断地物类型的重要标志。例如，专门生长在沼泽地、沙地和戈壁上的某些植物，存在于高纬度的极地冰川等。

（9）布局。布局指多个目标物之间在影像上的空间相关关系。地面上的地物之间存在一定的依赖关系，通过对地物间相互依存关系的分析，可以从一种已知地物证实另一种地物的存在及其属性和规模，实现地物解译。例如，根据学校和操场、灰窑和采石场的依存关系，可以实现对学校和灰窑的判读。

2. 遥感影像的非监督分类

图像的非监督分类指在没有先验类别作为样本的条件下，即在事先不知道类别特征的情况下，仅依靠影像上不同类型的地物光谱信息（或纹理信息等）进行特征提取，并采用聚类分析方法，将所有像素划分为若干个类别的过程，这一过程也称为聚类分析（赵英时，2013）。非监督分类以集群为理论基础，在多光谱图像中搜寻、定义其自然相似光谱集群，并进行集聚统计和分类。因此，非监督分类的结果只能区分不同地物类别，并不能确定类别的属性，必须在分类后通过目视判读或实地调查确定类别。

如图 5.1 所示，遥感影像的非监督分类流程一般包含以下 5 个步骤。

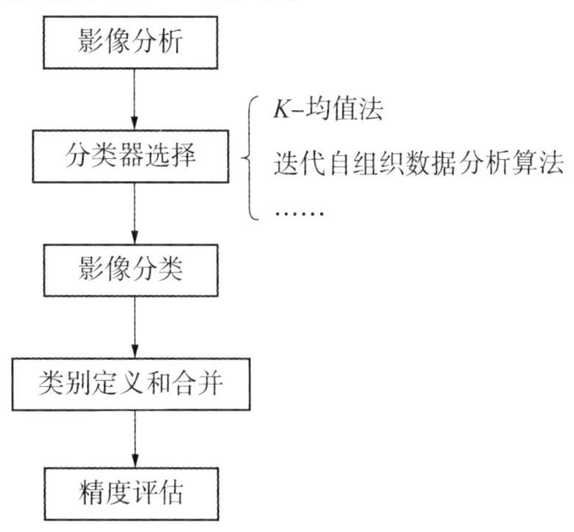

图 5.1　非监督分类的基本流程

（1）影像分析。在分类前，需要提前对待分类的影像进行影像分析，从而大体上判断主要地物的类别和数量。

（2）分类器选择。根据分类的复杂度、精度需求等选择分类器。常见的聚类算法有 *K*-均值、迭代自组织数据分析算法（iterative self-organizing data analysis technique algorithm，ISODATA）等。*K*-均值是一种常见的聚类算法，其使用了聚类分析方法，先随机地查找聚类簇中聚类相似度相近的点，即中心位置，利用各聚类中对象的均值获得一个“中心对象”（引力中心）来进行计算，然后迭代地重新配置它们，完成分类过程。ISODATA 是一种重复自组织数据分析技术，其先计算数据空间中均匀分布的类均值，然后用最小距离技术将剩余像元进行迭代聚合，每次迭代都重新计算均值，且根据所得的新均值，对像元再次进行分类。

（3）影像分类。根据选定的分类器，设定必要参数，对影像执行非监督分类。

（4）类别定义和合并。非监督分类得到的影像分类结果并不包含类别的属性。因此，分类后需要通过目视判读和实地调查，对所得的聚类结果进行类别定义和合并，以确定类别。

（5）精度评估。对分类结果进行评估，确定分类的精度和可靠性。

3. 遥感影像的监督分类

监督分类指在分类前人们已对遥感影像样本区中的类别属性有了先验知识，可以将这些样本类别的特征作为依据建立和训练分类器，进而完成整幅影像的类型划分，将每个像元归并到相应的类别中。换句话说，监督分类就是根据地表覆盖分类体系、方案进行遥感影像的对比分析，据此建立影像分类的判别规则，进行完成整幅影像的分类。

如图 5.2 所示，遥感影像的监督分类流程一般包含以下 5 个步骤。

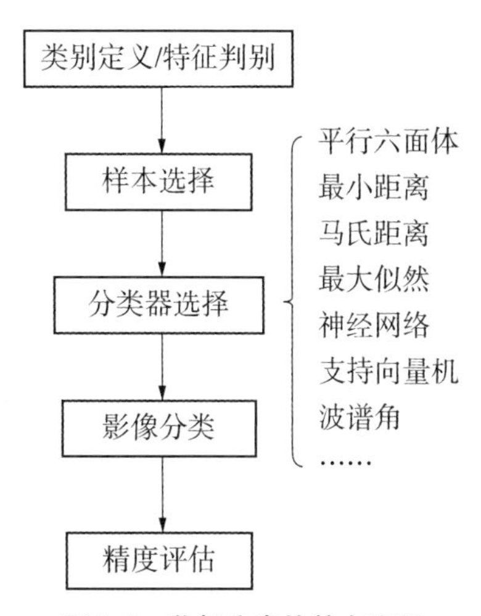

图 5.2　监督分类的基本流程

（1）类别定义/特征判别。根据分类目的、影像数据自身的特征以及研究区收集的信息确定分类系统；对影像进行特征判别，评估图像质量，进而决定是否需要进行影像增强等预处理。这个过程主要是人工目视查看的过程，为后面样本的选择打下基础。

（2）样本选择。为建立分类函数，需要针对每一类别选取一定数目的样本，可以在 ENVI 中通过感兴趣区（regions of interest，ROIs）来确定，也可以将矢量文件转化为 ROIs 文件来获得，或者利用终端像元收集器（endmember collection）获得。

（3）分类器选择。根据分类的复杂度、精度需求等确定分类器。常见的 3 种监督分类器如下。①最大似然（likelihood classification）。假设每一个波段的每一类统计都呈正态分布，计算给定像元属于某一训练样本的似然度，像元最终被归并到似然度最大的一类当中。②神经网络（neural network）。用计算机模拟人脑的结构，用许多小的处理单元模拟生物的神经元，用算法模拟人脑的识别、记忆、思考过程，并应用于图像分类。③支持向量机（support vector machine，SVM）。支持向量机是一种建立在统计学理论基础上的机器学习方法，其可以自动寻找那些对分类有较大区分能力的支持向量，由此构造出分类器，可以将类与类之间的间隔最大化。

（4）影像分类。根据选定的分类器，设定模型参数，结合标注样本，对影像执行监督分类。

（5）精度评估。对分类结果进行评估，确定分类的精度和可靠性。

4. 遥感影像的特征组合与筛选

卫星遥感影像的监督分类的基本流程如图5.3所示，包括样本采集、影像预处理、特征组合与筛选、分类器构建、模型学习与调优、精度评估与应用制图等步骤。遥感影像本身具备的多源性、多光谱与多时相的特征和遥感领域多年积累的大量先验知识，共同提供了巨量的可输入分类器的遥感特征。因此，有必要通过合适的特征组合和筛选方法筛选出特定的特征组合，既可以减少信息冗余，提高分类器的精度，又可以节约时间和算力。

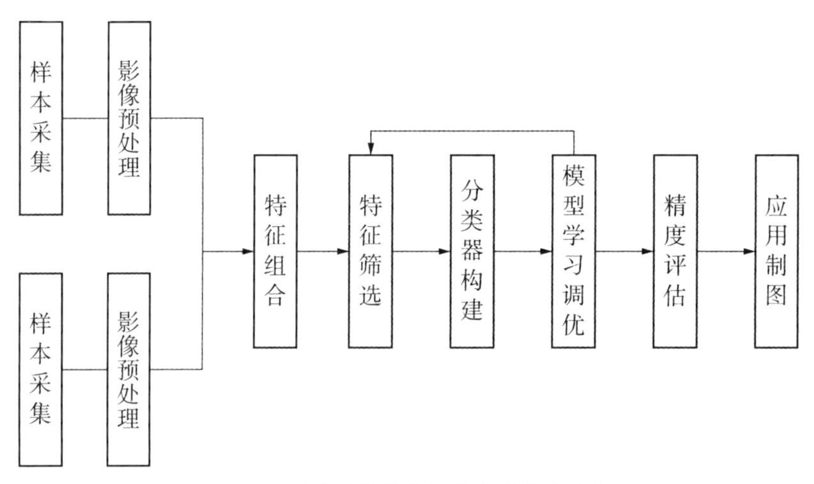

图5.3　遥感影像的监督分类的基本流程

（1）遥感影像的特征组合。近年来，遥感卫星不断增加，不同传感器、不同时空分辨率的遥感影像随之快速增加。针对不同的传感器特性，根据遥感领域的知识积累，均可以生成大量的特征供分类器学习并用于地物分类。例如，高光谱影像本身就具备巨量的光谱波段特征，非常有必要经适当筛选后再进行使用。相较于高光谱数据的巨量波段，更加常用的多光谱影像本身的多波段的特征较少，但可以根据不同波段的组合生成特定指数，用以增强目标特征。例如，归一化植被指数（normalized difference vegetation index，NDVI）被用来突出植被特征等数量众多的光谱指数特征。除了这些光谱特征，还有根据影像灰度表观性质构建的纹理特征，和多时相影像组合出的表征地表信息随时间变化的时间序列特征。

全面、典型的特征组合还可以有效地提升分类器的性能与应用能力。针对不同的分类任务，想要构建具有针对性的遥感影像特征组合，首先需要精准地把握目标地物的特性，包括可见的光谱特征与时序的物候特征等，再结合当地的干扰类别组成合理的特征组合，这个过程往往需要兼顾光谱指数特征、纹理特征与时序特征等，并适当地联合多源遥感影像与先验知识，构建更完备的特征输入。

（2）遥感影像的特征筛选。随着特征数的不断增加，对于监督分类来说，需要的样本数量也不断增加。有经验表明，样本数是样本维度的6～10倍时才能得到较好的分类效果，当样本数达到维度数的百倍时才能得到最好的分类效果，这种现象被Hughes所证明（童庆禧 等，2006）。因此，海量的特征需要采用一定的方法进行预筛选，以降低特征维数，进而构建出更优的分类器。

常用的特征筛选方法包括：①基于信息量丰富判断的方法，如基于熵、联合熵的方法；②基于特征之间相关性的方法，如最佳指数因子（optimal index factor，OIF）、波段指数（band index，BI）等方法（苏红军 等，2008）；③基于特征降维的方法，如主成分分析（PCA）等；④基于分类后特征重优化的方法，如随机森林的特征重要性筛选等。下面分别进行介绍。

第一，基于熵的特征筛选。这类方法通过计算各个特征本身的熵、度量波段的信息大小，可以剔除信息量较小的特征，还可以计算多个波段的联合熵，用于判断特征组合的信息量大小。但这类方法只从信息量入手，没有考虑特征之间的相关性，且计算量较大。

第二，基于特征相关性的方法。这类方法通过计算波段间的相关性，判断波段间的冗余信息量大小，进而筛选出最优的特征组合。例如，最佳指数因子 OIF 的计算式为：

$$OIF = \frac{\sum_{i=1}^{n} S_i}{\sum_{i=1}^{n} \sum_{j=i+1}^{n} |R_{i,j}|} \tag{5.1}$$

式中：S_i 表示第 i 个波段的标准差；$R_{i,j}$ 表示第 i 个和第 j 个波段的相关系数；n 表示目标特征组合的特征数量。通过遍历运算可知，OIF 值越大，说明这几个特征组合间的相关性越小，同时信息量越大。波段指数（BI）是将特征划分为数个子空间，通过同时考量组内相关性与组外相关性确定特征的优劣。但这类方法通常需要迭代计算，计算量也较大。

第三，基于特征降维的方法。主成分分析（PCA）是这类方法的代表。其原理是通过计算特征间的协方差矩阵的特征值与特征向量，将高维特征映射到新的低维度的正交特征上，这些新的特征就是主成分。通过主成分分析得到的新的特征中，第一个维度沿着原始特征的方差最大方向，后续特征不断沿着上个维度的方差最大方向，这样获取的前面维度的特征之间的相关性就会非常小，信息量也最为丰富。通过主成分分析，可以使原本海量的波段特征降低维度、减少噪声和去除相关性，从而获得最优的特征输入。由于采用了矩阵运算，PCA计算较快，但该方法对原始特征进行了变更，因此可能面临难以解释的问题。

5. 支持向量机

支持向量机（SVM）也是一类常用的监督学习分类器，具有鲁棒的分类性能，在遥感领域有着广泛的应用。SVM通过建立超平面将正负类别分隔开，再通过各自类别到超平面的距离（间隔）寻找支持向量来构建超平面（Kotsiantis，2007）。如图5.4所示，这个超平面可能是线性的，也可能是非线性的。

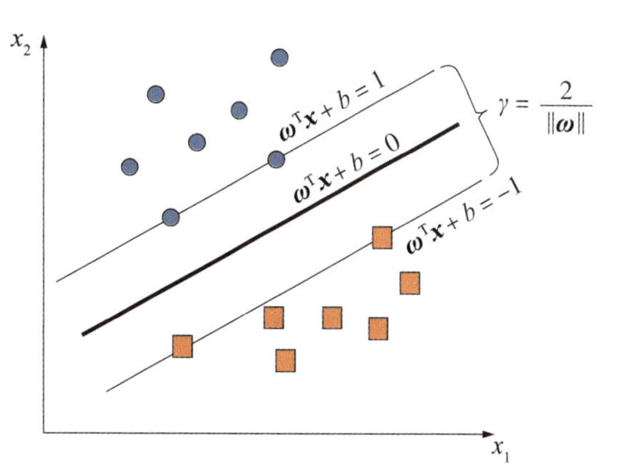

图5.4 支持向量机的超平面示意

对于给定样本集 $D = \{(\boldsymbol{x}_1, y_1), (\boldsymbol{x}_2, y_2), \cdots,$

$(\boldsymbol{x}_m, y_m)\}$，支持向量机的基本原理就是在样本集 D 中构建一个超平面，将 D 中的类别分开。划分超平面可以通过线性方程来表示：

$$\boldsymbol{\omega}^{\mathrm{T}}\boldsymbol{x} + b = 0 \tag{5.2}$$

式中：$\boldsymbol{\omega}$ 是法向量；$\boldsymbol{x}$ 代表超平面的方向；b 是位移项。

样本空间到达超平面 $(\boldsymbol{\omega}, b)$ 的距离可以表示为：

$$\gamma = \frac{|\boldsymbol{\omega}^{\mathrm{T}}\boldsymbol{x} + b|}{\|\boldsymbol{\omega}\|} \tag{5.3}$$

假设是二分类，即 $y \in \{1, -1\}$，样本集中的点可以被 $\boldsymbol{\omega}^{\mathrm{T}}\boldsymbol{x} + b$ 划分开，即：当 $y_i = 1$ 时，$\boldsymbol{\omega}^{\mathrm{T}}\boldsymbol{x}_i + b \geqslant 1$；当 $y_i = -1$ 时，$\boldsymbol{\omega}^{\mathrm{T}}\boldsymbol{x}_i + b \leqslant -1$。理想状态下，使式（5.3）可以成立的、距离超平面最近的点的特征称为支持向量，两类支持向量到超平面距离之和为间隔。

$$\gamma = \frac{2}{\|\boldsymbol{\omega}\|} \tag{5.4}$$

为了最大化间隔 γ 划分超平面，支持向量机需要找到最小化 $\frac{1}{2}\|\boldsymbol{\omega}\|^2$ 的 $(\boldsymbol{\omega}, b)$，即：

$$\min_{(\boldsymbol{\omega}, b)} \frac{1}{2}\|\boldsymbol{\omega}\|^2$$

$$\text{s.t.} \quad y_i(\boldsymbol{\omega}^{\mathrm{T}}\boldsymbol{x}_i + b) \geqslant 1, \quad i = 1, 2, \cdots, m \tag{5.5}$$

为了求解式（5.5），可以将问题转化为拉格朗日函数的对偶问题，其拉格朗日函数可以写成：

$$L(\boldsymbol{\omega}, b, \boldsymbol{\alpha}) = \frac{1}{2}\|\boldsymbol{\omega}\|^2 + \sum_{i=1}^{m} \alpha_i[1 - y_i(\boldsymbol{\omega}^{\mathrm{T}}\boldsymbol{x}_i + b)] \tag{5.6}$$

式中：$\boldsymbol{\alpha} = (\alpha_1, \alpha_2, \cdots, \alpha_m)$，令 $L(\boldsymbol{\omega}, b, \boldsymbol{\alpha})$ 对 $\boldsymbol{\omega}$、b 的偏导为 0，可得：

$$\boldsymbol{\omega} = \sum_{i=0}^{m} \alpha_i y_i \boldsymbol{x}_i \tag{5.7}$$

$$0 = \sum_{i=0}^{m} \alpha_i y_i \tag{5.8}$$

根据式（5.7）与式（5.8），将式（5.6）中的 $\boldsymbol{\omega}$、b 消去，可以获得式（5.9）的对偶问题：

$$\max_{\boldsymbol{\alpha}} \sum_{i=0}^{m} \alpha_i - \frac{1}{2}\sum_{i=1}^{m}\sum_{j=1}^{m} \alpha_i \alpha_j y_i y_j \boldsymbol{x}_i^{\mathrm{T}}\boldsymbol{x}_j \tag{5.9}$$

$$\text{s.t.} \quad \sum_{i=0}^{m} \alpha_i y_i = 0$$

$$\alpha_i \geqslant 0, \quad i = 1, 2, \cdots, m$$

可以利用序列最小优化（sequential minimal optimization，SMO）等算法迭代求解出 $\boldsymbol{\alpha}$，进而解出超平面方程：

$$f(\boldsymbol{x}) = \boldsymbol{\omega}^{\mathrm{T}}\boldsymbol{x} + b = \sum_{i=1}^{m} \alpha_i y_i \boldsymbol{x}_i^{\mathrm{T}}\boldsymbol{x} + b \tag{5.10}$$

上述介绍的是线性支持向量机，需要假设训练样本是线性可分的，但是在更多的任务中，可能难以寻找到一个线性的超平面来区分不同类别，这就需要引入带有核函数（kernel function）的非线性支持向量机。

非线性支持向量机的思路是针对原始空间线性不可分的样本，通过函数 $\varphi(\boldsymbol{x})$ 将原始特征 $\boldsymbol{x}$ 映射到更高维度的空间中，从而找到合适的超平面。虽然在原始空间特征线性不可分，但是只要原始特征空间是有限的维度，那么一定存在一个高维特征空间可以构建出超平面，使样本在高维度可分。于是，计算在映射后的高维度存在的超平面：

$$f(\boldsymbol{x}) = \boldsymbol{\omega}^{\mathrm{T}}\varphi(\boldsymbol{x}) + b \tag{5.11}$$

与线性支持向量机的求解过程相同，最终化归为拉格朗日函数的对偶问题：

$$\max_{\boldsymbol{\alpha}} \sum_{i=0}^{m} \alpha_i - \frac{1}{2}\sum_{i=1}^{m}\sum_{j=1}^{m} \alpha_i \alpha_j y_i y_j \varphi(\boldsymbol{x}_i)^{\mathrm{T}}\varphi(\boldsymbol{x}_j) \tag{5.12}$$

$$\text{s.t.} \quad \sum_{i=0}^{m} \alpha_i y_i = 0$$

$$\alpha_i \geqslant 0; \quad i = 1,2,\cdots,m$$

式中：$\varphi(\boldsymbol{x}_i)^{\mathrm{T}}\varphi(\boldsymbol{x}_j)$ 计算困难，故引入核函数：

$$K(\boldsymbol{x}_i,\boldsymbol{x}_j) = \varphi(\boldsymbol{x}_i)^{\mathrm{T}}\varphi(\boldsymbol{x}_j) \tag{5.13}$$

通过先验知识构建的核函数隐式地表达了高维特征空间的特征，避开了烦琐的求解过程。常用的核函数包括线性核函数、多项式核函数、高斯核函数、拉普拉斯核函数和 Sigmoid 核函数等，选择适当的核函数是影响支持向量机性能的重要因素（周志华，2016）。

6. 神经网络

神经网络算法是遥感领域经典且常用的算法。现今，神经网络算法相较于其他传统机器学习模型，其算法的多样性、复杂性，和涉及并推动的交叉学科的广度，都是前所未有的，在业界与学界掀起了 AI + 的热潮。随着近年来深度神经网络算法的高速发展，以卷积神经网络（convolutional neural network，CNN）为代表的深度学习算法广泛地提升了遥感解译的制图精度与应用能力。

最简单的神经网络也称为感知机。其基本原理是构建损失函数，通过不断的学习获得将正负样本完全分离的超平面。对于平面上被分类错误的点 $(\boldsymbol{x}_i, y_i)$ 来说：

$$-y_i(\boldsymbol{\omega}\boldsymbol{x}_i + b) > 0 \tag{5.14}$$

所有误分点到超平面的距离为：

$$-\frac{1}{\|\boldsymbol{\omega}\|}\sum_{\boldsymbol{x}_i \in \boldsymbol{M}} y_i(\boldsymbol{\omega}\boldsymbol{x}_i + b) \tag{5.15}$$

式中：$\|\boldsymbol{\omega}\|$ 是 $\boldsymbol{\omega}$ 的 L2 范数，不考虑 $\frac{1}{\|\boldsymbol{\omega}\|}$ 一项时，就得到感知机学习的最简单的损失函数：

$$L(\boldsymbol{\omega},b) = -\sum_{\boldsymbol{x}_i \in \boldsymbol{M}} y_i(\boldsymbol{\omega}\boldsymbol{x}_i + b) \tag{5.16}$$

该损失函数可以通过梯度下降损失函数迭代更新参数，直到获得最优的参数。当不断地叠加线性函数层时，在不同的线性层之间插入了非线性的激活层，就构成了最简易的多层感知机。

针对遥感影像的分类，更常用的是卷积神经网络，即待求解的参数是众多在图像上滑动的卷积块。通过学习遥感图像的空间与通道特征，在不同的卷积层之间叠加池化层、激活层，并构建适当的损失函数，再通过梯度下降算法进行参数更新，就构成了最基础的卷积神经网络。

卷积神经网络可以应用于多种遥感任务中，尤其是在高分辨率遥感影像的语义分割、目标检测中，已取得了巨大的进展与切实的应用（Zhu et al.，2017）。近年来，以 Transformer 为代表的深度神经网络研究也取得了巨大的进展。随着深度学习技术的蓬勃发展，神经网络在遥感领域的应用有待进一步挖掘与探索。

5.1.3　精度评估

混淆矩阵也称为误差矩阵，是表示精度评估的一种标准格式。混淆矩阵用 n 行 n 列的矩阵形式来表示，其中，矩阵的每一行代表了预测类别，每一行的总数表示预测为该类别的数据的数目；每一列代表了数据的真实归属类别，每一列的数据总数表示该类别的数据实例的数目。

图 5.5 是混淆矩阵的示意图。其中，TP、FP、FN、TN 分别代表预测结果中的真阳性（预测为正，实际也为正）、假阳性（预测为正，实际为负）、假阴性（预测为负、实际为正）、真阴性（预测为负、实际也为负）。利用混淆矩阵中的因子，可以通过计算不同指标来对分类结果进行精度评估。其中，最主要的指标有以下几种。

混淆矩阵		真实值	
		Positive	Negative
预测值	Positive	***TP***	***FP***
	Negative	***FN***	***TN***

图 5.5　混淆矩阵示意

（1）查准率（Precision）：分类正确的正样本个数占分类器分类的所有正样本个数的比例。查准率 Pre 为：

$$Pre = \frac{TP}{TP + FP} \tag{5.17}$$

（2）查全率（Recall）：分类正确的正样本个数占正样本个数的比例。查全率 Rec 为：

$$Rec = \frac{TP}{TP + FN} \tag{5.18}$$

（3）$F1$ 分值：$F1$ 分值为查准率和查全率的调和平均数，旨在同时考虑二者的影响。

$$F1 = \frac{2TP}{2TP + FN + FP} \tag{5.19}$$

（4）总体分类精度（overall accuracy，OA）：被正确分类的像元总和除以总像元数。被正确分类的像元数目沿着混淆矩阵的对角线分布，总像元数等于所有真实参考源的像元总数。总体分数精度 OA 为：

$$OA = \frac{TP + TN}{TP + TN + FP + FN} \tag{5.20}$$

5.1.4　城市遥感影像建筑物提取与变化分析实例

建筑物作为城市的重要组成部分，能够直观地反映城市内部的变化。对城市建筑物进行及时的检测和更新对城市规划、灾害应急响应、基础地理信息更新等方面工作有重要意义。高分辨率对地观测和深度学习技术的发展给智能化建筑物识别和变化检测提供了新的发展机遇。本节将对建筑物变化检测的方法和实例进行介绍。

建筑物变化检测是对同一地理空间位置的建筑物进行多次观测并获取其状态变化的信息。假设同一区域中，2 个时相经过配准的影像分别为 $\boldsymbol{I}_1^{C\times H\times W}$ 和 $\boldsymbol{I}_2^{C\times H\times W}$，其中，$C$、$H$ 和 W 分别表示影像的波段数量、高度和宽度，建筑物变化检测的任务即为生成能够反映变化状态的二值图 $\boldsymbol{M}^{H\times W}$。该过程可以表示为：$Y = G[F(\boldsymbol{I}_1, \boldsymbol{I}_2)]$，其中，$F$ 为变化特征提取器，G 为变化结果分类器。

随着深度学习在计算机视觉任务中的发展，图像语义分割深度学习模型逐渐被应用到建筑物变化检测任务中。深度学习方法凭借其强大的非线性特征映射能力，能够克服不同时相影像的辐射差异问题，充分挖掘建筑物的变化特征。

建筑物变化检测的深度学习模型主要包括编码器和解码器 2 个部分（图 5.6）。每个时相对应 1 个编码器，通过编码器的多层非线性映射提取影像特征；在解码器中输入 2 个时相对应的影像特征，用于提取 2 个时相特征的变化信息，并通过上采样层还原特征图像的分辨率。最终，通过分类器输出变化区域。模型训练过程中，可以通过优化预测值和真实值之间的损失函数提升模型性能。在建筑物变化检测任务中，损失函数采用交叉熵损失函数，可以表示为：

$$L_{CE}(\widehat{Y},Y) = -[Y\log\widehat{Y} + (1-Y)\log(1-\widehat{Y})] \tag{5.21}$$

式中：$\widehat{Y}$ 为预测结果；Y 为真实结果。下面将介绍一个基于深度学习的建筑物变化检测应用实例。

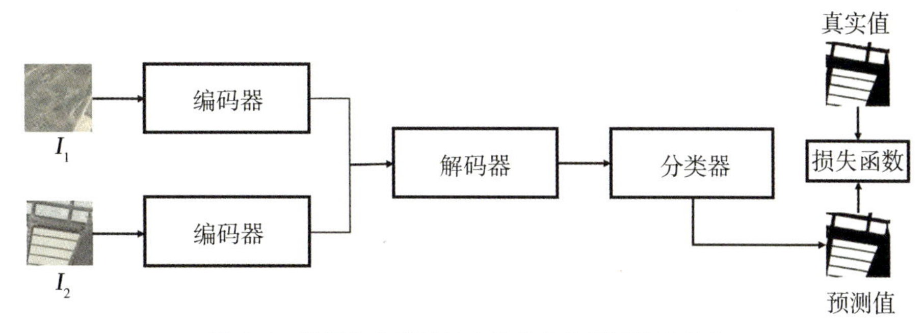

图 5.6 基于深度学习的建筑物变化检测流程示意

城市建筑物的地理信息数据库需要定期更新，但传统的基于人工实地调研的方式已经赶不上城市动态变化的速度，因此需要利用覆盖范围大、重访周期短的遥感数据辅助深度学习变化检测模型实现高效自动化的数据库更新。该模型通过双时相影像建筑物变化检测方法更新数据库，在未发生变化的区域中保留未变化的建筑物，并在发生变化的区域中通过高精度的边缘检测模型提取建筑物轮廓的变化信息，实现数据库的更新。同时，利用半监督训练方法，可以实现在少量更新建筑物标注样本的条件下对大范围区域进行建筑物的自动更新。

本应用实例以新西兰基督城和中国广州为研究区域。其中，基督城的数据来源为武汉大学的建筑物变化检测数据集，包含 2012 年和 2016 年 2 个时相的空间分辨率为 0.2 m 的高分影像和建筑物矢量数据；广州市的数据来源为中山大学的建筑物变化检测数据集，包含 2017 年和 2019 年 2 个时相的空间分辨率为 0.8 m 的高分影像和建筑物矢量数据。在模型训练时，将影像裁剪成 256×256 大小的图像块，裁剪重叠率为 0.5，为了提高模型的鲁棒性，需对图像块进行旋转、平移、缩放和翻转等数据增强处理。

建筑物数据的更新流程如图 5.7 所示。首先，基于单时相的影像和建筑物标注数据训练建筑物提取网络；然后使用双时相的影像和建筑物标注数据训练变化检测网络，得到变化区域；最后，在这些变化区域上应用建筑物提取网络得到新的建筑物矢量数据完成更新。考虑到后一时相的建筑物标注数量有限，可以通过半监督训练的方式自动更新未标注区域的数据。

建筑物提取网络部分结合了语义分割和边缘提取模型，从而使模型能够同时提取具有上下文信息的建筑物纹理特征和建筑物边界信息。该网络基于 U-Net 架构设计，为语义分割网络中经典的编码器－解码器结构。编码器部分为 ResNet-34，通过卷积层提取特征，再通过池化层压缩特征分辨率，编码器中不同分辨率的特征会与解码器对应分辨率的部分直接相连，从而获得高分辨率的建筑物特征。为了使建筑物的轮廓进一步细化，在语义分割网络的基础上集成了边缘检测模块，该模块与解码器有着相同的结构，并通过门控注意力模块使语义分割部分的建筑物特征对边界特征进行约束，从而达到增强建筑物边界、抑制噪声边界的效果。

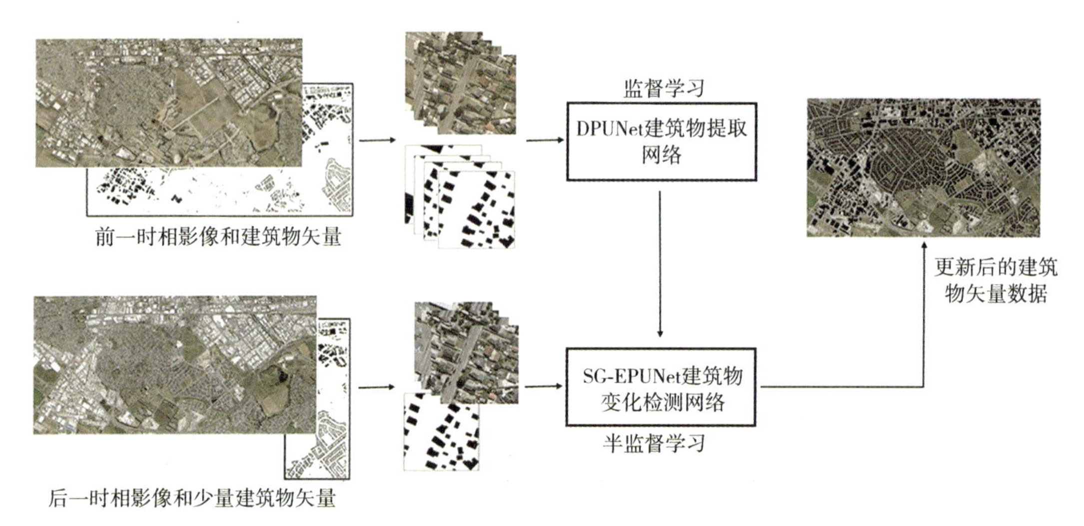

图 5.7　基于建筑物提取和变化检测网络的建筑物更新流程

考虑到 2 个时相影像之间存在使用传感器、时间、大气条件等差异，直接将上述建筑物提取网络应用到后一时相影像可能会导致精度下降。因此，可以引入建筑物变化检测网络，将建筑物提取约束在需要更新的变化区域中。该网络由 2 个特征提取器和 1 个显著性变化检测模块组成。特征提取器的权重使用建筑物提取网络的权重进行初始化。显著性变化检测模块能够基于 2 个时相的特征得到变化概率，概率接近于 0 的区域应保持前一时相的建筑物分布，概率接近于 1 的区域则应用建筑物提取网络进行建筑物提取和更新。同时，为了利用少量建筑物样本对大范围区域的建筑物进行更新，可以将模型所得的建筑物更新结果作为伪标签，训练后一时相的特征提取器，训练后的模型可以迁移应用于大范围的城市建筑物变化信息提取与更新。

5.2　城市垂直维度感知

近年来，我国城市化进程不断推进，不仅体现在城市面积的增长，也体现在建筑物高度的增长。高度增长，一方面能尽量克服城市土地资源匮乏的瓶颈，另一方面能为优化城市结构及城市功能做出贡献。基于可见光、多光谱等的光学高分辨率遥感影像仅能获取城市空间水平维度信息，难以反映城市建筑物高度等纵向维度信息。因此，大量学者着眼于对城市建筑物高度的估计与测量，城市垂直维度的感知已成为城市规划和扩张、城市灾害风险预警与评估的重要参数，为研究城市空间发展过程与城市扩张驱动力因子提供了依据，同时也为数字城市三维模型的建立提供了基础测绘资料。

对城市的横向面积扩张和纵向高度增长进行综合考虑，有助于城市空间形态特征的研究和城市景观的模拟（罗谷松 等，2008）。以城市高度增长作为城市扩张研究的突破口，是近年来出现的新研究方向，为研究城市空间发展过程和城市扩张驱动力因子提供了新的分析方法（Shi et al.，2009）。城市高度的研究与城市建筑物高度的研究密切相关，芮建勋（2007）认为城市建筑物高度影响着城市的热力景观，从而影响城市的热场效应与城市的景观格局。张培峰等（2011）通过研究城市建筑物在三维空间的变化特征，揭示了城市改造过程中，建筑三维景观的演变规律与驱动机制，从而预测其变化趋势，也为城市规划与管理的合理调整提供了借鉴。本节分别从高度数据获取、城市高度反演方法与应用实例等方面对城市垂直维度感知进行介绍。

5.2.1 城市垂直维度数据获取原理

激光雷达（light detection and ranging，LiDAR）系统先将激光发射向地面，然后记录下激光脉冲从发射到地面，再从地面反射回系统的时间。将这个时间结合光速可以计算出距离，系统再根据飞机高度、姿态以及脉冲角度，计算出地表物体的高度。美国航空航天局（National Aeronautics and Space Administration，NASA）于2003年发射了搭载着地球科学激光测高系统（geoscience laser altimeter system，GLAS）的icesat-1卫星，其测高精度为0.15 m，获取了大量高精度的全球城市建筑物的高程和三维空间信息，并于2018年发射了搭载着更为先进的高级地形激光测高系统（advanced terrain laser altimeter system，ATLAS）的icesat-2卫星，ATLAS采用的微脉冲光子计数激光雷达是全球首次应用在星载平台上，光斑直径约为10 m，光斑间间距约为0.7 m，测高精度能达到0.1 m。2016年，我国成功发射了资源三号02星，搭载了国内首台对地观测的试验性激光测高载荷。此外，作为我国高分辨率对地观测系统重大专项之一的高分七号卫星也已经在整星测试阶段，该星具备了精度优于1 m的激光测高能力。

合成孔径雷达（synthetic aperture radar，SAR）数据具有全天时、全天候对地观测的优势，不仅在灾害应急中发挥着重要作用，在城市建筑物区域成像形成的叠掩、二次散射、较强单次散射等散射机制对应的建筑物高亮特征也非常典型，并且对方向性敏感，非常适合建筑物高度提取。自2007年德国发射TerraSAR-X以来，SAR图像建筑物识别与建筑物高度提取成为研究热点，被广泛应用于地质勘探、地形测绘、地质灾害监测及城市规划等各个领域。

早期受限于相关技术，SAR卫星获取的影像分辨率不高，可视性较差，建筑物的形状较模糊，加上城市区域大都是建筑物群，影像易受噪声、叠掩及阴影等的影响，使得建筑物高度反演及建筑物检测工作较为困难。随着新一代高分辨率雷达卫星（如TerraSAR-X、Cosos-Skymed等卫星，分辨率达3 m以上）的成功发射与运行，获得了越来越多米级的高分辨率SAR影像，这也使得影像中建筑物目标凸显出更多的细节信息。

当前，我国的城市正处于快速建设、不断发展的阶段，各种高分辨率、多极化SAR卫星的快速发展，使得SAR影像能够为城市区域发展规划以及城区内实时动态变化监测提供有力的技术支持，例如，Simonetto等（2005）将不同入射角的图像进行特征级融合以提高边界提取精度，再通过立体成像形成的视差计算建筑物高度。Xu和Jin（2007）利用不同方位的SAR图像以概率统计的方法进行最大似然估计，获取建筑物的几何参数。Soergel等（2009）融合正交2个视向的高分辨率SAR图像，并利用叠掩信息进行建筑物检测和高度反演。Thiele等（2007）基于不同视向的高分辨率干涉SAR图像，将从不同视向图像中提取的建筑物散射特征进行组合，实现了建筑物参数的反演。Brunner等（2007）在单幅高分辨率SAR图像建筑物高度反演的基础上，将2个视向的高度提取结果进行决策级融合，作为最终的反演高度。

合成孔径雷达干涉（interferometry synthetic aperture radar，InSAR）数据基于时间测距的成像原理，利用雷达回波信号所携带的相位信息，提取同一目标建筑物对应的2个回波信号之间的相位差，再结合观测平台的轨道参数等，获取高程信息。InSAR影像对像对的基线要求比较短，但是对数据获取的时间间隔、系统参数和数据处理方面的要求十分严格（廖明生、林晖，2003）。早在2000年，Gamba等（2000）将InSAR数据应用于计算机视觉技术中，拉开了利用雷达干涉测量技术提取城市高层建筑信息的序幕。Tison等（2007）基于InSAR影像进行建筑物阴影的提取，反演建筑物的形状与高度。Thiele等（2007）直接运用InSAR信息，提取了同一建筑对应的2个回波信号之间的相位差，并结合观测平台的轨道参数等，获取建筑物的高度信息。由于利用单干涉图法测量建筑物高度时存在无法克服相位解缠问题，Wegner等（2010）基于InSAR影像和光学影像的融合，利用光学影像，解决了相位解缠的模糊性问题，针对非常高的建筑物或者低矮建筑物的高度提取十分有帮助。

5.2.2　城市高度反演方法

在遥感影像中，对建筑物纵向高度的提取，主要是通过激光测高、立体像对和阴影测高3种方式来实现的（钱瑶 等，2015）。激光测高与立体像对都需要采用特定的仪器来获取相应的数据，而阴影测高只需要利用单张高分辨率遥感影像，建立建筑物与阴影的成像几何模型，即可简单便捷地实现高度的测量（高翔 等，2008）。下面分别对这3种方法进行介绍。

1. 激光测高法

激光雷达是利用光波来进行测量的。与普通光波相比，激光的方向性、单色性、相干性都更加突出，且不易受到大气环境和太阳紫外线的干扰。因此，用激光进行距离测量不但数据采集安全性高而且抗干扰能力强。测绘过程中，当激光器的激光发射到某个物体的表面上时，会有一部分光反射回激光器并被激光雷达接收器接收，此时雷达系统内部的仪器就会计算出光从激光器发射到返回的整个过程的时长，同时计算出激光器到反射物体的距离，即：

$$D = C \times \frac{t}{2} \tag{5.22}$$

式中：D 为待求解的距离；C 为光速；t 为从发射到接收的时长。

2. 立体像对法

立体像对法通过2张或多张相互重叠的航空影像进行立体测量。其通过地面控制点和影像上对应的像素，来计算卫星的外方位元素（传感器姿态），并通过像对间的匹配点配准影像。然后进行后方交汇，计算每个地面目标的高程，从而得出地面目标的三维坐标。这种方法的优点在于能够快速、准确地获取三维数据，并且适用范围广泛。

3. 阴影测高法

根据太阳、卫星、建筑物、建筑物阴影之间的几何关系可以估算建筑物高度。20世纪80年代末，Irvin与Mckeown（1989）使用航空影像建立了建筑物高度与阴影之间的关系。随后，Cheng与Thiel（1995）对SPOT全色图像运用阈值法分割阴影，建立了建筑物高度与阴影的几何模型，并结合高精度地形图去除高程对结果的影响。Shettigara与Sumerling（1998）提出了在亚像元级确定阴影边界的方法，基于阈值分割能提取更加准确的阴影轮廓。何国金等（2001）对SPOT影像采用数据融合的方法，提取了北京市某区域的建筑物高度，随之提出了一种基于图像阴影特征的城市建筑物高度分级及其分布信息自动生成的技术，将获取的建筑物高度信息用于蜂窝式电话网站的建设。当遥感影像分辨率大于5 m时，太阳方位角是影响测量长度与阴影实际长度差异的重要因素，董玉森等（2002）完善了前人忽略的关键元素，在阴影与建筑物高度的模型中，考虑了太阳方位角对高度估计的影响。总体上说，阴影测高法主要涉及建筑物阴影提取与预处理、阴影长度测量与建筑物高度估算等关键步骤。

5.2.3 阴影测高法应用实例

1. 建筑物阴影提取

采用 K-平均聚类算法对建筑物和阴影进行分割（陈亭 等，2016）。K-平均算法的根本思路是把 n 个处理对象，根据它们的属性分为 k 个分割。其计算公式为：

$$d(\boldsymbol{x}_i,\boldsymbol{c}_i) = \sqrt{\sum_{l=1}^{n}(\boldsymbol{x}_{il} - \boldsymbol{c}_{jl})^2}; \quad i = 1,2,\cdots,m; \quad j = 1,2,\cdots,k \tag{5.23}$$

式中：数据 $\boldsymbol{x}_i$ 和 $\boldsymbol{c}_i$ 之间的欧几里得距离为 $d(\boldsymbol{x}_i,\boldsymbol{c}_i)$；$k$ 表示簇类个数。

将同一簇类的中心点表示为 $\boldsymbol{c}_j$，其计算式为：

$$\boldsymbol{c}_{jl} = \frac{1}{N(\emptyset_j)}\sum_{\boldsymbol{x}_i \in \emptyset_j}\boldsymbol{x}_{il}; \quad l = 1,2,\cdots,n; \quad j = 1,2,\cdots,k \tag{5.24}$$

式中：$\emptyset_j$ 表示第 j 个簇的范围，$\boldsymbol{x}_i \in \emptyset_j$ 表示属于第 j 个簇的数据 $\boldsymbol{x}_i$，$\boldsymbol{x}_{il}$ 表示属于第 j 个簇的第 l 个对象，$N(\emptyset_j)$ 表示第 j 个簇中数据的总数量。

聚类准则函数定义为：

$$J_c = \sum_{j=1}^{c}\sum_{k=1}^{n_j}\|\boldsymbol{x}_k - \boldsymbol{m}_j\|^2 \tag{5.25}$$

式中：J_c 为所有对象的误差平方和；$\boldsymbol{x}_k$ 为空间中的任意一点；$\boldsymbol{m}_j$ 为聚类的期望值。

2. 建筑物阴影预处理

经过初步提取后的阴影图上存在一些零散分布的阴影图斑，而大块阴影区域内部则存在孔洞现象。这是由于地物中存在一些与阴影灰度值相近的物体，在阈值分割时被作为阴影提取了出来，表现为图像上的破碎图斑。而大块阴影区中存在与阴影灰度值相差较大的物体，在阈值分割时被划分为非阴影，表现为阴影内部的孔洞。因此，需要对阴影初步提取结果图像进行形态学处理，去除破碎图斑并填补孔洞。

数学形态学由一组形态学的代数算子组成，包括膨胀、腐蚀、开运算和闭运算。膨胀是把连接成分的边界扩大一层的处理，腐蚀则是把连接成分的边界点去掉从而缩小一层的处理。膨胀的运算符为“⊕”，A 用 B 来膨胀写作“$A \oplus B$”，其定义为：

$$A \oplus B = \{x | [(\hat{B})_x \cap A] \neq \emptyset\} \tag{5.26}$$

式中：A 表示图像；B 表示结构元素。

腐蚀的运算符为“⊖”，A 用 B 来腐蚀写作“$A \ominus B$”，其定义为：

$$A \ominus B = \{x | (B)_x \subseteq A\} \tag{5.27}$$

开运算的运算符为“△”，A 用 B 进行开运算写作“$A \triangle B$”，其定义为：

$$A \Delta B = (A \ominus B) \oplus B \tag{5.28}$$

闭运算的运算符为“·”，A 用 B 来闭合写作“$A \cdot B$”，其定义为：

$$A \cdot B = (A \oplus B) \ominus B \tag{5.29}$$

对图像进行二值化处理，以便进行数学形态学操作，设定阴影区域值为 1、非阴影区域值为 0。去除错分的破碎图斑，可以通过设置面积阈值将面积小的干扰区域去除。如本实例将面积阈值设为 10。用形态学中的闭运算填补阴影内部缺失的孔洞，即先用 5×5 的矩阵对阴影图像进行膨胀以填补阴影中的孔洞，再用该矩阵对阴影进行腐蚀以去除膨胀后多余的边缘部分。闭运算能够有效地填充物体内部的细小缺失，实现阴影的完整提取。

3. 阴影长度测量

为获取建筑物的阴影长度，需对提取的阴影图进行矢量化处理。沿着太阳光投射方向做一系列平行直线，使其与阴影矢量图中的建筑物阴影区域相交，取这些直线与各阴影区域的交线作为阴影的可见长度。根据太阳、卫星、建筑物三者之间的几何关系，选取交线中最大长度作为该建筑物的阴影长度。

4. 建筑物高度估算

当太阳光照射在建筑物上时，所形成的阴影与太阳方位角、高度角有关。卫星成像的方位角和高度角也会影响阴影在图像上的位置。假设建筑物处于平坦、无地形干扰的地区，且建筑物垂直于地表，则太阳、卫星、建筑物及阴影间的几何关系可分为 2 种情况：一种是卫星与太阳在建筑物的同一侧；另一种是卫星和太阳分别在建筑物的两侧。例如，以 Geoeye-1 卫星图像为例，太阳高度角为 50.9°、太阳方位角为 149.9°，卫星高度角为 62.3°、卫星方位角为 326.2°，太阳与卫星在建筑物的两侧，三者之间的几何关系如图 5.8 所示。其中，α 是卫星高度角，β 是太阳高度角，H 是建筑物高度，S 是阴影长度。由图 5.8 可得：

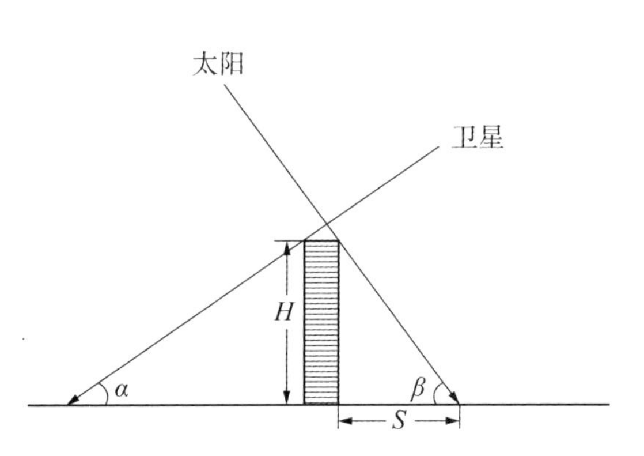

图 5.8　太阳、卫星、建筑物之间的几何关系

$$H = S \times \tan\beta = S \times 1.23 \tag{5.30}$$

5.3　城市侧面感知（城市街景）

随着中国城市化程度的不断提升，城市规划、城市绿化、建筑物立面、审美需求等反映居民生活品质的方面逐渐受到学者的关注。城市生活品质不仅能够反映城市居民的居住质量，而且对城市的可持续发展和未来规划起到关键作用。然而，基于水平或垂直维度感知的遥感数据难以反映城市的三维空间信息，在空间完整性表达上存在局限性，使其无法满足社会各机构的应用需求。

城市实景三维模型能够以人的视角描绘城市的可视环境，而在可视环境背后蕴含了有关城市功能、社会经济和人类活动的相关信息（Yue et al.，2022），这些信息都能够对城市不同的场景进行感知评估，可以在量化信息之后利用数字帮助人们了解城市不同场景的各种属性，感知居民行为习惯、居民出行方式、公共空间活动、公众健康水平、居民所在城市活力与文化意象的营造（刘武平，2019）。

航空摄影测量以覆盖范围广、成本低、精度高、信息量丰富等特点成为构建城市三维模型的重要方法之一。然而，传统的摄影测量只能获取建筑物的高度和顶部纹理信息，对建筑物的侧面信息不能完整表达，这使得城市三维模型的重建及场景感知受到局限。近年来，倾斜摄影测量技术的出现改变了这一现状，它基于同一飞行平台上的多台传感器，同时从垂直、侧向和前后等角度采集图像，能够比较完整地获取地面建筑物的侧面纹理信息。倾斜摄影测量技术不仅能反映地物的真实情况，而且获取的影像纹理信息丰富，同时还附有精确的地理坐标，能给用户带来更好的体验，这极大地扩展了其在城市三维建模领域的应用，可以广泛应用在智慧城市、国土规划、不动产登记、古建筑数字化、数字文化遗产等方面，为快速高效构建城市三维模型提供了一种新思路。

5.3.1 倾斜摄影侧面数据获取原理

倾斜摄影测量通过在同一飞行平台上搭载 1 个垂直相机和 4 个倾斜相机，可以对地面物体进行多角度摄影，获取的影像数据不仅具有高分辨率、大视场角的特点，而且具有丰富的侧面纹理信息，能够将真实场景进行还原（李祎峰 等，2013）。同时，倾斜摄影测量技术集成了先进的定位定向系统（position and orientation system，POS），使得多角度影像兼备了完整的地理信息，通过融合影像信息、位置和姿态参数，能够在影像上对地物进行属性信息的测量。多角度影像为三维建模提供了丰富的纹理信息，在降低三维模型成本的同时提高了建模质量。倾斜摄影的影像获取方式和连续成像方式分别如图 5.9 和图 5.10 所示。

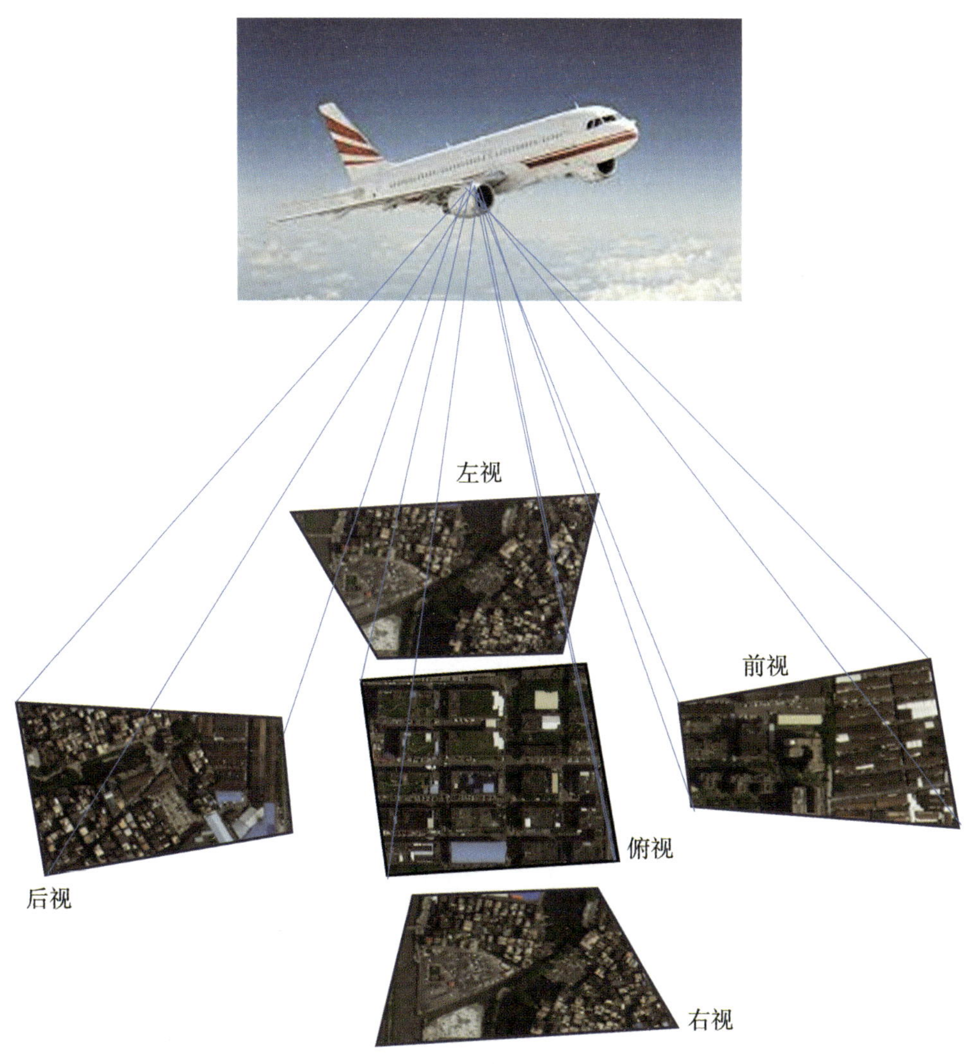

图 5.9　倾斜摄影的影像获取方式

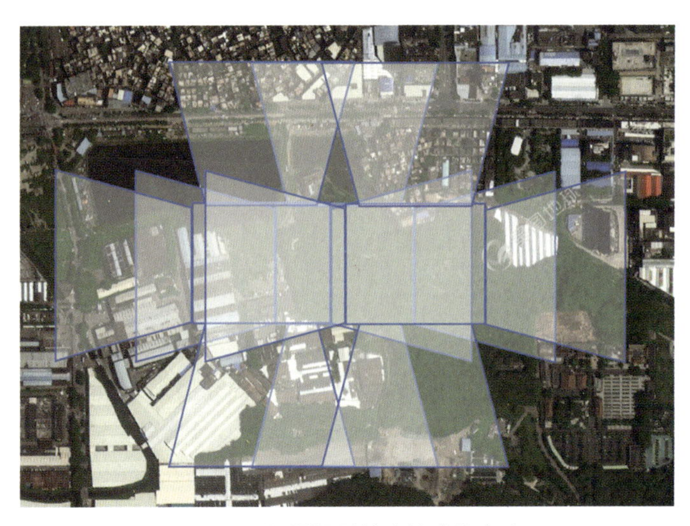

图 5.10　倾斜摄影的连续成像方式

5.3.2　倾斜摄影侧面影像的实景三维模型重建方法

倾斜摄影测量技术的数据处理流程包括影像预处理、多视影像联合平差、多视影像密集匹配、高精度 DSM（digital surface model）自动提取、城市三维建模等（Hoehle，2008）。其数据处理的基本流程如图 5.11 所示。

1. 影像预处理

影像预处理包括畸变校正、匀光匀色处理。受相机系统的安装误差和镜头畸变的影响，拍摄出的影像会存在像主点偏移以及影像边缘发生畸变的情况，因此，在航飞前需要在地面检校场对相机开展检校工作，解算出相机的内方位元素和畸变参数，然后利用解算得到的检校参数结合相应软件完成影像的畸变处理。在倾斜影像的获取过程中，由于受光照条件、CCD（charge coupled device）特性、光学透镜成像不均匀的影响，影像之间会存在颜色、对比度、明暗等方面的差异，这会对后期影像特征点的提取和影像拼接的效果造成影响。为了保证后续数据处理精度，数据处理前需要对影像进行匀光匀色等处理。

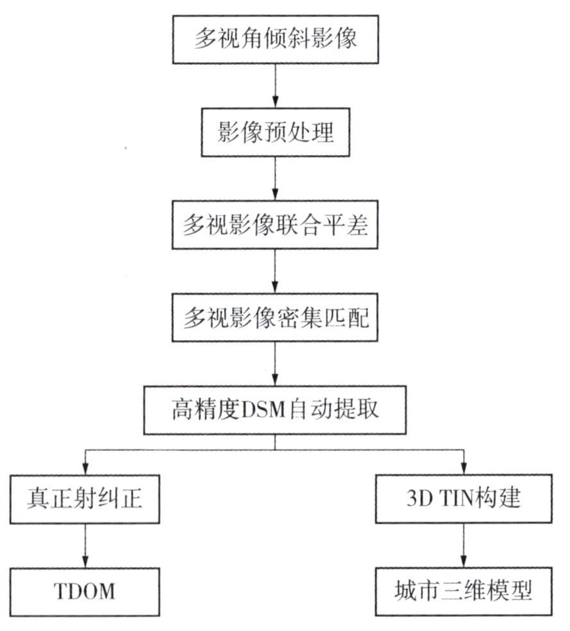

图 5.11　倾斜摄影影像的三维建模流程

2. 多视影像联合平差

倾斜摄影获取的影像数据不仅包含垂直影像数据，而且包含大量的侧视影像数据。现有的同名点自动量测算法大多适用于近似垂直的影像数据，对于倾斜影像数据的处理无法较好地实现。在进行多视影像联合平差时需要考虑大视角变化所引起的几何变形和遮挡的问题。以倾斜摄影瞬间 POS 系统提供的多角度影像的外方位元素作为初始值，通过构建影像金字塔，采用金字塔由粗到细的匹配策略，在每一等级的影像上进行自动连接点提取，提取后再进行光束法区域网平差，可以获得更好的匹配效果（Zhang et al.，2003）。同时，加入 POS 辅助数据、控制点坐标可以建立多视影像之间的平差方程，联合解算后能够保证平差结果的精度（朱庆 等，2012）。

3. 多视影像密集匹配

影像匹配是数字图像处理的核心问题，在摄影测量技术领域也会涉及影像匹配，影像匹配的结果直接决定空三质量。传统的方法一般采用单一的匹配基元，这样很容易出现“病态解”，使得匹配的精度和可靠性降低。多视影像具有覆盖范围大、分辨率高的特点，同一地物会对应多个不同视角的影像，在匹配的过程中可以充分利用这些冗余信息，采用多视影像密集匹配模型能够快速提取多视影像上的特征点坐标，实现多视影像之间特征点的自动匹配，进而获取地物的三维信息。随着计算机视觉技术的发展，基于多基元、多视角的影像匹配逐渐成为广大学者研究的热点，其中，部分成果已经应用到实际生产当中。

4. 高精度 DSM 自动提取

在经过多视影像密集匹配后，可以得到精度及分辨率较高的数字表面模型，数字表面模型能够真实地反映地面物体的起伏状况，是构成空间基础框架数据的重要内容。多视影像经过联合区域网平差后，可以自动解算出每张影像精确的外方位元素，在此基础上选择合适的多视影像匹配单元进行逐像素的密集匹配，可以获取成像区域地物的超高密度点云，然后经过点云构网即可以完成高精度、高分辨率的 DSM 自动提取。

5. 城市三维建模

利用多视影像密集匹配获取的超高密度点云，同样可以构建不同层次细节下的三维不规则三角网（triangulated irregular network，TIN）模型。根据地物的复杂程度可以自动调节三角网的网格密度，对于地面相对平坦的区域，可以对其三角网进行优化，以降低数据的冗余度。三角网创建完成后即形成了城市三维模型的三维 TIN 模型矢量结构（周晓敏 等，2016）。在建立的城市三维 TIN 模型矢量结构的基础上，基于倾斜影像可以对城市建筑物白模进行自动纹理映射。由于倾斜摄影是多角度摄影，获取的影像具有数量多、重叠度高的特点，同一地物会在多张影像上重复出现，而且每张影像中所包含的纹理信息又不尽相同，因此选择一张最佳纹理影像显得尤为重要。在影像数据源中选择最适合的纹理时，首先，可以通过设置一定筛选条件的方法对影像进行选择，这样，在三维 TIN 模型中每个三角面都会唯一对应一张目标影像。然后，计算出每个三角形面与影像对应区域之间的几何关系，以找到每个三角面对应的实际纹理区域，实现纹理影像与三维 TIN 模型的配准。最后，进行纹理映射，将对应纹理贴至建筑物模型表面，完成城市三维建模。

5.3.3 实景三维模型重建的应用

1. 城市规划设计和监察

对于现代城市来说，其建筑物对象是高度密集的，这给城市规划设计和监察带来了不小的挑战。倾斜摄影测量利用大数据处理技术能够快速地实现城市三维模型的构建，在规划设计中，可直接在生成的三维场景中添加规划建筑物、植被等设计数据，以此来模拟规划后的效果。将多套设计方案在模型上进行浏览、对比，有助于领导对规划方案的决策。在规划监察中，通过在三维平台上进行规划线叠加分析，可以快速地发现项目是否存在违章建设，从而大大提高规划监察的工作效率。

2. 城市精细化管理

现在的城市管理，大多是在三维模型上进行对距离、高度、面积的测量，而城市精细化管理需要精细到每一层楼及每个房间，传统的三维建模虽然能够实现，但大多需要对每栋楼和每间房单独建模，这使得无论在人工还是效率上花费的代价都是巨大的。将倾斜模型加载在 GIS 平台上，结合分层分户图可以对每一层楼甚至房间进行管理，同时还可以进行信息查询及统计分析，待关联上人口户籍数据库后，可以真正地实现城市的精细化管理。

3. 智慧旅游行业

长久以来，对于自然景物的三维建模一直是技术瓶颈。人工建模很难还原各种自然景物，而且模型的时效性和复杂度也难以保证。而倾斜摄影获得的影像层次分明、细节丰富，可以很好地对自然风景进行实景还原，具有立体逼真的效果。这样对风景名胜区、古建筑遗产的宣传可以起到一定的推动作用，吸引游客观看，大大促进智慧旅游行业的发展。

4. 灾害应急救援

灾害具有随机性和不可预知性。为了在灾害发生的第一时间迅速有序地做出应急响应，需要对灾害发生位置的地形地貌有全面的了解，常规的正射影像制图只能获取地表物体的单一视角影像和平面几何信息，存在先天性的不足。而基于倾斜摄影构建的灾区实景三维模型能够很好地反映灾区真实的状况，通过不同视角的切换可以实现对灾区的多角度观测，这给决策人员提供了比较全面的灾情信息，使他们能在了解灾害实情的前提下制定相应的救援方案，为救援提供了极大便利。

第 6 章　城市地理信息的时空大数据获取

6.1　时空大数据的概念

6.1.1　大数据

大数据是在数据采集和计算基础技术不断发展、信息呈现出爆发式增长的背景下，规模和复杂程度超出现有数据库管理软件和传统数据处理技术在可接受时间内收集、存储、管理、检索、分析、挖掘和可视化能力的数据集的集合（王家耀 等，2017）。Kitchin（2013）提出大数据具有以下 6 个特点，即大容量（huge in volume）、高速率（huge in velocity）、丰富多样（diverse in variety）、大范围（exhaustive in scop）、细粒度分辨率（fine-grained in resolution）、灵活性（flexible）。IBM（International Business Machines Corporation）提出大数据具有“5V”特征，即大量（volume）、更新快（velocity）、多样性（variety）、价值（value）、真实性（veracity）（Marr，2015）。

6.1.2　时空大数据

近年来，随着物联网、云平台、互联网等信息技术的深入应用，逐渐涌现出海量的时空大数据（Liu et al.，2012；李德仁 等，2014）。时空大数据是大数据与时空数据的融合，即以地球（或其他星体）为对象，基于统一时空基准，产生和存在于时间和空间中，与位置直接或间接相关联的大数据，由基础地理时空数据与专题数据融合而成（王家耀，2022）。时空大数据除了具有一般大数据的特征外，还具有以下特征：①具有地理空间和时间信息。时空大数据带有空间位置信息，且随着时间的推移而变化（王家耀 等，2017）。②每条数据都可以关联到个体，可以反映人类的行为特征（Liu et al.，2015）。近年来，地理时空大数据已经逐渐被应用于城市研究中，并展示出其在城市复杂空间与个体时空行为研究方面的突出优势（陆锋 等，2014；Li et al.，2020）。许多学者利用时空大数据开展了对个体、群体和社会时空轨迹的研究，丰富了 GIS 的时空建模方法，为人地关系的交互研究提供了新的视角（刘瑜 等，2014；方志祥，2021；Li et al.，2021）。

6.2　典型的时空大数据类型

典型的时空大数据类型包括兴趣点（point of interest，POI）数据、手机信令数据、轨迹数据和社交媒体数据等。

6.2.1　POI 数据

兴趣点（POI）数据是包含地理实体的名称、类别、经纬度、地址等一系列空间和属性信息的空间点状数据。POI 数据属于时空大数据研究中的经典数据源，具有类型多样且全面、数据量大、与社会经济活动关联密切等优势。POI 数据集合不仅具有传统大数据的

“5V”特点，而且单体POI数据包含了实体的名称、经纬度、地址、类型、电话、行政区等信息，反映了实体所承载的人类活动及与地理位置的相互关联性（薛冰 等，2019）。POI数据往往涵盖了城市各类设施的空间位置与属性分类信息，具有获取周期短、成本低、更新速度快、客观性和现势性强等优势，成为城市空间地理学、人口地理学研究的基础性空间大数据。目前，已有许多以POI数据为数据源开展的研究，涉及的研究方向主要集中在城市功能分区、城市布局与规划、城市经济分析、城市活力评价等方面。在城市功能分区方面，利用POI数据识别功能区能够有效地解决传统的城市功能区划分方法精度差、耗时长等问题。例如，李娜和吴凯萍（2022）基于天津市中心城区的道路网数据和POI大数据在精细化网格尺度下识别出城市各功能区；宋丽洁等（2023）基于POI数据、手机信令数据、土地利用数据等多源数据，构建了“空间面积－人口热度”二元权重计算模型，对城市功能区进行识别和分析。在城市布局与规划方面，定量研究城市要素的空间分布特征，对城市规划具有重大意义。例如，杨成凤等（2023）基于POI数据探究合肥市知识创新型服务业的空间分布格局和空间布局的影响因素；曾磊鑫等（2022）结合夜间灯光、POI等多源数据识别夜间活动热点区域和夜间服务设施分布区域，探索厦门市夜间经济时空分布格局及相关性。在城市活力评价方面，一些学者通过POI数据对城市活力进行分析研究及质量评价。例如，唐璐等（2022）基于POI、OpenStreetMap等多源地理大数据，分别对人群活力、活力多样性、空间交互潜能等进行量化研究，实现了对南京市中心城区综合活力的评价。

在研究中，通常会根据研究目标对POI数据进行分类（表6.1）。

表6.1　POI数据类型的划分示例

大类	中类	小类
商业活动类	公司企业、金融保险	公司、工厂、农林牧渔基地、金融保险服务机构、保险公司、证券公司、银行等
公共服务类	基础设施、教育设施、生活服务	公共厕所、公用电话、报刊亭、紧急避难场所、文化宫、学校、培训、科研机构、驾校、传媒机构、电力营业厅、事务所、美容美发、维修站点、物流速递等
休闲娱乐类	体育休闲、事件活动、风景名胜	度假疗养场所、休闲场所、娱乐场所、运动场馆、影剧院、公共活动、风景名胜、公园广场等
住宿类	商务住宅、住宿服务	住宅小区、楼宇、产业园、宾馆酒店、旅馆招待所等

6.2.2　手机信令数据

手机信令数据是手机与基站之间联系或周期性确认状态的记录。当手机用户利用手机进行通信、浏览网页等行为时就产生信令数据，因此手机信令数据一般包含了用户的位置和时间等信息。手机信令数据包含主动式和被动式数据，通过手机与基站的信号可以确定用户位置，主动式数据表达了通话发起者与接收者两者区域的信息流动，被动式数据则通过用户在不同区域停留的时间和活动轨迹体现用户在区域间的流动（刘瑜 等，2020）。

手机信令数据具有以下特点：①海量性。基于亿级的用户获取全量数据，范围覆盖全国，人群偏差极小。②动态连续性。用户每天可提供100～200条信令数据，4G定位平均每15 min更新一次，时间上连续追踪，无盲点。③个体差异性。记录了行为轨迹差异性和个体标签差异性。④空间精度性。能精准捕捉空间移动，并获取完整的出行链路。⑤无感性。无感知采集，用户使用自动产生信令数据。

由于手机信令数据具有覆盖范围广、跟随性强、实时性高等优势，已经被广泛应用于地理学的相关研究中，包括人口分布研究、交通出行研究等。在人口分布研究方面，现有研究主要通过由手机信令数据提取研究区域的人口数量，从而展开人口时空分布特征等研究。例如，Khodabandelou 等（2018）利用手机信令数据，对米兰、罗马、都灵 3 个城市的静态和动态人口密度进行估计，并证实了该方法的准确性较高。Ni 等（2018）使用手机信令数据提取了交通区域之间的 OD（origin-destination）流，进而探讨了城市居民出行流量的影响因素。在交通研究方面，出行方式识别、出行偏好等受到学者们的关注。例如，付晓等（2022）等通过苏州市的手机信令数据构建了非通勤出行群体画像模型，对各类群体的出行偏好特征进行分析。郭煜东等（2023）以成都市为例，基于手机信令数据提取了出行空间路径、时间、速度等属性识别公交与小汽车出行方式。

6.2.3 轨迹数据

轨迹数据是具有时空特征的，是通过对一个或多个移动对象运动过程的采样所形成的数据信息。轨迹数据一般包括采样点位置信息、采样时间信息、速度等，来源多样且复杂。可以通过 GPS 定位器、手机服务、通信基站、信用卡、公交卡等获取，也可以通过射频识别、图像识别技术、卫星遥感和社交媒体数据等不同方式来获取。轨迹数据一般包括人类活动轨迹、交通工具活动轨迹、动物活动轨迹和自然规律活动轨迹。

轨迹数据具有“3V”特征，即量大、实时、多样。同时，轨迹数据还具有以下特征。①时空序列性：轨迹数据是具有位置、时间信息的采样序列，轨迹点蕴含了对象的时空动态性，时空序列性是轨迹数据最基本的特征。②异频采样性。由于活动轨迹具有随机性和时间差异较大的特征，轨迹的采样间隔差异显著。例如，导航服务是秒级或者分钟级的采样，社交媒体行为轨迹是以小时或者以天作为间隔的采样，差异性的轨迹增加了轨迹数据分析的难度。③数据质量差。连续性的运动轨迹被离散化表示，会受到采样精度、位置的不确定与预处理方式的影响，给基于轨迹数据的分析带来了一定的困难（高强 等，2017）。

交通工具活动轨迹包括公共交通刷卡数据、出租车轨迹数据、共享单车数据等。公共交通刷卡数据是利用公交车、地铁等公共交通系统获取人口时空移动的数据。公共交通 IC 卡系统一般记录了用户 ID、公交线路、上下车站点等信息，在研究用户通勤和出行情况上具有很大的作用。一般而言，公共交通刷卡数据能够覆盖各年龄人群，但也有以下缺点：①数据量小且轨迹连续性较差。②数据缺少用户属性信息。③由于记录站点与用户实际出行的目的地有偏差，无法真实反映出行目的。出租车轨迹数据是从配有 GPS 的出租车获取的轨迹采样数据，一般以文本形式存储，包含终端唯一标识 ID、经纬度、行驶速度、载客状态等信息，一般用于城市交通结构和出行模式等研究。出租车轨迹数据具有轨迹采样完整、时空分辨率高等优点，但同时也与公共交通数据一样，存在着缺乏用户个体属性信息的缺点（朱递、刘瑜，2017）。同时，由于出租车轨迹数据与路网具有较高的一致性，当前也有研究将其与影像特征相似性结合，进行城市道路提取（方志祥 等，2020）。基于互联网租赁的自行车 GPS 轨迹数据记录了海量的用户出行信息，具有高时空分辨率的优势（Gong et al.，2016），已经被广泛应用于自行车出行特征和行为模式研究中（罗桑扎西 等，2018；高枫 等，2019；Xu et al.，2019；Li et al.，2021）。

6.2.4 社交媒体数据

在社交网络发展迅速的时代，社交媒体能直接反映用户个体在不同地点、区域的活动、想法及行为，成为重要的数据源。Tsou 等（2013）通过研究指出社交媒体与现实的社会活动存在一定的映射关系。因此，通过将国外的 Twitter、Facebook 或者国内的新浪微博等平台的数据与不同领域的知识结合，可以研究和挖掘不同的信息。例如，利用微博的文本数据（用于研究舆论生成演变机制、舆情控制与预测、情绪感知等领域）可以挖掘城市意象的一体化感知（谢永俊 等，2017）。利用大众点评数据建立口碑评价体系，可以探究餐饮业的空间分布格局（秦萧 等，2014）。总体而言，社交媒体数据的优势在于数据公开且容易获取，同时，丰富的文本和图片便于提取语义信息，通过文本挖掘等技术能够获取到个体层面（如情感、动机、满意度等）的属性信息。但由于社交媒体覆盖的用户有限，相较手机信令数据，社交媒体数据的样本量和代表性有所欠缺，且对个体轨迹的采样频率也较低。

社交媒体数据可以用于模拟精细时空分辨率下的人类活动（Song et al.，2019）。近年来，一些研究尝试评估基于社交媒体数据对社会经济因素建模的潜力。例如，Deng 等（2018）提出利用 Twitter 数据估计每小时的电力消耗。Zhao 等（2020）验证了 Twitter 数据在估计国家或地区的平均个人收入和电力消耗方面比 VIIRS-DNB 夜间灯光数据更具优势。腾讯用户密度（Tencent user density，TUD）数据是社交媒体数据的典型代表。TUD 数据集是通过获取使用腾讯 QQ、微信、腾讯地图等腾讯相关产品的活跃智能手机用户的位置而产生的。截至 2020 年底，腾讯定位服务平台日均定位请求量超过 1100 亿，覆盖用户超过 10 亿。它可以覆盖广泛的城乡用户群体，具有用户数量大、覆盖范围广、更新速度快、时间分辨率高等优点。不容忽视的是，TUD 数据仍存在局限性，如对幼儿及老年人的覆盖度较低。尽管如此，TUD 数据已经被证明是模拟人口动态分布和评估地区经济发展的重要数据源（Liu et al.，2019；Huang et al.，2021）。

6.3　时空大数据的获取方法及实例

数据的获取是大数据分析的基础。根据时空大数据的类型不同，数据获取方法也存在差异，一般可以通过网络下载与收集、网络爬取、直接购买、自行加工生产或与企业或研究机构合作等方法获得相应的大数据集。以下介绍网络爬取技术及相关实例。

网络爬取技术是通过特定的规则，自动化地请求并抓取互联网信息的程序或脚本。当前，网络爬取已经有八爪鱼采集器、火车采集器、后羿采集器等商业爬取软件，可以满足基本的数据抓取需要，不需要编程基础且易于实现，但在特定或复杂的情况下难以满足爬取需求且部分服务需要付费。而通过 Python、Java 等编写爬取的脚本，能实现数据爬取的个性化设计且能满足绝大多数情况下的抓取需求。网络爬取技术实现的步骤如下：①明确需要抓取的数据内容。②搜索包含所需要数据的相关网站或 App。③确定进行抓取的网络链接及请求参数，并根据网站是否存在反爬策略采取不同的应对方法。④根据网站返回的数据格式选择对应的解析方法，解析信息并提取所需要的数据内容。⑤进行数据过滤并存储提取到的数据内容。

6.3.1　基于 OpenStreetMapPython 接口的 GIS 数据获取

OpenStreetMapPython 接口（简称“OSMnx”）是由美国南加州大学的 Geoff Boeing 教授编写的 OpenStreetMap 的 Python 拓展包（参考官网网址为 https://geoffboeing.com/）。利用 OSMnx 接口能实现世界范围内各级边界获取、道路获取、路径规划等功能。具体步骤如下。

1. 安装

OSMnx 相较于其他 Python 包较难安装，以下为 2 种安装方法。

（1）应用 anaconda 作为 Python 开发环境。

```
conda install -c conda-forge osmnx
```

在 Anaconda Prompt 中键入以上代码尝试下载，若失败则采用第二种方法。

（2）创建一个虚拟环境安装 OSMnx。详细步骤如下：

```
conda create -n osmnx_env python=3.7  #创建版本为3.7的虚拟环境
activate osmnx_env  #激活虚拟环境
conda config --prepend channels conda-forge  #添加安装镜像源
conda install osmnx  #开始正式安装
```

2. 调用

```
import osmnx as ox
```

3. 功能实现

（1）各级边界获取。下面以澳大利亚新南威尔士州、悉尼市、广州市天河区行政边界获取的实现代码为例进行介绍。

例一，澳大利亚新南威尔士州行政边界获取的实现代码为：

```
city = ox.geocode_to_gdf('New South Wales')
    city = ox.project_gdf(city)
    ax = city.plot(fc = 'gray', ec = 'none')
    ax.axis('off')
```

例二，悉尼市行政边界获取的实现代码为：

```
city = ox.geocode_to_gdf('Sydney')
    city = ox.project_gdf(city)
    ax = city.plot(fc = 'gray', ec = 'none')
    ax.axis('off')
```

例三，广州市天河区行政边界获取的实现代码为：

```
city = ox.geocode_to_gdf('广州市天河区')
    city = ox.project_gdf(city)
    ax = city.plot(fc = 'gray', ec = 'none')
    ax.axis('off')
```

在获取上述数据后应对数据进行存储，OSMnx 提供了 3 种文件保存格式，分别是 ESRI shapefile、osm 及 graphml。以最常用的 shapefile 为例，实现代码为：

```
ox. save_gdf_shapefile( "city. shp")
```

（2）道路数据获取。道路数据获取方法有3种：根据坐标范围进行检索（graph_from_bbox）、根据地名进行检索（graph_from_place）、根据地址进行检索（graph_from_address）。可供获取的道路类型也有3种：行车道路（network_type = 'drive'）、骑行道路（network_type = 'bike'）、步行道路（network_type = 'walk'）。

例一，根据坐标范围进行检索获取深圳市全市的可骑行道路数据，实现代码为：

```
G = ox. graph_from_bbox( 22. 9837, 22. 1365, 114. 976, 113. 3487, network_type = 'bike')
G = ox. project_graph( G )
ox. save_graph_shapefile( "深圳市骑行道路 . shp")
ox. plot_graph( G )
```

例二，根据地名进行检索获取以广州大学为中心、半径1.5 km范围内的所有道路，实现代码为：

```
G = ox. graph_from_place( "广州大学", 1500, network_type = 'all')
ox. plot_graph( G )
ox. save_graph_shapefile( "广州大学周边道路 . shp")
```

代码运行结果如图6.1所示。

图6.1　广州大学周边道路数据

（3）路径规划。以广州大学校门—中山大学校门路径规划为例，步骤如下。

第一步，以广州大学为中心，获取方圆 6 km 的步行道路数据，获取结果如图 6.2 所示。

```
import osmnx as ox
import networkx as nx
G = ox. graph_from_place( "广州大学", dist =6000, network_type ='walk')
ox. plot_graph( G )
ox. save_graph_shapefile( "walkroad. shp")
```

图 6.2 广州大学周围 6 km 的步行道路数据

第二步，输入广州大学与中山大学校门坐标作为 OD，获取路径规划结果，获取结果如图 6.3 所示。

```
origin_point =(23. 039506, 113. 364664)  #广州大学校门坐标
destination_point =(23. 074058, 113. 386148)  #中山大学校门坐标
origin_node = ox. distance. nearest_node( G, origin_point[ 1] , origin_point[ 0] )  #获取 O 最邻近的道路节点
destination_node = ox. distance. nearest_node( G, destination_point[ 1] , destination_point[ 0] )
#获取 D 最邻近的道路节点
route = nx. shortest_path( G, origin_node, destination_node, weight ='length')  #获取最短路径
```

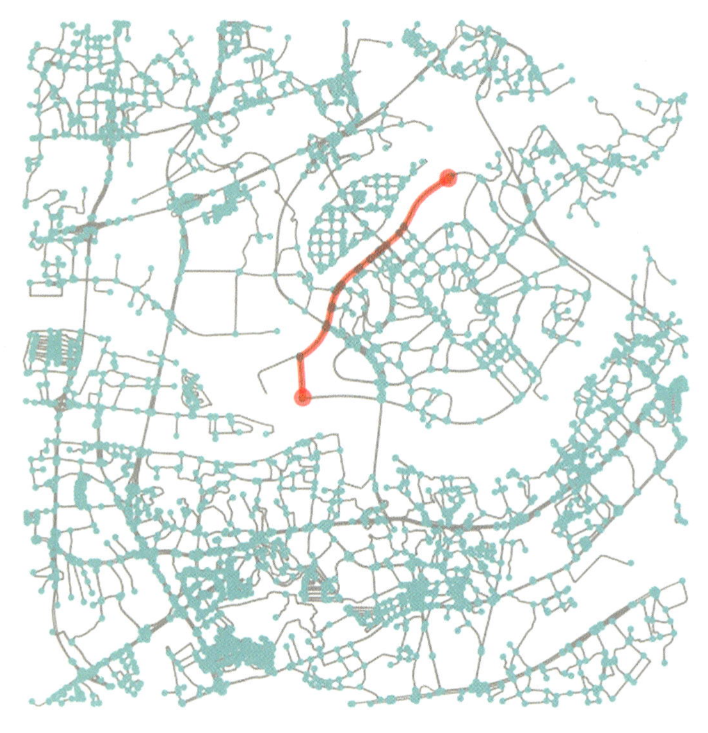

图 6.3　广州大学与中山大学路径规划结果

第三步，输出规划路径的长度（默认单位为 m）。

```
distance = nx. shortest_path_length( G, origin_node, destination_node, weight = 'length')   #获取最短路径长度
fig, ax = ox. plot_graph_route( G, route, route_color = 'r', route_linewidth = 4, route_alpha = 0. 5,
orig_dest_size = 100)   #可视化结果
print( str( distance) )   #输出最短路径长度
```

总体而言，OSMnx 路径规划相较于一般的地图 API（application programming interface）路径规划，无配额限制，在进行大规模研究时可以考虑使用。但 OSMnx 路径规划只能考虑物理几何距离上的最短路径，无法将实际交通情况纳入考虑范围，在进行高精度分析时需要注意这一点。同时，OSM 系列数据不能用于涉及我国国境线的地图表达，需要使用正确、合法的数据。

6.3.2　基于 Python 的微博数据获取

微博是我国使用较为广泛的社交媒体平台，用户在该平台上发表的包含地点、时间、事件等属性的文本内容已经成为很多研究中使用的重要大数据。赵桐等（2022）利用微博数据对北京市流动人口的情绪与职住分布的关系进行了相关研究。总体而言，微博数据作为社交媒体数据的一种，对于研究舆论演变、舆情控制与预测、情绪感知等有着重要作用。以下是利用 Python 对于 2022 年 12 月 23 日到 2022 年 12 月 24 日，关键词为“疫情”的微博文本数据的爬取实例。

1. 调用相关包

```
import requests
import re
import time
import csv
```

2. 确定爬取的关键词和时间

```
character = '疫情'  #关键词
time_arr = ['2022-12-23', '2022-12-24']  #时间列表
for t in range(0, len(time_arr) - 1):
    start_time = time_arr[t]
    end_time = time_arr[t + 1]
```

3. 定义部分参数

```
obj_t0 = re.compile('<div class="from" >(.*?)?refer_flag=', re.S)
obj_t1 = re.compile('>第(.*?)页', re.S)
obj = re.compile('<span(.*?)</span>', re.S)
obj1 = re.compile('<a(.*?)>', re.S)
url_title = f'https://s.weibo.com/weibo?q={character}&xsort=hot&suball=1&timescope=custom%3A{start
    _time}%3A{end_time}&Refer=g&page=1'  #热度
```

4. 获取网页 cookie 及相关参数

```
headers = {
    "cookie": "SUB=_2A25Jv_SaDeRhGeFM61AY8CjIzzSIHXVqzWFSrDV8PUNbmtANLRXVkW9NQOdcaQf8CPw
    HfGrb9xuzTc0ON4ogpV4Y"  #登录网页版获取 cookie
}
headers1 = {
    "User-Agent": "Mozilla/5.0 (Linux; Android 6.0; Nexus 5 Build/MRA58N) AppleWebKit/537.36
        (KHTML, like Gecko) Chrome/114.0.0.0 Mobile Safari/537.36",  #浏览器 User-Agent
    "Referer": "https://weibo.com/",
    'sec-ch-ua-platform': '"Android"',
    "sec-ch-ua-mobile": "?1",
    "X-Requested-With": "XMLHttpRequest",
    "X-XSRF-TOKEN": "2bf970",
    'sec-ch-ua': '"Not.A/Brand"; v="8", "Chromium"; v="114", "Google Chrome"; v="114"',
    "MWeibo-Pwa": "1",
    "Accept": "application/json, text/plain, */*",
    "cookie": "SUB=_2A25Jv_SaDeRhGeFM61AY8CjIzzSIHXVqzWFSrDV8PUNbmtANLRXVkW9NQOdcaQf
        8CPwHfGrb9xuzTc0ON4ogpV4Y; SUBP=0033WrSXqPxfM725Ws9jqgMF55529P9D9Whq-zgF2y-NypiVxP32
```

```
        1GNE5JpX5KzhUgL. FoMEehz4ehqXShn2dJLoI0qLxKML1hnLBo2LxK-LBK-LB. BLxKqL1KnLB-qLxKBLBo
        nL12 BLxK-LB-BLBKqLxKBLBo. LBK5t; ALF = 1721546825; SSOLoginState = 1690010827"
#登录手机端网页获得,浏览器开发者界面左上角可切换成手机模式
}
```

5. 获取爬取页数

```
response = requests. get( url = url_title, headers = headers)
page = '2'
try:
    page = str( obj_t1. findall( response. text) [ -1] )  #获得页数
except:
    pass
```

6. 定义爬取内容列表

```
header_list = [ "内容", "时间", "ID", "IP"]
text_all = [ ]  #微博正文部分
comment_all = [ ]  #评论部分
```

7. 爬取内容

```
for j in range( 1, int( page) ) :
    url = f'https: //s. weibo. com/weibo?q = { character} &xsort = hot&suball = 1&timescope = custom% 3A{ start
        _time} % 3A{ end_time} &Refer = g&page = { j} '
    response = requests. get( url = url, headers = headers)
    result = obj_t0. findall( response. text)
    for i in result:
        id = ( str( i) . split( '/') [ -1]. replace( '?', '') )  #博文的英文 ID, 如 MoiCmE41j
        print( id)
        url_com = f'https: //weibo. com/ajax/statuses/show?id = { id} '
        response_com = requests. get( url = url_com, headers = headers) . json( )
        text_id = str( response_com[ 'id'] )  #博文 ID
        text_con = str( response_com[ 'text_raw'] ) . replace( '\ n', '')  #微博内容
        text_des = '无'
        try:
            text_des = ( str( response_com[ 'region_name'] ) . split( ' ') [ 1] )  #微博发布地址
        except:
            text_des = ''
        text_user_id = str( response_com[ 'user'] [ 'id'] )  #发布微博的用户 ID
        test_time = str( response_com[ 'created_at'] )  #发布微博的时间
        print( text_con + '' + test_time + '' + text_user_id + '' + text_des)
        text_all. append( [ text_con, test_time, text_user_id, text_des] )
```

```
    max_id = '0'
    while 1:
        url_com = f'https://m.weibo.cn/comments/hotflow?id = {text_id} &mid = {text_id} &max_id = 
            {max_id} &max_id_type = 0'    #博文评论 url
        response_com = requests.get(url = url_com, headers = headers1).json()
        time.sleep(0.2)
        try:
            result_con = response_com['data']['data']    #博文评论
            max_id = str(response_com['data']['max_id'])    #下一页评论 max_id
            for num in range(0, len(result)):
                com_content = obj1.sub('', str(obj.sub('', str(result_con[num]['text'])))).replace
                    ('</a>', '')    #评论内容
                com_time = str(result_con[num]['created_at']).replace(' +0800 ', '')
                #评论时间
                com_user_des = (str(result_con[num]['source']).split('来自')[1])    #评论地址
                try:
                    com_user_id = str(result_con[num]['more_info_users'][0]['id'])
                    # 评论用户 ID
                except:
                    com_user_id = str(result_con[num]['user']['id'])    #评论用户 ID
                print(com_content + '' + com_time + '' + com_user_id + '' + com_user_des)
                comment_all.append([com_content, com_time, com_user_id, com_user_des])
        except:
            if len(str(response_com)) < 15:
                max_id = '0'
                break
        try:
            if len(response_com['data']['data']) <= 19:
                break
        except:
            break
time.sleep()
```

8. 存储爬取的文本

```
with open("博文.csv", mode = "w", encoding = "utf-8-sig", newline = "") as f:
    writer = csv.writer(f)
    writer.writerow(header_list)
    writer.writerows(text_all)
with open("评论.csv", mode = "w", encoding = "utf-8-sig", newline = "") as f:
    writer = csv.writer(f)
    writer.writerow(header_list)
    writer.writerows(comment_all)
```

第三编

模型方法编

第 7 章　城市大数据模型方法

随着大数据时代的到来，地理信息技术及其研究方法正在经历着前所未有的快速发展与变革（Graham and Shelton，2013），具有大容量、大范围、细粒度分辨率等优势的时空地理大数据，可以用于捕捉人类活动时空模式，更为精细化地展现社会经济现象的时空变化，为进一步深入探索城市运作方式提供了新视角（Liu et al.，2015；傅伯杰，2017）。基于社交媒体、手机使用记录、公共交通卡、出租车轨迹等载体获得的海量数据已经被广泛应用于研究城市居民移动性、交通出行、社群格局和土地利用结构等城市地理问题。通过地理信息技术对多源数据进行捕捉与处理，可以赋予城市强大的洞察力和决策力，为城市规划提供从碎片化到整体化、从粗略化到具体化、从复杂化到便利化的服务（薛乾明，2023）。

在快速城市化的背景下，聚焦区域社会经济及资源分配现状，指导城市高质量发展的需求日益迫切。

（1）城市功能区识别是城市研究和规划最为关注的问题之一。早期研究提出的静态模型，如单中心模型、多中心模型和扇形模型，难以描述功能区的自适应、动态演化形成过程，常规的遥感监测方法有助于反映功能区的物理特征变化，但难以提供相应的社会、经济动态信息。因此，应用细粒度、更新及时的带有空间位置标记的社交媒体数据进行城市功能区结构识别，是优化城市规划决策的重要基础。

（2）快速城市化对我国居民健康正产生着双重影响。一方面，城市化提高了物质水平，有助于增强公共资源配置；另一方面，城市化进程带来的环境污染和饮食结构改变增加了健康风险。此外，我国医疗资源供需矛盾尖锐，同时还面临人口老龄化问题。因此，开展相关研究以促进公共医疗资源的合理配置具有重要意义。

（3）城市房产租金价格是解释城市问题以及政府制定决策需要考虑的重要因素。掌握动态更新的房租价格的空间格局信息，有助于准确刻画房租及其关联因素（如房屋价格、土地价格和区位因素）的空间分布，使管理部门能够准确地监控和评估当地的住宅市场信息，进而根据市场走势及时制定相应的调控政策，为政府征收房地产交易税提供切实可靠的征收依据。同时，通过分析社区或邻里特征，解释居民的居住行为，亦可以进一步为城市建设和更新提供重要的规划依据。

本章基于社交媒体数据、出租车出行数据和网站用户租房数据等，利用 DTW-k-medoids 算法、重力模型和前馈神经网络等模型与方法，针对上述 3 个问题，以广州、深圳两地为例，对城市功能区空间分布、医疗服务供需关系以及社区房产租金差异等展开研究，为城市大数据的应用提供了新视角。

7.1 模型与方法

7.1.1 DTW-*k*-medoids 算法

时间动态规整（dynamic time warping，DTW）是估计 2 条曲线或序列最佳匹配方式的一种方法。DTW 距离（Rakthanmanon et al.，2013）即 2 条曲线或序列的相似度。DTW 距离越大，表明 2 条曲线的差别越大。DTW 距离的计算可以通过动态规划算法来实现。

基于 DTW 的 *k*-medoids 是常用的解决时间序列数据聚类的方法。与常规的 *k*-means 算法相比，*k*-medoids 算法将中位数据个体作为聚类中心，而不是采用数据个体的平均位置作为聚类中心，因此对奇异的数据个体的敏感度更低。此外，来源于序列匹配分析的 DTW 距离，相较于常规的特征空间欧氏距离更适用于对时间序列相似性的度量。具体步骤如下。

（1）确定类别个数 k。

（2）随机挑选 k 个数据个体作为初始化的类别中心。

（3）计算数据个体与类别中心之间的 DTW 距离，并按照距离最近原则来进行数据个体的分组。

（4）在每个类别分组中，找出中位数据个体，将其作为这个类别分组的新中心。

（5）重复步骤（3）和步骤（4），直到各个类别分组的组成稳定下来。

为了提高 *k*-medoids 算法的初始化效率，引入 AP（anomalous pattern）算法来增强类别中心的初始化结果。评估聚类结果的优劣可以借助 Silhouette 指数：

$$S(i) = \frac{b(i) - a(i)}{\min\{a(i), b(i)\}} \tag{7.1}$$

式中：$a(i)$ 表示样本 i 到其所属类别分组中其他数据个体的平均 DTW 距离；$b(i)$ 表示样本 i 到第二邻近的类别组别中的数据个体的 DTW 距离最小值；$S(i)$ 的值域范围为 $[-1, 1]$，其值越高表示同类别样本距离越近且不同类别样本距离越远，即算法聚类效果越好。

在此基础上，可以利用 Shannon 指数评价群落多样性：

$$H_i = -\sum_k p_k \ln(p_k) \tag{7.2}$$

以社区功能多样性为例，式中：H_i是社区 i 的功能多样性；p_k是功能为 k 的建筑物比重。H_i 值越大表示社区功能越多样化。在本章的研究案例中，将应用 DTW-*k*-medoids 算法探讨建筑物尺度的城市功能区识别效果。

7.1.2 重力模型

重力模型（gravity model，GM）模拟物理学中的牛顿万有引力定律，应用两个区域间的出行流动量与出发区的出行发生量和到达区的出行吸引量各成正比、与两个区域间的交通阻抗（时间、费用、距离等）成反比的关系预测未来的交通分布（Casey，1955），在空间相互作用分析研究中应用广泛。其基本计算式为：

$$I_{ij} = K P_i^{\alpha} S_j^{\beta} d_{ij}^{\gamma} \tag{7.3}$$

式中：I_{ij} 表示地区 i 和地区 j 之间的访问行程数量（流动量）；P_i 表示地区 i 的人口数（标准化后）；S_j 表示地区 j 的服务容量（标准化后）；d_{ij} 表示地区 i 和地区 j 之间的交通距离；α、β、γ 是弹性参数；K 是常数，表示背景信息。若存在距离衰减效应，则 γ 为负数。

对式（7.3）两边同时取对数，得到：

$$\log I_{ij} = K' + \alpha \log P_i + \beta \log S_j + \gamma \log d_{ij} \tag{7.4}$$

式中：$K' = \log K$。

弹性参数可以根据线性回归分析得到。在本章的研究案例中，弹性参数可以用来计算社区的医院可达性：

$$A_i = \sum_{j=1}^{n} \frac{S_j^{\beta} d_{ij}^{\gamma}}{\sum_{k=1}^{m} P_k^{\alpha} d_{kj}^{\gamma}} \tag{7.5}$$

式中：n 和 m 分别表示医院和社区的数量。医疗服务的潜在相对人口数量可以用式（7.6）估计：

$$P_{ij} = P_i^{\alpha} w_j = P_i^{\alpha} \frac{P_i^{\alpha} S_j^{\beta} d_{ij}^{\gamma}}{\sum_{k=1}^{m} P_i^{\alpha} S_k^{\beta} d_{ik}^{\gamma}} \tag{7.6}$$

$$H_j = \sum_{i=1}^{n} P_{ij} \tag{7.7}$$

式中：P_{ij} 表示第 j 个医院所服务的第 i 个社区的潜在相对人口数量；H_j 表示第 j 个医院所服务的潜在相对人口总量。

使用 z-score 方法对 A_i 和 H_j 进行归一化，以进一步描述医疗服务的供需关系：

$$z_{i,x} = \frac{x_i - \mu_x}{\sigma_x} \tag{7.8}$$

式中：$z_{i,x}$ 表示 x_i 的 z 值；μ_x 和 σ_x 分别表示 x 的平均值和标准差。

结合标准化可达性 Z_{A_i} 与标准化人口密度 Z_{D_i} 结果，社区 i 医疗服务供给有 4 种可能特征。

（1）$Z_{D_i} > 0$ 且 $Z_{A_i} > 0$，人口密度高且可达性高。

（2）$Z_{D_i} \leqslant 0$ 且 $Z_{A_i} \leqslant 0$，人口密度低且可达性低。

（3）$Z_{D_i} > 0$ 且 $Z_{A_i} \leqslant 0$，人口密度高且可达性低。

（4）$Z_{D_i} \leqslant 0$ 且 $Z_{A_i} > 0$，人口密度低且可达性高。

特征（1）和特征（2）表示人口分布和医院可达性相匹配，特征（3）和特征（4）表示人口分布和医院可达性不匹配。类似的，这种方法也可以结合 Z_{S_j} 和 Z_{H_j} 来判断医院服务容量与服务人口数量的关系。在本章的研究案例中，将应用上述方法分析出租车轨迹数据，探究不同医院的医疗活动空间特征。

7.1.3　前馈神经网络

前馈神经网络（feed-forward neural network，FNN）是最经典、应用范围最广的人工神经网络之一，其基本结构包括输入层（input layer）、一个或多个隐藏层（hidden layer）、输出层（output layer），以及相应的激活函数、权重和偏置。采用单向多层结构，信息从输入层开始输入，每层的神经元接收前一级的输入，并输出到下一级，直至输出层，整个网络信息输入传输中无反馈（循环）。其信息传播模式如下（周志华，2016）：

$$s_{i,k} = \sum_{i=1}^{n} w_{i,j,k} x_{j,k-1} + b_{i,k} \tag{7.9}$$

$$x_{i,k} = f(s_{i,k}) \tag{7.10}$$

式中：$s_{i,k}$ 和 $x_{i,k}$ 分别表示 k 层第 i 个神经元的输入和输出特征值；$w_{i,j,k}$ 表示 k 层第 i 个神经元与 $k-1$ 层第 j 个神经元的连接权；$b_{i,k}$ 表示隐藏层神经元的偏置；$f(\cdot)$ 为激活函数。

网络中的输入层和输出层主要用于接收原始数据和产生预测结果；隐藏层由多个神经元组成，用于提取输入数据特征。激活函数给网络引入非线性特性，模拟各层神经元的相互作用，使网络获得了学习复杂函数的能力，常用的激活函数包括 ReLU（Hahnloser et al.，2000）、Sigmoid（Glorot and Bengio，2010）和 Tanh 等。权重和偏置是在训练中可以不断学习调整的参数，用以增强模型的灵活性，最小化预测错误。在本章的研究案例中，采用 R 语言 nnet 函数包构建 FNN（factorization machine supported neural network）模型，对社区单元的平均租金进行预测。

7.2 模型应用

7.2.1 基于社交媒体数据的城市功能区类型推断

本研究将时间动态规整（DTW）距离应用到 *k*-medoids 聚类算法中，建立了一种基于社交媒体数据识别建筑物尺度的城市功能区结构的 DTW-*k*-medoids 算法。与现有研究相比，该方法具有以下 3 个方面的优点。

（1）借助高时空分辨率的社交媒体数据，能够在小时粒度上揭示社交网络用户的空间分布。该研究假定在具有相似功能的建筑物上的活动具有相似的时空特征，将 DTW 距离应用到 *k*-medoids 聚类算法中，实现对功能相似的建筑物进行分组和聚类，以更好地反映城市功能的内在异质性。

（2）该方法能够促进时序聚类技术在城市研究中的应用。尽管已有不少针对聚类算法的研究，但对于地理学中时间序列数据聚类的关注还较为缺乏。时序数据中特征的时点排序会对数据相似度的计算产生影响，因此，时间序列数据的聚类分析比非时间序列数据的聚类分析更为复杂。在模式识别领域，现有研究已经针对时序聚类提出了一些新的方法。在这些方法中，基于 DTW 的 *k*-medoids 是常用的解决时间序列数据聚类的方法。

（3）相较于以往的概率主题模型（probabilistic topic model，PTM）等城市功能区识别方法，该方法具有更高的效率。在 PTM 中，城市功能区识别被类比为对文档主体的识别，因此需要将地理要素转换为文档要素（如单词、词组和词典）。因此，模型的训练和要素转换过程有很高的计算强度。此外，PTM 的性能也依赖于先验知识的可靠程度与参数的筛选和校正。相比之下，本研究使用的 DTW-*k*-medoids 算法能够直接对已有的数据进行分析，不需要进行要素转换，对于计算强度的要求也更低。

以广州市越秀区为研究范围，开展建筑物尺度的城市功能区识别研究。该研究所使用的主要数据是腾讯用户空间密度数据，时间分辨率为 1 h，空间分辨率为 25 m。为便于描述，后文称其为“TUD 数据”。该研究所收集的 TUD 数据时间跨度为 2015 年 6 月 15 日至 2015 年 6 月 21 日，共计一周。

该研究所使用的建筑物数据来源于 2015 年覆盖研究范围的快鸟影像人工解译结果，共计 17231 个建筑物对象。结合建筑物数据与 TUD 数据，可以获得每栋建筑物 7 × 24 h 的 TUD 曲线。图 7.1 表明，功能相似的建筑物具有相似的 TUD 曲线形态。因此，对建筑物的功能分组可以通过对建筑物的 TUD 曲线进行聚类来实现。由于 TUD 曲线存在周期性特征，在做时序聚类之前，本节将其简化为工作日、休息日 2 个连续时段（即 2 × 24 h）。

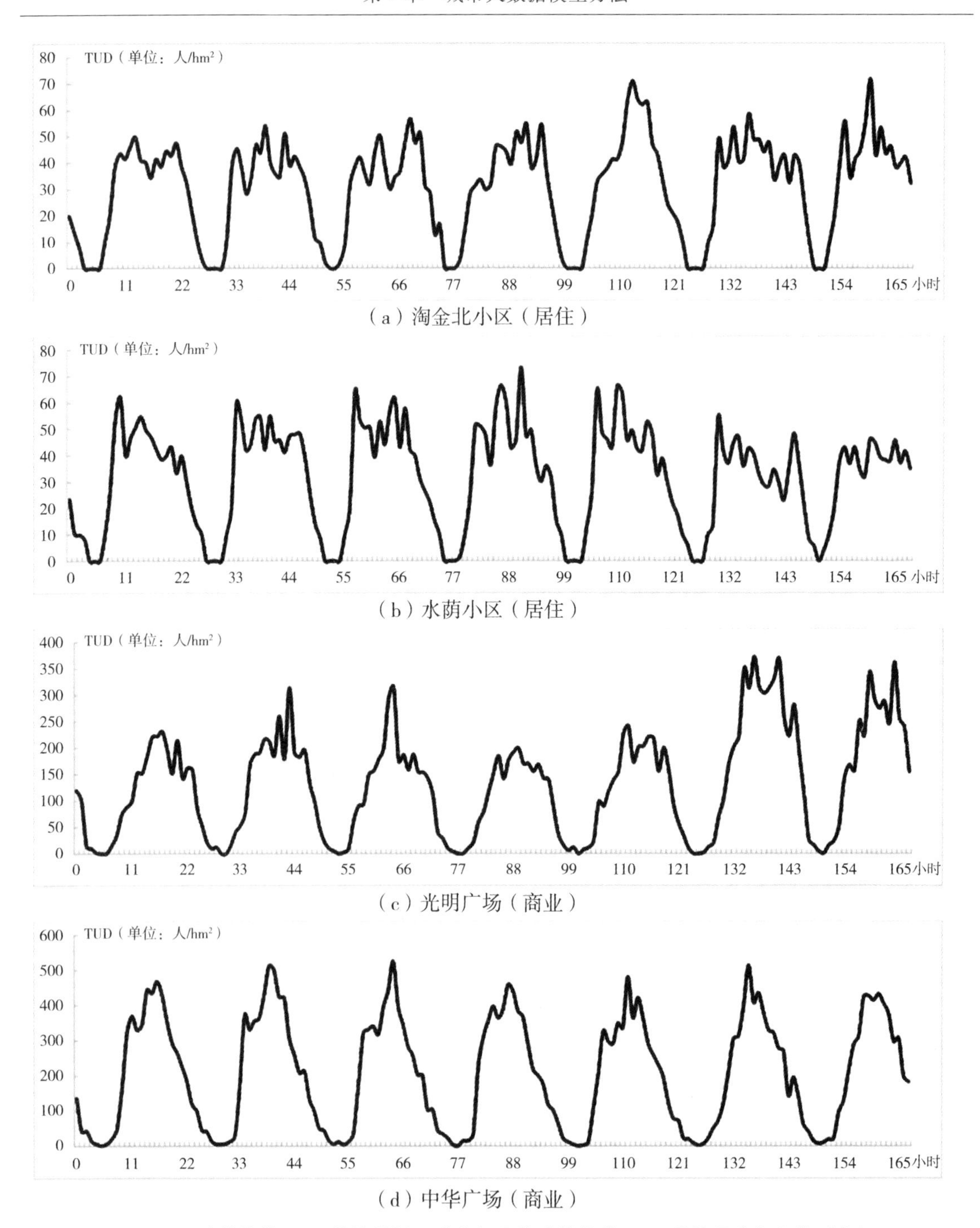

（a）淘金北小区（居住）

（b）水荫小区（居住）

（c）光明广场（商业）

（d）中华广场（商业）

图 7.1　建筑物的 TUD 曲线样例（功能相似的建筑物的 TUD 曲线具有相似的形态）

经过多次试验，对比传统的基于欧氏距离的 k-medoids 算法和前文提出的基于 DTW 距离的 k-medoids 算法的聚类结果，发现后者的 Silhouette 指数更高，即性能更好（图 7.2）。另外，当 $k=2$ 和 $k=8$ 时，基于 DTW 距离的 k-medoids 算法的聚类效果最好。

当 $k=2$ 时，获得了 2 种城市功能类别，类别 1 中包含了人口密度较高地区的建筑物，类别 2 中的建筑物人口密度较低（图 7.3）。类别 1 中的建筑物主要分布在旧城区的核心区，同时也存在于城中村区域。同时，类别 1 包括了越秀区的主要商务区，如北京路、中华广场和广州火车站。当 $k=8$ 时，获得了 8 种城市功能类别，包括居住（城中村）、零售、居住/工作混合、零售/商业综合体（Ⅰ）、批发、城中村/工作/社交混合、居住/工作/社交混合、零售/商业综合体（Ⅱ）（图 7.4 和图 7.5）。为了验证聚类结果，随机选择 130 栋建筑物进行实地调研，最终的功能识别精度如图 7.6 所示。

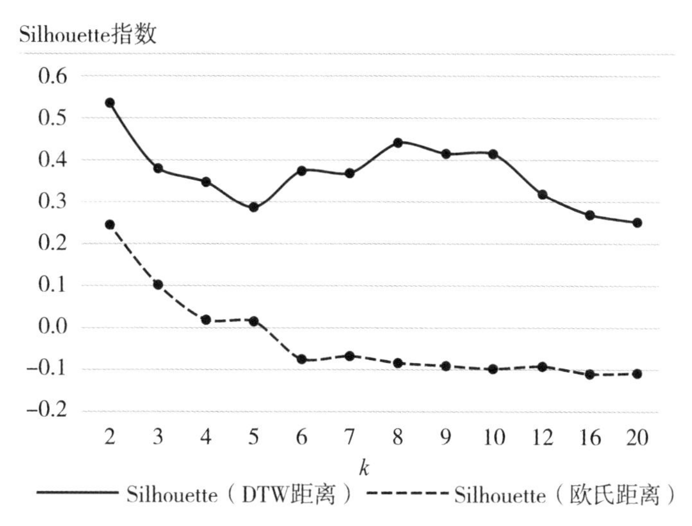

图 7.2 基于 DTW 距离和欧氏距离的 *k*-medoids 聚类结果的 Silhouette 指数

与其他类别相比，类别 3 的空间范围最大。这一类别的 TUD 曲线峰值出现在工作时间，峰谷出现在午餐时间。类别 1 的建筑物构成主要为越秀区北部的城中村建筑，其工作日的 TUD 曲线在 10:00—18:00 数值较低，在 6:00—9:00 和 18:00—22:00 处于较高的水平；休息日的 TUD 曲线在 10:00—18:00 处于峰值，表明属于这一类别的居民在休息日更倾向于在居住地周边活动。类别 1 的建筑物外围是类别 6 的建筑物，展现出工作场所的一些特征，即其 TUD 曲线在工作时间达到峰值。类别 7 与类别 6 的 TUD 曲线相似，TUD 的数值相对较低。类别 7 的建筑物处于城中村与居住小区的连接地带，以及旧城区核心区的商业区附近。类别 2、4、5、8 的建筑物均属于商业功能。尽管这些类别的 TUD 曲线形态各有不同，但在数值上均高出其他类别的 TUD 曲线。具体来说，类别 2 的建筑物主要位于北京路步行街商圈，类别 4 的建筑物多为商业综合体。类别 2 和类别 4 的 TUD 曲线峰值均在 16:00 左右。类别 8 的建筑物也属于商业功能，但其业态以玩具、精品销售为主。类别 5 的建筑物集中分布在广州火车站附近，其商业类型为衣服、皮具批发。另外，与常规的认为城中村区域的混乱、无序的认知不同，本研究的结果表明，城中村区域内部存在有序的、近似于同心圆的空间结构（图 7.4）。

在时序聚类的基础上，利用 Shannon 指数评估了社区尺度的功能多样性，并进行多样性热点分析，结果如图 7.7 所示。功能多样性的热点地区共有 5 个，分别为广州火车站（A）、金贵－西坑（B）、北京路（C）、中华广场（D）和一德路（E），对应于越秀区的主要商圈。

首先，本节的研究结果揭示了城市功能区的内在异质性（如多种商业功能类别），以及由此显现出来的同物异谱现象（如同属商业功能的功能组别展现出不同的活动特征）。其次，该结果有助于辅助城市规划的有关决策。一方面，未来的城市规划需要基于现状进行，本研究所提出的方法可以提供精细的城市功能信息。另一方面，既有的城市规划政策的实施效果常常受限于现实的社会、经济过程，本研究所提出的方法可以为已有的城市规划政策有效性的检验提供科学依据。

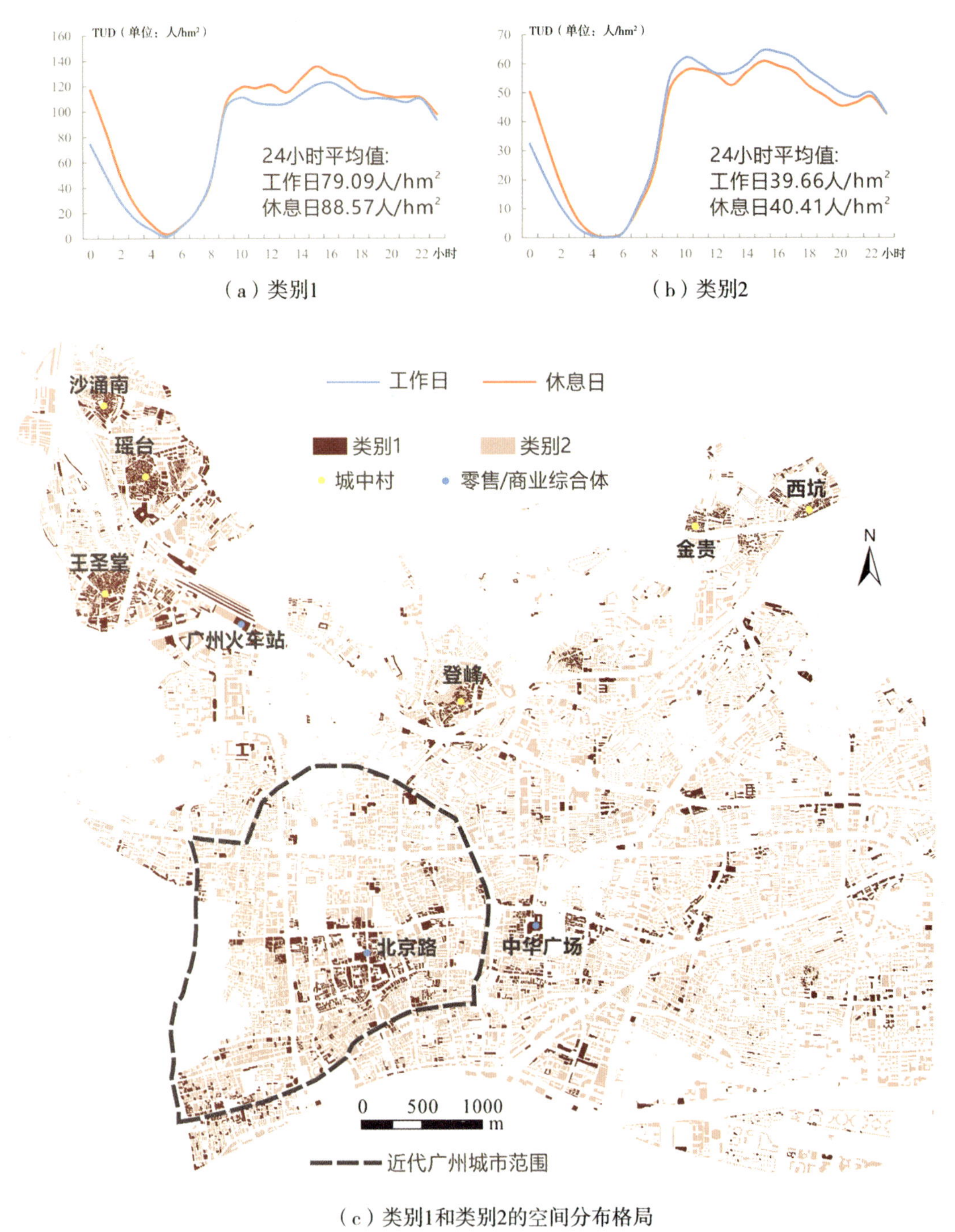

（c）类别1和类别2的空间分布格局

图 7.3　建筑物聚类结果（$k=2$）

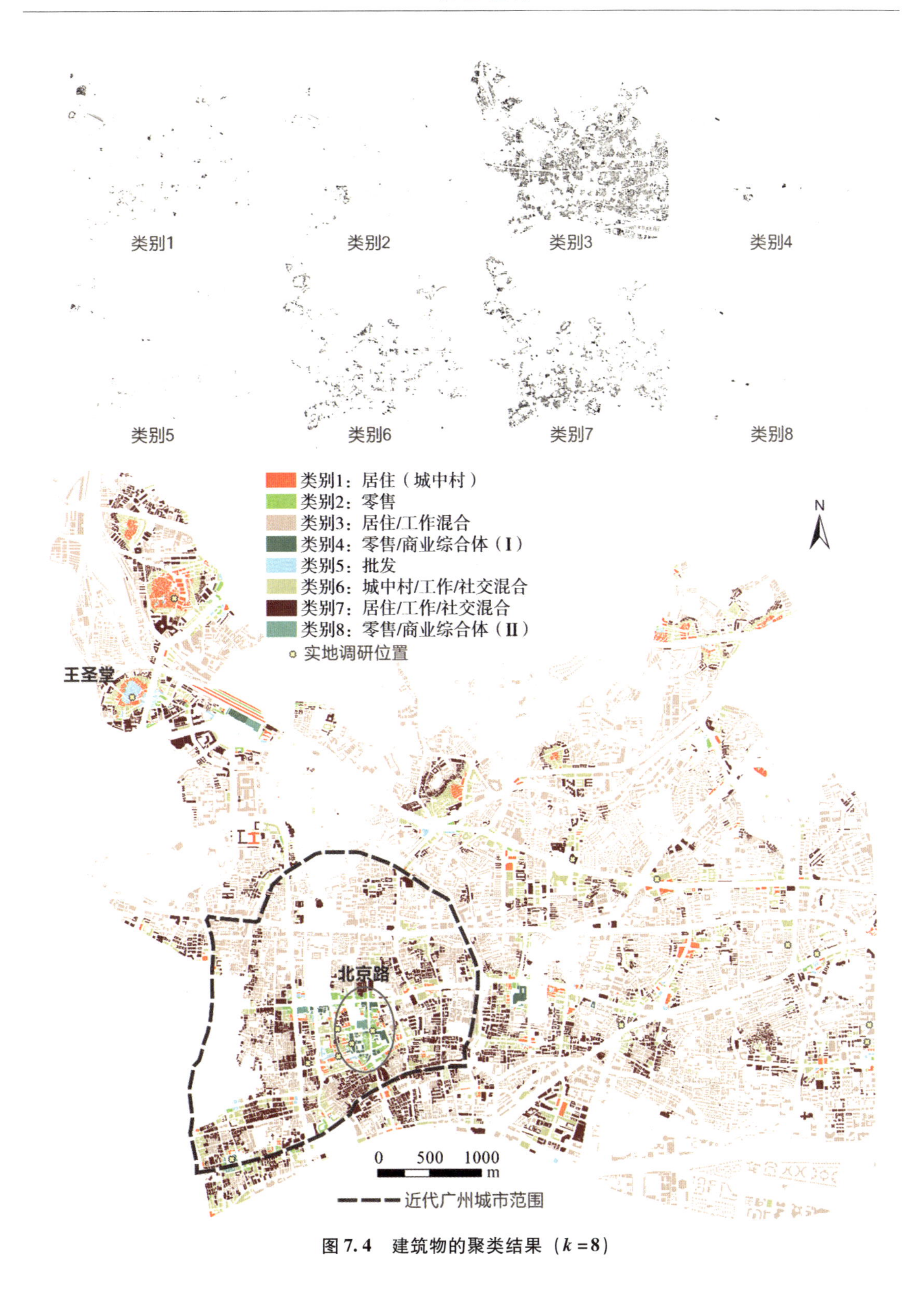

图 7.4 建筑物的聚类结果（$k=8$）

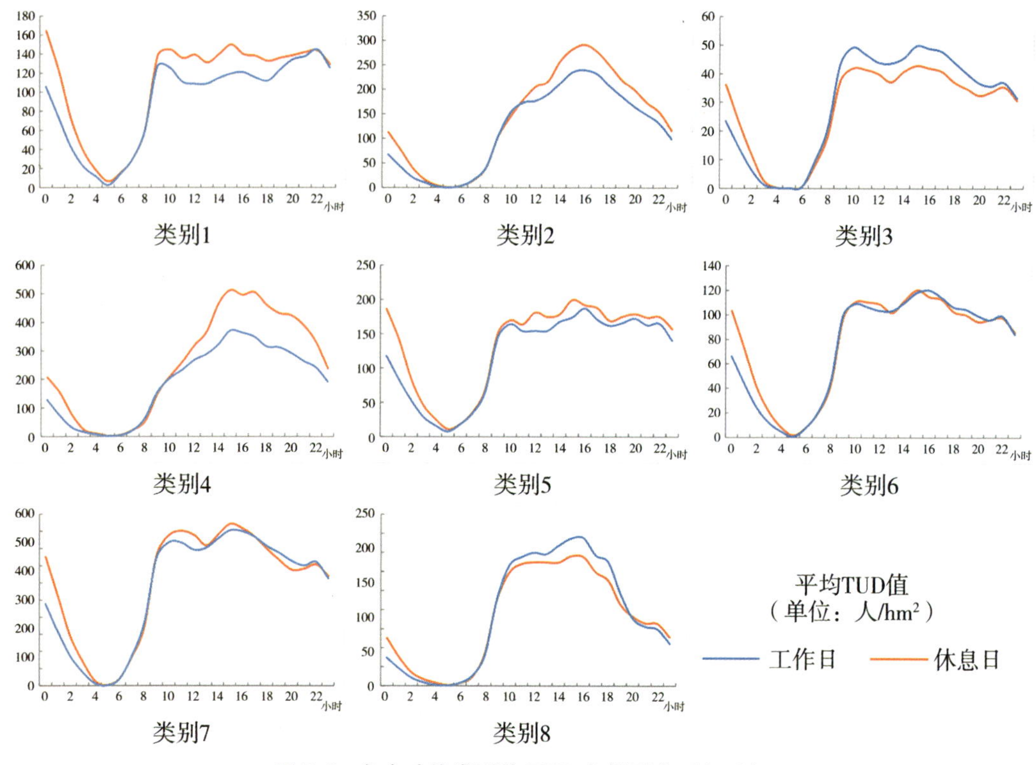

图 7.5　各个功能类别的 TUD 曲线形态（$k=8$）

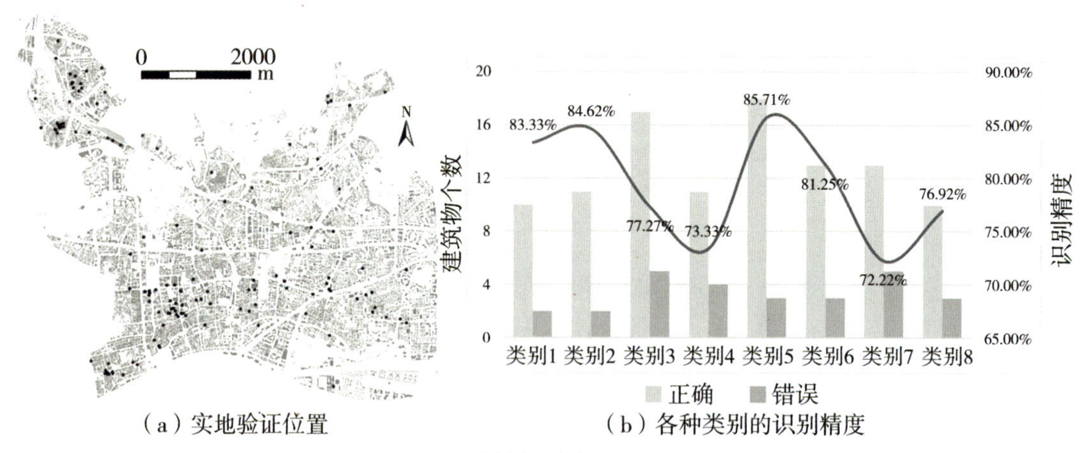

（a）实地验证位置　（b）各种类别的识别精度

图 7.6　功能识别精度（$k=8$）

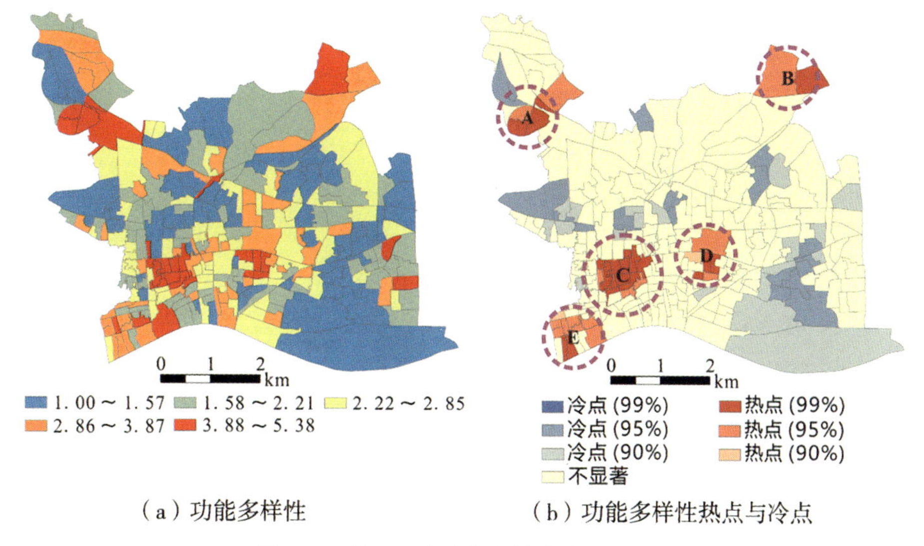

（a）功能多样性　　（b）功能多样性热点与冷点

图7.7 社区尺度功能多样性的评估结果

7.2.2 利用出租车轨迹数据评估城市医疗服务的供需关系

在人口老龄化的背景下，我国医疗资源的供需矛盾日益加剧。本研究基于出租车数据提取居民到医院就诊的行程记录，其优势在于：①出租车轨迹包含的细粒度的空间信息可以反映医疗活动，也不存在侵犯病人个人隐私的风险。②出租车轨迹通常能够覆盖整个城市范围，并记录了实时位置信息。因此，相较于传统的统计调查数据，出租车运行轨迹数据具有更新周期短、空间覆盖范围广、观测面积大的优点。③我国公开可得的、较为详尽的医疗就诊数据十分稀缺，尤其缺少个体层面的医疗活动空间信息，出租车轨迹数据可以弥补这一缺陷。采用重力模型（gravity model，GM）量化医疗活动空间联系，根据估计的参数，从以下两方面探讨医疗服务的供需关系，为合理规划公共医疗资源配置、提升城市居民就医体验提供参考。

（1）在服务需求方面，医院可达性在空间上有何特征？是否存在空间失衡？

（2）在服务供给方面，医院服务容量是否与其所服务的人口规模相匹配？

以广州市为研究范围，选择广州市内三甲医院作为研究对象。获取了2009年5月5日至2009年5月11日广州市出租车数据（样本见表7.1），共1.72亿条GPS记录（8.34 GB）。在完成清洗后，一共获得了332万条轨迹记录。医院的空间范围矢量多边形是在Google Earth上通过人工解译来确定的，其结果可以用来提取出租车数据中的医院访问行程。本研究共提取了超过16万条医院访问行程（图7.8）。此外，通过医院的网站主页获得医院病床和医生的数量。将病床数、医生的数量与医院占地面积，分别除以它们各自的最大值进行标准化，并将结果以相同权重进行求和，来表征每个医院的服务容量。另外，收集了广州市各个社区（居委会）的人口数据，数据来源为2010年的人口普查。由于大多数的医院访问行程都在广州市区内，因此本研究排除了乡村地区的社区。最后，共选出1994个（75.44%）社区，占2010年广州总人口的89.67%（1080万）。同时，本研究使用2009年的广州道路数据建立了空间网络，用以计算社区中心到三甲医院的交通距离。

表 7.1　2009 年 5 月 8 日的出租车数据样本（车载 GPS 记录）

牌照	时间	经度（°）	纬度（°）	速度（km/h）	方向（°）	有效性	状态
A657V3	00:23:23	+113.28281	+23.20599	056	010	有效	载客
A657V3	00:23:54	+113.28432	+23.21149	078	020	有效	载客
A657V3	00:24:25	+113.28789	+23.21694	085	030	有效	载客
A657V3	00:24:56	+113.28894	+23.21864	048	210	有效	载客
A657V3	00:25:50	+113.28840	+23.21797	000	000	有效	空载
A657V3	00:25:57	+113.28840	+23.21797	000	000	有效	空载
A657V3	00:26:28	+113.28826	+23.21773	026	210	有效	空载

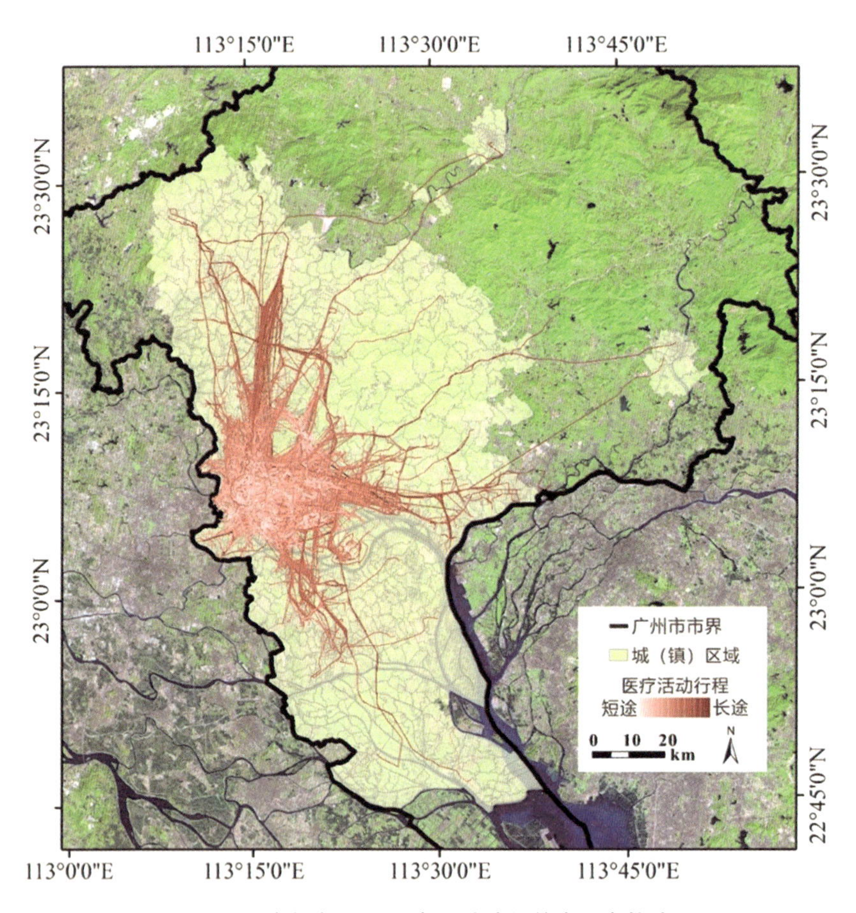

图 7.8　广州市 164670 条医院访问的出租车轨迹

使用前文所述的方法，分析出租车轨迹数据后发现，广州市医院总访问量的 80% 与综合医院有关。妇幼医院、肿瘤医院和口腔医院的访问量也相对较大，分别占总访问量的 6.22%、4.69% 和 2.59%。所有医院的访问行程距离为 4.22 km ～ 5.43 km，标准差为 3.87 km ～ 5.18 km，表明医疗活动主要在大约 10 km 的空间范围内进行。

本研究建立了 4 组重力模型来分析综合医院、妇幼医院、肿瘤医院和口腔医院的医疗活动空间特征。结果见表 7.2，γ_{stand} 值在 -0.574 到 -0.434 之间，表明医院访问具有明显的距离衰减效应。根据估计的弹性系数，可以计算每个社区的医院可达性（仅考虑综合医院）。

可达性计算结果（A_i）使用自然断点分级法分为5个等级，其中，第一等级代表可达性最高，第五等级代表可达性最低。结果表明，社区尺度上的医院可达性呈同心圆结构［图7.9（a）］。可达性为一级的社区集中在越秀区，并被可达性为二级和三级的社区所包围。城市外围地区的社区医院可达性最低。可达性最佳（一级和二级）的社区人口仅占总人口的21.05%，可达性中等和较差的社区人口占总人口的78.95%，表明医疗服务供给呈现“二八现象”。

表7.2 基于医院类型估计重力模型的弹性参数

参数	综合医院	综合医院（妇幼）	专科医院（肿瘤）	专科医院（口腔）
α	0.099***	0.125***	0.055	0.017
β	0.545***	-0.116		3.863***
γ	-0.934***	-0.585***	-0.997***	-0.673***
α_{stand}	0.052***	0.075***	0.029	0.011
β_{stand}	0.242***	-0.021		0.370***
γ_{stand}	-0.557***	-0.434***	-0.574***	-0.490
K	4.349***	2.777***	4.446***	6.308

注：* $P<0.05$；** $P<0.01$；*** $P<0.001$。

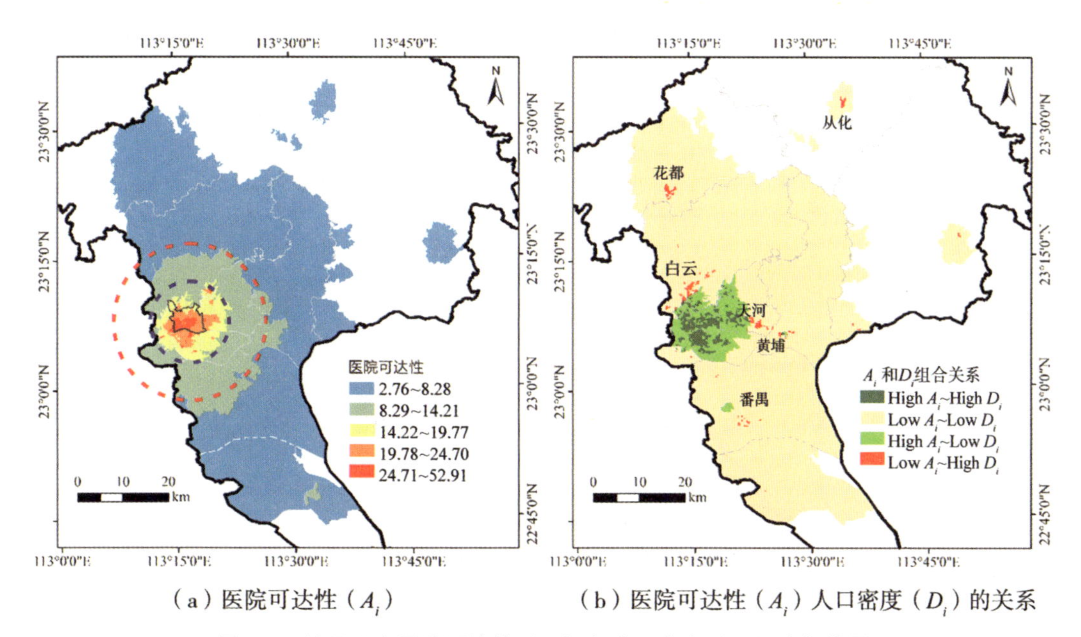

（a）医院可达性（A_i） （b）医院可达性（A_i）人口密度（D_i）的关系

图7.9 社区尺度医院可达性（A_i）与人口密度（D_i）空间格局

对医院可达性和社区人口密度的联合分析如图7.9（b）所示。联合分析表明，大约13%的社区是人口密度高但医院可达性低的社区。这些社区集中分布在番禺、天河东部、白云、花都和黄埔等区域，多数为拆迁安置社区或城中村（如金沙洲新社区、同德围和棠溪、岗贝、棠涌、新市、江夏、永泰等城中村），占总人口的6.29%。通过对医院服务容量和潜在服务人口数量的联合分析发现，大多数医院的服务能力与其潜在服务人口数量相匹配

[图7.10（a）]。仅有一所医院的服务容量较小但潜在服务人口较多［广州医科大学附属第一医院（简称“广医附属一院”）]，另有两所医院服务容量较大但潜在服务人口较少［广东省中医院大学城医院和祈福医院]，如图7.10（b）～（d）。最后，本研究结合Zhou等（2015）对广州市人口老龄化的分析结果，发现约17%的老龄化街道和39%的老龄人口比重快速增长的街道存在医院可达性较低的问题。

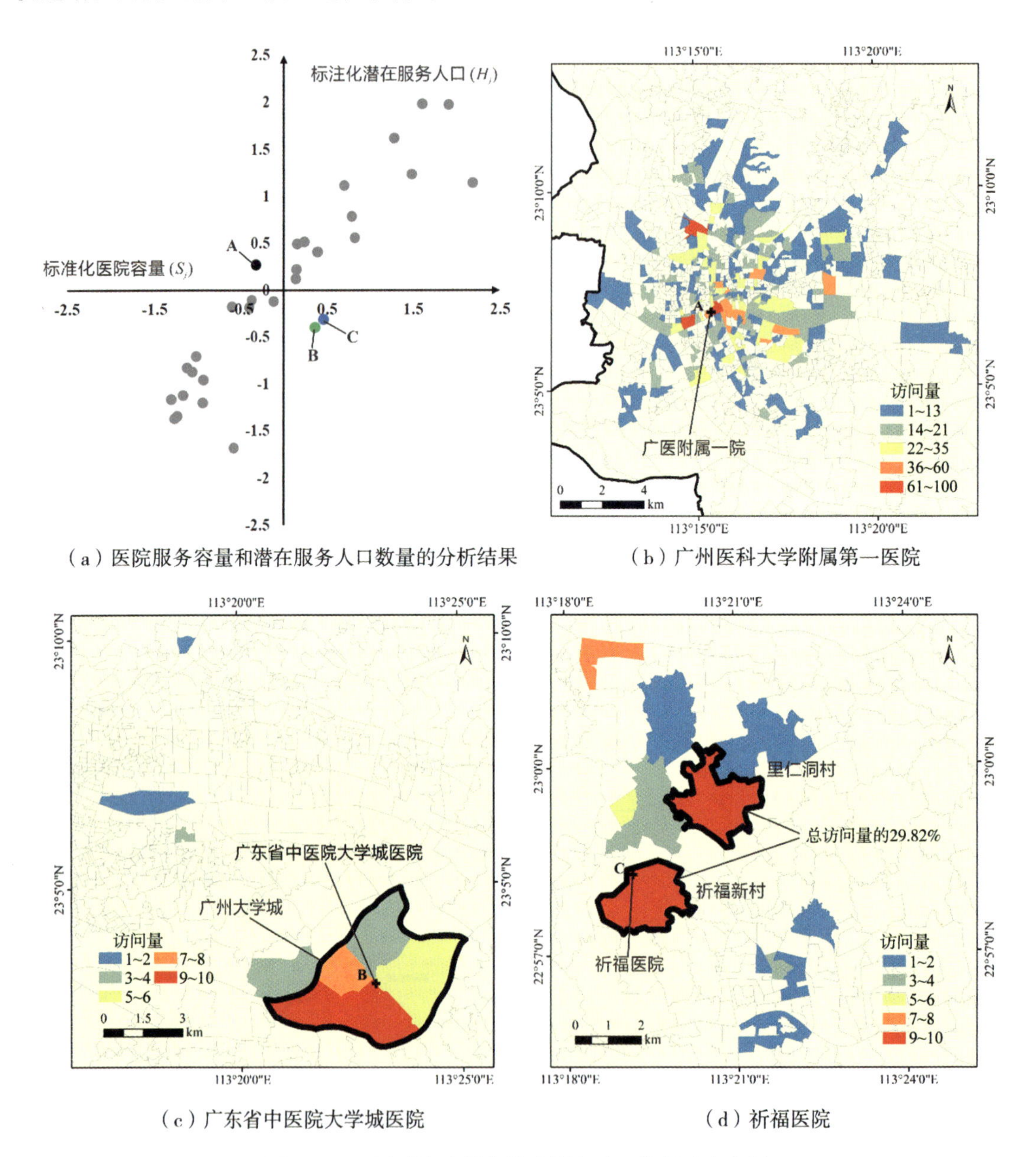

（a）医院服务容量和潜在服务人口数量的分析结果　　（b）广州医科大学附属第一医院

（c）广东省中医院大学城医院　　（d）祈福医院

图7.10　医院服务容量与潜在服务人口数量联合分析

7.2.3　基于互联网数据的城市社区租金评估及空间格局制图

对城市房产价格空间格局的精确制图能够直观地反映租金的空间差异，这些信息对于城市研究至关重要。然而，目前想要准确绘制精细化尺度的城市房租空间格局仍然存在很大的挑战，主要原因是传统的研究城市房租的数据通常来源于政府部门的统计数据、人口普查数据或调查数据等，这些数据大多是零散的个案数据或以行政区为统计单元的平均数据，无法做到精细化尺度的刻画。传统的房租研究采用的数据主要存在2个缺陷：①数据通常基于调查手段获取，全面普查成本过高，抽样调查又会使数据存在采样偏差，且调查获取的数据是静态的，无法反映房租随时间变化的动态过程；②官方公布的数据通常以行政区为统计单元，无法为研究提供详细个案数据。

互联网及相关技术的进步为不动产交易或房屋出租等带来了更多的便利，互联网上的房租数据可以为研究提供大规模的住房信息。然而，将在线住房信息用于地理研究尚处于探索阶段，如何高效利用海量异构的在线住房信息仍然是有待解决的科学问题。对房租/房价的评估是一个常见的问题，现已形成一些较为有效的研究方法，可归纳为以下类型：①采用成本法、市场比较法等传统不动产估价方法对城市的房地产市场价格进行评估。其中，成本法通过测算估价对象在价值时点的重置成本或重建成本和折旧，将重置成本或重建成本减去折旧，得到估价对象的价值或价格；市场比较法是选取市场上在较近时期内已经发生交易的相同用途、其他条件相似的房地产价格案例与待估房地产的各项条件相比较，对各个因素进行指数量化，通过准确的指数对比调整，得出估价对象的房地产价值。此类方法可以获得相对更准确的评估结果，但成本过高，常依赖人力进行，且对房价样本的要求非常苛刻，不但要求样本房产属性与待估房产属性具有非常高的相似性，而且要求样本是在充分发展的房地产市场中充足的、近期的、真实的房地产交易资料，这对于评估一个城市的整体房价空间格局是不现实的。②基于多元回归或神经网络的特征价格法（hedonic model）（Liu et al.，2020），通常通过分析房屋的内部个体特征和外部区位条件来解释房价的空间效应。此类方法效率较高，能够拟合房租与影响因子之间的非线性关系，对城市内的房价进行批量评估，但需要大量有效样本进行模型构建，而且评估效果依赖于样本质量。

针对传统数据的缺陷以及评估方法的特点，本研究拟构建基于前馈神经网络（feedforward neural network，FNN）的特征价格房租评估模型，实现社区尺度下的房租空间格局制图，以期为城市房租批量评估提供新的思路和方法，为住房负担、城市贫困与居住隔离等城市居住区研究提供精细尺度的住房租金数据，为政府制定房屋政策提供重要的决策依据。

本研究以深圳市全市共734个社区作为基本分析单元，从中国最大的房地产信息平台之一——安居客网站（https://sz.zu.anjuke.com/）上采集用户发布的租房信息。通过构建网络爬虫工具获取安居客网站上深圳市2015年的房租记录，数据包括“ID”“房屋名称”“房屋面积”“房间数量”“租金”“小区名称”等字段。首先，根据房屋面积和租金数据计算出租金单价（租金单价=租金/房屋面积），并剔除了月租单价 > 200 元/m^2的异常记录，最终得到了117970条有效数据。然后，利用百度地图提供的API编写地址坐标转换工具，根据每条记录的小区名称字段获取对应的经纬度坐标，将所有房租数据匹配到地理空间上。

由于从安居客获取的样本数据在研究范围内并不是全覆盖分布的，因此需要构建神经网络模型，使用已有的社区样本数据及相关的空间因子，对无数据社区的房租均价进行评估。生活设施、交通、工作机会、环境、教育及医疗保障是居民选择居住地时的重要决策因素。本研究对应地选取因子表征这6个决策因素。首先，环境因子以NDVI（normalized difference vegetation index，归一化植被指数）作为衡量指标，从Landsat影像（分幅编号为122/044，获取日期为2015年10月8日）计算得到；其他5个因子从POIs数据计算获取，POIs数据来源于百度地图API提供的开放数据，包括了城市兴趣点的名称、坐标及类别等字段，涵盖了丰富的城市社会经济信息。选取其中5类POIs数据，包括交通站点（地铁站、公交站）、生活设施（市场、超市和商店）、教育设施（幼儿园、小学和中学）、工作机会（企业、商业建筑）以及医疗设施（卫生站、诊所和医院）等进行指标提取。然后，利用ArcGIS分别计算研究范围5类POIs的核密度。最后，将NDVI和5类POIs的核密度数据进行归一化后，与研究范围的社区行政区进行叠加分析，获取得到每个单元的空间影响因子。

采用R语言的nnet函数包构建前馈神经网络模型，输入的训练数据为310个已知社区单元的平均租金（y）、NDVI（x_1）、交通站点（x_2）、生活设施（x_3）、教育设施（x_4）、工作机会（x_5）及医疗设施（x_6）的核密度评价分值。训练得到模型$f(\cdot)$。用于预测其余424个社区单元的月均租金。神经网络的隐含层节点设为8，权重调整速度为0.01，最大迭代次数为1000，最终通过交叉验证的平均RMSE为13.87%。图7.11是以样本租金及预测租金为数据绘制的散点图，x系数为0.8784（越接近1表示预测结果越准确），R^2为0.8778，预测租金与样本实际租金较一致。

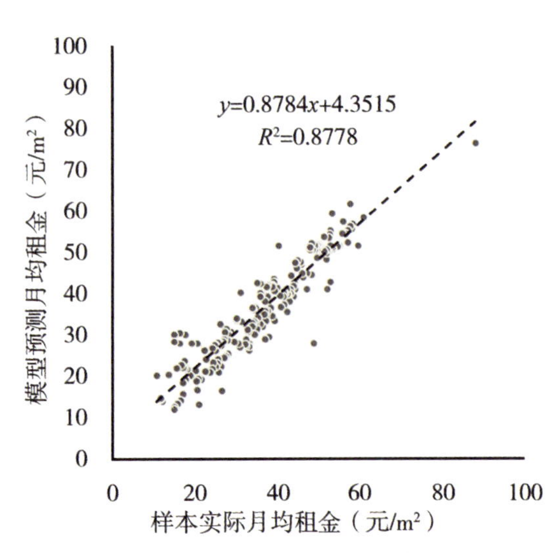

图7.11　模型预测月均租金与样本实际月均租金的散点图

从模型预测的各社区单元的月均租金空间分布结果（图7.12）可知：整个区域的月均租金为60.56元/m²，与中国房地产业协会及中国房价行情平台发布的2015年深圳市住宅月均租金66.25元/m²相差5.69元/m²，误差为8.59%。为进一步验证模型预测租金的准确性，选取3个没有足够样本数据的社区，从中各选取3个小区的实际月均租金，与预测月均租金进行对比。9个样本中，偏差最小的是

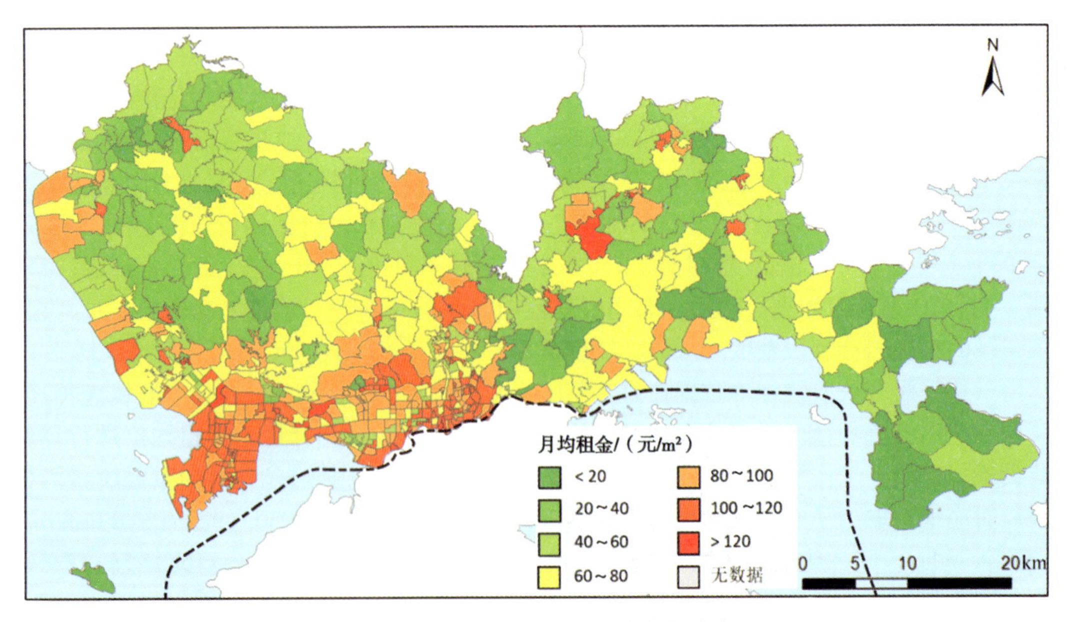

图7.12　模型预测月均租金的空间分布

0.59%，偏差最大的是22.95%，由于房屋的个体属性（如房屋面积、装修环境等）差异对个体样本的租金影响较大，可以认为该偏差在能够接受的范围内。从总体空间分布来看，租金较高的社区单元主要分布在深圳西南部的南山区、福田区和罗湖区，偏远地区如大鹏新区、坪山新区和光明新区的租金水平则较低，这与深圳市的经济发展及房屋市场的实际情况相符。

本研究利用互联网数据在社区尺度上描述了房租的空间分布格局，研究结果虽然反映的是社区单元的住宅平均租金，然而从实际情况来看，部分社区以工业用地或自然绿地为主，仅存在少量（甚至不存在）居住用地。对这些社区进行平均租金评估虽然对全面了解研究范围内的住宅租金水平具有参考意义，但由于缺乏实际的住宅样本，需要对评估结果的空间不确定性进一步深入探讨，后续研究可以加入新的数据识别出居住区/非居住区，提高租金空间分布格局制图的精度。本研究构建的前馈神经网络房租评估模型虽然通过输入POIs密度、NDVI等信息可以有效地预测房租租金，但如果能引入家庭收入和财务状况、人文因素和房子的家装环境等社会经济变量，可以进一步提高模型预测的精确度。同时，由于样本数据本身的局限性，有限的数据并不能完全准确地反映出现实情况，随着城市的发展、房地产出租市场的变化，以及旧城改造等情况，未来城市的住宅租金也会呈现出不同的空间分布特征。这些都有待进行更深入的研究。

第 8 章　城市用地信息提取方法

尽管城市、城镇和住区只占全球陆地表面的一小部分，但它们是人类活动的重要中心，城市用地对城市边界以外的社会和环境会产生深远的影响。全球城市用地信息的准确性和及时性对于研究土地覆盖变化、水文动态、碳循环和气候变化具有至关重要的作用（Schneider et al.，2010）。遥感技术，特别是卫星遥感技术，能够快速、定期地提供大面积用地信息，已经被证明是绘制城市用地地图的重要途径。

在大陆或全球尺度的绘图中，通常使用低空间分辨率数据（Weng，2012）。其中，夜间灯光数据（nighttime light，NTL）被广泛用于提取区域和全球范围内的城市区域，如国防气象卫星计划（defense meteorological satellite program，DMSP）/业务线扫描系统（operational linescan system，OLS）和带有可见红外成像辐射计套件的 Suomi 国家极地轨道合作伙伴卫星 - 可见光红外成像辐射仪（national polarorbiting partnership-visible infrared imaging radiometer，NPP-VIIRS）数据。通过 NTL 数据识别城市区域的主要方法包括边缘检测（Tan，2016）、监督分类（Cao et al.，2009）和基于阈值的分割（Dou et al.，2017）等。另外，将多源遥感数据和 NTL 数据集成可以提高 NTL 的性能。例如，将城市 NTL 与植被指数和地表温度（land surface temperature，LST）相结合，从而提升城市用地提取的可靠性（Li et al.，2021）。

随着卫星传感器的可用性快速发展，高或中空间分辨率图像（如 IKONOS、Quickbird、Landsat Thematic Mapper TM、Enhanced Thematic Mapper plus ETM +、SPOT/高分辨率可见光 HRV）已经被广泛应用于各个城市的城市用地利用分类（Cao et al.，2009）。高分辨率数据集具有更广泛的潜力，可以以更精确的细节映射所需的特征（Zhang et al.，2018），这些数据和制图特征为不渗透表面的估计和绘制提供了非常丰富的信息。同时，随着机器学习以及深度学习方法的发展，国内外学者将这些算法引入不透水地表提取的研究中。例如，一些研究提出将面向对象的分割算法与光谱分析方法相结合，基于不透水表面的光谱、纹理和形状特征，使用有监督或无监督的机器学习算法有效地从这些特征和高空间分辨率图像中提取不透水表面。还有研究提出联合利用多光谱影像、高分辨率影像和机载激光雷达数据（如 LiDAR 点云）等多源遥感数据来提取城市不透水表面。这些研究为我们提供了丰富的方法和思路，为城市用地信息提取提供了新的可能性。

8.1　采用归一化城市综合指数（NUACI）提取城市用地

8.1.1　NUACI 的发展背景

DMSP-OLS 影像是由美国军事气象卫星搭载的传感器获取的全球夜间灯光数据，其起源可以追溯到 20 世纪 60 年代中期。最初，这种采集方法的目的是捕捉夜间云层反射的微弱月光并获取夜间云层分布，但后来发现，DMSP-OLS 影像有独特的光点放大能力，使其能够在夜间探测到地表微弱的近红外辐射（Elvidge et al.，1997）。由于 DMSP-OLS 影像具有探测夜间地球表面人工照明的弱光感应能力，已经被广泛应用于城市研究，如城市区域绘制、人口估算、碳排放核查和经济活动等。然而，DMSP-OLS 影像也存在一些问题，限制了其在城市面积估计和城市用地制图上的应用（Imhoff et al.，1997）。一方面，NTL 数据在没有光源的地方出现了虚假的光指示，即溢出效应（blooming effect）。这种现象在 NTL 数据中普遍存在，特别是在大城市地区更为常见（Small et al.，2005）。有研究总结了 NTL 影像中存在溢出效应的 3 个主要原因，包括粗糙的空间分辨率或在非光源地区检测到的散射、相邻像素足迹较大的重叠，以及合成过程中地理定位误差的累积（Small et al.，2005）。

另一方面，使用 NTL 数据进行城市研究的主要障碍是像素饱和。由于 DMSP-OLS 影像的辐射测量范围有限，城市核心区的数据值往往被截断，NTL 无法准确地估计不透水表面面积或区分不同类型的土地覆盖（Elvidge et al.，2007）。如今，已经开发了多种校正夜间灯光饱和度的技术，一些基于 MODIS NDVI 和 NTL 数据组合的更简单的方法被提出来缓解像素饱和效应，如一种用于区域人类住区制图的人类住区指数（human settlement index，HSI）（Lu et al.，2008）和植被校正 NTL 城市指数（vegetation adjusted NTL urban index，VANUI）（Zhang et al.，2013）。NDVI 在区分城市用地和其他非城市用地类型（如水和荒地）方面的能力受到限制，而归一化水体指数（normalized difference water index，NDWI）可以有效地区分水体和非水体特征（McFeeters，1996）。因此，NDWI 可以弥补 HSI 和 VANUI 只考虑归一化植被指数（NDVI）贡献的局限性。

基于此，本章将重点探讨 Liu 等（2015）所提出的一种基于 DMSP-OLS、植被指数和 NDWI 相结合的新指数——归一化城市综合指数（normalized urban areas composite index，NUACI）。NUACI 的创新之处在于，通过纳入 NDWI，可以显著地降低 NTL 数据在城市地区的溢出和饱和效应，提高了区分植被密度较低区域的城市和非城市用地类型的能力，可以准确、及时地提取大范围城市区域。这种方法为城市研究提供了一种新的可能，有利于更准确、更及时地提取大范围的城市区域。

8.1.2 NUACI 的构建

现有研究表明，地表植被丰度与不透水表面的分布呈高度负相关（Bauer et al.，2004）。因此，植被指数可以用来辅助城市面积的估算，也可以用来修正 HSI 和 VANUI 指数中的溢出效应。增强植被指数（enhanced vegetation index，EVI）可以减少背景噪声的干扰，避免在植被覆盖密度高的地方出现饱和效应。基于 MODIS 影像的年度最大增强植被指数（EVI_{max}）可以准确地提供植被覆盖区域的信息，更适合用作城市边界绘制的辅助数据。然而，非植被土地覆盖（包括水体、裸土和荒地）的 EVI_{max} 值与城市地区相似，仅使用 EVI_{max} 指数很难区分城市地区和非植被土地，而归一化水体指数（NDWI）可以有效地区分水体和非水体。因此，可以结合 EVI_{max} 与 NDWI 提升不透水表面的提取效果。

本节案例选取了中国 11 个 TM/ETM + 影像场景的 4320 个样本，涉及水体、农田、荒地、森林、草地和城市 6 种土地覆盖类型，以验证 EVI_{max} 与 NDWI 集成的可行性。图 8.1 显示了不同土地覆盖类型的 EVI_{max} 和 NDWI 之间的相关性。可以发现，当只考虑 EVI_{max} 校正 NTL 图像的饱和溢出效应时，城市不容易与水体、荒地或植被覆盖密度低的草地区域分开，它们在相同的 EVI_{max} 值范围内。在 NDWI 和 EVI_{max} 构成的二维空间中，属于城市用地的样地基本集中在 NDWI 和 EVI_{max} 较低的圆形区域内。水体样地虽然 EVI_{max} 较低，但 NDWI 普遍较高，容易与城市用地分离。此外，EVI_{max} 最低的荒地，其 NDWI 低于水体，但高于其他类型，而农田的 EVI_{max} 较高、NDWI 较低。这种特征的差异使得城市用地很容易与农田、水体和荒地区分开来。因此，结合 EVI_{max} 和 NDWI 可以将 NTL 影像中 DN 值相对较高的大部分非城市地区排除在城市用地之外。

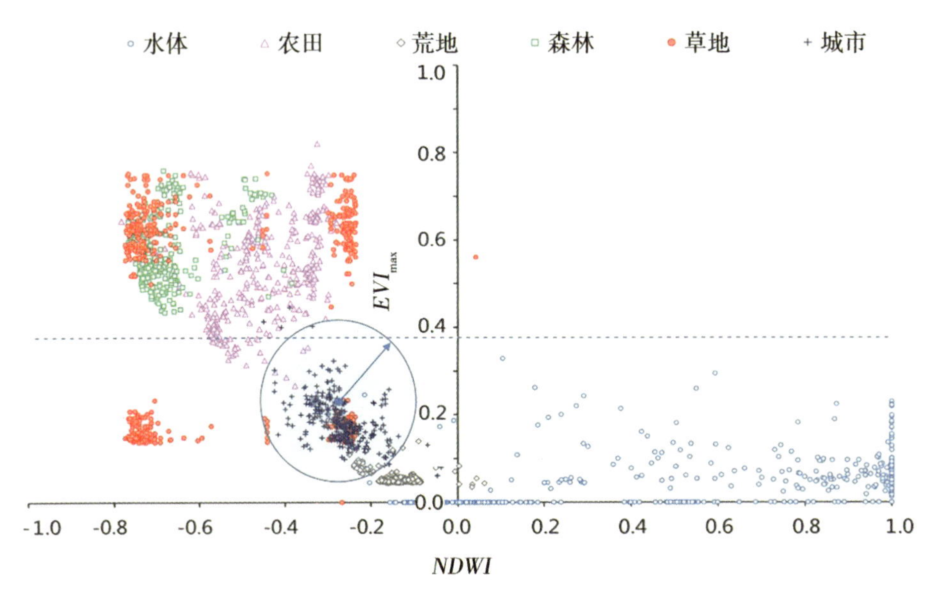

图 8.1　不同土地覆盖类型样地的 *NDWI* 和 EVI_{max} 之间的关系（Liu et al.，2015）

因此，研究建立一个新的指标 *NUACI*，计算式如下：

$$NUACI = \begin{cases} 0, & d > r,\quad d = \sqrt{(NDWI - a)^2 + (EVI_{max} - b)^2} \\ \left(1 - \dfrac{d}{r}\right) \times \dfrac{OLS - OLS_{min}}{OLS_{max} - OLS_{min}}, & d \leqslant r \end{cases} \tag{8.1}$$

式中：a 和 b 分别为城市样本 *NDWI* 和 EVI_{max} 的平均值；r 为城市样本聚集的圆形区域半径；d 为到圆心的距离；OLS_{min} 和 OLS_{max} 分别为 DMSP-OLS 图像中的最小值和最大值。*NUACI* 可以标准化到范围［0，1］，r 的取值可以反映城市用地的真实分布格局。其中，*NDWI* 的计算方法如下：

$$NDWI = \frac{\rho_{857} - \rho_{1241}}{\rho_{857} + \rho_{1241}} \tag{8.2}$$

式中：ρ_{857} 为近红外波段 857 nm 处的反射率；ρ_{1241} 为水吸收波段 1241 nm 处的反射率。

EVI 可以表示为：

$$EVI = \frac{\rho_N^* - \rho_R^*}{\rho_N^* + C_1\rho_R^* - C_2\rho_B^* + L} \tag{8.3}$$

式中：ρ_N^* 为近红外波段的反射率；ρ_R^* 为红光波段反射率；ρ_B^* 为蓝光波段反射率；L 为土壤适应系数；C_1 和 C_2 分别为校正大气气溶胶散射在蓝、红波段影响的系数。

在对研究区域进行 NUACI 计算之前，必须确定式（8.1）中的参数 a 、b 和 r 。该研究选取整个中国为研究对象。研究数据采用 DMSP-OLS NTL 影像时间序列（2000 年、2005 年、2010 年）、Terra MODIS 反射率、EVI 产品以及 Landsat ETM +。所有数据重采样到 500 m 空间分辨率。其中，获取的 2000 年、2005 年和 2010 年覆盖中国部分地区的 30 幅空间分辨率为28.5 m的Landsat ETM+影像，采用最大似然分类器（maximum likelihood classifier，MLC）提取城市区域，进而提取实际不透水表面面积，并以此作为参考数据建立回归模型，验证NUACI的性能。同时，从ETM+收集的城市样本可以确定参数a、b和r。计算城市样本的NDWI和EVI_{max}的平均值，可以得到a和b的值。参数r可以通过计算最远的城市样本与中心城市样本之间的距离来设置，中心城市样本的位置为（a，b）。该研究最终将参数a、b和r分别设置为0.35、0.15和0.4。

8.1.3　NUACI的验证

本节案例主要从视觉和定量2个方向验证NUACI在降低NTL溢出效应和饱和效应上的有效性，并将Landsat ETM+、NTL、VANUI、HIS与NUACI进行对比。首先，选择了北京、天津、杭州、广州、深圳和武汉这6个快速城市化的城市，将其NUACI数据与NTL影像进行比较（图8.2）。由于像素饱和，NTL值在城市核心保持不变，且分布在城市周边的像元呈现出较高的DN值。然而，利用NUACI可以有效地将城郊非城市土地与城市土地进行分离。

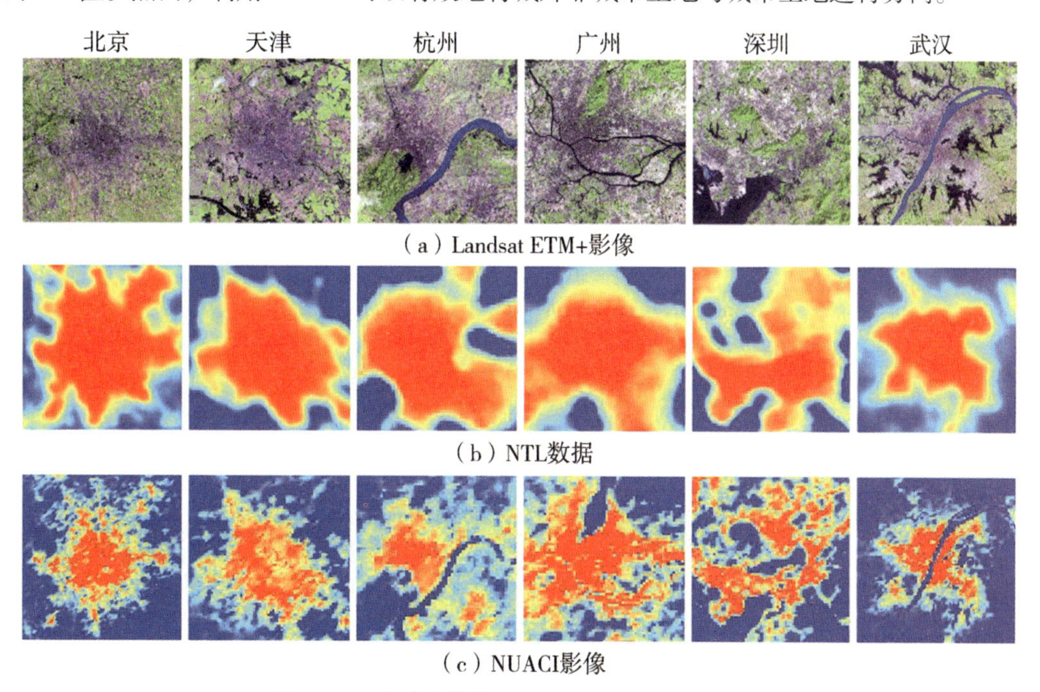

图8.2　6个城市的结果对比（Liu et al.，2015）

然而，为了进一步评估NUACI降低像元饱和度和消除溢出效应的能力，研究者在深圳的一个纬度样带上对NUACI、饱和校正的NTL、未校正的NTL、VANUI和HSI进行了视觉比较（图8.3）。结果显示，NUACI的空间格局与VANUI和HSI相似。NUACI值在城市核心区内存在差异，向城市核心区的方向增大，远离城市核心区的方向减小。对比结果表明，虽然这3个指数可以降低像元饱和度，增加城市间的变异性，但NUACI值在城市内的变化更大。VANUI和HSI都不能降低溢出效应，因为它们在城市周边非城市土地覆盖地区的值仍然很高。相比之下，非城市土地覆盖地区的NUACI值非常低，几乎等于零。这表明NUACI具有解决像素溢出问题的能力。此外，本研究还选取了珠三角和武汉市作为样本地区进行视觉比较，结果均表明，VANUI和HSI无法将水体与城市区域分离，而NUACI能够准确地捕捉城市区域的空间分布信息。

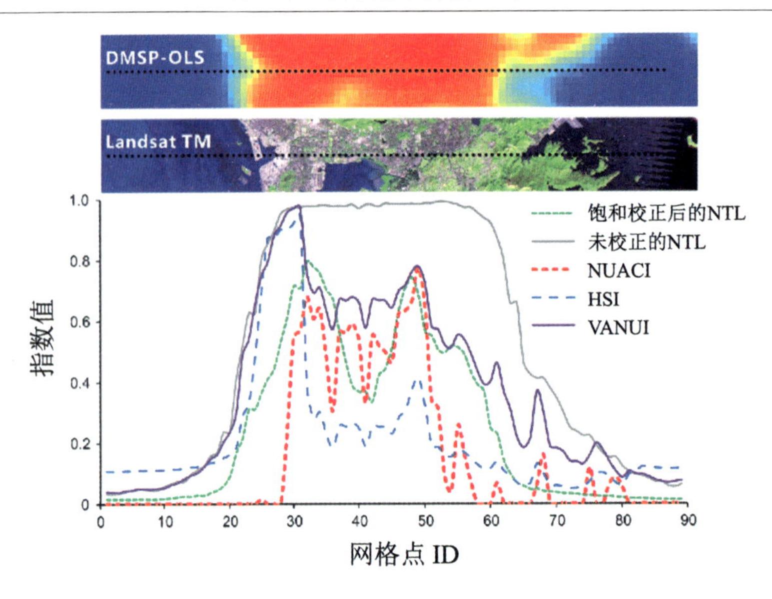

图 8.3　中国深圳饱和校正后的 NTL、未校正的 NTL、NUACI、HSI 和 VANUI 的纬度样线（Liu et al.，2015）

最后，为了进一步定量评估 NUACI 在消除溢出效应方面的性能，研究者选择了将珠三角作为研究区，利用 TM/ETM + 遥感影像提取珠三角的城市用地。在现有城市周围以 0.5 km为间隔划分了 7 个缓冲区，根据不同的指数计算这些缓冲区的平均值。理论上，这些非城市地区的 DN 值应该等于零。然而，由于溢出效应的影响，缓冲区的平均值可能会有所不同。当校正后的图像中出现较低的平均值时，可以认为溢出效应受到了极大的抑制。表 8.1 给出了 7 个缓冲区内图像不同指数的平均值。在所有缓冲区中，基于 NUACI 的图像的平均值最低，即低于基于 DMSP-OLS、HSI 和 VANUI 的图像的平均值。

表 8.1　珠三角不同城市缓冲区内的指数平均值比较（Liu et al.，2015）

城市	0.5 km				1 km				1.5 km			
	DMSP-OLS	HSI	VANUI	NUACI	DMSP-OLS	HSI	VANUI	NUACI	DMSP-OLS	HSI	VANUI	NUACI
佛山	0.5326	1.4353	0.3640	0.2669	0.4771	1.2940	0.3236	0.2297	0.4424	1.2120	0.2987	0.2087
广州	0.4042	0.9953	0.2472	0.1364	0.3442	0.8680	0.2069	0.1037	0.3101	0.8082	0.1857	0.0886
惠州	0.2257	0.5773	0.1220	0.0431	0.1816	0.5108	0.0957	0.0290	0.1541	0.4766	0.0804	0.0223
东莞	0.8232	1.9550	0.5233	0.3224	0.7883	1.8401	0.4934	0.2799	0.7597	1.7724	0.4730	0.2566
深圳	0.7572	1.9056	0.4385	0.1823	0.7064	2.0489	0.4104	0.1452	0.6696	2.2156	0.3977	0.1294
中山	0.6499	1.3683	0.3945	0.2301	0.6060	1.2739	0.3651	0.2042	0.5767	1.2167	0.3460	0.1889
珠海	0.3360	0.9272	0.2052	0.0870	0.3030	0.9436	0.1903	0.0742	0.2777	0.9643	0.1791	0.0659

城市	2 km				2.5 km				5 km			
	DMSP-OLS	HSI	VANUI	NUACI	DMSP-OLS	HSI	VANUI	NUACI	DMSP-OLS	HSI	VANUI	NUACI
佛山	0.4229	1.1671	0.2846	0.1977	0.4083	1.1315	0.2739	0.1894	0.3571	1.0127	0.2371	0.1610
广州	0.2865	0.7673	0.1713	0.0799	0.2693	0.7353	0.1606	0.0743	0.2169	0.6367	0.1278	0.0578
惠州	0.1360	0.4563	0.0707	0.0188	0.1220	0.4408	0.0633	0.0163	0.0886	0.4063	0.0457	0.0109
东莞	0.7360	1.7257	0.4578	0.2423	0.7154	1.6886	0.4453	0.2321	0.6624	1.5885	0.4136	0.2091
深圳	0.6427	2.3297	0.3894	0.1166	0.6242	2.4109	0.3857	0.1083	0.5580	2.3948	0.3629	0.0877
中山	0.5543	1.1837	0.3326	0.1792	0.5362	1.1639	0.3224	0.1722	0.4904	1.1131	0.2958	0.1521
珠海	0.2548	0.9892	0.1681	0.0586	0.2360	1.0119	0.1586	0.0532	0.1669	1.0565	0.1175	0.0333

此外，城市土地提取的准确性可以反映减少溢出效应的效果。该研究采用阈值分割法直接应用 HSI、VANUI 等城市指数提取城市区域范围，并从分辨率为 500 m 的 MODIS 土地利用产品中提取城市用地进行对比。城市用地总面积采用 MLC 方法从 Landsat TM/ETM + 影像中提取，并作为实际参考数据。分别从 DMSP-OLS NTL 数据、MODIS 土地利用数据、HSI 影像、VANUI 影像和 NUACI 影像中检索每个样本城市对应的相同面积的城市用地。采用点对点比较的方法计算 Kappa 系数和总体精度等定量指标。结果表明，2000 年、2005 年和 2010 年 3 个年份采用 NUACI 提取的城市范围在所有样本区域都表现出较低的错分和漏分误差，与 DMSP-OLS、HSI、VANUI 和 MODIS 数据相比，几乎所有城市的 NUACI 数据都显示出最高的 Kappa 系数和城市地区的总体精度。

8.1.4 NUACI 的后续研究

目前，已有较多研究采用 NUACI 提取城市用地信息，并在此基础上做了一些改进。例如，有研究在 HIS、MNDWI、NDVI 和 NTL 的基础上开发了改进的 NUACI（MNUACI）（Li et al.，2021），结合由武汉大学设计和开发的珞珈一号 NTL 卫星的 NTL 数据，发现 MNUACI 比之前基于 DMSP-OLS 和 NPP-VIIRS 的指数具有更高的空间分辨率，且与 NTL、NUACI、HSI 相比，基于 MNUACI 的模型在不渗透表面面积估计方面具有最佳的 R^2 和均方根误差（root mean square error，RMSE）。此外，为了应对全球城市土地数据日益增长的需求，Liu 等（2018）利用 NUACI 结合图像数据处理平台谷歌地球引擎（Googleeartheng，ineGEE，https://earthengine. google. org），基于 1990 年至 2010 年期间每隔 5 年的 Landsat 图像开发了一套多时相 30 m 全球城市用地数据产品（图 8.4）。该数据产品缓解了高分辨率多时相全球城市土地地图的短缺，为全球城市研究提供了可靠的用地信息。

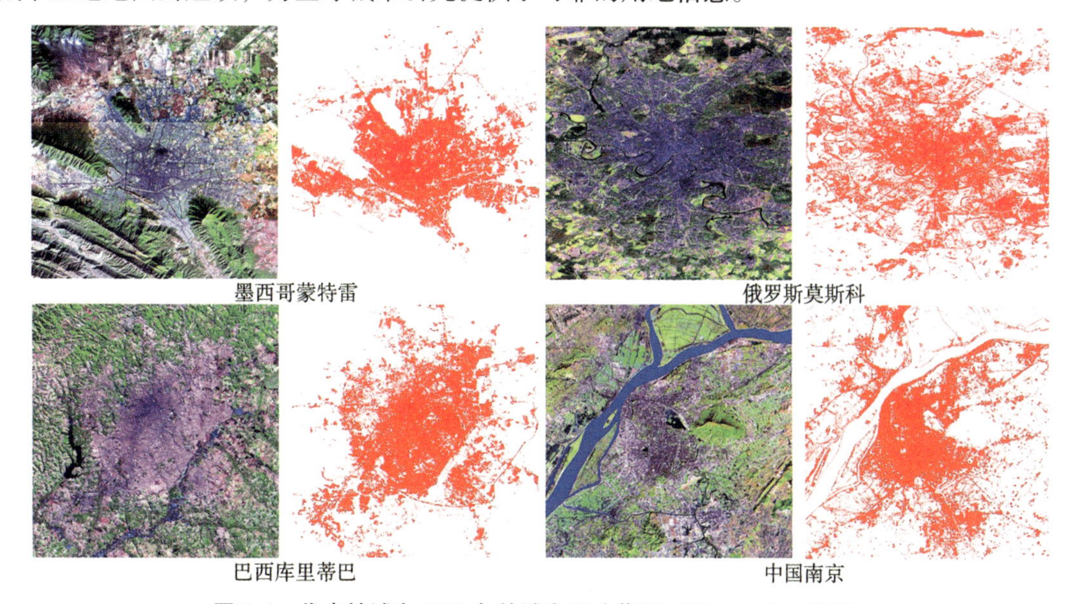

图 8.4 代表性城市 2000 年的城市用地范围（Liu et al.，2018）

8.2 利用灯光数据识别城市用地信息

DMSP-OLS NTL 数据产品具有一系列缺点，包括粗糙的空间分辨率（约 1 km）、有限的量化、城市中心的像素饱和以及缺乏机载校准等。作为 DMSP-OLS NTL 数据产品的升阶版，

2013 年初美国国家海洋和大气管理局的国家地球科学数据中心（National Oceanic and Atmospheric Administration/National Geophysical Data Center，NOAA/NGDC）发布了新一代 NTL 数据——NPP-VIIRS NTL 合成数据，该数据来源于 2011 年 10 月发射的搭载有可见红外成像辐射计套件（VIIRS）传感器的 Suomi 国家极轨伙伴关系（NPP）卫星。与 DMSP-OLS NTL 合成数据相比，NPP-VIIRS NTL 合成数据具有更好的空间分辨率（约 500 m），同时，由于其有更宽的辐射检测范围，不会出现 NTL 饱和问题。NPP-VIIRS NTL 合成数据有着更广泛的应用，包括估算国内生产总值、电力消耗、城市地区的房屋空置率等。本节主要介绍利用 NPP-VIIRS NTL 合成数据进行城市用地和信息提取的相关研究内容。

8.2.1　基于 log 变换 NPP-VIIRS NTL 合成数据的城市建成区提取

部分研究发现，NPP-VIIRS NTL 合成数据也是一种潜在有效的城市制图数据来源（Shi et al.，2014），如何从 NPP-VIIRS NTL 合成数据中高效地提取城市建成区是人们日益关注的课题。例如，Sharma 等（2016）提出了一种将基于中分辨率成像光谱辐射计的多光谱数据与 NPP-VIIRS NTL 合成数据相结合的全球城市建成区提取新指标；也有其他研究定量评估了从 DMSP-OLS NTL 数据到 NPP-VIIRS NTL 合成数据对城市区域提取方法的适用性（Dou et al.，2017）。基于此，Yu 等（2018）通过对原始 NPP-VIIRS NTL 合成数据进行对数变换，提出一种用于城市建成区提取的预处理方法。本研究选择了 4 种常用的城市建成区分割方法提取城市建成区，包括阈值分割技术（Imhoff et al.，1997）、基于 sobel 的边缘检测（Panda and Patnaik，2009）、邻域统计分析（Su et al.，2015）和分水岭分割（Zhou et al.，2014），并将这些方法应用于原始和对数变换后的 NPP-VIIRS NTL 合成数据。最后，以美国国家土地覆盖数据库（Nation Land Cover Database，NLCD）获得的参考城市区域验证每种方法得出的城市区域，评估结果的准确性。

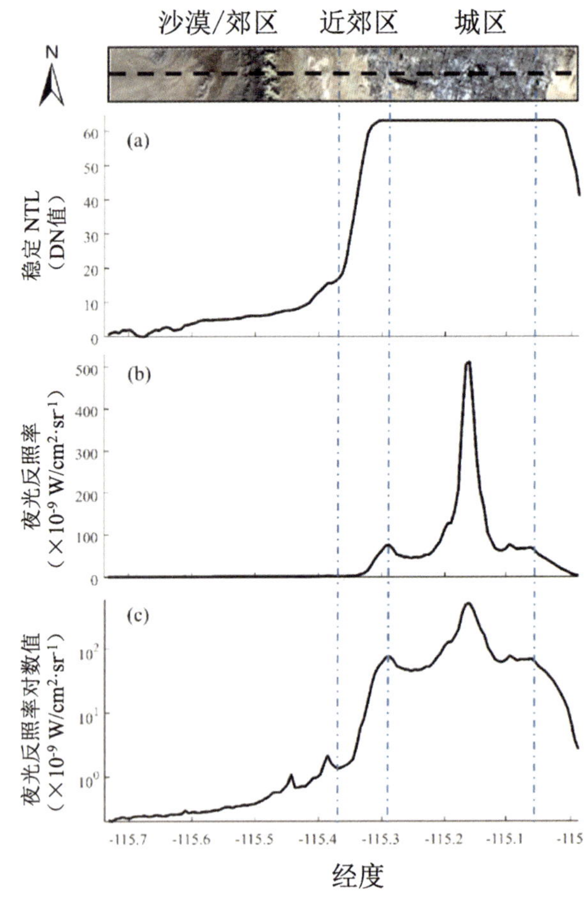

（a）DMSP-OLS 稳定的 NTL　（b）NPP-VIIRS NTL 辐射
（c）对数转换的 NPP-VIIRS NTL 辐射率

图 8.5　美国内华达州拉斯维加斯的 NTL 纬度横断面（Yu et al.，2018）

图 8.5 展示了美国内华达州拉斯维加斯区域的 DMSP-OLS 数据、原始 NPP-VIIRS 合成数据和对数变换 NPP-VIIRS 合成数据的 NTL 值的空间分布对比。首先，DMSP-OLS 的 NTL 数据的 DN 值分布存在截断现象，这导致在城市和非城市地区只能观测到较小的辐射变化。相比之下，NPP-VIIRS 合成数据在空间分辨率、动态范围、量化以及校准等方面都有显著的提

升。其次，由于城市核心区的高度发展，原始的 NPP-VIIRS NTL 合成数据显示，城市核心区及其周边的辐射范围较大，城市区域内的辐射增幅超过了郊区，而在非城市和郊区地区观测到的空间信息较少。这种情况下，非城市地区和郊区的辐射变化被抑制，从而导致分类困难。对数变换是一种有效的方法，可以规范化这种倾斜且有偏差的数据，使得数据的可视化、分析和解释更为容易（Feng et al.，2014）。对数变换的公式可以表示为：

$$Log\_VIIRS_i = \ln(VIIRS_i) \tag{8.4}$$

式中：Log_VIIRS_i 和 $VIIRS_i$ 分别表示对数和原始 NPP-VIIRS NTL 辐射。对于非城市地区，DMSP-OLS 的 NTL 图像显示 DN 值变化平缓，而原始 NPP-VIIRS NTL 合成复合数据的辐射范围较小。经过对数变换后，城市核心周围的剧烈辐射变异得到抑制，非城市和郊区的辐射变异得到加强。

在对 NPP-VIIRS NTL 合成数据进行对数变换后，研究者利用美国的 38 个城市，测试了先前设计的 4 种常用方法在 DMSP-OLS NTL 数据中提取城市建成区的适用性。定量分析的结果显示，在 NPP-VIIRS NTL 合成数据中，除了阈值法，对数变换法对其他 3 种城市用地制图方法都有较好的效果，大部分城市的生产者精度和总体精度都有显著的提高。对 NPP-VIIRS NTL 数据进行对数变换有助于扩大城市建成区与非城市建成区之间的 NTL 差异，从而提高提取城市建成区的性能。

8.2.2　基于 NPP-VIIRS NTL 合成数据检测城市内部结构

城市结构指城市或大都市区土地利用的空间布局，已有许多理论和模型被提出来描述和解释城市空间结构。例如，自 1978 年经济改革以来，中国的许多大城市，如上海、北京和广州，都在追求多中心、多走廊的城市空间结构，以便分散人口和经济活动。城市中心，作为城市空间结构的关键要素，可以被定义为就业和人类活动高度集中或密集的连续区域（Giuliano and Small，1991）。Chen 等（2017）采用夜间灯光（NTL）数据代替人口普查数据进行城市结构分析，其中，对 NTL 数据应用局部等高线树方法来界定城市中心并分析其空间关系。从功能角度来看，多中心都市区通常由一个强大的主中心和一组较小的副中心组成。主中心通常对应于旧的中央商务区（central business district，CBD），是经济、商业和社会活动的焦点（Nelson，1986）。副中心是主中心的附属部分，由郊区小城镇或新兴的“边缘城市”逐步发展而来（Anas et al.，1998）。

由于 NTL 强度与人类活动的集中程度呈正相关，因此一个区域的 NTL 数据可以被概念化为人类活动强度的连续表面，其中，城市中心类似于地球地形上的一座山。山峰在地形图中表现为一组同心等高线。类似的，表面坡度（高程表面的一阶导数）由等高线的密度表示（Burrough et al.，2015）。密集的光强等高线表明人类活动强度的空间梯度较高。NTL 强度面的剖面可以揭示人类活动强度和城市土地利用梯度从中心到外围的空间变化。由于人类活动和城市土地利用梯度随城市发展阶段的不同而变化，NTL 强度面的剖面和斜率可以用来刻画城市发展的不同阶段。这种方法为我们理解城市结构提供了新的视角和工具。

在城市结构与地形的类比驱动下，Chen 等（2017）提出了基于 NTL 数据量化城市空间结构的 4 步方法（图 8.6）。首先，从 NPP-VIIRS NTL 合成数据生成 NTL 等高线图。其次，采用局部等高线树方法构建 NTL 等高线树，将城市要素中心识别为等高线树的叶节点。然后，计算每个城市中心的一组属性，包括 5 个 NTL 属性、4 个城市形态属性和 1 个地形参数。最后，根据简化的等高线树，识别城市中心以及城市中心的层次结构，以捕获各个城市中心之间的空间关系。

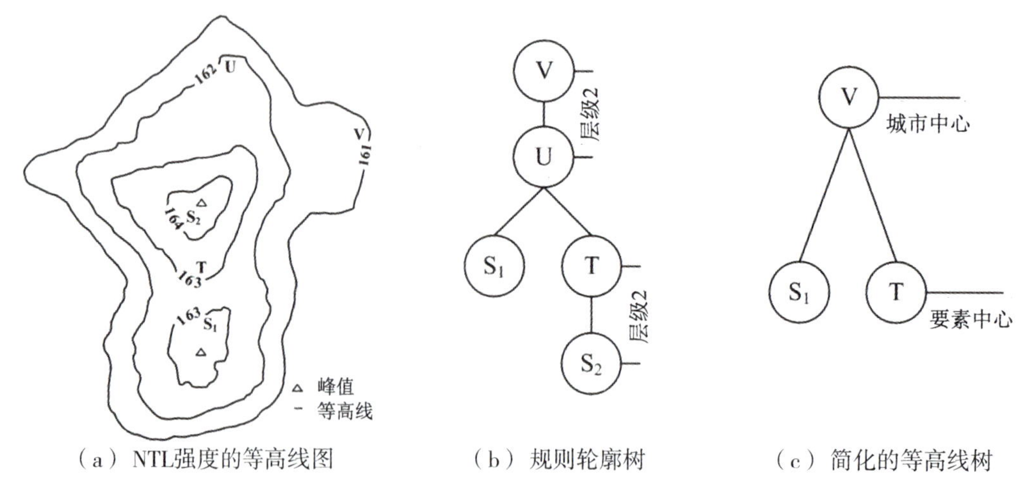

（a）NTL强度的等高线图　（b）规则轮廓树　（c）简化的等高线树

图 8.6　使用等高线树方法进行城市中心检测的步骤（Chen et al.，2017）

以上海市为例，研究者基于 NTL 数据的简化等高线树，描绘了上海已识别的城市中心的空间范围及其嵌套层次结构。研究成功识别了上海市的 33 个城市要素中心，确定了它们的边界，揭示了这些中心之间的拓扑关系，从而揭示了城市空间结构的层次多中心性质。与以前的方法相比，这种新方法具有多种优势，包括计算效率高、能够精确划分城市中心空间范围、能够推导出检测到的城市中心的多个属性、能够确定城市中心之间的层次空间关系、适用于不同的规模以及在世界其他地区的适用性。这种新方法将在城市形态、城市土地利用开发、城市规划、城市政策评估等领域得到广泛的应用。

8.3　基于机器学习和深度学习提取城市用地

8.3.1　基于机器学习提取城市用地

机器学习方法多采用分类的方式从影像中识别提取城市信息。例如，基于中分辨率遥感影像，分别使用线性光谱混合分析（linear spectral mixture analysis，LSMA）和人工神经网络（artificial neuron network，ANN）来提取城市的不透水表面。LSMA 是一种生成高和低反照率、植被和土壤分数图像（也称为“端元”）的方法，通过将高和低反照率的分数图像相加来估计不透水表面。基于图像分类的 ANN 算法则不需要从特征空间中选择端元。研究表明，与传统的 LSMA 方法相比，ANN 算法提高了不透水表面的提取精度。

此外，许多学者使用相同的数据集对多种机器学习方法的分类性能进行了对比研究。例如，Misra 等（2020）使用哨兵 2 号（Sentinel-2）高分辨率卫星数据集，评估了 3 种基于监督机器学习的图像分类技术，包括光谱角映射器（spectral angle mapping，SAM）、支持向量机（SVM）和人工神经网络（ANN），以便更好地理解特征提取方法以及选择适合城市不透水区域分类的分类器。Zheng 等（2023）基于中分辨率遥感数据，使用 5 种不同的算法提取了城市不透水表面，包括朴素贝叶斯（naive Bayes，NB）、卷积神经网络（convolutional neural network，CNN）、支持向量机（SVM）、胶囊网络（capsule networks，CapsNet）和随机森林（random forest，RF），以获得成都市不透水表面提取的最优模型（图 8.7），并分析了城市不透水表面与城市内涝的关系。

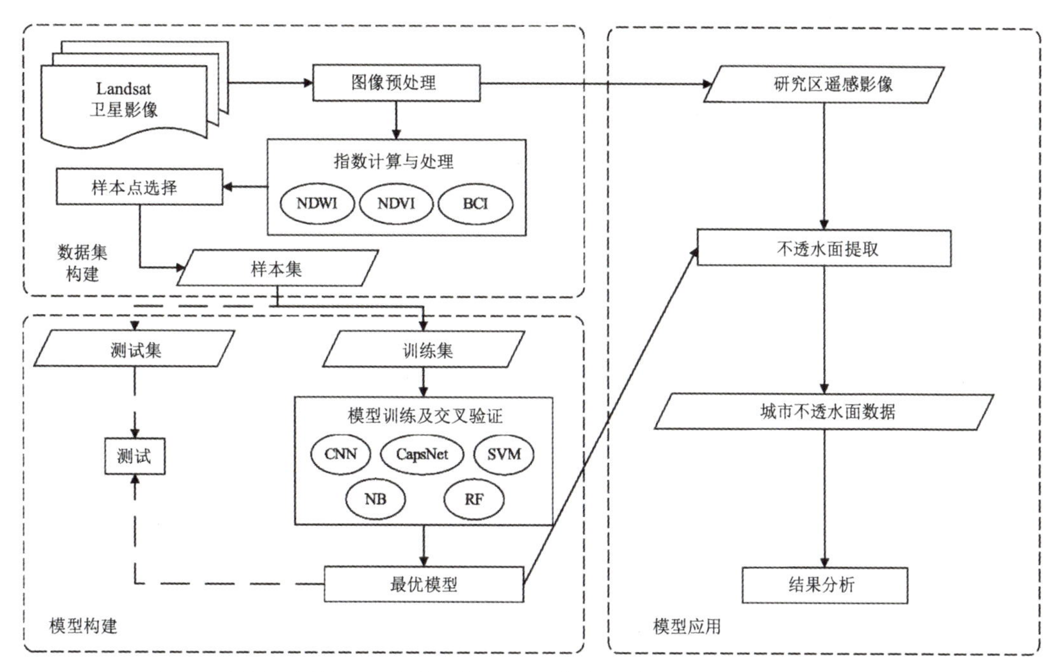

图 8.7 基于机器学习算法提取城市不透水表面的流程（Zheng et al.，2023）

8.3.2 基于深度学习提取城市用地

传统的机器学习方法在提取城市信息方面具有良好的性能，但这些方法大多依赖于原始影像和手动提取的特征进行训练，可能包含一些多余和无用的信息。Huang 等（2019）指出，传统的城市不透水表面提取方法主要采用基于中低分辨率遥感影像的浅层机器学习算法。由于多源遥感数据的潜力有限，精度较低，自动化水平较差，影像信息没有得到充分的利用，底层功能没有得到有效的组织。为了解决这些问题，他们提出了一种基于深度学习和多源遥感数据自动提取不透水表面的新方法（AEIDLMRS）。该方法可以充分利用多源数据的特征，联合使用卷积神经网络（CNN）和深度置信网络（deep belief network，DBN）对特征进行组合和深度学习，最后利用极限学习机（extreme learning machine，ELM）分类器提取城市的不透水表面。Sun 等（2019）尝试使用深度学习的 3D 卷积神经网络（3D CNN），通过 Worldview-2 和机载激光雷达提取不透水表面，并将其性能与经典的机器学习算法 SVM 进行比较，结果如图 8.8 所示。与 SVM 相比，3D CNN 不仅充分利用了像素级空间信息以及包含特征图的纹理，而且在提取不透水表面方面具有很大的潜力。事实上，大量的研究表明，机器学习、深度学习方法以及这两类方法的结合在不透水表面的提取方面具有巨大的潜力和较好的性能。

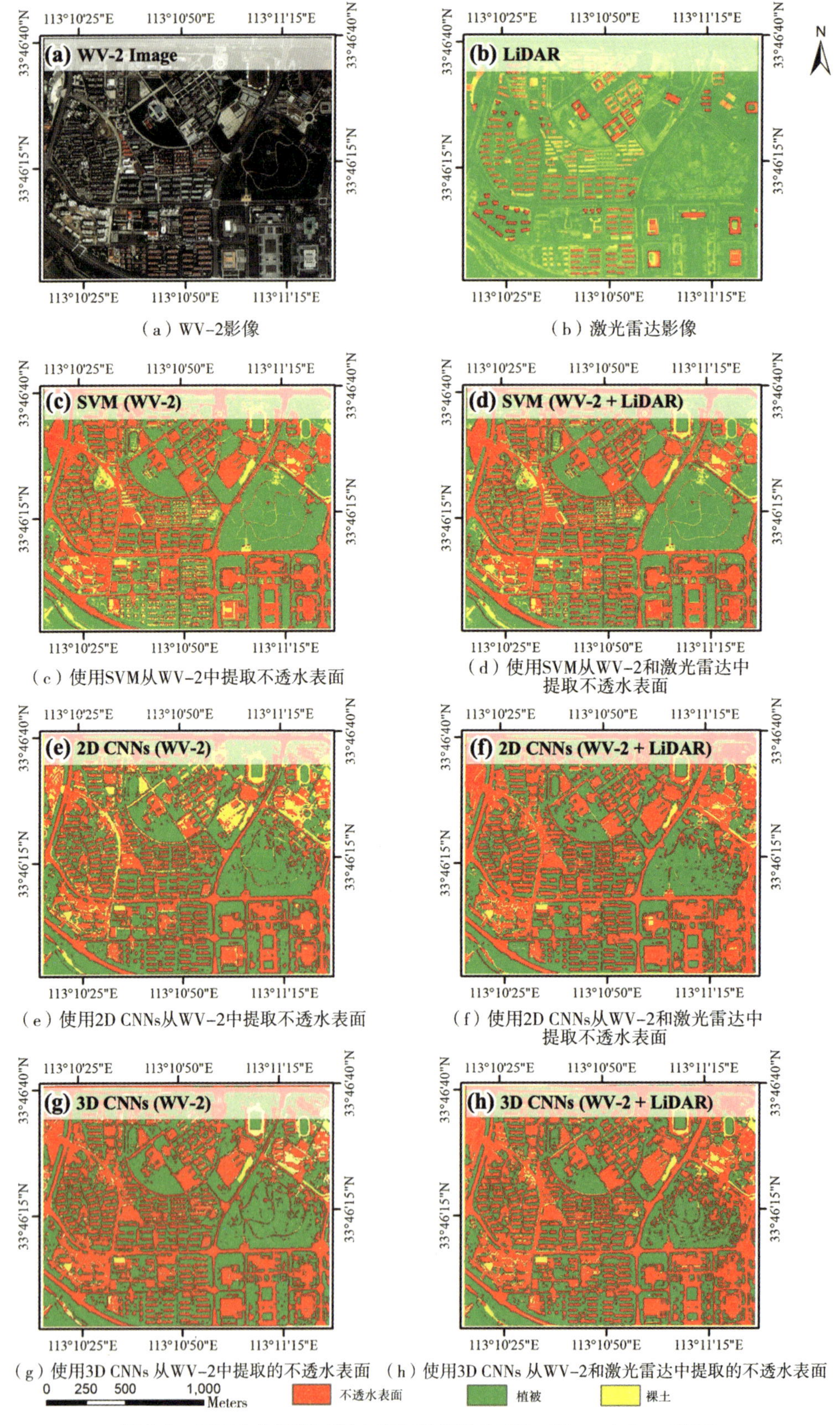

图8.8　不同方法提取不透水表面的结果的对比（Sun et al.，2019）

8.4 本章小结

卫星遥感技术能够提供快速、定期的大面积用地信息，已经被证明是绘制城市用地地图、提取城市信息的重要途径。这一章深入探讨了城市用地的遥感提取方法，包括夜间灯光数据（NTL）和高分辨率遥感图像在城市用地提取中的应用。首先，我们了解到，边缘检测、监督分类和基于阈值的分割等方法，以及多源遥感数据和 NTL 数据的集成方法，都是当前城市用地提取的主要技术。其中，归一化城市综合指数（NUACI）作为一种新的城市用地提取指数，通过结合 DMSP-OLS、植被指数和归一化水体指数（NDWI），显著降低了 NTL 数据在城市地区的溢出效应和饱和效应，提高了区分植被密度较低区域的城市和非城市用地类型的能力。然后，我们还了解到 NUACI 降低 NTL 溢出效应和饱和效应的有效性的验证方法，以及 NUACI 的后续研究方向。最后，我们探讨了利用 NPP-VIIRS NTL 合成数据进行城市用地和信息提取的相关研究内容，以及基于机器学习和深度学习提取城市用地的方法。这些方法不仅提供了更准确、更及时地提取大范围的城市区域的可能性，而且对于研究土地覆盖变化、水文动态、碳循环和气候变化具有至关重要的作用。总体上说，本章回顾了现有的基于遥感技术的城市用地提取方法，使我们能够更准确、更及时地提取大范围的城市用地信息和城市结构，对于研究土地覆盖变化、水文动态、碳循环和气候变化具有至关重要的作用。

第 9 章　基于深度学习的高分辨率土地覆盖制图

9.1　高分辨率土地覆盖制图的意义

人类活动及环境变化对地球表面土地覆盖的分布产生了深远的影响（Thenkabail et al.，2005；Tang et al.，2021）。为了及时获取土地覆盖信息并满足政策制定者和空间规划者的需求，开发高效的土地覆盖分类算法、实现精准的土地覆盖制图具有重要的现实需求与意义。土地覆盖分类算法与产品可以应用于社会经济与科学研究的各个领域，如土地资源管理与规划、公共卫生研究、气候变化分析、碳循环监测与模拟等方面（Fu and Weng，2016；He et al.，2017；冯亦立，2022；严涛 等，2022）。遥感技术的兴起使土地覆盖大范围自动制图成为可能，土地覆盖制图是遥感科学的基本问题与关键任务，学者们通过不同观测平台提供的地表在空间和时间上的遥感观测，基于多种算法完成了从遥感图像到土地覆盖像素级标签的映射（Saadat et al.，2011；Yu et al.，2016；方梦阳 等，2022）。

随着机器学习与遥感科学的交叉融合发展，不断迭代的遥感分类算法与越来越多的土地覆盖产品已经得到了广泛的认可与应用（张永军 等，2022）。基于机器学习的统计分析方法成为遥感土地覆盖分类的主流方法，从随机森林、支持向量机等经典机器学习方法到场景分类、语义分割等基于深度学习的方法，均在不同的数据源与遥感分类任务中取得了优异的效果（Ma et al.，2019；Zhang et al.，2020）。学者们使用机器学习方法对多光谱影像与雷达影像进行大范围分类，并制作了多种覆盖全球的多分辨率土地覆盖制图产品（Gong et al.，2013；Chen et al.，2015）。近年来，土地覆盖产品的分辨率越来越高，包括从 30 m 分辨率的 GlobeLand30、FromGLC、GLC_FCS30，到 10 m 分辨率的 ESRI2020Q、ESA Worldcover 等土地覆盖产品。空间更加精细的土地覆盖产品为地理时空分析提供了更多的可能性。

近年来，高分辨率遥感影像（空间分辨率为 2 m 或优于 2 m 的影像）不断涌现，使高分辨率制图与精细化应用成为可能。“高分”时代，高分辨率的土地覆盖信息成为精细化土地信息监测、城市智慧管理与国土空间规划的重要数据源。但高分辨率影像的复杂的空间纹理细节、较少的光谱通道信息与巨量的存储计算代价制约了经典遥感分类算法在高分辨率遥感影像分类中的应用（Du et al.，2021；Zhou et al.，2020）。

深度学习的兴起为高分辨率影像识别提供了可行的方向。由于高分辨率的成像机制与数据信息和计算机视觉领域中使用的 RGB 通道的自然图像非常接近，因此，基于深度学习的算法可以在高分数据复杂空间信息中学习到类似人类感知的视觉信息，从而对高分辨率影像的复杂场景信息进行精准解译。但深度学习算法有限的迁移能力与高分辨率影像巨大的成像差异带来的数据鸿沟，使基于高分影像与深度学习的解译模型难以应用于广泛区域。相较于高分辨率影像在时空上的巨大差异，近年来备受关注的哨兵系列卫星提供了相对稳定的多光谱与雷达对地观测数据，但 10 m 以上分辨率的哨兵系列卫星难以刻画空间细节与精准边界。因此，如何有效地整合多模态数据，协同多光谱、合成孔径雷达（synthetic aperture radar，SAR）与高分辨率影像进行大范围高分辨率土地覆盖分类制图是一项关键的科学问题与社会需求。

面向大范围高分辨率土地覆盖制图的现实需要，针对高分辨率深度学习模型难以大范围迁移应用的难题，可以联合多光谱、合成孔径雷达（SAR）与高分辨率影像的优势，通过分层分级的分类与融合框架，整合深度学习与机器学习算法，实现全国范围的、高分辨率（2 m）土地利用与覆盖分类的算法开发与制图。该制图算法可以快速推广至更大范围的土地覆盖制图工作，该制图产品可以刻画出更精细的土地覆盖细节，为国土空间开发的精准化、自然资源监管的精细化与智慧城市管理的信息化提供基础数据，为高分辨率的社会经济与地球科学分析提供重要数据基础。

首先，基于高分辨率影像与人工目视解译进行数据集标注，制作一套高分辨率土地覆盖样本集，并划分训练验证集与测试集。面状样本直接用于训练高分辨率语义分割模型。在样本集中重新采点，制作点样本集用于在 GEE 平台上针对多光谱与 SAR 影像训练随机森林模型。

其次，通过由粗到细的语义分割算法对高分影像进行训练与预测，对分割效果较好的类别进行分层抽取，按类别采用多模型投票提高不透水面、农田与水体的分类置信度，给出精准边界。

同时，在 GEE 平台上通过随机森林训练深度学习效果较差的类别的二分类模型，通过特征筛选机制优化特征组合，并与已有产品进行联合投票，产生 10 m 分辨率的优化土地覆盖制图产品。为将结果转换为高分辨率，使用基于亚像元制图的方法将 10 m 的分类结果超分辨率为 2 m 的分类结果。

然后，在分层分级思想的指导下将多层分类结果进行融合，按照高分结果（人类建设区）—超分结果（自然景观区）的优先级顺序进行制图结果融合。

最后，进行算法的精度评价与分析，对广东省全域的土地覆盖制图进行示范应用，并与多分辨率土地覆盖产品进行对比与分析。高分辨率土地利用与覆盖制图的流程如图 9.1 所示。

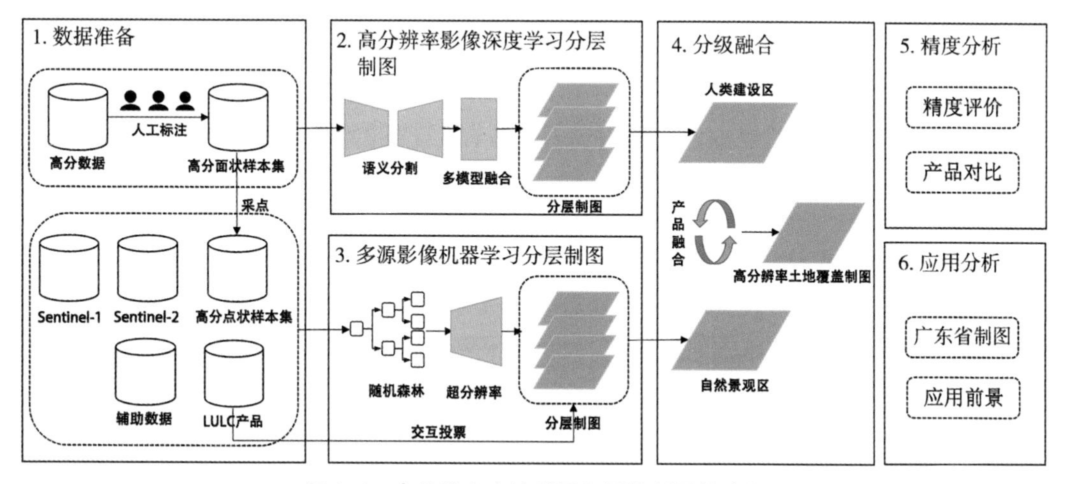

图 9.1　高分辨率土地利用与覆盖制图的流程

9.2　基于深度语义分割的土地覆盖制图模型

9.2.1　土地覆盖制图数据

1. 高分辨率遥感影像

本节案例使用的高分辨率数据是在BIGEMAP软件上下载的2020年17级谷歌高分辨率光学影像，空间分辨率为2.15 m，若在非城市区域没有达到17级或空间分辨率优于2.15 m的影像，则获取可以获得的最高分辨率影像。该高分辨率遥感影像为RGB三通道，提供了较为清晰的目视效果，可以满足数据集制作与制图的基本要求，但在不同区域高分辨率影像由于成像条件与拼接的差异表现出较强的异质性，使得高分辨率土地覆盖制图有很大困难。

2. Sentinel-2 多光谱影像

通过Sentinel-2携带的多光谱仪器（multi-spectral image，MSI）对13个光谱波段进行采样，包括4个10 m空间分辨率波段、6个20 m空间分辨率波段和3个60 m空间分辨率波段。在GEE平台上获取其地表反射率（surface reflectance，SR）影像。由于广东省多云雨的观测条件导致光学数据不完整，本研究收集了2020年4—7月的Sentine-2 SR影像，基于CFMask剔除有云区域后按时序均值合成为一张影像，反映了地表信息的光谱特征。

3. Sentinel-1 合成孔径雷达影像

Sentinel-1是一项合成孔径成像雷达卫星任务，可在C波段提供不受云雾干扰的连续的全天候图像。为填补光学信息不完整的时序特征，本研究在GEE平台上收集了2020年可获得的所有IW（interferometric wide swatch）模式下的GRD数据，空间分辨率为10 m，用以构建时间序列特征并进行分类。

4. 土地覆盖产品

本案例使用了2个全球土地覆盖产品进行辅助标注、交互处理与对比分析，分别是欧洲航天局（European Space Agency，ESA）的2020年10 m分辨率WorldCover土地覆盖分类全球制图与GlobeLand30的2020年30 m分辨率全球土地覆盖产品。欧洲航天局（ESA）的2020年10 m分辨率WorldCover产品是基于Sentinel-1和Sentinel-2数据以10 m的分辨率提供的2020年的全球土地覆盖图。WorldCover产品有11个土地覆盖等级，是在ESA WorldCover项目的框架内生成的。本研究将ESA WorldCover产品重分类成新的分类体系（表9.1），其中，将草本湿地与红树林统一分类为湿地。GlobeLand30是一套30 m空间分辨率的全球地表土地覆盖数据集，共包含10个类别，覆盖时间包括2000年、2010年和2020年。本研究收集了GlobeLand30的2020年土地覆盖数据并根据需要的类别表代码进行了重分类，具体的对应关系见表9.1。根据对应关系，将ESA WorldCover与GlobeLand30的类别代码转换为本研究设置的类别代码。

表9.1　类别对应关系

本研究制图		ESA WorldCover		GlobeLand30	
分类体系	类别代码	分类体系	类别代码	分类体系	类别代码
耕地	1	耕地	10	耕地	40
林地	2	林地	20	林地	10

续表 9.1

本研究制图		ESA WorldCover		GlobeLand30	
分类体系	类别代码	分类体系	类别代码	分类体系	类别代码
草地	3	草地	30	草地	30
灌木	4	灌木地	40	灌木	20
湿地	5	湿地	50	湿地/红树林	90/95
水体	6	水体	60	永久水体	80
苔原	7	苔原	70	苔藓地衣	100
不透水面	8	人造地表	80	建成区	50
裸地	9	裸地	90	裸地/稀疏植被	60
雪地	10	冰川和永久积雪	100	雪地	70

5. 高分辨率土地覆盖样本集

为有效提取 2 m 高分辨率土地覆盖制图并适应广泛区域，本案例基于收集的高分辨率影像与先验土地覆盖产品信息进行了地类标注。标注与验证工作流程如图 9.2 所示。首先，基于收集到的高分影像在标注软件上进行矢量标注；第一轮检查时，经过不断的复核与返工完善矢量边界信息与基本类别信息；第二轮检查时，由多个标注人员检验和返工并不断修正；最终检查时，基于已有产品的土地覆盖类型信息进行对比判别，这里使用的产品信息指利用已有的多种土地覆盖产品进行联合投票，筛选出置信度高的区域，投票失败的地区指定为空白类别，标注人员依据先验信息与高分影像进行最终检验，并进一步修正类别信息，剔除不确定矢量，完善边界，最终构建出一套 2 m 分辨率土地覆盖数据集。该数据集的类别对应广东省地表真实存在的类别，本案例标注的数据集的具体类别包括耕地、林地、草地、灌木、湿地、水体、不透水面、裸地等。

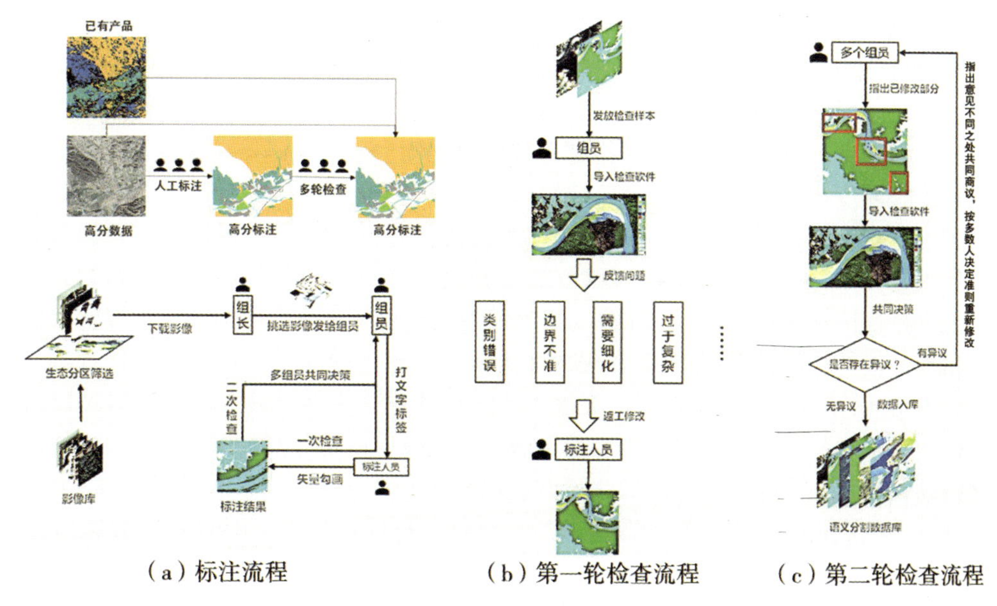

(a) 标注流程　(b) 第一轮检查流程　(c) 第二轮检查流程

图 9.2　样本制作流程

本案例将数据集划分为训练集、验证集与测试集。首先，按照8：2划分训练验证集与测试集；然后，将训练验证集切分为512×512的切块，再按照8：2划分训练集与验证集。这样验证集与训练集存在一定的空间自相关，可以评价由训练数据铺设的空间内模型的训练效果。测试集与训练验证集在空间上是不相关的，可以评价算法在广域空间内训练集未铺设的区域的精度。这样的数据集划分方式可以对模型本身与制图应用效果均作出客观评价。同时，基于上述制作的面状数据集，在训练验证集上，可以分层采点制作点状样本集，用于像素级随机森林模型的训练。

9.2.2　深度语义分割模型

语义分割是计算机视觉中的关键领域与经典任务，取得了良好的像素级映射分类效果。在遥感领域中，语义分割被广泛应用于高分辨率影像、高光谱影像、多光谱影像、SAR与LiDAR等各类遥感数据的地物提取与分类任务中。传统的语义分割网络大多基于端到端的单阶段输出，依靠精巧的网络嵌入模块提升网络的感受野并稳定细粒度感知力，但这类方法由于卷积层的不断加深、特征的粗分辨率化，势必会损失一些精细的空间细节信息。近年来，基于由粗到细（Coarse-to-Fine）的遥感解译框架愈发受到重视，通过粗结果解译出类别信息，再通过细致校正的二级网络精细边界信息，从而获得精度更高、边界更加细致的语义分割结果。其中，PointRend是经典的Coarse-to-Fine分割网络，本案例引入了PointRend网络进行高分辨率影像的地物分割的学习与预测。

PointRend的中心思想是将图像语义分割问题视为一个渲染的问题，引入计算机图形学中的渲染思想来高效地重建出高质量分割结果。PointRend使用一种细分策略来自适应地选择一组分布在类别边界上的非均匀的点来计算标签类别，PointRend模块可以通过神经网络中定义的一个或多个经典的卷积神经网络特征映射出粗分网格信息，通过精细网格学习并输出高分辨率预测。PointRend只对经有策略地选定的点进行训练与预测，而不是对粗分输出的所有点进行过度的重新预测更新。

PointRend的粗输出使用Deeplab语义分割网络实现基本分割任务，通过残差神经网络Resnet101获取输入图像，并使用轻型的Deeplab分割头为每个检测到的对象生成粗略的类别预测。Deeplab是经典的语义分割网络，通过多尺度金字塔模块提取高分数据中目标的多尺度信息，利用空洞卷积扩大感受野搭建远程距离感知，采用编码器－解码器的结构实现像素级的输出映射。

为了优化粗分的结果，PointRend选择一组点落在对象之间的尖锐边界，并使用简单的多层感知机（multilayer perceptron，MLP）独立预测每个点。MLP使用主干残差神经网络的浅层细粒度特征图和深层特征经过Deeplab解码头粗预测输出图生成的对象边界点计算插值特征。粗糙分类图功能使MLP能够在包含2个或多个框的单个点上进行不同的预测。预测时，PointRend仅在值很可能与相邻值显著不同的位置进行重新计算与预测；对于所有其他位置，即相对不容易发生错误的类别内部区域，通过插值由粗分割网络已经计算的输出值获得最终精细化输出值。对于每个区域，该方法以从粗到精的方式迭代渲染输出类别。首先，对规则网格上的点进行最粗级别预测。然后，在每次迭代过程中，PointRend使用双线性插值方法对其先前预测的分割进行上采样，并在这个更密集的网格上选择N个最不确定集中在边界上的点，计算这N个点中每个点的逐点特征表示，预测其标签。重复此过程，直到分段上采样到所需的分辨率，实现粗分结果的精细化。该网络的结构示意如图9.3所示。

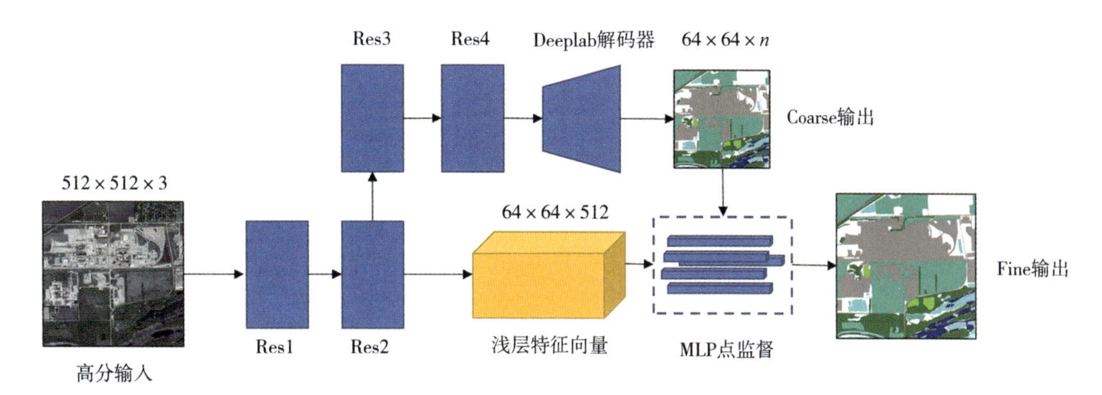

图 9.3 **PointRend 的结构示意**

本网络的搭建使用 pytorch 开源深度学习框架，数据输入端与数据集分割采用 GDAL-python 库。模型训练时优化器为 Adam，初始学习率为 0.01，beta 为 0.9 和 0.999，权重衰减为 0.0001。损失函数是交叉熵损失的组合。学习速率衰减策略为 StepLR，步长为 10，gamma 为 0.8，最后一个 epoch 是 150。数据扩增方式包括 90°的随机旋转、180°的随机水平和垂直翻转、椒盐噪声和高斯噪声。验证和测试数据集没有数据扩增操作。实验环境为 Centos 7.5.1804。GPU 为 GeForce RTX 2080ti。CPU 为 IntelXeonCPU E5－2680。

语义分割制图的具体操作包括以下 3 个环节：①数据预处理与数据集划分；②模型在训练集上进行训练与调节参数；③模型在测试集上验证、调整并重复环节②到③，直到达到较高精度水平。

通过语义分割算法对高分辨率遥感影像进行像素级分类确实可以获得较好的分类效果，其中，对于边界清晰，内部相对均质，有利于卷积学习其典型的空间纹理特征的不透水面、农田与水体的分割效果较好，在广泛区域应用同样达到了较好的提取效果。但是森林、裸地等自然植被区，由于边界不清晰、纹理较为混乱等问题，尤其是不同区块的高分影像成像条件与成像效果差异巨大，拼接起来形成了巨大的视觉差异与明显边界，造成类别与边界的错分。此外，基于语义分割的分类方法本身需要将图像切割成 512×512 的切块，由于卷积神经网络的边界填充，使得切块边界经常存在错分或明显的边界效应。总而言之，基于高分辨率遥感影像与语义分割的提取过程中存在 2 个问题：①高分辨率影像本身的质量差异；②影像切块后的边界效应。

为了解决上述提到的 2 个问题，本研究拟定了以下解决方案。

（1）基于分层分级的思想，仅采用高分辨率影像与语义分割提取出精准的不透水面、农田与水体的精准边界，其他区域采用 10 m 分辨率遥感影像解译的结果进行超分辨率后填充。这种方案的合理性在于 2 m 高分辨率的细节分割对于人类活动区域（城市与农田）最为关键，细致的分割结果对于政府的规划管理有着重要意义，因此将这些地区进行优先提取并确定其精准的空间范围。

（2）使用多模型融合的投票出图机制，缓解语义分割的小切片边界效应并进一步提高分割精度。本研究拟采用深度学习的多阶段模型进行单类提取后再通过投票产生分割结果，这是因为由粗到细的分割网络在不同阶段的关注特征与提取效果存在差异。当迭代次数较少时，模型更关注类别特征，迭代次数较多时则更关注边界细节特征且更容易在广域空间过拟合，因此本研究选取了训练精度较高的 3 个阶段的模型进行联合投票生成结果，分别预测出水体、不透水面与农田后进行投票。3 个模型的预测结果均认为是该类别则保留信息，最终生成如图 9.4 所示的分层制图结果。

分层制图的具体步骤包括以下环节：①选择训练过程中不同训练阶段的精度较高的 3 个模型；②利用 3 个模型依次完成预测全地类内容；③提取出其中的不透水面类别，将其类别代码指定为 1，背景信息为 0，将 3 次预测的结果想加，选择投票概率等于 3 的最高置信度像素为不透水面类别；④利用步骤③中的方案分别提取出制图结果中水体与农田区域；⑤将 3 个类别按照水体—不透水面—农田的优先级顺序进行融合，并将类别代码恢复，空值像素置为 0。

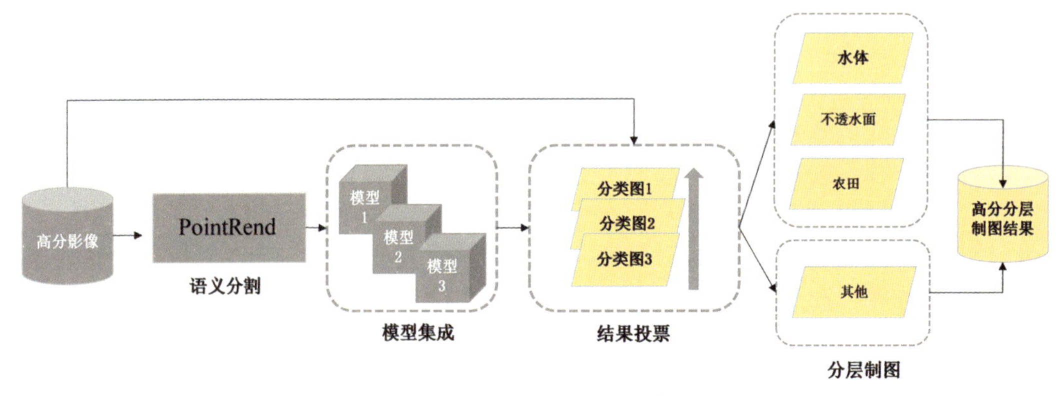

图 9.4　分层制图流程示意

9.3　全国 2 m 分辨率土地覆盖制图实验结果

9.3.1　与公开的土地覆盖制图数据集的对比

基于深度语义分割的土地覆盖制图模型，本节案例生成了 2020 年中国 2 m 分辨率土地利用与覆盖制图产品，并利用总体精度（overall accuracy，OA）、平均交并比（mean intersection over union，mIoU）、平均生产者精度（mean producer's accuracy，mPA）、平均用户精度（mean user's accuracy，mUA）、平均 F1 精度（mean F1 score，mF1-score）等精度评价指标，对主要的 28 个省会城市、直辖市和特别行政区进行精度评价，见表 9.2。从表中可以明显看出，中国东北地区的城市（如沈阳、哈尔滨、长春、北京、合肥）的准确性通常高于中国中原和南部地区的城市（如武汉、长沙、重庆、海口），因为北方城市的土地覆盖更为均匀，有聚集在一簇的农田或森林；南方城市的土地覆盖较为分散，具有较大的空间异质性。其中，沈阳的一致性最高，达到了 95.06% 的整体准确率，这是因为其地势平坦，城市不透水面和农田之间的边界清晰可见，并且农田分布均匀，几乎没有森林或水域的干扰；重庆的一致性最低，只达到了 74.68% 的整体准确率，这是因为其山地地形复杂，使得城市和农田、山地、森林高度混淆。总体而言，该产品与现有的主流产品具有良好的一致性，整体平均准确率达到了 84.11%，初步验证了其可靠性。值得注意的是，一致性图仅在均质区域有值，因此所呈现的准确性只能反映均质区域的大致表现，还应考虑对异质区域进行进一步的检查。

表9.2 28个省会城市、直辖市和特别行政区土地覆盖制图的定量精度评价（He et al.，2022）

城市	OA（%）	mIoU	mPA	mUA	mF1-score
北京	89.84	0.8765	0.9141	0.8900	0.8053
广州	88.10	0.7073	0.8311	0.7394	0.6252
武汉	78.83	0.7249	0.7466	0.7317	0.5843
哈尔滨	87.63	0.6296	0.8833	0.6885	0.5633
长春	85.23	0.4829	0.8390	0.5308	0.4051
沈阳	95.06	0.7695	0.8478	0.7889	0.6874
南昌	86.07	0.6973	0.7602	0.7211	0.6259
南京	77.28	0.7559	0.7623	0.7584	0.6199
济南	83.55	0.5661	0.7131	0.6022	0.4632
合肥	90.93	0.8402	0.8620	0.8501	0.7573
石家庄	81.52	0.6648	0.8412	0.7200	0.5757
郑州	77.96	0.5756	0.7944	0.6018	0.4765
长沙	81.12	0.6675	0.8217	0.6767	0.5361
西安	89.87	0.7343	0.8779	0.6472	0.7658
太原	81.52	0.7903	0.8519	0.8109	0.6838
成都	83.88	0.7138	0.8395	0.7328	0.6088
海口	77.01	0.7919	0.6383	0.5987	0.6238
贵阳	79.52	0.8440	0.7397	0.6024	0.7115
杭州	87.23	0.6054	0.6433	0.6388	0.5261
福州	81.93	0.5098	0.6626	0.5360	0.4153
台北	89.98	0.7307	0.7978	0.7514	0.6752
昆明	81.09	0.8089	0.8525	0.8163	0.7008
南宁	83.87	0.6678	0.6794	0.7269	0.5869
天津	81.53	0.6090	0.7522	0.6414	0.5387
上海	78.27	0.8023	0.8310	0.8091	0.6768
重庆	74.68	0.5005	0.3609	0.5043	0.3994
香港	88.71	0.6828	0.6655	0.7117	0.6012
澳门	92.94	0.7229	0.7401	0.7128	0.6770

9.3.2　与高分辨率 GID 标注数据集的对比

图 9.5 提供了由 GID（gaofen image dataset）标注数据集验证的目视和定量检查结果，共涵盖了 14 个与本研究的制图产品有重叠区域的城市。从目视检查中可以观察到，GlobeLand30 产品相对粗糙，城市区域通常聚集在一个没有内部细节的多边形中，难以反映城市内部动；Esri Land Cover 产品具有 10 m 的分辨率，但也比较粗糙，农田区域通常被错误分类为不透水面；FROMGLC10 产品能够较好地重建出空间异质性分布，但郊区的农田经常被错误分类为草地。而本模型得到的制图产品能够恢复出具有丰富结构和细节边缘的城市场景。

对于定量精度评价，本产品在大多数城市中都实现了最佳准确度。值得注意的是，GID 是在 2015—2016 年的高分二号影像上进行标注的，与本产品 2020 年的数据时间不完全匹配，导致杭州和成都的准确度下降，因为这 2 个城市经历了快速的城市化过程。平均而言，本产品的整体准确度为 84.11%，比先进的 Esri Land Cover 产品的精度高 8.515%。

9.3.3　北京、广州两个城市的土地覆盖制图

通过对北京制图结果进行目视检查发现（图 9.6），DETNet 重建的土地覆盖轮廓与其他产品在宏观尺度上是基本一致的。当放大到微观尺度时，DETNet 的结果展现了丰富的细节结构，如 T1 ～ T4 所示。例如，T2 位于北京郊区，有规律的农田和稀疏的小屋，在其他产品中这些地区呈现出不连续和模糊的状态，相比之下，DETNet 的结果揭示了更为结构化的农田地块和离散的小屋，同时在农田内部也能区分出道路和树木。T3 位于市区附近，北京铁道博物馆位于其左下方，是一个由建筑物、池塘和森林组成的圆形结构，DETNet 的结果很好地恢复出了其内部空间结构。

通过对广州制图结果进行目视检查发现（图 9.7），DETNet 在细节模式重建方面的优势可以在放大的 T1 ～ T4 区域中看到。例如，DETNet 很好地恢复了白云机场的结构和草坪，以及绵延的机场跑道和道路网络。而在 GlobeLand30 中，机场仅用一个矩形表示，内部的空间模式尽数缺失，周围的道路网络也不完整。此外，对于位于农村地区的 T3 区域，DETNet 也很好地恢复出了农田、稀疏建筑和道路网络的复杂结构，而其他产品中这些结构被过度平滑化或丢失。

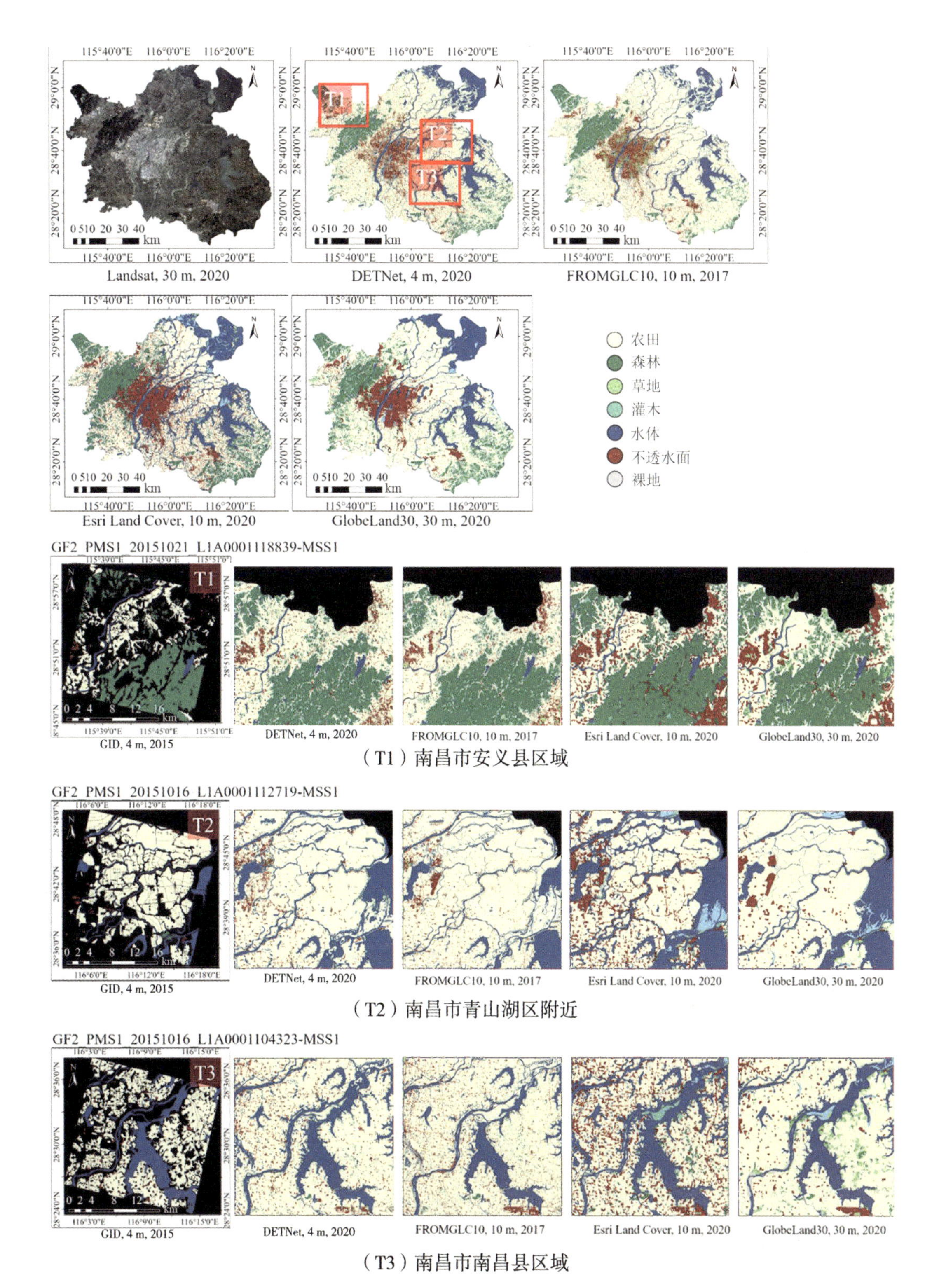

图 9.5 南昌市制图结果和 GID 标注数据的目视对比

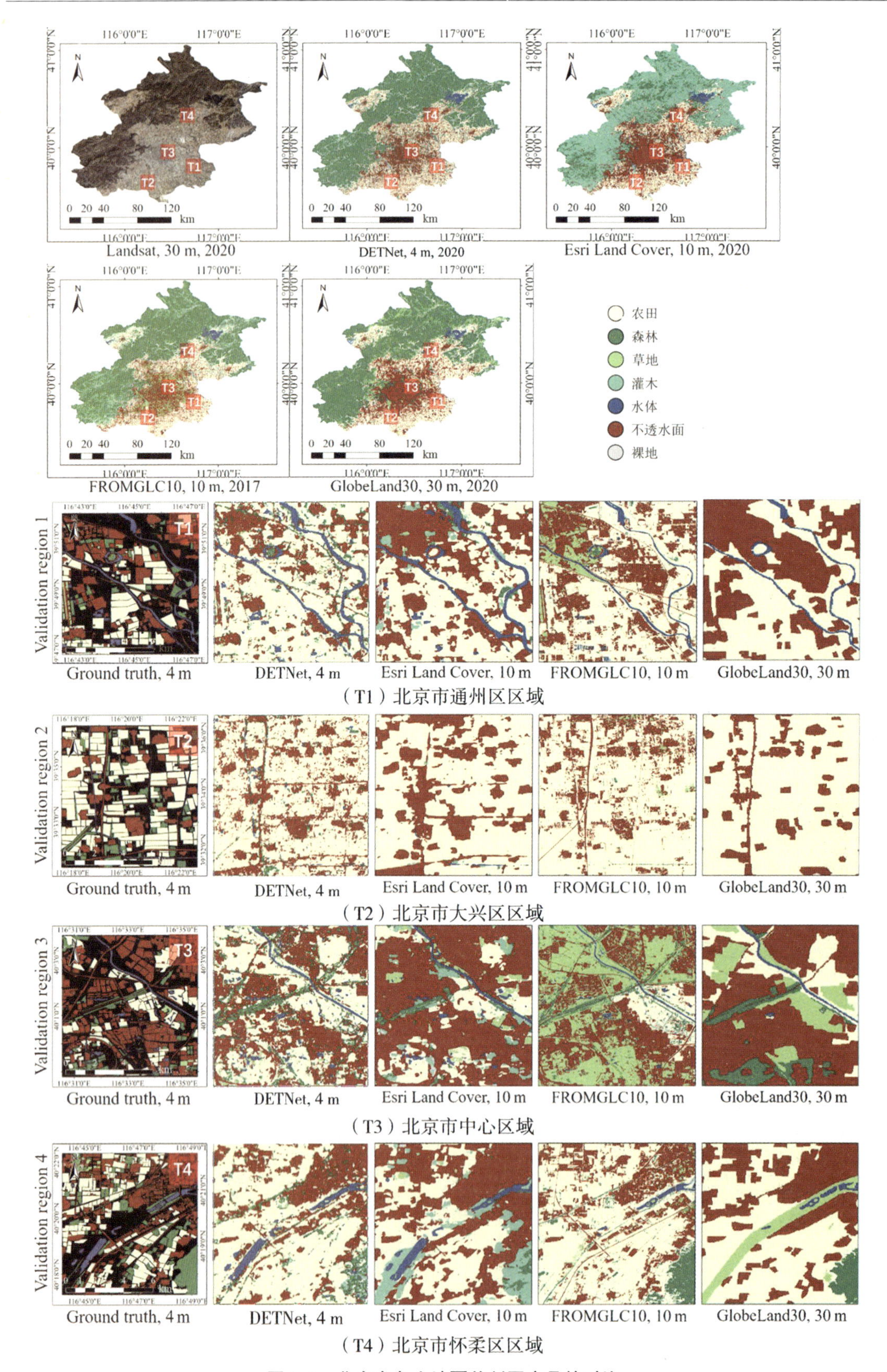

图 9.6　北京市各土地覆盖制图产品的对比

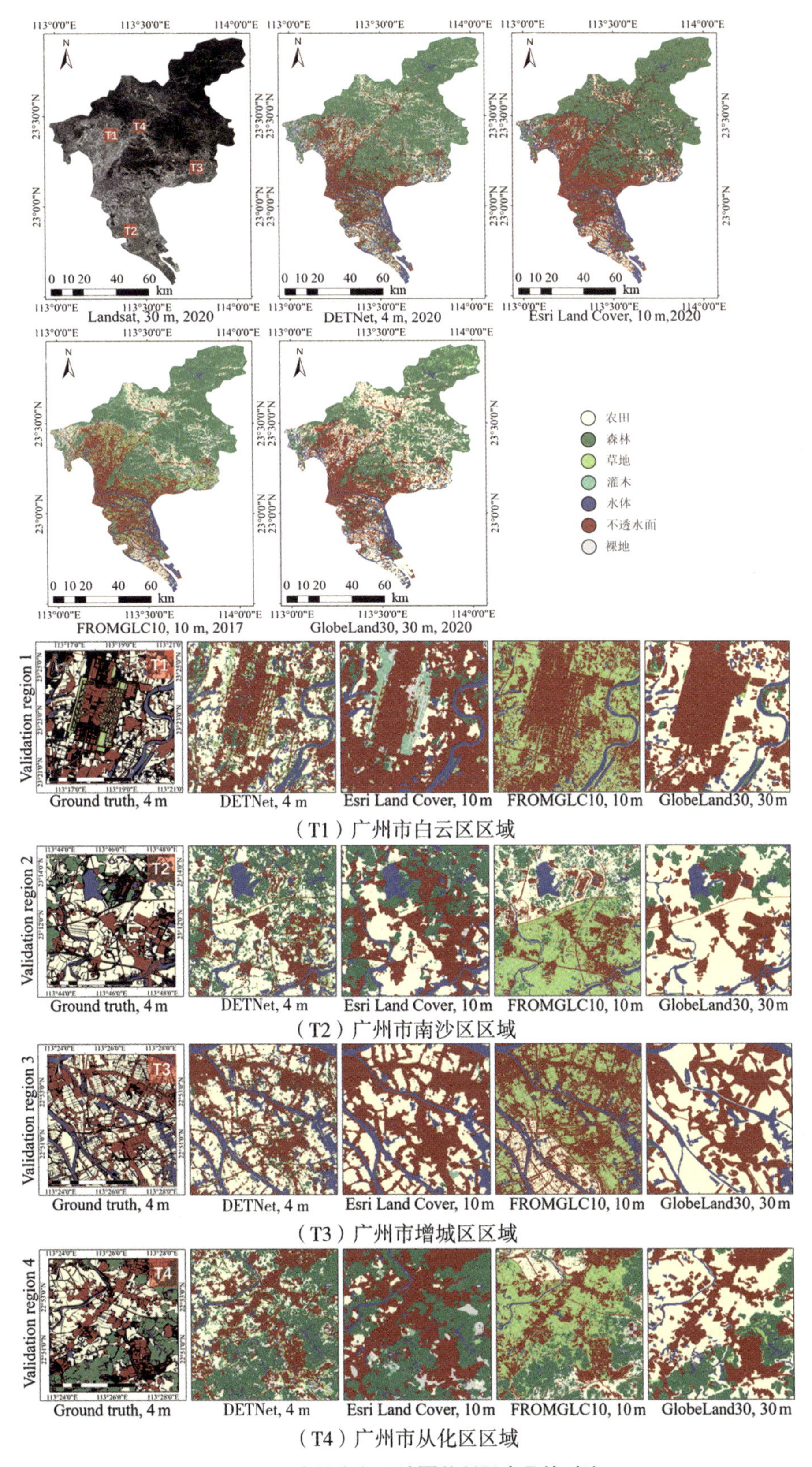

图 9.7　广州市各土地覆盖制图产品的对比

第 10 章　城市土地利用变化时序监测

全球环境、能源和生态问题的许多方面都与人口增长和城市扩张密切相关（Seto et al.，2002）。目前，城市人口占全球总人口的55%以上，预计到2050年，这一比例将增至68%。然而，我们对城市增长的理解主要基于人口统计数据，而不是城市范围的实际时空动态扩张。精细化的城市用地数据集可以更直接地反映土地城市化的时空动态特征，而且精细尺度的城市空间变化信息是城市用地动态扩张、温室气体排放、城市热岛效应、生态系统碳损失、极端天气事件和自然灾害暴露评估、城市可持续发展和路径规划等多个研究领域的重要基础参数（Zhou et al.，2004；Zhang et al.，2018）。因此，绘制精细化的城市用地数据并利用它来研究城市空间格局的动态变化，将有助于我们更好地理解城市化对环境的复杂影响，这对于推动城市未来的可持续发展具有重要意义。

近年来，许多研究已经采用各种方法绘制了过去几十年的全球城市范围。目前公开的城市数据集包括由欧盟委员会、联合研究中心和区域与城市政策总局共同开发的 GHSL（Global Human Settlement Layer），以及 GUF（Global Urban Footprint）和 GUL（Global Urban Land）等数据产品。这些产品提供了全球城市用地范围的分布情况，但主要存在以下问题：①高分辨率的城市数据集只提供了几个离散的年份；②连续的数据集的空间分辨率较粗糙，无法体现城市空间的细节；③不同的城市用地数据集的数据处理方法存在系统偏差，难以进行汇总分析。此外，还有一些基于夜间灯光数据的研究，如利用 DSMP-OLS 和动态阈值划分来绘制城市用地范围（Zhou et al.，2018），以及一些土地覆盖产品，如 MODIS 土地覆盖数据，但由于它们使用逐年分类的方法来制作数据集，难以直接应用于对时序变化的研究。近几十年来，全球城市区域的发展和扩张非常迅速，只有通过高分辨率、高频次的连续监测，我们才能全面了解其变化的过程和规律。因此，迫切需要一个可靠性高、时间连续且时空一致的全球城市扩张数据集来研究城市土地利用的空间格局动态变化。

10.1　多时相目视解译结果或遥感分类产品叠加分析

传统的土地利用动态变化监测通常涉及对不同时相（至少 2 个时相）的遥感影像进行比较，以从空间位置和数量上分析地物变化特征及未来发展趋势。主要的方法包括利用目视解译结果进行逐个像元对比分析，以及将遥感影像分类后再进行叠加分析。逐个像元对比法是一种通过比较同一区域不同时相影像系列的光谱特征差异来确定被监测对象发生变化的位置的方法。常用的逐个像元对比法包括以下 4 种。

（1）图像差值法。该方法首先对影像进行配准，然后对配准后的影像进行逐个像元的相减运算以监测变化。

（2）图像比值法。该方法首先对图像进行配准纠正，然后通过对不同时相的图像间进行除法运算以监测变化。

（3）回归分析法。该方法假设时相 t_1 的像元值是另一个时相 t_2 像元值的线性函数。通过最小二乘法进行回归，如果没有变化，则2个时相的图像将呈现出良好的线性关系，所有像元会落在回归范围内；如果有变化，则变化像元会远离回归线。也可以采用阈值来分离变化像元和不变化的像元（图10.1）。

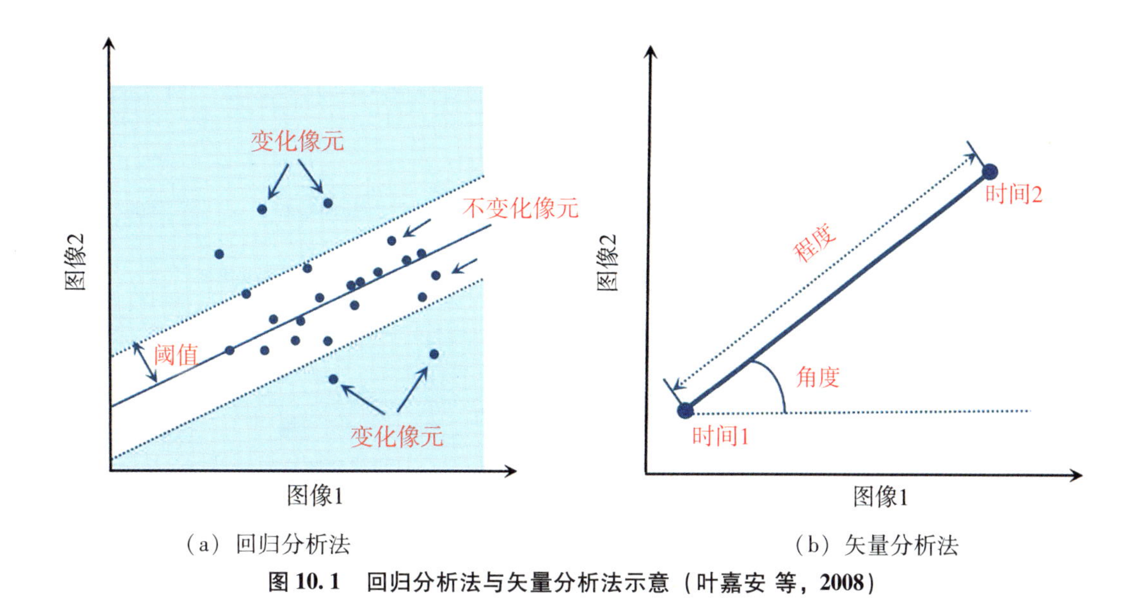

（a）回归分析法　　（b）矢量分析法

图10.1　回归分析法与矢量分析法示意（叶嘉安 等，2008）

（4）矢量分析法。该方法利用灰度值计算出2个时相的遥感图像上同一地点的像元欧氏距离，以描述2个时相数据同一地点的地物变化的大小和方向。如果计算所得距离值超过了设定的阈值，则认为发生了变化，变化的方向反映了变化的类型（图10.1）。距离计算如式(10.1)：

$$D = \sqrt{\sum_{i=1}^{n} [band_i(t_2) - band_i(t_1)]^2} \tag{10.1}$$

式中：n为波段数。

将遥感影像分类后再叠加分析是一种通过对经过几何配准的多个不同时相的遥感影像进行分类处理，然后对每个像元进行逐一对比，以生成变化图像，从而确定地物变化的类型和位置的方法。这种方法首先对多时相图像进行独立分类，可以采用监督分类和非监督分类，然后将分类结果叠加得到变化矩阵。如果每个分类分有n个类别，最多可以得到$n \times n$个变化类别。可以根据变化检测矩阵确定各像元的变化类型。

除了逐个像元对比法和分类对比法，土地利用变化监测方法还包括掩膜法和主成分分析法等。掩膜法是差值法与分类后对比法的结合，首先区分变化的像元和没有变化的像元，剔除没有变化的像元，然后确定变化最明显的地方作为训练区，利用最大相似性进行分类。主成分分析法可以用于多于2个时相的遥感数据的动态变化监测，它将经过几何矫正处理的遥感图像通过主成分分析转换为互不相关的主成分分量，然后对主分量进行对比。

总体上说，利用目视解译结果进行逐个像元对比和主成分分析等都是为了获取变化的大小和分布，而不能获取变化类型。而且，逐个像元对比法需要严格的辐射矫正和几何纠正。利用遥感分类产品叠加分析可以获得变化的类型，但因为受到分类精度和人为干扰等综合因素影响，其精度往往低于逐个像元对比法。因此，在选择土地利用变化监测方法时，需要根据具体的研究目标和数据条件，选择最适合的方法。

10.2　基于归一化城市综合指数的时序分割

为了解决城市用地制图和动态变化监测中存在的问题和需求，Liu 等（2020）基于 Landsat 遥感影像数据、归一化城市综合指数（NUACI）和谷歌地球引擎（GEE）平台，研制了一套 30 m 分辨率的 1985—2015 年全球城市用地动态变化 GAUD 数据集。研究的总体框架如图 10.2 所示，其具体方法包括以下 4 个步骤。

（1）起始与终止年份数据融合。通过融合多套不同来源的城市范围数据，分别提取了起始年份（1985 年）和终止年份（2015 年）的高精度城市范围。

（2）构建归一化城市综合指数（NUACI）。采用归一化城市综合指数（NUACI）探测每个像元的城市化（或返绿）程度。

（3）时序分割。通过时序分割的方式确定了城市化（或返绿）的年份。

（4）数据验证和精度评价。进行数据结果的验证和精度评价，包括对起始年份（1985 年）和终止年份（2015 年）城市范围的空间验证，以及 1985—2015 年城市化（或返绿）年份的时序验证。

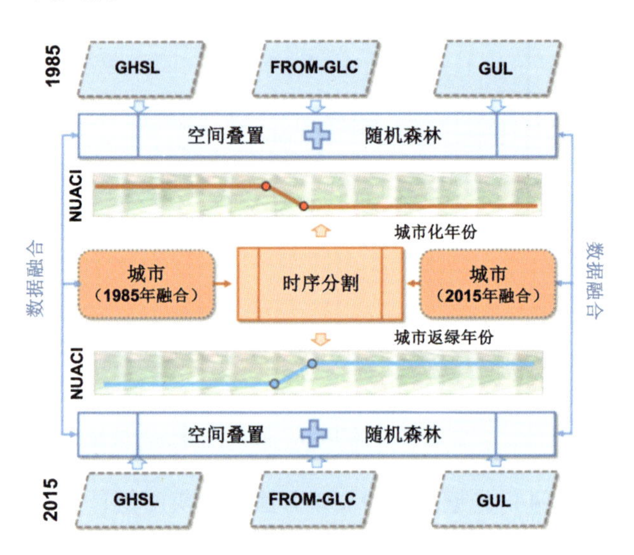

图 10.2　GAUD 数据集研制方法框架（Liu et al.，2020）

10.2.1　城市范围提取（1985—2015 年）

为了检测城市化（或返绿）年份，提取高精度的起始年份和终止年份城市范围是至关重要的。Liu 等（2020 年）通过融合多套空间分辨率相近（30m）的全球城市范围数据集，得到了起始年份（1985 年）和终止年份（2015 年）的城市范围数据。这些融合的数据集包括 GHSL、GUF、GUL 以及 GAIA（global artificial impervious area）。具体的数据融合流程如图 10.3 所示。针对 1985 年，他们对 GHSL、GAIA 和 GUL 进行了融合，而在 2015 年，他们对 GHSL、GAIA 和 GUF 进行了融合。数据集的基本信息见表 10.1，数据融合的具体步骤包括以下 3 个环节。

表 10.1　全球城市范围的数据集信息（Liu et al.，2020）

起始（1985 年）			终止（2015 年）		
数据集	分辨率	年份	数据集	分辨率	年份
GHSL	38 m	1990	GHSL	38 m	2014
GAIA	30 m	1990	GAIA	30 m	2015
GUL	30 m	1985	GUF	30 m	2013

（1）基于3套不同来源的城市范围数据集的叠加结果确定两类城市区域。将3套不同来源的城市范围数据集（表10.1）进行叠加，其结果确定了两类不同置信度的潜在城市区域（图10.3）。其中，3套数据集中均分类为城市的像元被认为是高置信度城市区域（红色像元），而3套数据集中类型不一致的像元被认为是潜在城市区域（橙色与绿色像元）。

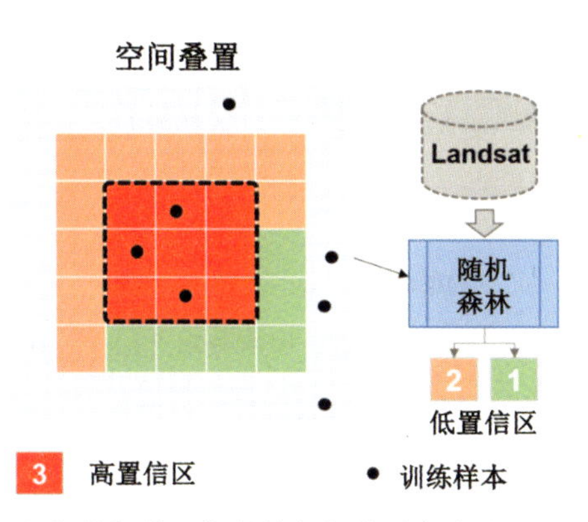

图10.3　提取起始与终止年份的数据集融合方法（Liu et al.，2020）

（2）利用监督分类对潜在城市区域重新进行分类。使用在高置信度城市区域中自动收集的城市样本、在非城市区域自动采集的非城市样本，以及1985年和2015年的Landsat影像，训练随机森林模型，并对潜在城市区域进行了分类。为了提高随机森林分类的性能，将全球划分为1°×1°的网格，在每个网格内训练独立的随机森林模型，使得训练得到的模型能够较好地捕捉不同城市环境的空间异质性。

（3）合并高置信度城市区域和分类后的城市区域。将高置信度城市区域和重新分类后的城市区域合并，最终得到了起始和终止年份的全球城市范围图。

10.2.2　基于归一化城市综合指数进行时序分割

为了探测每个像元的城市化（或返绿）程度，并确定城市化（或返绿）的年份，Liu等（2020）首先利用谷歌地球引擎（GEE）平台获取的1985—2015年期间完整的Landsat时序遥感影像数据，构建了改进的归一化城市综合指数（NUACI）。NUACI综合了归一化植被指数（NDVI）、归一化水体指数（NDWI）和归一化建筑指数（normalized difference built-up index，NDBI），用于描述城市范围的变化模式。

每个像元 i 的 $NUACI$ 计算式为：

$$NUACI_i = U_{\text{Mask}} \times \left[1 - \sqrt{(NDWI_i - a)^2 + (NDVI_i - b)^2 + (NDBI_i - c)^2}\right] \quad (10.2)$$

式中：U_{Mask} 为灯光掩膜，利用DMSP-OLS夜间灯光数据进行确定（即仅对灯光覆盖区域进行处理，0为非城市，1为城市）；a、b 和 c 分别为 $NDWI$、$NDVI$ 和 $NDBI$ 在各城市生态分区内部的均值。

在计算每一像元从1985年至2015年间 $NUACI$ 的基础上，采用基于回归拟合的方法，对 $NUACI$ 进行时序分割，确定城市化（或返绿）的年份。由于城市化（或返绿）后，像元的 $NUACI$ 值会出现突变，而基于回归的方法可以有效地检测 $NUACI$ 值发生的突变，即 $NUACI$ 值与回归线之间残差最大的时间点为用地类型转变的拐点（图10.4）。

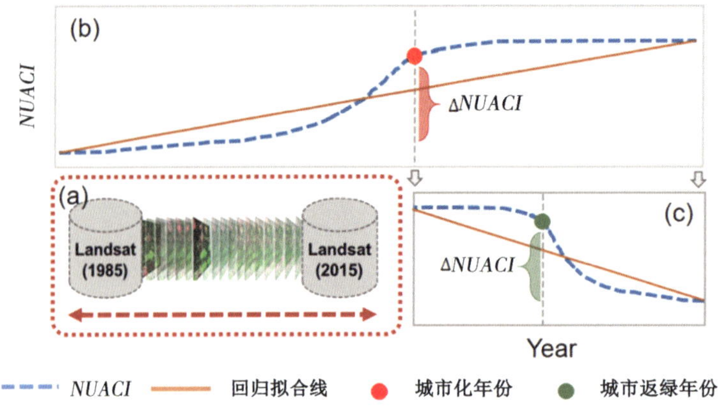

图 10.4　对 *NUACI* 数据进行时序分割（Liu et al.，2020）

10.2.3　验证样本制作及精度评价

为了对始年份（1985 年）和终止年份（2015 年）的城市范围进行空间验证，以及对 1985—2015 年的城市化（或返绿）年份进行时序验证，Liu 等（2020）制作了验证样本，主要包括以下几个步骤。

1. 起始与终止年份验证样本的制作及精度评价

（1）全球陆地区域的划分。在全球陆地区域内基于分层采样原则，随机选取 200 个 6 km×6 km 的验证区域。其中，城市区域和非城市区域各 100 个，人口密度大于 1000 人/km^2 的区域被视为城市验证区域，反之则为非城市验证区域。这些验证区域按比例分布在不同的城市生态区。

（2）对象分割和标注。在每个验证区域内采用基于对象分割的方法对 Landsat 影像进行分割，形成精细的均质对象，并利用 Google Earth 的高分辨率影像和其他数据集对分割的对象进行标注，以判断分割对象是否为建设用地。

（3）样本点的采集和精度评价。在每个 6 km×6 km 区域内随机采集了 500 个城市样本点和 500 个非城市样本点，总计得到了全球范围内 20 万个样本点。

根据各区域内的样本点，对起始和终止年份的融合结果进行精度评价，主要采用的精度评价指标为 Kappa 系数。从全球不同城市生态区的评价结果来看，GAUD 在起始与终止年份的全球城市范围数据在不同城市生态区具有较强的鲁棒性和较高的平均精确度（图 10.5）。其中，2015 年 GAUD 数据的平均 Kappa 系数为 0.57，这个精确度高于其他现有的全球城市范围数据。1985 年的 GAUD 数据和 GHSL 数据的精确度都相对较高。总体上说，GAUD 数据的精确度较高，这是因为 GAUD 数据具有与不同来源城市范围数据一致的城市区域，并采用了局部自适应随机森林分类模型对不一致的区域进行重新分类。

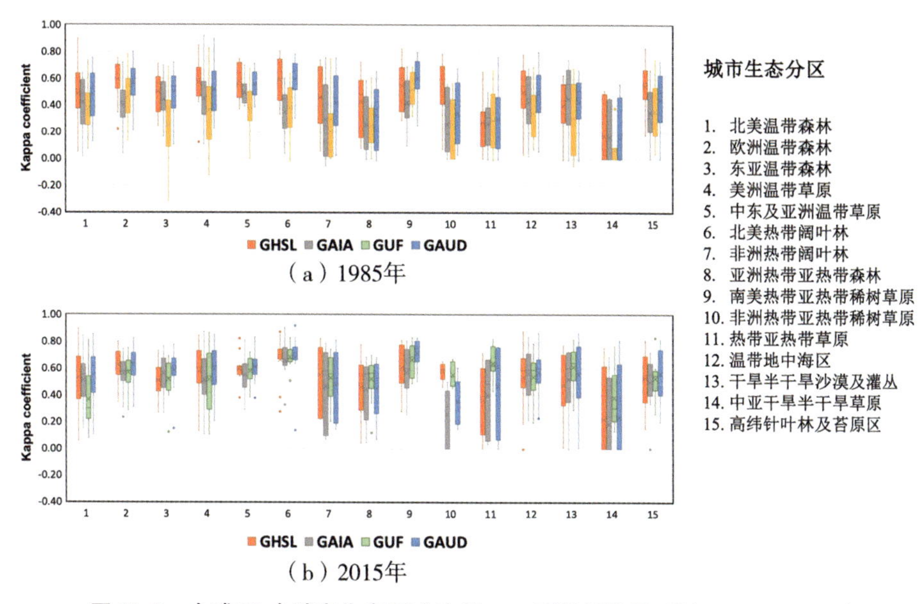

图 10.5 全球 15 个城市生态区域的 Kappa 系数箱线图（Liu et al.，2020）

2. 时序验证样本的制作及精度评价

（1）区域选择。根据 1985 年以来的城市发展速率、2015 年的城市规模以及城市生态分区随机选择了 140 个城市，包括 48 个低速发展城市、63 个中速发展城市和 29 个高速发展城市。

（2）样本点的设置。对于 1985—2000 年的数据，分别在低速增长、中速发展和高速发展的城市中各随机选取了 20 个、30 个和 40 个样本点，总计 4010 个样本点。类似地，对于 2000—2015 年的数据，分别在低速增长、中速发展和高速发展的城市中随机设置了 40 个、60 个和 80 个样本点，总计 8020 个样本点。

（3）样本点的城市化（或返绿）年份的确定。利用样本点区域的高分辨率 Google Earth 图像，通过目视判别的方式确定城市化（或返绿）年份，从而得到了时序验证样本。

利用时序样本数据，可以对时序分割的结果中的城市化（或返绿）年份进行验证，采用总体精度（OA）作为评价指标。考虑到部分年份的 Landsat 影像可能存在缺失，在验证时允许一年的容差。精度评价结果如图 10.6 所示，1985—2015 年全球城市的城市化年份精确度为 70%（1985—2000 年）和 76%（2000—2015 年）；对于覆盖全球超过 90% 的湿润地区城市，其总体精度为 76%（1985—2000 年）和 82%（2000—2015 年），表明通过归一化城市综合指数（NUACI）进行时序分割的方式可以很好地确定城市化的具体年份。

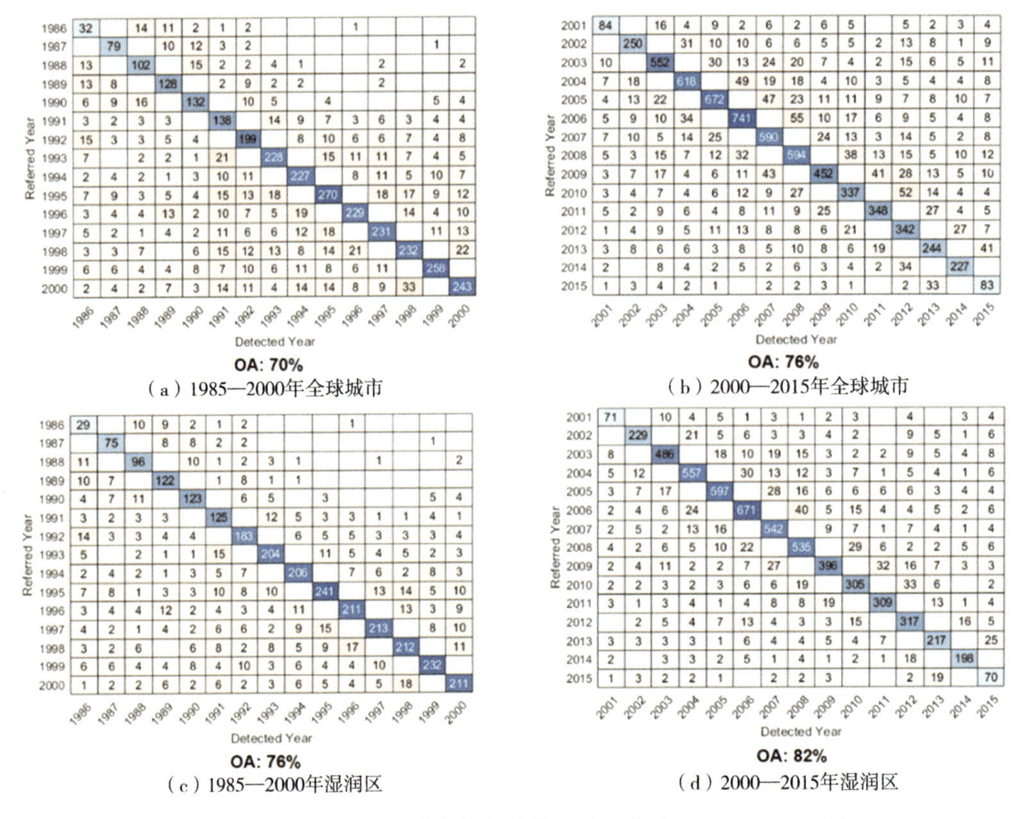

（a）1985—2000年全球城市　（b）2000—2015年全球城市

（c）1985—2000年湿润区　（d）2000—2015年湿润区

图 10.6　全球城市土地城市化年份的混淆矩阵（Liu et al.，2020）

10.2.4　结果与发现

1. 全球城市总体扩张速率

1985 年至 2015 年间，全球城市面积从 362747 km^2 增加到 653354 km^2，净增长超过了 80%，年平均增长率为 9687 km^2/年（图 10.7），这是以往研究估算结果的大约 4 倍。此外，城市用地扩张的速度远快于人口增长（约 52%），这意味着新增的城市用地已经远超出人口居住的需求。其中，大量的新增城市用地用于商业、工业等用途。值得注意的是，城市 - 人口的不均衡增长在发展中国家（如中国、印度等）更为显著。这些数据揭示了全球城市化进程中的一些重要趋势和挑战，强调了在城市规划和发展中需要考虑到人口和土地利用的平衡，以实现可持续的城市发展。

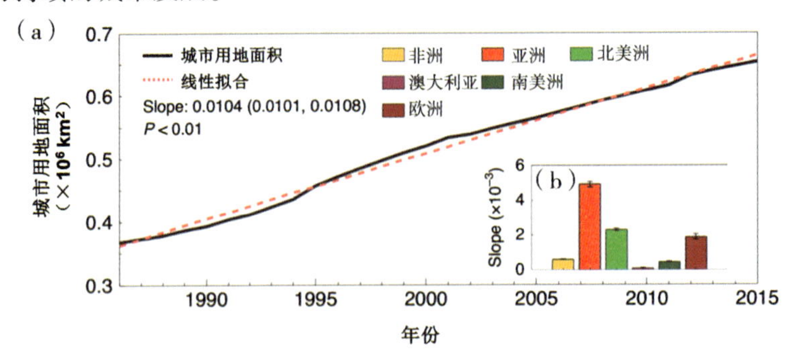

图 10.7　1985—2015 年全球城市扩张的动态趋势（Liu et al.，2020）

在全球不同地区，城市的扩张速度和发展模式存在显著的差异（图 10.8）。过去 30 年间，全球约 69% 的新增城市用地出现在亚洲（年均增长为 4970 km^2 ± 319 km^2）和北美洲（年均增长为 2358 km^2 ± 150 km^2），其增速远超过非洲、南美洲等地区（年均增长低于 1000 km^2）。此外，各大洲的城市化趋势也各不相同［图 10.8（b）］；亚洲、非洲和南美洲的城市呈现加速扩张，而欧洲、大洋洲、北美洲的城市则呈现减速扩张。发展中国家（如中国、印度、沙特阿拉伯、非洲部分国家）的城市呈现加速扩张，而发达国家（如美国、加拿大、日本、欧洲国家）的城市则呈现减速扩张。以美国芝加哥和中国上海为例［图 10.8（c）］，上海在 2005—2015 年的城市扩张速率（年均增长为 35.4 km^2）约为 1985—1995 年（年均增长为 70.1 km^2）的两倍；而芝加哥地区作为美国城市化程度最高的地区之一，其城市扩张速率从 1985—1995 年的年均增长 37.2 km^2 下降到 2005—2015 年的年均增长 6.6 km^2。

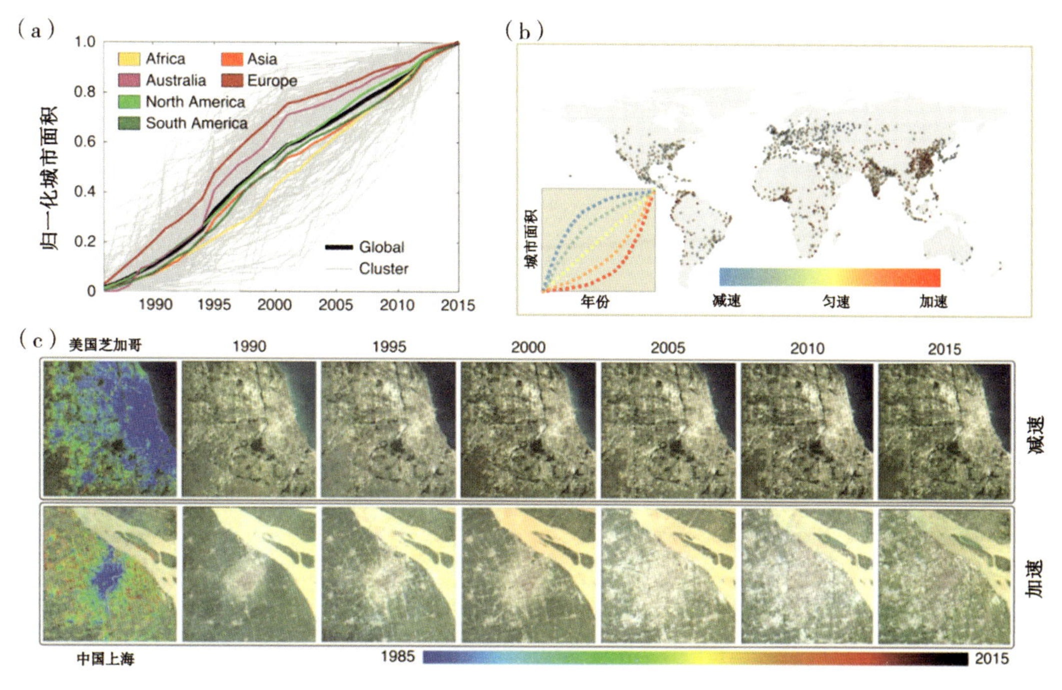

图 10.8　不同尺度下城市扩张的趋势（Liu et al.，2020）

2. 新增城市空间分布特征

对于新增城市用地最多的 3 个国家——美国、中国和印度，其城市扩张在空间上呈现出一定的规律（图 10.9）。在中国，城市扩张主要发生在已有的大城市周边，如京津冀地区、长三角地区以及珠江三角洲地区。这些地区的城市扩张占中国城市扩张总量的 60% 以上。在印度，新增的城市用地除了分布在大城市周边（如新德里、孟买、班加罗尔），还大量分散在农村居民点周围。相比之下，美国的大城市数量更多，新增的城市用地主要分布在芝加哥、亚特兰大、波士顿、纽约以及拉斯维加斯等大城市周围。

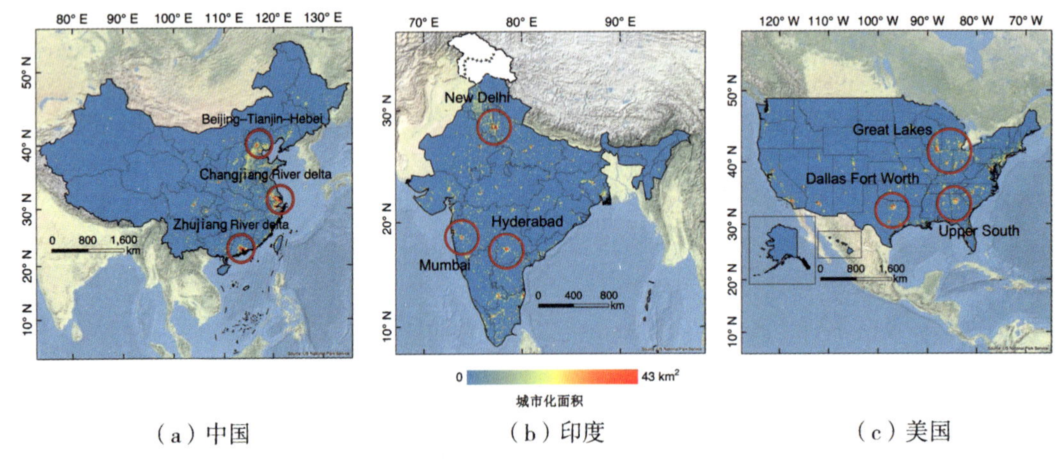

（a）中国　　（b）印度　　（c）美国

图 10.9　中国、美国和印度的城市扩张空间格局（Liu et al.，2020）

3. 新增城市土地来源

城市化进程往往伴随着对自然资源用地的侵占，如农用地、草地、林地等。Liu 等（2020）通过结合 GAUD 数据集和欧洲空间局 ESA-CCI 土地覆盖数据集，评估了城市化的土地来源（图 10.10）。他们发现，自 1992 年以来，全球新增城市用地中，约有 70% 来源于对农用地的侵占（每 10 年 61567 km^2），其次是草地（12%，每 10 年 10246 km^2）和林地（9%，每 10 年 7624 km^2）。

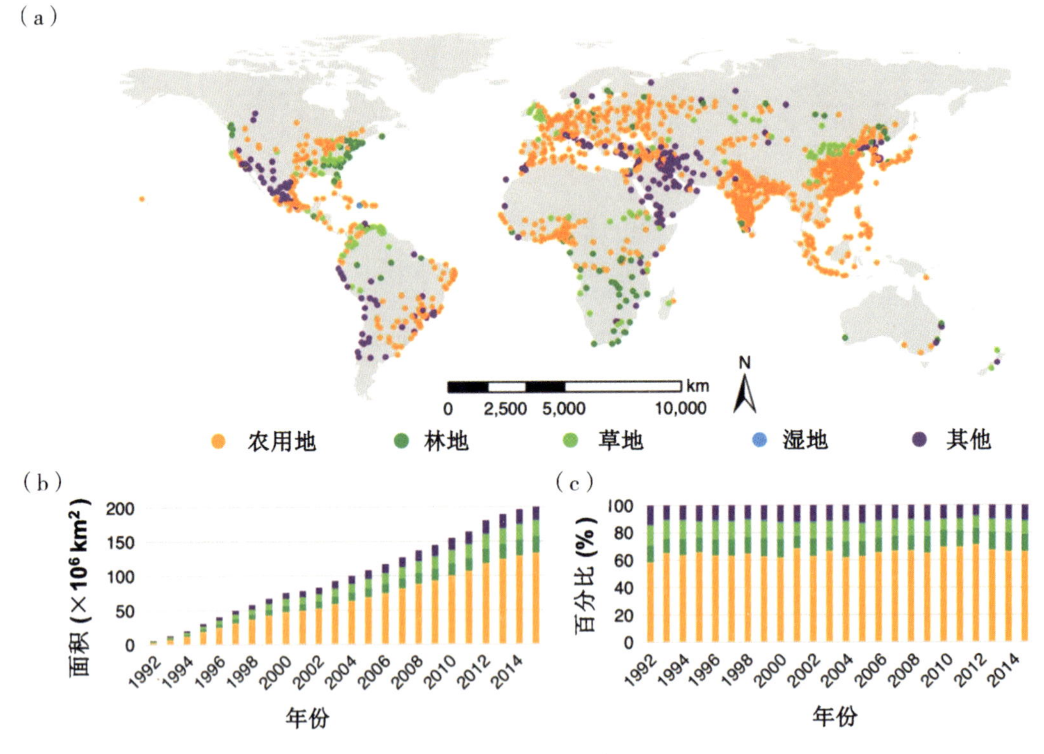

图 10.10　全球不同城市扩张的土地来源（Liu et al.，2020）

在不同地区，城市化的土地来源也有所不同。例如，中国、印度、日韩、东南亚、欧洲、美国中部地区的城市化以侵占农用地为主。而美国东部、北欧、非洲中部国家、亚马逊南部地区的城市化主要是侵占林地。蒙古草原、美国东部、非洲东部国家、西欧国家的城市化以侵占草地为主。

值得注意的是，中国和印度作为全球人口最多的国家，如果未来仍以侵占农田作为主要的城市化方式，可能会加剧潜在的粮食危机。这些发现对于我们理解城市化对土地利用的影响，以及制定相应的城市规划和土地管理政策具有重要意义。

10.3 基于夜间灯光数据的城市扩张识别

夜间灯光（NTL）数据在城市空间动态研究中的应用具有巨大的潜力。美国国防气象卫星计划/业务线扫描系统（DMSP/OLS）传感器获取的 NTL 数据因其广泛的空间范围和相对较长的时间覆盖，被广泛用于绘制城市用地范围和研究城市空间的动态变化。例如，Elvidge 等（2007）结合 NTL 数据和人口密度数据利用简单回归模型估算了全球不透水面面积（impervious surface area，ISA）。Liu 等（2012）采用基于阈值的方法绘制了 1992—2008 年中国城市动态变化图。Zhou 等（2014）采用基于集群的方法，对美国和中国估算了每个潜在城市集群内的最优阈值，并绘制了全球城市范围地图。Xie 和 Weng（2017）利用类似的基于集群的方法研究了过去 20 年美国和中国城市的动态变化。此外，还有许多研究在区域和地方尺度上利用 NTL 数据进行了城市范围制图和城市动态变化研究（Zhang and Seto，2011；Shao and Liu，2014；Xiao et al.，2014；Yu et al.，2014）。

然而，传统的基于阈值绘制城市范围地图的方法在选取最佳划分城市区域的 DN 值阈值时，矫正原始 NTL 数据 DN 值会引入新的不确定性，同时在确保全球数据矫正一致性时也存在挑战，因此具有局限性。针对此问题，Zhou 等（2018）利用 DMSP/OLS NTL 数据，采用一种基于分位数分析的方法绘制了 1992—2013 年具有时空一致性的全球城市地图（图 10.11）。该方法首先对 NTL 数据进行分割得到潜在城市集群，然后基于分位数分析方法移除了潜在城市集群中的农村和郊区，最后对研究时间内的城市范围序列数据进行后处理，使数据具备时间一致性。这种方法提供了一种新的视角来研究城市空间动态变化，有助于更深入地理解城市化进程的复杂性和动态性。

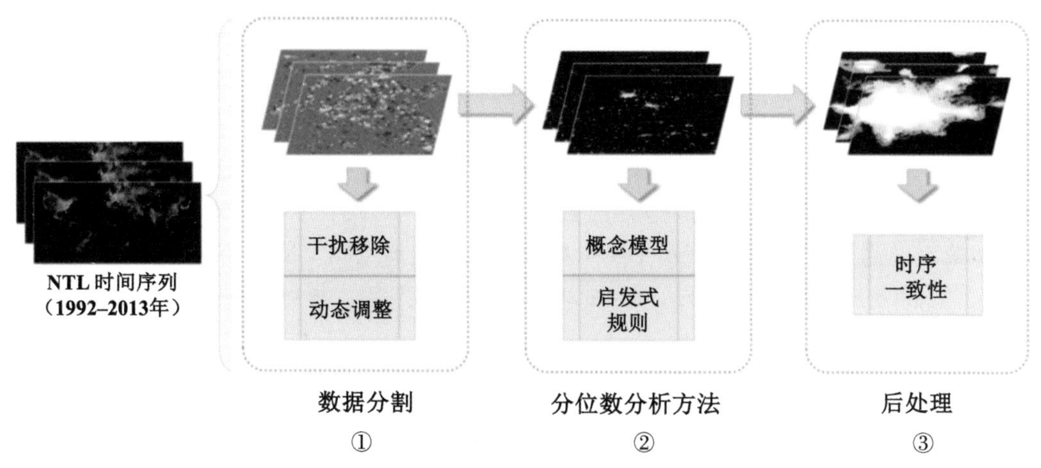

图 10.11 NTL 数据绘制城市范围的总体流程（Zhou et al.，2018）

10.3.1　潜在城市集群划定

在Zhou等（2018）的研究中，基于DMSP/OLS NTL数据灰度形态和分水岭分割算法，得到由相似DN值的连续空间像元构成的潜在城市集群。由于NTL数据的变化以及城市的不断扩张，利用分割算法得到的潜在城市集群可能会随时间变化。因此，将2013年分割NTL数据得到的城市集群作为研究期间的潜在城市集群，因为该年份较之前年份的城市范围要大。

10.3.2　基于分位数分析提取城市范围

基于分位数分析的方法，绘制每个潜在城市集群的城市范围。该方法的核心思想是利用DN值分位数线形态以及调节点的位置，确定城市－乡村的分割阈值。当调节点离参考线的直线距离最远时，对应的DN值即为城市－乡村的分割阈值。利用该阈值，可以划定潜在城市集群中城市区域与其周围其他类型（郊区和农村）的边界。城市主导的潜在集群DN值相对较高，分位数曲线始终位于基准线以上［图10.12（a）］，而农村主导的潜在集群，分位数曲线始终在基准线以下［图10.12（b）］。

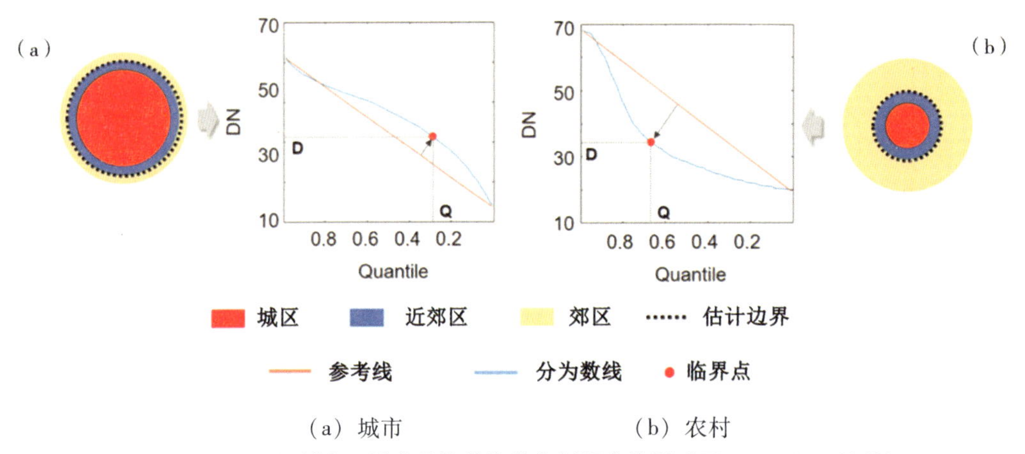

（a）城市　　　　（b）农村

图10.12　不同城市区域主导的分位数分析概念模型（Zhou et al.，2018）

以中国郑州为例分析城市集群分位数模式的变化情况。在过去的20年中，该城市经历了显著的城市扩张，其分位数模式在城市化过程中发生了明显的变化。分位数线从早期的下凹形态（1992—2003年）逐渐转变为上凸形态（2004—2013年），这说明郑州从早期以乡村为主发展成为以城市为主。根据分位数线将集群分为3个子类，即城市（低）、城市（中）和城市（高）。图10.13展示了4个典型年份的调剂点确定的城市边界。在1992年和2003年，集群的主导类型是农村，而在2009年和2013年，集群的主导类型是城市中心城区。

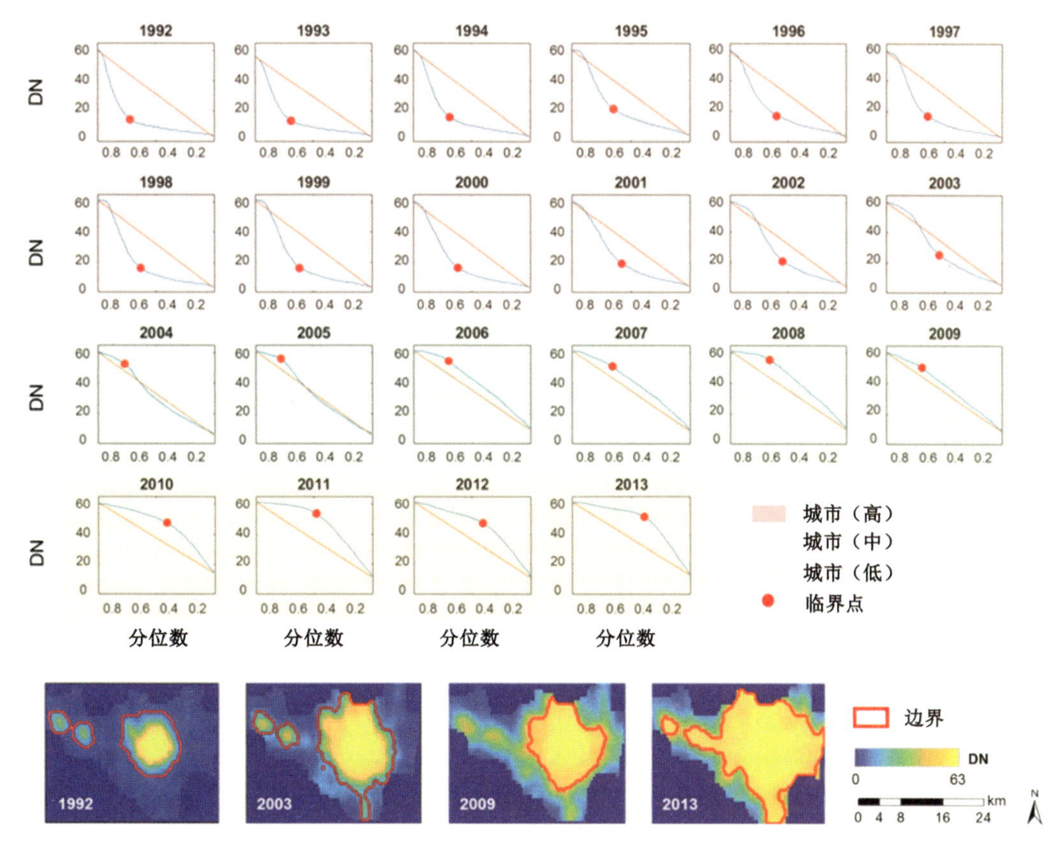

图 10.13 1992—2013 年郑州市分位数模式的变化和代表年份的城市用地边界（Zhou et al.，2018）

10.3.3 时序后处理

Zhou 等（2018）对基于分位数的方法提取的城市范围时序数据进行了后处理，以确保提取结果具有时间一致性。该研究首先通过时间过滤修改了与邻近年份不一致的城市范围，然后确保 1992—2013 年的所有城市范围序列经历了从非城市到城市的不可逆转的转变，从而提高城市范围时间序列数据的一致性和可靠性。此外，还对研究地区的城市扩张数据进行了敏感性分析和评价，结果显示基于分位数分析的方法可靠，分割算法对潜在城市群规模的不确定性不敏感。在集群和国家尺度，由 NTL 数据得出的城市范围与由 MODIS 数据得出的产品一致性较高。该研究利用美国、中国和欧洲高分辨率土地覆盖产品对基于 NTL 数据的产品进行评估，并利用中国北京的 Landsat 观测数据评估了城市范围的年度动态变化，证实了基于 NTL 数据的产品可以很好地捕捉城市范围的空间格局和城市动态变化。

该项研究结果表明，在 1992—2013 年，全球城市面积占世界总陆地面积的百分比从 0.23% 上升到 0.53%。全球 90% 以上的城市地区位于北半球。与发达国家和地区（如美国和欧洲）相比，中国、印度和巴西等发展中国家在过去 20 年里的城市扩张更为显著（图 10.14）。亚洲，拥有中国和印度等发展中大国，是城市增长最显著的大陆。中国和美国是城市面积最大的 2 个国家。然而，在过去的 20 年里，美国城市地区的增长率比中国低得多。

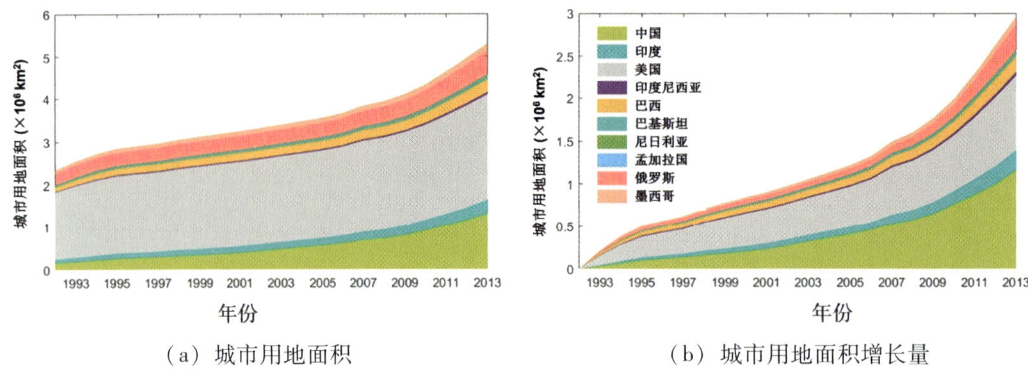

（a）城市用地面积　　　　（b）城市用地面积增长量

图 10.14　1992—2013 年全球主要国家城市用地面积的变化（Zhou et al.，2018）

10.4　本 章 小 结

全球范围内的快速城市化进程正在显著地改变地表覆盖，这给城市的可持续发展带来了新的挑战，并对人类健康、基础设施、城市生态系统服务和生物多样性等方面产生了重大影响。因此，制备精细化的城市用地数据，并用于探究精细尺度的城市空间格局动态变化，对于缓解未来城市化给城市系统带来的潜在风险至关重要。

本章介绍了研究城市空间格局动态变化的 3 种主要方法。

（1）多时相目视解译结果或遥感分类产品叠加分析。这种方法主要是将不同时相（至少 2 个时相）的遥感影像或分类后产品进行对比，从空间位置和数量上分析地物变化特征及未来发展趋势。

（2）基于 NUACI 结合时序分割。这种方法通过建立归一化城市综合指数（NUACI），检测像元城市化（或返绿）程度，然后基于回归分析对 NUACI 数据进行时序分割，检测像元城市化（或返绿）的年份。

（3）基于夜间灯光数据识别城市空间格局的动态变化。这种方法主要利用夜间灯光数据，采用分位数分析从潜在城市群提取城市范围，进而研究城市空间格局的动态变化。

利用精细尺度的城市空间格局动态变化数据，可以为全球环境变化分析和可持续发展规划提供信息，也可以用于研究城市扩张造成的全球能源和水资源变化，还可以用于研究城市快速扩张对动植物栖息地和生物多样性丧失的影响以及城市热岛效应对健康的危害等。随着遥感技术的不断发展、信息源的日益丰富和动态监测方法的不断提升，对城市格局空间变化的监测将更加准确。这些监测技术和数据将为从精细时空尺度研究城市动态变化过程提供新的支持，获取的信息将成为可持续发展研究的关键数据源。

第 11 章　元胞自动机与城市空间演化模拟

11.1　元胞自动机（CA）模型

11.1.1　CA 的发展历史

元胞自动机（CA）是一种基于离散空间和时间的数学模型，其通过定义元胞（cell）的状态、状态转移规则以及迭代计算，来研究和模拟复杂系统的行为。元胞自动机的发展经历了以下几个关键阶段。

CA 的概念最早在 20 世纪 50 年代由约翰·冯·诺依曼（John von Neumann）在研究自我复制的自动机理论时提出（Neumann，1966）。但在计算机科学发展之前，元胞自动机仅停留在理论构想阶段。

20 世纪 70 年代，英国数学家约翰·康威（John Conway）在研究自我复制系统时，设计了著名的二维网格游戏“生命游戏”（Game of Life），成功地通过简单规则产生了丰富的复杂模式，使元胞自动机理念被人们广泛认知（Gardner，1970）。20 世纪 80 年代，英国数学家斯蒂芬·沃尔夫勒姆（Stephen Wolfram）对元胞自动机进行了系统的理论研究，为这个新兴领域奠定了数学基础（Wolfram，1983）。同时代的克里斯托弗·兰格顿（Christopher G. Langton）成功地用一维元胞自动机模拟了生物细胞的自我复制，展现了元胞自动机在生命科学领域的应用前景（Langton，1986）。

随着计算机硬件和软件技术的进步，20 世纪 90 年代之后，大规模的元胞自动机仿真成为可能。复杂系统的演化过程可以直观地在屏幕上重现，科研工作者可以系统地研究不同模型规则对系统行为的影响。各种新的模型也不断涌现，元胞自动机渐渐从原有的理论框架发展成为一种具有广阔应用前景的技术手段。

进入 21 世纪以来，元胞自动机与其他技术的结合成为新的发展方向。元胞自动机与智能体系统相结合，产生了多层和异构的新型模型。结合多尺度建模方法，元胞自动机可以描述更广范围的时空尺度。元胞自动机与机器学习、深度学习等技术的融合也带来了更加智能和具适应性的新模型。当前，元胞自动机还广泛应用于城市发展、生态系统、传染病传播等领域的模拟。在地理研究领域，除了被应用于土地利用变化（Verburg et al.，2008），还在森林火灾模拟（惠珊 等，2016）、城市增长边界划定（Liang et al.，2018）和交通控制（Maerivoet and De Moor，2005）等多个研究方向上得到了广泛应用。

对于 CA 而言，转换规则是模型的核心，也是实现复杂系统动态模拟的关键。以 CA 在土地利用模拟领域的发展为例，在过去的几十年里，许多地理学研究者在探索 CA 转换规则提取方法方面做出了巨大贡献。例如，Clarke 等（1997）针对城市扩展模拟开发了 SLEUTH 模型，该模型通过 5 个参数（扩散系数、繁衍系数、蔓延系数、坡度系数和道路吸引系数）来研究城市用地的扩张。为了提取城市用地扩张与空间驱动因子之间的规则，Wu 和 Webster（1998）提出了一种基于层次分析法（analytic hierarchy process，AHP）的多准则评估法

(multi-criteria evaluation，MCE)。然而，这些方法在建立转换规则时可能会受到人为主观因素的影响。因此，Li 和 Yeh（2002）提出了利用数据挖掘方法来建立转换规则。后来，许多数据挖掘方法被引入 CA 以挖掘土地转换规则，如逻辑回归、支持向量机（SVM）、人工神经网络（ANN）、蚁群优化（ant colony optimization，ACO）、遗传算法（genetic algorithm，GA）、随机森林（RF）和卷积神经网络（CNN）。这些方法涵盖从简单到复杂、从线性到非线性，极大地提高了元胞自动机在土地转换规则挖掘方面的能力。

得益于这些转换规则挖掘方法，元胞自动机在土地利用模拟方面的应用范围得到了扩展。研究者已经从对单一城市用地的研究扩展到多种土地利用类型的研究，从单一历史轨迹发展情景到考虑不同政策的多情景，从单个城市尺度到城市群、国家和全球尺度的研究。

总之，随着转换规则挖掘方法的发展，元胞自动机在地理学领域的应用越来越广泛。这些方法不仅提高了 CA 在土地利用变化模拟方面的精确性和可靠性，而且为研究不同政策和情景下的土地利用变化提供了有力支持。在未来，计算技术和数据挖掘方法的进一步发展将推动元胞自动机在地理学领域取得更多的突破和创新。

11.1.2　CA 的基本特征

CA 是一种独特的数学和计算模型，它是由一组离散的单元组成的动力学模型。这些单元被称为“元胞”。CA 能从微观角度，通过构建局部元胞之间的简单规则，在离散的时间点上根据一定的规则更新元胞的状态，从而反映复杂系统在时间和空间上的动态变化。元胞可以组成一维、二维或高维的格子结构，使得元胞自动机在计算机上易于实现和模拟。元胞自动机在计算机科学、数学、物理学等领域具有广泛的应用，可以用于模拟复杂系统的行为。

在传统的 CA 中，每个元胞具有有限个状态，如二进制状态（0 和 1）或多种状态。CA 的行为和性质取决于元胞的状态及其更新规则。例如，在著名的元胞自动机——康威的“生命游戏”中，每个元胞只有 2 种状态（活或死），元胞状态的变化取决于简单的更新规则。

元胞的状态更新基于它与邻域元胞之间的局部相互作用。这意味着每个元胞的状态更新只受其邻域元胞的状态影响。通常，邻域元胞的定义是基于空间距离的，例如，在二维网格中，一个元胞可能有 4 个或 8 个邻域元胞。4 个邻域元胞的形式被称为冯·诺依曼型（von Neuman）邻域。冯·诺依曼型邻域包括一个元胞在网格中的上、下、左、右 4 个相邻元胞。它们在水平和垂直方向上与中心元胞相邻。这种邻域关系主要关注元胞在正交方向上的相互作用。8 个邻域元胞的形式被称为摩尔型（Moore）邻域，它包括一个元胞在网格中的上、下、左、右以及对角线上的 8 个相邻元胞。它们在水平、垂直和对角方向上与中心元胞相邻。这种邻域关系考虑了元胞在更广泛的范围内的相互作用。局部相互作用的特点使得元胞自动机能够模拟现实世界中各种自然现象和人造系统，如生态系统、经济系统、社交网络等。

此外，CA 中的所有元胞通常在同一时刻同步更新，这有助于保持系统的稳定性和可预测性。同步更新也使得 CA 更易于在计算机上实现，因为可以使用并行计算技术提高模拟速度和效率。

在地理研究中，标准的 CA 模型可以用以下计算式进行概括（Li and Yeh，2000）：

$$S^{t+1} = f(S^t, N^t) \tag{11.1}$$

式中：S^t 表示 t 时刻元胞的状态；N^t 表示 t 时刻元胞周围的邻域；f 表示决定元胞状态是否发生改变的转换规则。

CA 模型中的转换规则 f 将邻域、环境、限制条件等因素与元胞状态关联起来，是实现整个复杂系统动态模拟的关键，也是 CA 模型的核心。

值得注意的是，尽管传统 CA 的规则通常是确定的，但它们也可以扩展为随机 CA。在随机 CA 中，元胞的状态更新不再是完全确定的，而是依赖于一定的概率分布。这使得 CA 可以展示出所谓的“边缘混沌”（edge of chaos）现象。这意味着 CA 的行为在计算复杂性方面位于有序和混沌之间。因此，CA 能够从简单的规则中产生复杂性，模拟现实世界中的随机性和不确定性，进一步拓宽了其在复杂系统研究中的应用范围。

此外，CA 作为一种计算模型，可以用来模拟其他计算系统（如图灵机）。因此，CA 在计算理论、人工智能和复杂系统研究等领域也具有广泛的应用。CA 还可以用于解决一些实际问题，如流体动力学、交通流模拟、生态系统建模、疾病传播和城市规划等。研究人员利用 CA 的特性，通过对现实世界进行抽象和简化，可以构建出描述各种现象的计算模型。

总之，CA 作为一种具有丰富特征和应用的离散动态系统，为研究各种复杂现象提供了强大的理论基础和实践方法。具有的离散的空间和时间、有限的状态、局部相互作用、确定性规则、同步更新等特点，使其在计算机上易于实现和模拟。CA 能够展示出自组织、复杂性和边缘混沌等现象，为我们理解复杂系统提供了有价值的启示。此外，CA 在计算理论、人工智能、物理学、生物学等多个领域具有广泛的应用，使其成为一个跨学科的研究领域。

11.2　基于 CA 的城市动态演化模型

城市是一个复杂的系统，其演化过程受到多种因素的影响，如经济、社会、政策等。为了模拟城市动态演化，需要采用一种能够反映这些复杂因素相互作用的方法，CA 正是这样一种方法。在地理学领域，基于 CA 的城市动态演化模型已经成为一种重要的工具，可以用于研究城市空间结构、土地利用和城市扩张等现象。基于 CA 的城市动态演化模型将城市划分为许多离散的元胞，每个元胞，或代表二元的“城市 - 非城市”土地类型，或代表一个特定的土地利用类型，如住宅、商业、工业等。

在基于 CA 的城市动态演化模型中，通常需要考虑各种影响城市发展的空间驱动因子，如经济活动、交通设施、人口密度、政策约束等。这些因子在模型中起到决定性作用，影响着城市空间结构的变化。为了从真实的城市发展数据中提取转换规则，研究者采用了复杂的数据挖掘和机器学习方法，如逻辑回归、支持向量机（SVM）、人工神经网络（ANN）、随机森林（RF）等，以及卷积神经网络（CNN）等深度学习的方法。这些方法在建立转换规则时减少了人为主观因素的影响，从而提高了模型的准确性和可靠性。

基于 CA 的城市动态演化模型通常需要在不同的空间尺度（如城市尺度、城市群尺度和全球尺度等）和时间尺度（如短期、中期和长期等）下进行模拟。此外，该模型可能还需要考虑不同的政策和情景，以评估未来城市发展的可能路径。这对于城市规划和管理具有重要的实际意义，有助于制定合适的政策和措施，促进城市的可持续发展。

为了验证和评估基于 CA 的城市动态演化模型的预测能力，研究者通常需要将模型的输出与实际城市发展数据进行比较。常用的模型验证和评估方法包括 Kappa 系数、ROC（receiver operating characteristic）曲线和 FoM（figure of merit）系数等。Kappa 系数通过对比模型推断的终止年份土地数据与实际的终止年份土地数据来衡量模型预测的准确性。ROC 曲线可以用来描绘模型预测的真阳性率与假阳性率之间的关系。FoM 系数则是通过对比模型模拟结果中的变化与实际城市土地的变化来衡量模型预测的准确性。通过这些方法，可以对模型的性能进行定量分析，以确定模型是否能够有效地模拟城市动态演化。

许多基于 CA 的城市动态演化模型已在实际应用中取得了成功。例如，SLEUTH 模型是一种被广泛使用的城市扩张模型，最早由美国加州大学圣巴巴拉分校的 Clarke 等提出（Clarke et al.，1997）。模型名称中的 6 个字母分别代表扩散系数（S）、繁衍系数（L）、蔓延系数（E）、坡度系数（U）、道路吸引系数（T）和历史城市用地数据（H）。SLEUTH 模型通过这 5 个系数来描述城市用地扩张的过程，并已经成功应用于全球范围内的许多城市，为城市规划和管理提供了有益的指导。CLUE-S 模型（conversion of land use and its effects at small regional extent）也是一种被广泛使用的基于 CA 的土地利用变化模型，由荷兰瓦赫宁根大学的 Verburg 等提出（Verburg et al.，2002）。该模型强调了土地利用转换过程中的空间依赖性，通过考虑土地利用类型、邻域影响和地形等因素来模拟土地利用的变化。CLUE-S 模型已经被应用于多个国家和地区的土地利用规划和生态系统服务评估。UrbanSim 模型也是一种基于 CA 的城市发展模型，由美国华盛顿大学的 Waddell 等提出（Waddell，2002）。该模型通过考虑房地产市场、交通网络、土地利用和政策等因素来模拟城市内部的空间结构变化。UrbanSim 模型旨在支持城市规划和政策分析，已经被成功应用于美国和欧洲等地的城市发展研究。FLUS（future land use simulation）模型是一种基于 CA 和机器学习的土地利用变化模型，由中山大学的刘小平等提出（Liu et al.，2017）。该模型结合了机器学习的学习能力和 CA 的空间模拟特点，可以捕捉土地利用变化过程中的复杂关系。通过考虑距离道路、人口密度等驱动因子，FLUS 模型可以学习和模拟这些因素与土地利用变化之间的关系，并用于模拟空间上的土地利用转换和扩散。FLUS 模型还可以反映多种土地类型之间的竞争关系，用于包含多种土地类型的土地动态模拟。FLUS 模型已经被广泛应用于区域、国家和全球尺度的土地利用规划和政策评估。

然而，基于 CA 的城市动态演化模型的实际应用也面临着一些挑战。首先，模型的复杂性和对精细空间分辨率模拟的需求可能会导致计算成本较高，特别是在处理大规模城市或长时间序列数据时。此外由于城市发展过程受到许多不确定因素的影响，模型的预测结果可能存在一定程度的不确定性。因此，研究者需要继续探索更高效和更准确的方法来改进模型。

总的来说，基于 CA 的城市动态演化模型为研究城市空间结构、土地利用情况和城市扩张现象等提供了一种重要的方法。这种模型通过考虑多种空间驱动因子和复杂的转换规则，可以在不同空间尺度和时间尺度下模拟城市的发展过程。虽然，该模型的实际应用面临着一些挑战，但它在城市规划和管理等领域的研究中取得了显著的成果。随着计算技术和数据挖掘方法的进一步发展，我们可以期待基于 CA 的城市动态演化模型在地理学领域取得更多的突破和创新。

11.3　CA 在城市动态模拟研究中的应用

随着全球城市化进程的加快，城市扩张和土地利用变化成为地理学和城市规划领域的研究热点。因此，CA 作为一种模拟复杂系统演化过程的方法，在城市扩张模拟和城市内部土地利用变化模拟中得到了广泛应用，使研究者和决策者可以更好地了解城市发展的空间格局，并为制定合适的土地利用规划和政策提供科学、定量的数据支撑。

11.3.1 城市扩张模拟

基于 CA 的城市扩张模拟最初被应用于区域尺度。Clarke 等（1997）将 SLEUTH 模型应用于旧金山湾区就是一个经典的案例。在旧金山湾区，研究者应用 SLEUTH 模型模拟了 20 世纪初至 20 世纪 90 年代的城市扩张过程。首先，他们收集了历史数据，包括土地利用类型、道路网络、人口分布等，用于训练和校验模型。然后，对模型进行调整，以适应旧金山湾区的特殊地理环境。通过模型模拟，研究者发现城市扩张主要受道路网络、人口增长等因素的驱动，且集中发生在湾区周边、交通枢纽附近。这个案例展示了 SLEUTH 模型在城市扩张模拟中的应用，为理解城市发展空间格局和制定土地利用规划提供了有益参考。

另一个经典案例是 Li 等（2002）利用人工神经网络（ANN）改进 CA 并进行土地利用变化模拟。在该研究中，研究者使用了一个包含输入层、隐藏层和输出层的三层神经网络，网络的多个输出节点代表不同类型的土地利用，以此来挖掘驱动力与土地之间的转换关系（图 11.1）。

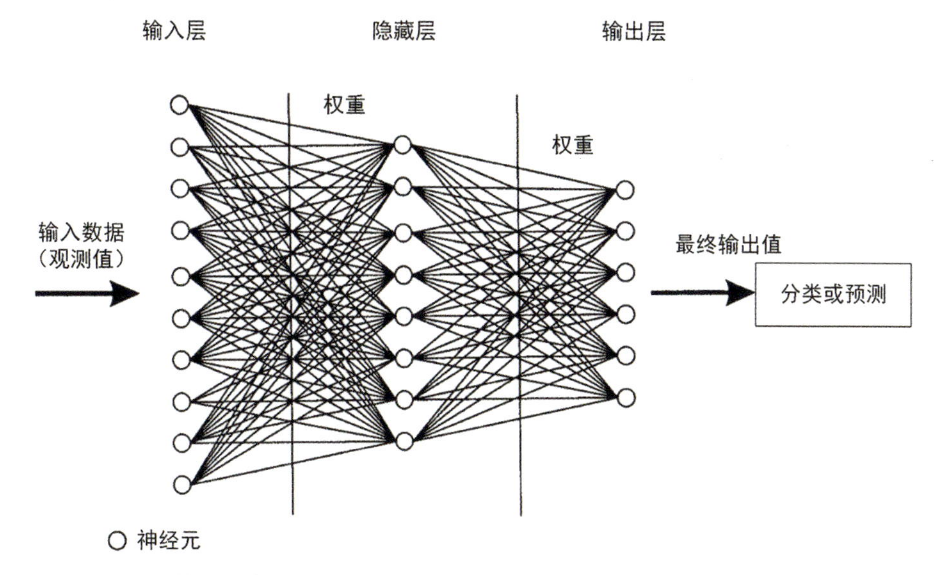

图 11.1　用于挖掘驱动力与土地之间的转换关系的 ANN 基本结构（Li and Yeh，2002）

该研究的研究范围是经历了快速城市化的珠江三角洲。通过迭代训练网络，可以自动生成网络参数，而不需要人为设置。基于训练好的网络，研究者建立了一个基于 CA 的模型，可以模拟这一区域包括城市用地在内的多种土地利用类型的变化过程。图 11.2 展示了该研究对 2005 年东莞市土地利用格局的模拟结果。结果表明，该方法可以有效地模拟复杂的土地利用变化，模拟总体精度达到 83%。该研究为基于 CA 的土地利用变化模拟探索了一条新路径，展示了 CA 与机器学习相结合的应用潜力。

随着 CA 模型的不断发展和计算机运算能力的提高，基于 CA 的城市扩展模拟也被应用到国家乃至全球尺度，并与社会发展情景结合，探索不同情景下的未来城市可持续发展道路。在联合国政府间气候变化专门委员会（Intergovernmental Panel on Climate Change，IPCC）的第六次评估报告中，收录了多个利用 CA 进行共享社会经济路径（shared socioeconomic pathways，SSP）下的未来全球城市扩展模拟的案例。其中包括 Gao 和 O'Neill（2020）提出的一个两级建模框架。其中的国家层面的模型识别出三种城市扩张类型：快速城市化、稳步城市化和已城市化。它们分别对应不同的城市化成熟度，由不同的变量驱动，参数也不同。在空间模拟部分，CA 模型会根据每个国家在不同时期的城市化程度，选择合适的扩张类型模型进行预测。该模型将全球分为 375 个子区域进行建模，反映各区域的异质性，并以 1/8°的空间分辨率进行城市扩张模拟。该框架预测 2100 年全球城市用地将增加 1.8 ～ 5.9 倍，发达国家和发展中国家都将大量扩张。另外一个案例是 Chen 等（2020）使用 CA 以 1 km 的空间分辨率进行的 2015—2100 年全球城市扩张模拟。在 CA 模型中还加入了保留城市群大小分布特征的机制。接下来将详细介绍该研究的实施过程与结果。

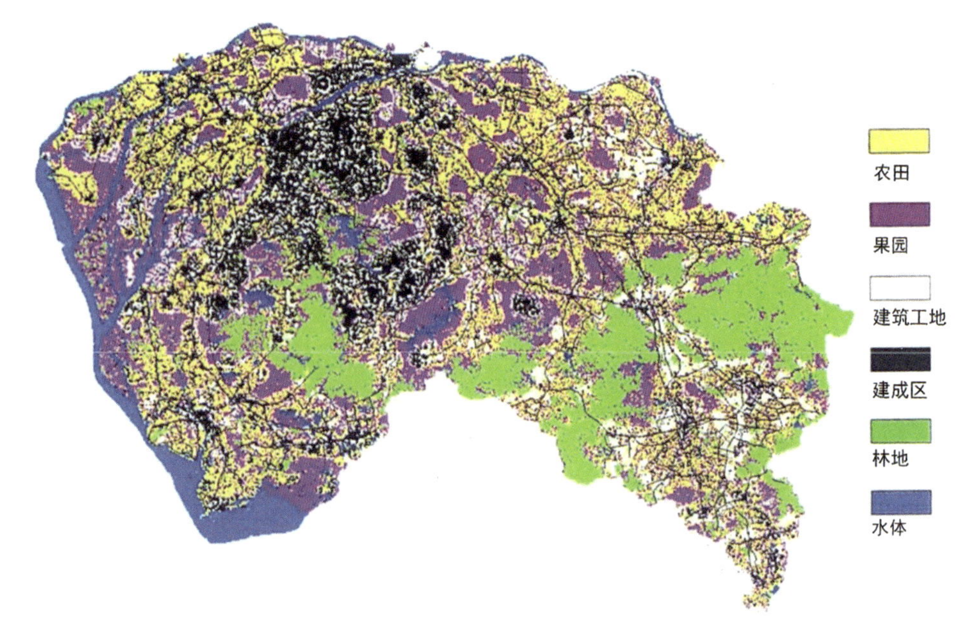

图 11.2　由人工神经网络 CA 模拟的 2005 年东莞市多类土地利用格局（Li and Yeh，2002）

首先，Chen 等（2020）利用面板回归模型，根据历史统计数据，分别拟合了全球 31 个分区内的人口、城镇化率和国内生产总值（gross domestic product，GDP）3 个社会经济驱动因子与城市用地面积之间的定量关系。然后，根据 SSP 官网提供的未来 SSP 情景下不同区域的社会经济驱动因子预测数据，预测了未来各个分区的城市用地需求［图 11.3（a）］。

结果显示，到 2100 年，全球城市用地将增加 78% ～ 171%，主要发生在非洲和亚洲。从图 11.3 中还可以发现，不同宏观区域的城市用地需求预测存在较大差异。该研究选取了中国、美国和拉丁美洲低收入国家（LAM-L）3 个具有代表性的宏观区域，展示它们未来的独特发展路径［图 11.3（b）～（d）］。对于中国这个目前世界上人口最多的发展中国家来说，其城市用地需求量预计将在 21 世纪 40 年代或 21 世纪 50 年代前迅速增长，此后在所有 SSP 情景下都将急剧下降。对于美国来说，未来城市发展在不同情景下有着不同的路径，其中，在 SSP1、SSP2 和 SSP5 情景下持续保持城市用地需求的上升趋势，而在 SSP3 和 SSP4 情景下则预测城市用地需求量分别在 21 世纪 50 年代和 21 世纪 80 年代后出现下降趋势。然而，与在中国和美国观察到的城市发展轨迹相比，LAM-L 的未来城市发展轨迹在不同 SSP 情景下有着明显的差别。对于 LAM-L 来说，其在 SSP3 和 SSP4 情景下的城市用地需求量最大，且呈线性增长趋势，而在 SSP1 和 SSP5 情景下其城市用地需求量最小。这体现了 SSP 情景在故事设定上的区别，即中、高收入的国家在 SSP1 和 SSP5 下能得到更好的发展，包括经济发展迅速、人口规模也相较于在其他情景下更大。而低收入国家的情况恰恰相反，它们在 SSP1 和 SSP5 情景下人口相对较少，但在 SSP3 和 SSP4 情景下人口增长最多，尽管在后两个情景下，低收入国家将面临比同情景下的中、高收入国家更加糟糕的经济发展状况，但巨大的人口增量使其在这 2 个情景下的城市用地需求量更大。另外，在不确定性方面，在 95% 的置信水平上，中国和美国在 SSP5 情景下城市用地需求量预测的不确定性最大，而 LAM-L 在 SSP4 情景下观察到的不确定性最大。

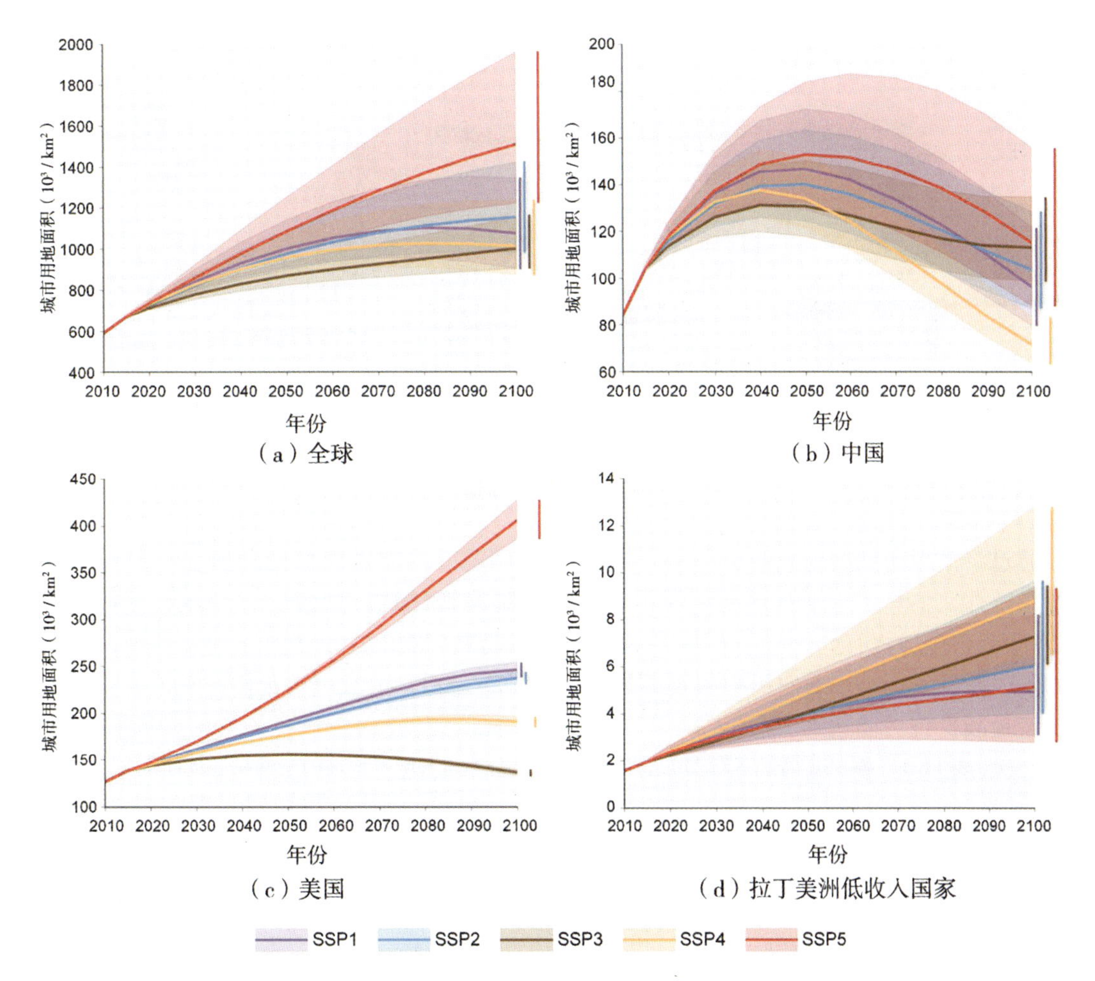

图 11.3 SSP 情景下 2010—2100 年全球和代表性区域的城市用地需求量预测结果（Chen et al., 2020）

（注：阴影区域表示预测的城市用地需求量的 95% 置信区间）

接着，该研究使用 CA 以 1 km 的空间分辨率进行了全球城市扩张模拟。为了明确未来城市扩张模拟的空间不确定性，该研究还对每个情景执行了 100 次的重复模拟。然后，对模拟结果进行了空间叠置分析，以确定城市用地出现在空间中每个栅格位置的概率（图 11.4）。

图 11.4 展示了国际范围内 3 个主要大都市区（英国伦敦、美国纽约和中国长江三角洲）到 2100 年在不同 SSP 情景下的城市扩张的概率的空间分布，即模拟结果中的空间不确定性。图中每个栅格的数值都是由 100 次模拟运行的结果经过空间叠置累加而得，代表了其转变为城市的可能性。在这里，假定在 100 次模拟中具有较高模拟增长一致性的栅格更可能实现城市化。

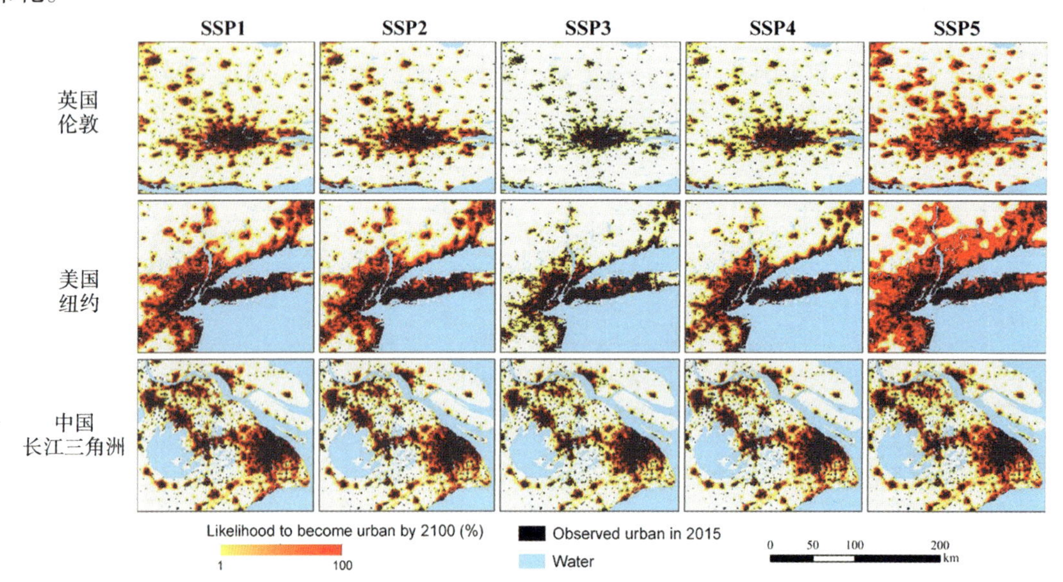

图 11.4　城市扩张模拟的空间不确定性（以 2100 年 3 个主要国际大都市区为例）（Chen et al.，2020）

通过将模拟得到的未来城市用地产品与初始年份 2015 年的全球土地覆盖产品进行空间叠置和统计，估算了未来全球新增城市用地的土地来源结构，如表 11.1 所示。结果表明，到 2100 年，全球将有约 51%～63% 的新增城市用地来自农田，是各类土地来源中占比最大的一类。并且，进一步对农田中粮食产量的估算结果显示，由城市扩张侵占农田直接导致的作物产量减少将可能达到 1%～4%。

表 11.1　各 SSP 情景下到 2100 年各类土地占全球新增城市用地的土地来源的比例

单位：%

用地类型	SSP1	SSP2	SSP3	SSP4	SSP5
林地	26.98	26.36	21.42	22.89	29.29
草地	12.01	10.86	5.71	7.49	14.64
湿地	2.10	2.46	2.77	3.51	2.23
荒地	3.76	4.68	7.28	5.86	2.98
农田	55.14	55.63	62.82	60.25	50.84
其他	0.01	0.01	0.00	0.00	0.02

数据来源：Chen 等（2020）。

11.3.2　城市内部土地利用模拟

考虑到城市内部复杂的土地利用和形态，一些研究利用 CA 开展了对城市内部土地利用的模拟。一些研究者针对城市内部不同功能区的演化进行了模拟。例如，Yao 等（2017）通过整合基于矢量的模拟策略和地块动态分裂方法，提高了 CA 对细粒度城市土地利用变化的模拟性能，并对深圳市的城市功能区演化进行了模拟。

该研究通过 4 个步骤模拟城市土地利用（流程如图 11.5 所示）：①根据最小面积边界矩形（minimum area boundary rectangle，MABR）对每个矢量土地进行分割，以沿城市道路获得合理的区块分布。②基于多源地理空间数据集创建辅助空间变量，并引入随机森林算法（random forest algorithm，RFA）挖掘城市扩张和土地利用变化的规律。③通过多时期城市土地利用数据验证所提出的地块动态分裂（dynamic land parcel subdivision，DLPS）—矢量元胞自动机（vector-based cellular automata，VCA），用于进行城市土地利用模拟，并通过精度评估和不确定性分析评估模型的性能。④设定不同的城市发展情景，并使用所提出的 DLPS-VCA 模型预测深圳市的城市土地利用。

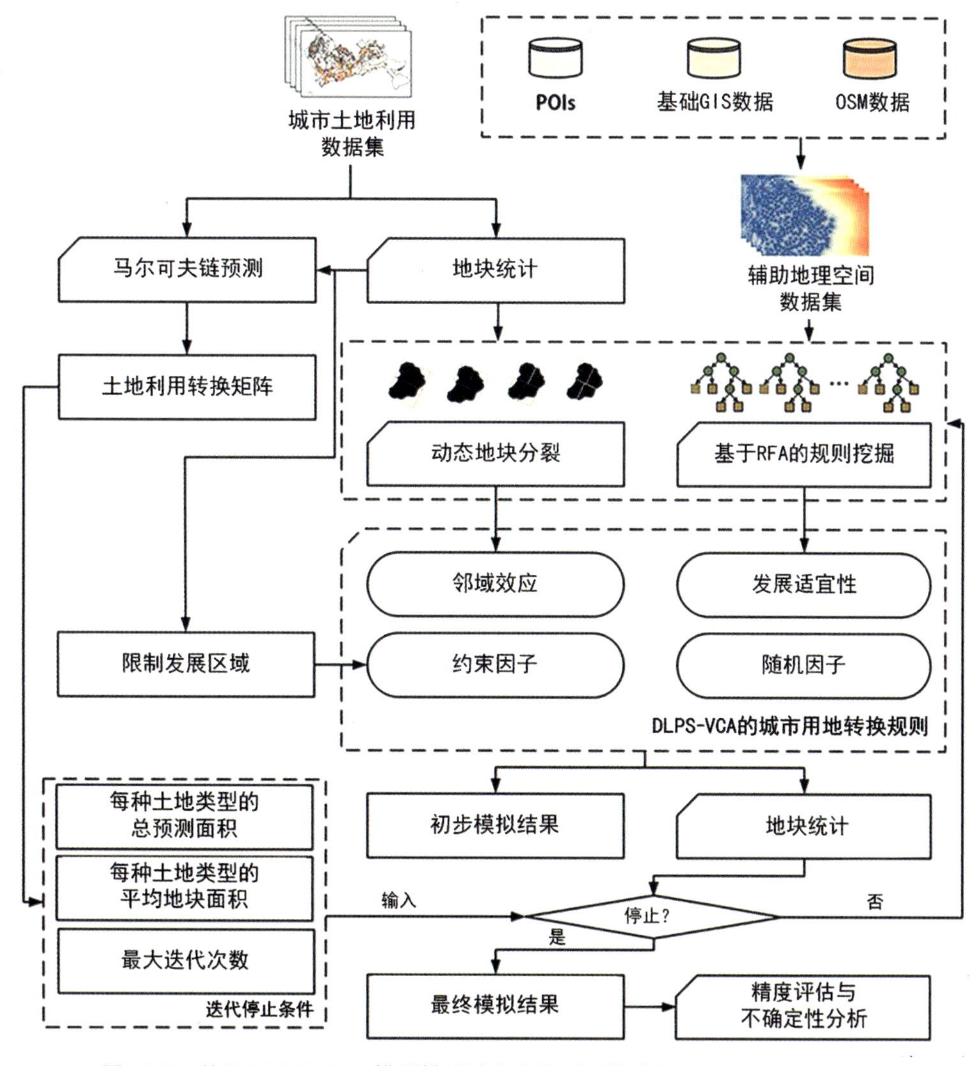

图 11.5　使用 DLPS-VCA 模型模拟城市土地利用的流程（Yao et al.，2017）

通过构建 3 种不同的变化情景，该研究在矢量地块上模拟和分析了 2020 年和 2030 年深圳市的城市功能区演化，为未来城市规划提供了有价值的参考。同时，该研究还对比了经改进的 DLPS-VCA 模型与另外 2 个 CA 模型的模拟结果。如图 11.6 所示，DLPS-VCA 的结果与 2014 年实际土地利用模式的相似度最高（94.73%）。由于 DLPS-VCA 模型在地块动态分裂过程中考虑了发生土地利用类型转变的地块的大小，因此与其他模型相比，DLPS-VCA 模拟结果中与地块最相关的景观指数［如最大斑块指数（largest patch index，LPI）、欧氏最近邻域距离（Euclidean nearest neighbor distance，ENN）和周长面积比（perimeter-area ratio，PARA）］也取得了与真实情况最接近的结果。而且，图 11.6（C1）～（C4）显示，DLPS-VCA 的模拟结果比其他模型对新开发区域的模拟更为精确。

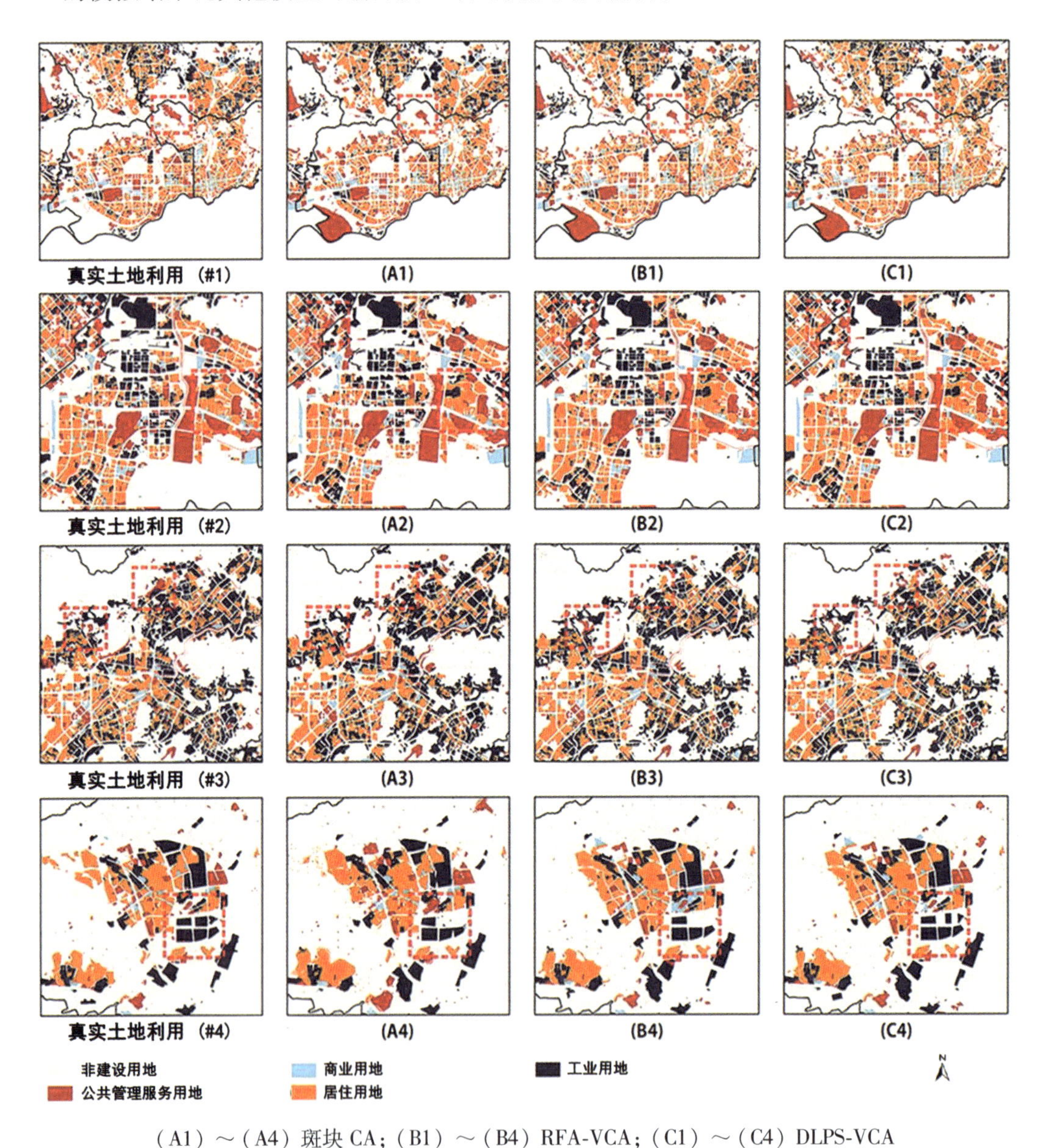

（A1）～（A4）斑块 CA；（B1）～（B4）RFA-VCA；（C1）～（C4）DLPS-VCA

图 11.6　不同模拟模型下深圳的城市中心区（#1）、南山区（#2）、坪山区（#3）和大鹏区（#4）实际和模拟的城市土地利用格局细节（Yao et al.，2017）

此外，一些研究者对反映城市内部复杂形态的多种土地利用格局和土地覆盖的演化进行了模拟。例如，Chen 等（2021）选取了粤港澳大湾区（greater bay area，GBA）作为研究区域，以局地气候区（local climate zone，LCZ）进行土地分类，并以 100 m 的分辨率在 SSP 情景下预测了 GBA 未来的 LCZ 动态。此外，该研究还探讨了地方土地管理政策在 SSP 背景下对城市土地利用变化的影响。在模拟 LCZ 前，该研究根据城市建筑的形态、密度和材质等特征，将城市用地进一步细分成了 10 种类型，因此该研究提供了更精细的城市内部土地变化信息，在城市规划、城市气候及全球范围内的大城市研究等领域具有巨大的应用潜力。

该研究的实验流程可以分为 3 个步骤（如图 11.7 所示）。①基于 GEE（Google Earth Engine）和 Google Earth Pro 平台，利用多源遥感数据（如哨兵一号 SAR GRD、哨兵二号 MSI、夜间灯光数据 VIIRS 和数字高程数据 GMTED2010）和随机森林算法，绘制 2020 年大湾区的 LCZ 分布图。②利用全球变化评估模型（global change assessment model，GCAM）和面板数据回归模型对 SSP 情景下的未来土地需求进行预测。③采用 FLUS 模型进行不同 SSP 情景和土地管理政策约束下的未来 LCZ 空间变化模拟。

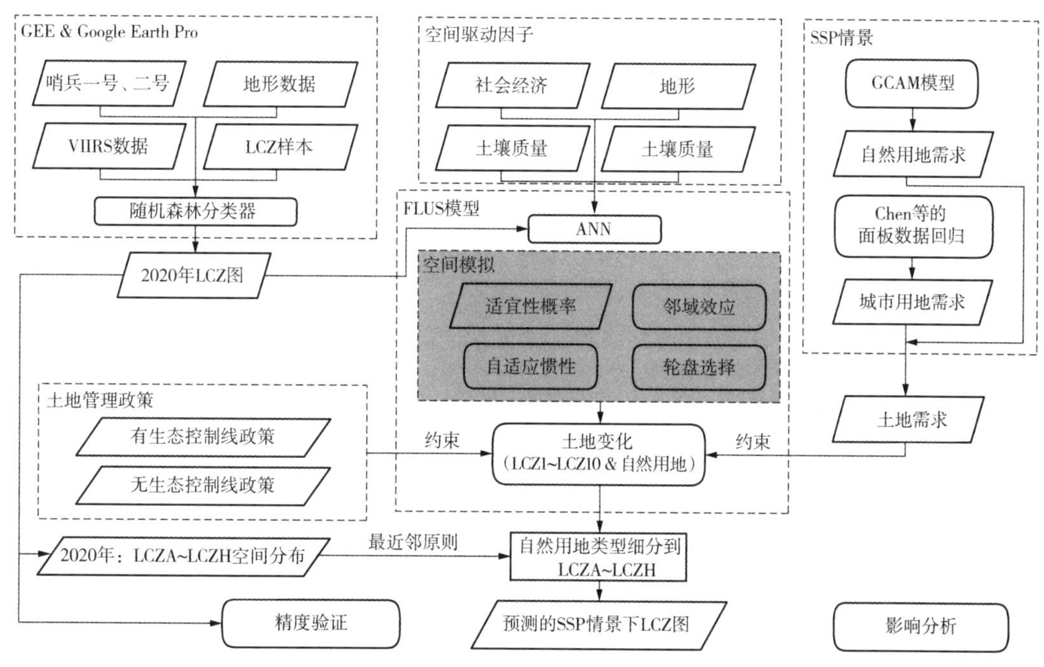

图 11.7　LCZ 未来变化模拟的流程（Chen et al.，2021）

在 FLUS 模型中，适宜性概率是土地变化模拟准确性的关键。因此，该研究采用 ROC（receiver operating characteristic curve）曲线下面积（area under curve，AUC）来反映所获得的适宜性概率的准确性。验证结果表明，各土地类型适宜性概率的 AUC 平均值为 0.744。参考土地模拟的相关研究，该研究得到的土地适宜性概率的精度在可接受的范围内。最终，该研究得到了 5 个 SSP 情景下 2020—2100 年 1 km 分辨率、每 10 年间隔的大湾区 LCZ 模拟结果。图 11.8 展示了在其中 SSP5 情景下 2100 年的模拟结果。

模拟结果也描述了城市类 LCZ 的空间变化。城市类 LCZ 包含 10 个子类型。这里以被认为是最接近历史发展轨迹的 SSP2 情景为例，用表格来统计大湾区中各城市的城市类 LCZ（LCZ1 ～ LCZ10）面积变化（表 11.2）。其展示了不同发展水平的城市在城市类 LCZ 变化方面的差异。LCZ1 ～ LCZ3（紧凑型高、中、低、层建筑）和 LCZ4（开放型高层建筑）的增长在中心城市（广州、深圳、东莞和佛山）更明显地占据主导地位。LCZ6 ～ LCZ9（开放型/轻材质/大型低层建筑和稀疏建筑）的增长更集中在边缘城市（惠州、江门和肇庆），这些城市目前的城市化程度相对较低。值得注意的是，深圳和东莞的 LCZ7（轻材质低层建筑）明显减少，这表明这 2 个城市的城市景观升级进程可能领先于其他城市。

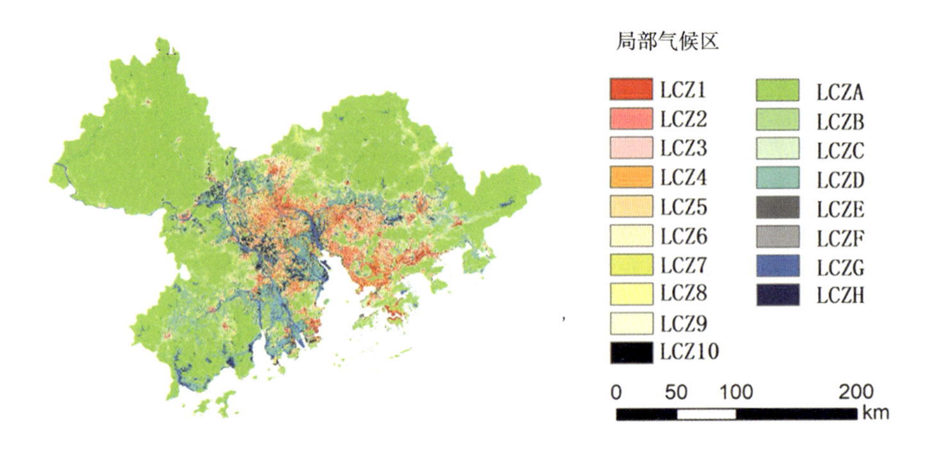

图 11.8　SSP5 情景下 2100 年大湾区 LCZ 的模拟结果（Chen et al.，2021）

表 11.2　SSP2 情景下 2020—2100 年大湾区各城市的城市类土地（LCZ1～LCZ10）的面积变化

单位：km^2

类型	广州	深圳	东莞	佛山	中山	珠海	惠州	江门	肇庆	香港	澳门
LCZ1	27.51	39.4	31.22	20.36	9.07	6.7	16.7	6.83	3.09	7.75	1.28
LCZ2	29.77	27.49	38.59	29.83	14.16	5.77	13.91	12.94	5.37	1.9	0.18
LCZ3	64.54	10.83	47.61	52.08	23.03	14.16	41.1	33.45	19	8.62	0.02
LCZ4	60.23	27.51	48.51	61.9	30.18	12.45	20.36	18.18	8.92	14.09	0.75
LCZ5	4.6	-0.3	-0.26	3.48	3.58	9.43	9.14	10.68	3.99	2.75	0.12
LCZ6	97.74	14.73	22.56	3.09	-0.29	0.97	94.22	37.88	27.82	0.66	-0.21
LCZ7	47.18	-13.55	-21.03	13.07	2.22	6.79	35.38	152.14	56.67	-1.19	-0.14
LCZ8	14.6	-4.89	3.64	37.63	21.06	19.06	11.67	37.94	10.84	-0.3	1.54
LCZ9	-8.26	11.07	2.36	-2.28	-1.63	0.39	57.06	18.48	10.74	2.32	0.06
LCZ10	11.37	-3.14	5.01	-1.91	3.15	18.61	-0.91	4.15	1.77	1.07	0.71

数据来源：Chen 等（2021）。

此外，对城市内部三维结构演化的模拟也成为近年来的研究热点。例如，Chen 和 Feng（2022）以中国珠江三角洲广州市的番禺区作为研究区域，使用了 2010 年和 2020 年的城市土地利用数据，以及 2020 年的建筑物数据，来模拟 2050 年的三维城市形态。该区域是广州 - 佛山都市圈的重要组成部分，也是珠江三角洲的交通枢纽。

图 11.9 描述了以 3D 方式模拟城市形态变化的过程。总体而言，可以分为两大部分。首先，开发了一个基于斑块的城市 CA 模型来模拟未来的城市土地利用变化。然后，使用模拟的城市土地利用变化来约束 CityEngine 中 3D 建筑物对象的生成。对城市土地利用变化的模拟基于 2 种方法：一种是估算城市土地利用适宜性的方法，另一种是模拟城市土地斑块变化的方法。对于城市土地利用适宜性的估计，该研究采用了性能可靠的随机森林（RF）算法。首先，将城市土地利用适宜性估计的结果作为基于斑块的城市 CA 模型的输入，该模型用于在 SSP 情景下预测未来城市土地利用的变化。然后，将 SSP 一致的城市土地利用空间预测结

果转换为矢量多边形，并用作生成建筑物对象的基础数据。在这里，通过在 CityEngine 中使用计算机生成建筑（computer generated architecture，CGA）语言编程来生成建筑物对象。

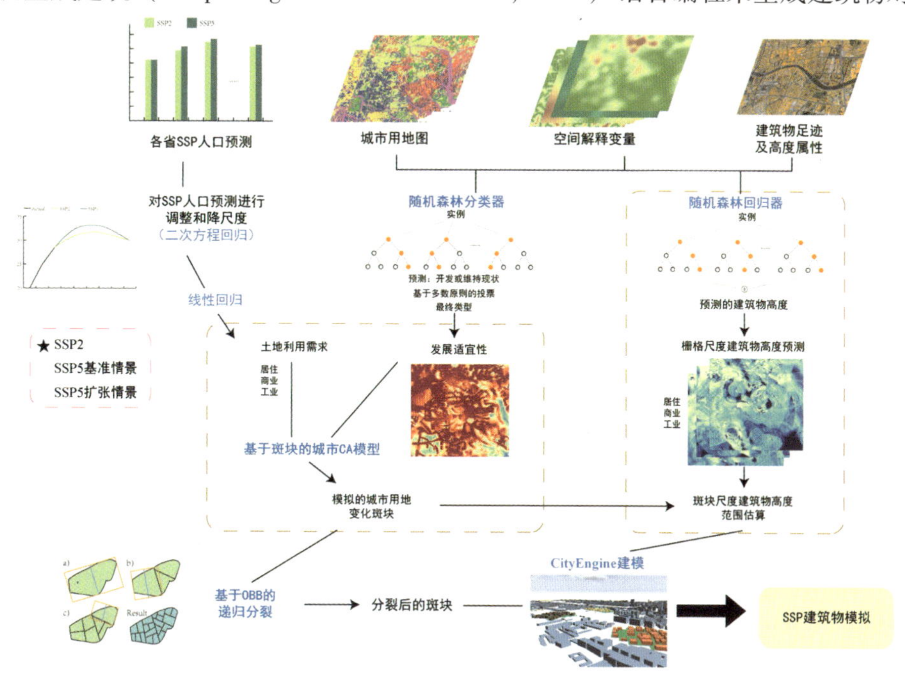

图 11.9　三维城市形态模拟的流程（Chen and Feng，2022）

该研究在 3 种 SSP 情景下模拟了 2050 年的三维城市形态，并计算了 6 个形态参数。实验结果显示，模拟的城市土地利用格局与真实格局相比，整体相似度达到 83%。随机森林算法在建筑物高度预测方面具有相对良好的性能，误差接近标准楼层的高度（3.18～4.57 m）。图 11.10 的第一行图片展示了从 2020 年到 2050 年番禺区的城市土地利用变化，并在第二行和第三行图片中展示了 2 个代表性区域在 3 个 SSP 情景下的建筑物对象的预测结果。模拟的建筑物还被用于计算 300 m 分辨率的网格形态参数。与 SSP5 基准情景（SSP5-Baseline）相比，SSP5 扩张情景（SSP5-Sprawling）模拟的建筑物所在的网格单元数量增加了 13.2%。此外，SSP5-Sprawling 中的扩张发展导致每个网格单元的建筑体积比 SSP5-Baseline 少了 13.7%。这些结果证实，城市 CA 和 3D 建模工具的整合可以模拟不同的发展趋势（紧凑与扩张）下的城市形态。本研究还比较了不同情景下各形态参数的差异，并分析了它们对区域气候变化影响评估的意义。

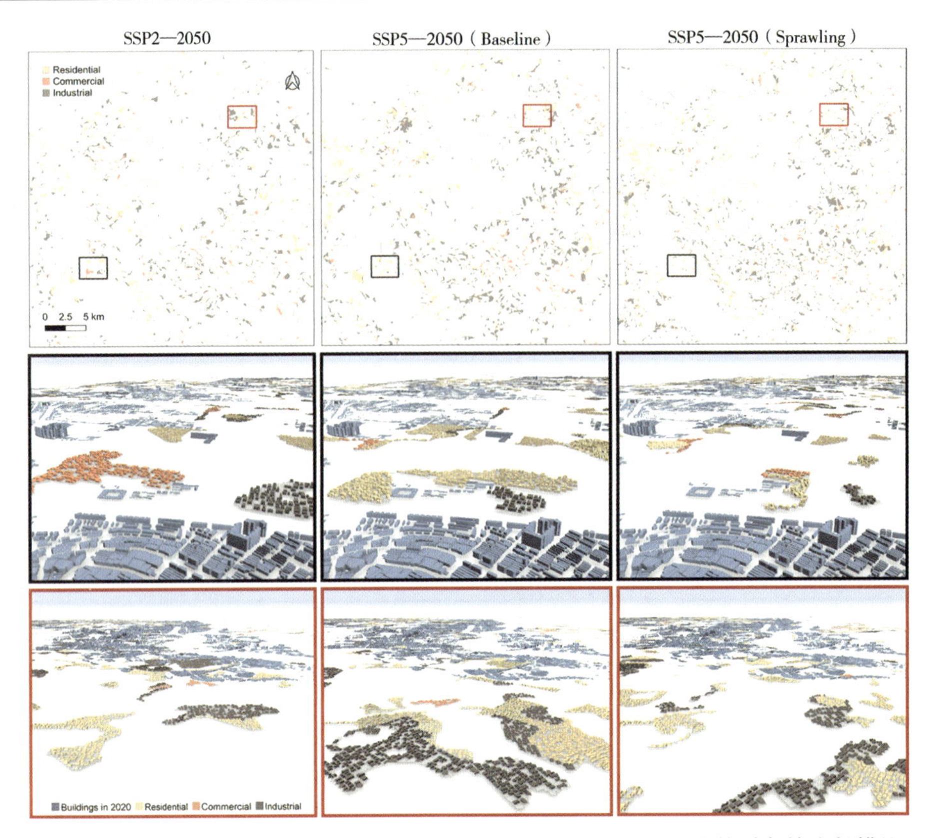

图11.10　SSP2、SSP5-扩张情景和SSP5-基准情景下城市土地和建筑对象的生长模拟（Chen and Feng，2022）

第 12 章　基于群智能算法的城市资源优化配置

GIS 作为地理科学领域中的重要工具，已经得到了广泛的认可和应用，推动了地理科学向信息科学的发展。然而，随着空间信息的增加和空间决策问题复杂性的增加，GIS 的应用遇到了许多困难和挑战。首先，随着数据采集技术的进步，空间数据呈现出爆炸式的增长，GIS 面临着如何处理海量空间数据的问题。其次，随着空间数据的丰富，空间决策问题也变得越来越复杂，这使得 GIS 的局限性逐渐显现出来。传统的 GIS 主要关注空间数据的采集、存储、分析和显示，而在空间知识发现、空间决策以及地理模型构建方面的能力相对较弱，无法满足社会和区域可持续发展在空间分析和决策支持等方面的需求。因此，学者们着力寻找新的理论和技术，以弥补和改善传统 GIS 方法的不足，提高 GIS 解决复杂地理问题的能力，包括：①提供自动化、智能化的空间分析方法；②智能化地处理日益增长的多维度、多尺度的海量空间数据；③提供更好、更新、更智能的地理模型；④帮助解决先前无法解决的、日益复杂的地理问题；等等。

随着计算机技术的飞速发展，人工智能已经成为当今世界的三大尖端技术之一，并在众多领域得到了广泛的应用。人工智能是一系列利用计算机代替人类完成智能活动的方法，其主要目标之一是从数据中发现新的知识和创建新的模型（Openshaw and Openshaw，1997）。Smith（1984）认为，人工智能的引入，将使地理学的研究进入一个飞速发展的时代。人工智能不仅能够为旧的地理问题提供解决方法，还能够为原先被认为无法解决的复杂地理问题提供新的解决方案。随着社会的发展和技术的进步，人类需要解决的地理问题将愈来愈复杂，地理信息技术对智能化计算能力的需求将愈来愈大。人工智能与 GIS 的结合，将为解决这些新的复杂地理问题提供新的自动化、智能化手段。

在城市资源和环境的管理和利用中，经常需要进行空间决策和优化，包括如何在空间上配置资源以产生最大的效益，以及如何在大区域内有效地选择基础设施的位置等问题。根据空间优化对象的几何性质的不同，可以将空间优化问题分为空间点状地物优化、空间线状地物优化和空间面状地物优化三类。空间点状地物优化问题通常涉及对公共基础设施或零售商店等点状物体的优化，如学校、公园和商店的选址问题。在这类问题中，所选择的设施相对于其外部空间来说较小，因此可以将其视为点对象来处理。空间线状地物优化问题主要是通过地理空间信息对线状物体进行优化，如道路的选择等。在线状地物优化问题中，主要是根据相关空间指标寻找路径，以实现效益最大化的目标。空间面状地物优化问题主要是通过空间搜索，对区域内的面状地物进行优化，使其位置和形状达到最优，如土地利用规划、生态保护区规划等。

在处理一般的空间决策和优化问题时，空间信息的处理和空间搜索能力是关键。然而，随着社会经济的发展，空间点状地物选址等优化问题变得越来越复杂，并且逐渐出现了空间线状地物优化和空间面状地物优化等更为复杂的空间决策问题。为解决这些问题，往往需要处理高维和海量的空间数据，这使得解空间变得非常巨大，对空间搜索能力提出了很高的要求。这些复杂的空间决策和优化问题在大多数情况下都是 NP-Hard（non-deterministic polynomial-Hard）问题（Church，2002），而 GIS 方法并未直接提供解决此类问题的方法。因此，常规的 GIS 方法无法满足解决复杂空间决策和优化问题的需求。

人工智能中的许多启发式方法逐渐被用来解决搜索空间巨大的 NP-Hard 问题，并将逐渐被应用于解决复杂空间决策和优化问题。本章将重点介绍智能式 GIS 方法在城市空间决策和优化方面的应用。将 GIS 与人工智能结合起来应用于解决空间决策和优化问题，在理论和实际应用中都具有重要的意义，能够有效地解决资源环境规划中的复杂问题。本章将主要介绍蚁群算法（ant colony algorithms，ACA）、多智能体系统（multi-agent system，MAS）等人工智能算法与 GIS 的集成研究，以及它们在空间线状地物优化和空间面状地物优化的复杂空间决策问题中的应用。

12.1　基于蚁群算法的空间线状地物优化

相较于空间点优化，空间线优化的复杂性更高。线路优化可以分为已知网络条件下的优化和新线路的重新构造，通常涉及 2 个目标：线路的覆盖范围和线路长度。GIS 提供了在已知网络条件下寻找 2 个节点（起始点）之间最短路径的功能，主要关注目标路径的长度或费用，而没有考虑路径的覆盖范围（Evans，2017）。此外，大部分传统算法必须在已知网络的基础上才能寻找最短路径，而在实际问题中，如地下管线、地下铁路的选线等，路径覆盖问题往往不是在已知网络条件下构造的。在许多情况下，路径长度和路径的覆盖范围这 2 个目标之间存在矛盾或冲突，使得线路优化问题变得非常复杂，大大超出了传统 GIS 方法的能力范围。为解决这些问题，需要引入智能式 GIS 方法，以弥补传统 GIS 方法的不足，为解决空间线路优化问题提供更有效的研究方法。接下来，本节将主要介绍蚁群算法在线路优化问题中的应用。蚁群算法是一种模拟自然界蚁群觅食行为的优化算法，它能够在解决复杂的优化问题中发挥重要作用。通过将蚁群算法与 GIS 结合，可以更有效地解决空间线路优化问题，从而推动地理科学的发展。

蚁群算法（ACA）是一种基于群体智能的仿生学优化算法，由意大利学者 Dorigo 等于 1991 年提出（Colorni et al.，1991）。其本质是一个复杂的多智能体系统，由大量的简单智能体——蚂蚁（ant）所组成的团体，通过相互合作能够有效地完成复杂任务，如寻找获取食物的最优路径。每个蚂蚁智能体根据路径上的信息做随机选择，系统无中心控制，但最终整个蚁群能够得到优化。这样的系统更具鲁棒性，不会由于一个或者某几个智能个体的故障而影响整个问题的求解，该算法是群集智能的典型实现。

蚁群算法是受到对真实蚁群行为的研究启发而提出的。昆虫学家发现，虽然单只蚂蚁的行为极其简单，但它们所组成的蚁群群体却表现出极其复杂的行为。蚂蚁在寻找食物源时，能在其走过的路径上释放一种蚂蚁特有的分泌物——信息素，并以此指导后来者的运动方向，使蚂蚁倾向于朝着信息素浓度高的方向移动。因此，由大量蚂蚁形成的集体行为便表现出一种信息正反馈现象：某一路径上走过的蚂蚁越多，后来者选择该路径的概率就越大。蚂蚁这种选择路径的过程被称为蚂蚁的自催化行为。由于其原理是一种正反馈机制，因此也可以将蚁群行为理解成增强型学习系统。这种基于信息素的搜索策略使得蚁群算法在解决优化问题时具有很好的全局搜索能力和鲁棒性，因此被广泛应用于解决各种复杂的优化问题。在地理信息系统中，蚁群算法也被用于解决路径规划、设施选址等空间优化问题，并取得了良好的效果。

12.1.1 主要方法

1. 目标函数定义

在线路优化模型中，我们将最大覆盖和最短路径的多目标优化问题转化为一个单目标优化问题，即实现单位路径的覆盖区域范围最大化。为了达到最大效益的目标，可以将路径所覆盖的区域面积与路径长度的比值作为目标函数。这样，就可以通过优化这个目标函数来找到最优的解决方案。具体适应度函数可以定义为：

$$F = \frac{path_{\text{area}}}{path_{\text{length}}} = \frac{\sum_{i=1}^{n} node_{\text{coverage}}^{i}}{\sum_{i=1}^{n-1} node_{\text{length}}^{i}} \tag{12.1}$$

如图12.1所示，$path_{\text{area}}$ 为图中灰色的栅格区域面积，$path_{\text{length}}$ 为 Origin 和 Destination 之间的线段长度。若2个栅格对角相邻，则两者之间的距离计为 $\sqrt{2}$；若直接相邻，则距离计为1。

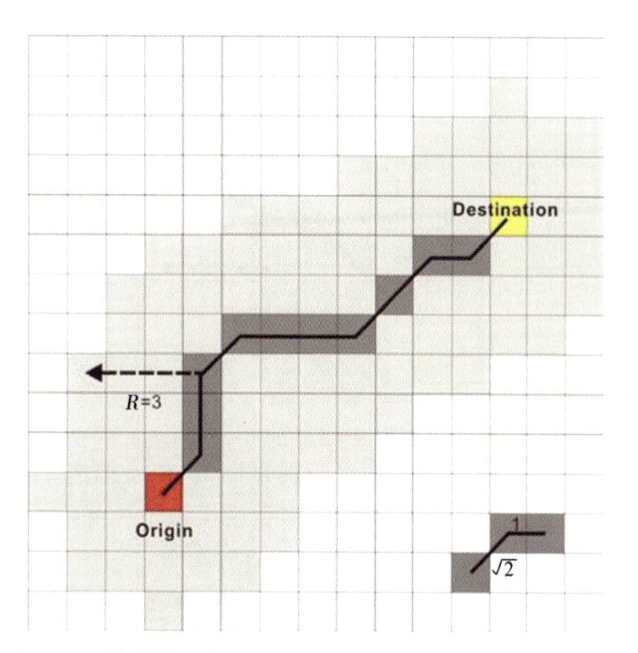

图12.1 优化模型的适应度值的计算示意（Li et al.，2009）

2. 方向子模型

在蚁群算法中，蚂蚁构造路径，是为了寻找一条连接起始点与终点的最优路径。为了降低蚂蚁在路径构造过程中的盲目性，需要引导蚂蚁朝着目的地前进，使蚂蚁具有不断向目的地靠拢的趋势和倾向。此外，为了使蚂蚁所构造的路径的适应度函数值最大，应该引导蚂蚁经过那些权重值较大的栅格。例如，如果我们的目标是使路径单位长度覆盖最多的人口，那么就应该在增加路径长度不明显的同时，引导蚂蚁构造的路径尽可能多地经过那些人口密度较大的区域。因此，在蚂蚁构造路径的过程中，应该引导蚂蚁经过权重值大的栅格或者其周围的栅格。出于这两方面的考虑，可以设计一个方向模型，来引导蚂蚁的路径构造。

定义 R_{coverage} 表示路径覆盖半径，如果某个栅格与路径的最小距离小于此覆盖半径，则认为这个栅格被该路径覆盖；定义 $R_{\text{local-target}}$ 表示路径覆盖半径，表示蚂蚁能感应到的权重较大的栅格的远近，如果某个栅格及其周围一定范围内的区域权重值较高，且此栅格与蚂蚁当前所在位置位于 $R_{\text{local-target}}$ 上，则蚂蚁倾向于向此栅格所在的方向移动（图12.2）。

在蚂蚁的路径构造过程中，对于当前的栅格 Current，根据 $R_{\text{local-target}}$ 值的大小，分别以 $R_{\text{local-target}} - 0.5$ 和 $R_{\text{local-target}} + 0.5$ 为半径画圆，得到以 Current 栅格为中心的圆环，在中心点落入该圆环内的栅格中，找出累加值最大的栅格。假设图12.2中绿色点所在栅格的累积值最大，并假设 $P2$ 为 Current 栅格中心点垂直方向上的点，θ_1 为 Current 点和 $P2$ 点连线与 Current 点与绿色点连线之间的夹角，则方向函数可以定义为：

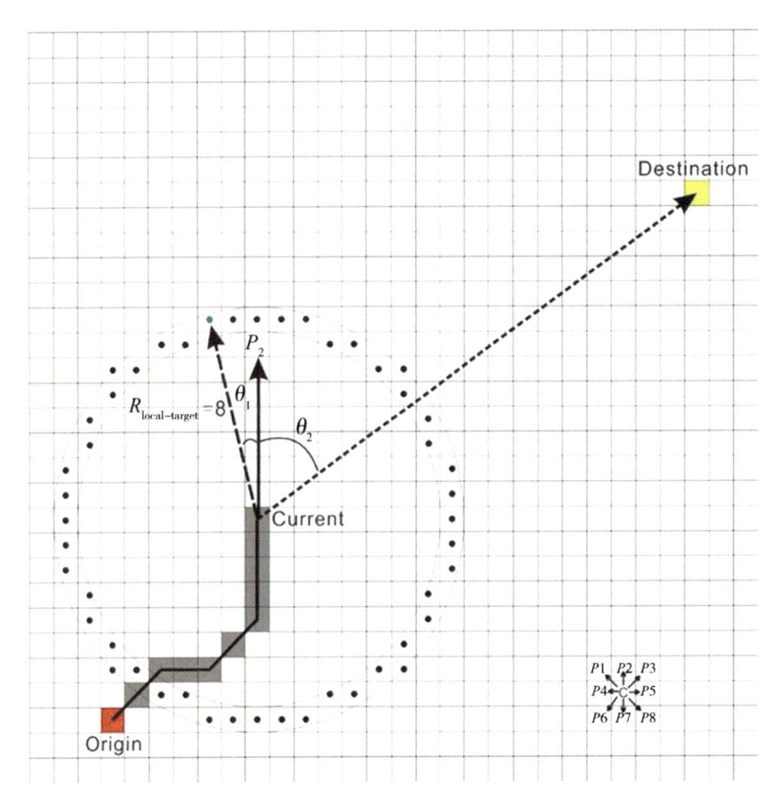

图 12.2　路径方向的引导示意（Li et al.，2009）

$$Angle_{Gi} = \exp[w_{local\text{-}target} \times \cos(\theta_1) + w_{destination}\cos(\theta_2)] \quad (12.2)$$

式中：$w_{local\text{-}target}$ 和 $w_{destination}$ 分别为 local-target 栅格方向的权重和 Destination 栅格方向的权重。在算法的方向设计上，我们倾向于这样认为，当 Current 前栅格附近的累加值的最大值较小时，蚂蚁在这些区域逗留不会增加适应度函数值，应该直接向 Destination 栅格前进，而当蚂蚁距 Destination 栅格较远时，蚂蚁应向四周探索，努力寻找那些能使适应度函数值增加的区域。

3. 信息素子模型

在蚂蚁构造路径的过程中，采取八邻域方式，由于这 8 个栅格距离很近，所以其信息素值大小一般情况下都十分接近。如果通过这 8 个相邻栅格上的信息素来引导蚂蚁的行走，相似的信息素发挥不了应有的作用，大多数情况下会变成一种随机选择。为了放大这 8 个栅格之间信息的差别，定义信息素变量 $R_{pheromone}$，并采取如图 12.3 所示的方式，将当前栅格按图示分为 8 个区域，并分别以 $R_{pheromone}-0.5$ 和 $R_{pheromone}+0.5$

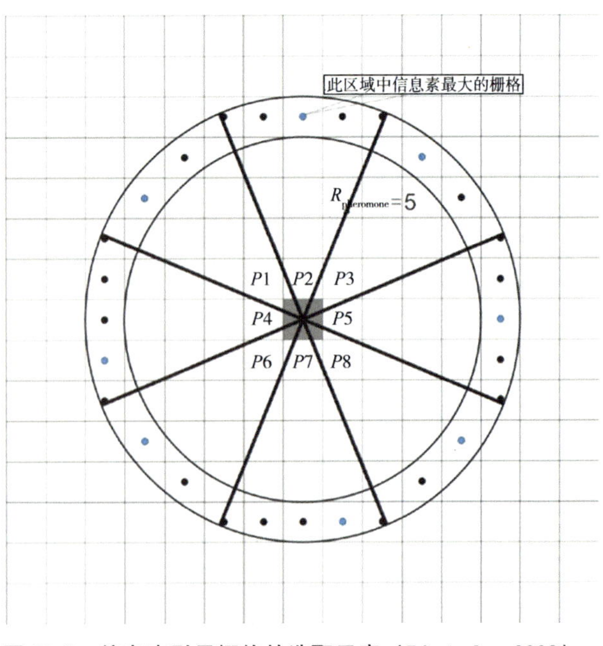

图 12.3　信息素引导栅格的选取示意（Li et al.，2009）

为半径画圆，圆环也被分为8个区域。在每个区域中，从中心点落在圆环内的所有栅格中，找出信息素最大的栅格，如图中蓝色点所在的栅格，以这些栅格的信息素浓度来引导蚂蚁行走。

4. 信息素更新策略

蚂蚁在经过的地方留下信息素，以引导后续蚂蚁的行走，这是蚁群算法的灵魂所在。在旅行商问题（traveling salesman problem，TSP）的求解过程中，一次迭代，一条路径可能被多只蚂蚁经过，按照基本蚁群算法的信息素更新方式，每只蚂蚁经过，都会增加该路径上的信息素。通过实验发现，本模型采用这种传统方法来更新信息素，蚂蚁很容易陷入局部最优，而失去向最优路径进化的可能。因此本研究在信息素更新策略上做了改进，在一次迭代过程中，如果多条路径经过某栅格，则采用适应度值最大的路径来更新该栅格的信息素浓度。这种更新方式倾向于，在经过区域按已获取的较优路径来指导路径构造，同时可以有效地防止算法过早收敛。

为保持算法的多样性，使蚂蚁在所有迭代过程中找到的较好的路径都能够发挥作用，从而保证蚂蚁具有不断向最优解进化的可能。基本蚁群算法的信息素更新策略是按当前迭代过程中蚂蚁走过的路径来更新信息素，而在本研究的模型中，先设定一个阈值，对于任意一个栅格，只要之前有蚂蚁经过该栅格，且蚂蚁经过路径的最大适应度值大于设定的阈值，就根据最大适应度值的路径来更新信息素。此外，为了防止算法过早收敛于某几条或某一条局部最优路径，采取小窗口的方式更新信息素。其具体实现如下，如选取一个3×3的窗口，该小窗口共有9个栅格，每个栅格都有与其对应的一条最优路径，只对路径适度值较大的几个栅格更新信息素，其余的不予考虑。

12.1.2 模型验证及应用

以广州市城区2003年街区尺度的人口普查数据为实验数据，测试模型的有效性。GIS提供了空间优化模型所需要的基本空间数据，根据人口普查数据和街区边界的矢量空间数据，可以很方便地计算出每个街区内的平均人口密度。在模型运行前，需要将矢量数据转为栅格数据，栅格的分辨率为100 m×100 m。

通过对模型进行多次迭代更新，得到模型的平均适应度值和最大适应度值的变化情况（图12.4）。可以发现，蚁群算法在路径优化过程中能够得到较好的收敛，由图12.4可知，平均适应度值和最大适应度值在迭代的最初阶段都迅速增加，当迭代次数在100～120时，其值达到稳定。从空间上的实验结果来看（图12.5），模型得到的不是单一的优化结果，在重复的随机实验过程中，主要有2种类型的路径优化方案反复出现，虽然这些解的形状相差较大，但它们的适应度值相差较小。这也表明本研究提出的方法对最优结果有较强的探索能力。

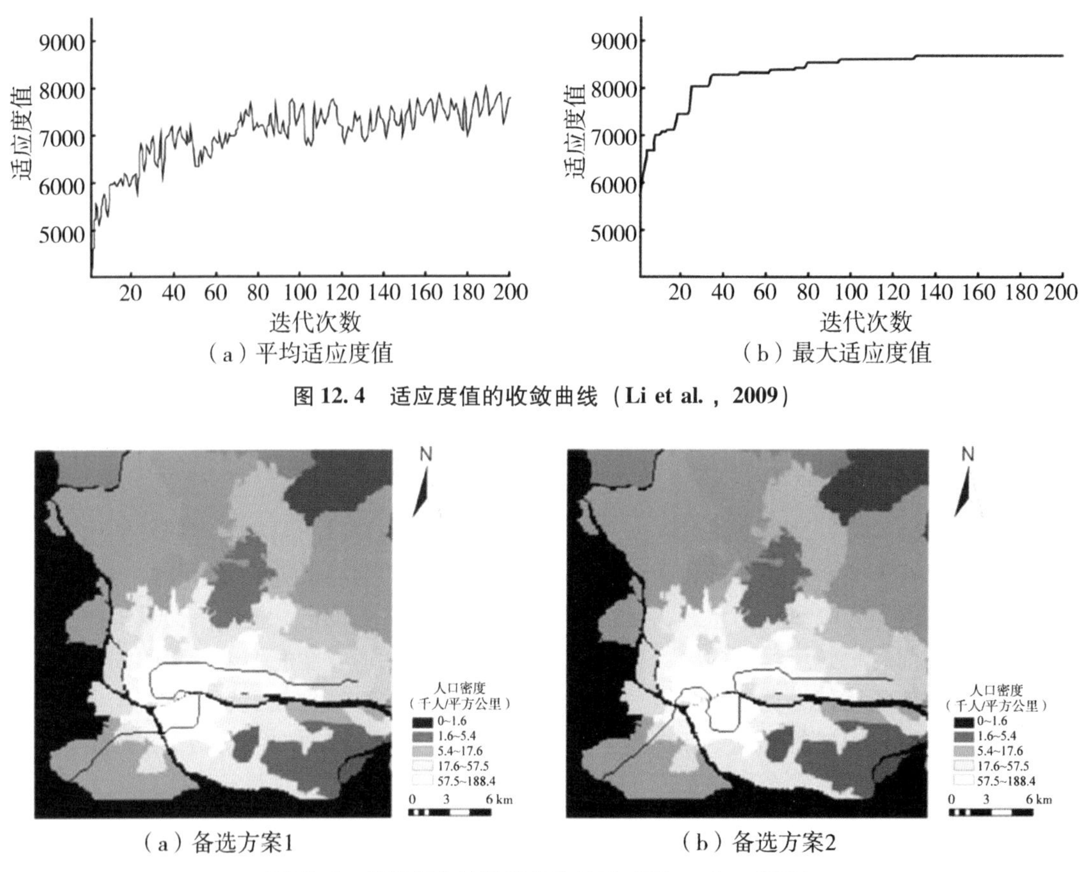

（a）平均适应度值　　（b）最大适应度值

图 12.4　适应度值的收敛曲线（Li et al.，2009）

（a）备选方案1　　（b）备选方案2

图 12.5　模型优化的线路备选结果（Li et al.，2009）

将本模型与其他算法进行对比，包括 dijkstra 算法以及 dijkstra 算法的缓冲后处理结果。通过多种方法适应度值的对比情况（图 12.6），可以看出，直线路径具有最小的适应度值，对dijkstra 路径相直线适应度值有较大的提高，dijkstra（缓冲）路径相较 dijkstra 适应度值有小幅度的提升，而本研究所提出的基于蚁群算法的模型找到的路径具有最大的适应度值（平均值）。由于 dijkstra 算法一般用来解决累加路径的最小值问题，小于本研究的模型所得适应度值在预料之中。

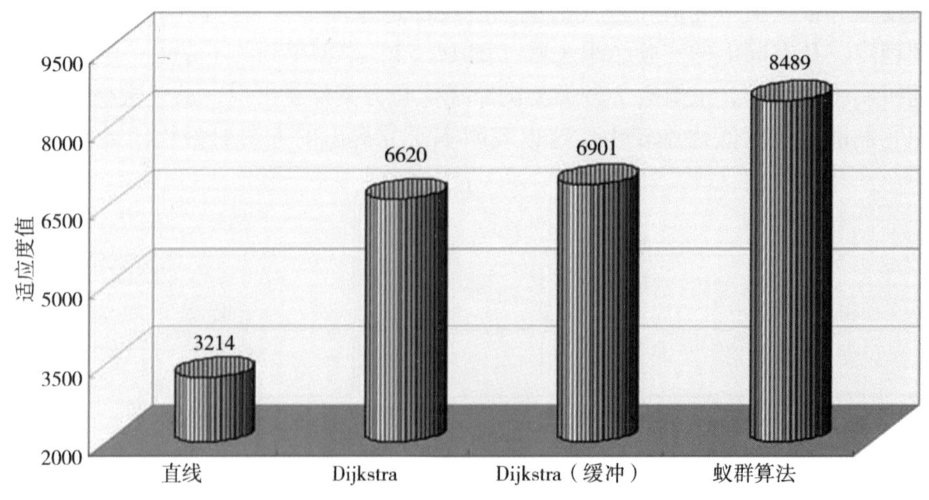

图 12.6　不同方法选线结果的适应方法度值对比（Li et al.，2009）

综上所述，在城市规划中，线路的选择和优化是一个重要的问题。很多时候，我们需要在没有已知路网的情况下构造一条全新的线路。为了解决这个问题，本研究提出了一个新的目标函数，即单位长度覆盖最大化。在传统的线路累加方法无法很好地解决这类问题的情况下，根据所要解决问题的具体特征，引入与问题极为类似的智能式搜索算法——蚁群算法，为适应问题的求解，对基本蚁群算法进行了较大的改进，建立一个线路构造的模型。实验结果表明，本研究提出的模型在3组数据的实验中取得了较好的结果，该模型对线路优化问题进行了有意义的探讨，为这类问题的解决提供了一种新的思路。然而，模型的运算量较大，进行一次完整的线路优化需要近4个小时。因此，如何改进模型，提高模型的运行效率，使模型应用在更大数据量的数据底图上（区域更大或者底图分辨率更高）都能够在合理的时间内取得满意的结果，将是未来研究的方向之一。此外，进行真实线路的优化需要考虑更多的条件，如山体和水体等限制性条件、地质条件、已知的路网条件等，如何综合考虑各种条件进行线路优化也是后续需要考虑的问题。

12.2 基于多智能体的面状土地利用格局优化

空间面状地物的优化问题主要涉及通过空间搜索对区域内的面状地物进行优化，使其位置和形状达到最优，如土地利用规划和生态保护区规划等。与空间点状地物优化和空间线状地物优化不同，空间面状地物优化不仅需要达到位置最优，还需要达到形状最优。因此，空间面状地物优化涉及复杂的空间信息计算，是一类极为复杂的空间决策与优化问题。传统的地理信息系统（GIS）方法无法完成空间面状地物优化的复杂计算任务。因此，有必要引入智能方法来帮助解决复杂的空间计算问题。本节将以土地利用格局优化为例，阐述基于多智能体的优化模型在面状地物优化问题中的应用。

在快速发展的国家，大量的农业用地被转化为城市用地，这导致了一系列环境问题，如土壤侵蚀、洪水以及备用土地存量不足（Li and Liu，2008）。因此，迫切需要开发出能够满足多目标的土地利用规划工具，以缓解各地区的土地利用冲突。土地利用规划是将具体的土地利用活动分配到适当的土地单元的过程（Stewart et al.，2004）。由于它涉及许多的区位特征（如适宜性、成本、环境影响等）和形态特征（如紧凑性、连通性等），因此，它是一个非常复杂的规划问题（Cova and Church，2000）。在处理这些问题时，通常要使用栅格格式的土地利用适宜性图层。然而，当需要确定一个适合的区域而不仅仅是一个单独的栅格时，仅依靠适宜性图层是不够的（Brookes，1997）。因此，需要设计相应的算法和模型来生成可行的规划方案。这就是智能算法在土地利用格局优化中的作用所在，它们能够处理复杂的规划问题，生成满足多目标的土地利用规划方案。这对于解决当前土地利用冲突和实现可持续的土地管理具有重要的意义。

本节将介绍如何利用多智能体系统来解决土地利用规划问题。与以往的研究不同，优化和分配这2个部分将被紧密地联结在一起。此外，该模型能够通过十分简单的智能体行为来生成土地利用优化方案，大大简化了建模过程。该模型的基本思路是：给定用地数量，通过智能体的决策行为和相互作用来呈现出一个优化的空间格局。其核心问题是定义智能体的行为准则。在本模型中，土地利用适宜性和形态约束这两类在大多数情形下都是矛盾的目标将以适应度函数的方式嵌入到智能体的决策行为中。

12.2.1　主要方法

在本模型中，每个智能体都代表一个独立的决策个体，负责确定一个土地利用单位的空间位置。如图 12.7 所示，模型的运行流程如下。

（1）初始阶段：智能体的空间位置随机给定，数量根据给定的用地量来确定。

（2）迭代步骤：在每一次的迭代步骤中，智能体利用适应度函数来找出若干候选位置中的最佳位置，然后与当前位置进行比较，以确定是否需要移动。

（3）格局评价：所有智能体完成决策后形成的格局，将通过另一个函数进行评价，以确定其作为规划方案的合理性。

（4）结束条件：当满足预设的结束条件时，模型停止迭代。

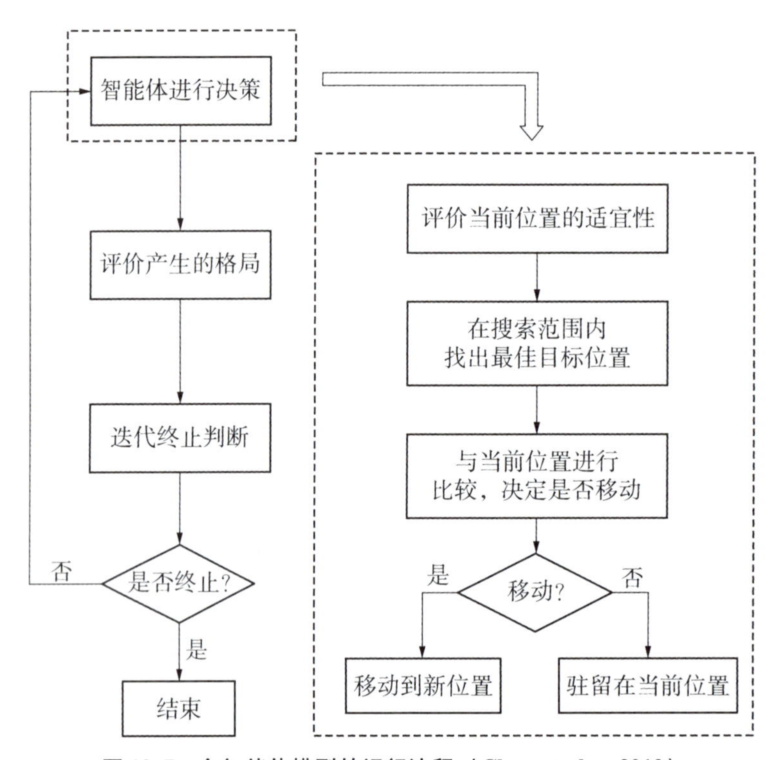

图 12.7　多智能体模型的运行流程（Chen et al.，2010）

1. 智能体行为的定义

模型中智能体根据适应度函数来衡量某个空间位置是否值得占据。适应度函数由两部分构成：土地利用适宜性 v 和空间效益 c 。

$$f = w_v \times v + w_c \times c \tag{12.3}$$

式中：w_v 和 w_c 为权重并满足 $w_v + w_c = 1$ 。土地适宜性数据可以通过 GIS 中的叠加分析工具来获取。空间效益变量 c 促使智能体在空间上相互聚集，具体由式（12.4）来确定：

$$c = \frac{\sum_{i \in \Omega} x_i \exp\left(-\frac{d_i}{\gamma}\right)}{\sum_{i \in \Omega} \exp\left(-\frac{d_i}{\gamma}\right)} \tag{12.4}$$

式中：x_i 为二值判别变量，当一个位置被智能体占据时为 1，反之为 0；Ω 表示中心智能体的邻域；d_i 为邻域内的智能体 i 到中心智能体的欧氏距离；γ 是一个取值范围为［1，10］的补偿系数。式中对空间效益变量 c 的构建具有三方面的作用：首先，它加速了智能体相互聚集形成聚类；其次，由于考虑了空间距离，由矩形邻域造成的模拟偏差也被消除；最后，连通性的要求也得到满足。

权重系数 w_v 和 w_c 对模型的结果确实非常敏感：当 $w_v=0$ 时，智能体只考虑空间效益，整体格局将由初始阶段的随机分散演化成单一的、紧凑的聚类。由于土地利用适宜性没有起到任何作用，最终聚类的空间位置是完全不确定的。相反，如果 $w_v=1$，即智能体只考虑土地利用适宜性，那么最终区域中土地利用适宜性最高的位置都将被智能体占据。一旦土地利用适宜性图层给定，区域中适宜性最高的位置也将随之确定，无论模型运行多少次，最终的格局都是一样。因此，当 w_v 的数值趋近于1的时候，模型运行结果的随机性也随之降低；相反，当 w_v 的数值趋近于0时，模型运行结果的随机性随之增加。w_v 数值改变带来的另外一个作用则比较直观。在实际情况中，通常很难保证一个覆盖最适宜的位置同时保持了形态上的紧凑。随着权重数值的变化，模拟结果的空间特性将呈现出明显的不同。当 w_v 数值非常低时，最终格局将十分紧凑，但忽略了土地利用适宜性目标；相反，当 w_v 数值非常高时，尽管选中了全部最适宜的位置，但在格局上却十分分散。显然，最优的格局一定是对这两种极端情况合理权衡的结果。

在决定是否留在原地或移动到新位置之前，智能体必须收集相关的位置信息。这些位置信息包括局部信息和全局信息两部分。局部信息指智能体在当前位置的邻域中其他位置的信息。智能体根据适应度函数值来确定邻域中的最佳位置。然而，这并不足以使智能体做出恰当的决策，尤其是在整个区域内存在多个数值高峰的情况下。因此，智能体还需要获取一定的全局信息。根据地理学第一定律（Tobler's first law），距离越近的地理实体相关性越强（Tobler，1970）。基于这种思想，可以通过以下方式为智能体提供适量的全局信息：随机选择一个边界智能体，并找出这个边界智能体的邻域中适应度最高且空闲的位置。由于被选中的智能体当前所处的位置是上一次迭代时根据所获得的信息做出的最佳决策，因此，根据地理学第一定律，其周围的位置也很可能是适应度函数值较高的位置。选择边界智能体而非任意智能体的原因在于，如果选中的是非边界智能体，那么其邻域可能已经没有空闲位置了。因此，出于效率考虑，每次只在边界智能体中进行随机选择。所得出的结果称为全局候选位置，与之相对的，根据局部信息得出的结果为局部候选位置。比较两者的适应度，适应度较高的作为最终的目标位置。最后，如果目标位置的适应度高于当前位置，那么智能体移动到目标位置的概率可以通过式（12.5）计算：

$$P=\frac{\exp(\Delta)}{\exp(1)} \tag{12.5}$$

式中：Δ 是目标位置和当前位置的适应度差值。利用一个取值范围为［0，1］的随机数 r 作为指针，若 r 大于 P，则智能体移动到目标位置；反之，则驻留在原地。

2. 模拟格局评价

每次迭代结束之后产生的格局，可以通过土地总体适宜性和格局总体空间效应对其进行评价，定义 F 函数，以综合两类目标的实现程度：

$$F=SV-SL \tag{12.6}$$

$$SV=\frac{\sum_{i=1}^{n} v_i}{V_{\text{maxsum}}} \tag{12.7}$$

$$SL = \frac{L_{\text{sum}} - L_{\text{minsum}}}{L_{\text{maxsum}} - L_{\text{minsum}}} \tag{12.8}$$

式中：SV 为土地总体适宜性，通过最适宜位置的适宜性总和 V_{maxsum} 对模拟结果的适宜性总和 $\sum_{i=1}^{n} v_i$ 进行标准化取得；SL 是对模拟结果空间效益的评价，在面积给定的情况下，圆形是最紧凑、周长最短的形态。因此，根据规划的用地量，可以计算当整体格局最紧凑时的周长 L_{minsum}；相反，当另外一种极端情况发生时，即每个智能体都作为孤立智能体存在，整体格局的周长最长，以 L_{maxsum} 表示。L_{sum} 为实际模拟结果的周长。简而言之，模拟结果的优越性随着 SV 的增加和 SL 的减小而上升。

12.2.2　模型实际应用

将本模型应用到广州市番禺区。许多研究表明，珠江三角洲快速的土地利用变化已经导致了一系列问题（Yeh and Li，1997；Li and Yeh，2000）。根据 Seto 等（2002）的研究可知，1988—1996 年，珠江三角洲的城市用地增长超过了 300%，大致 25% 的新增城市用地来自自然植被和水体，地区政府已经意识到这种趋势将会对未来的发展造成威胁。番禺的发展趋势与之相似，大量的自然植被被转化为城市用地，急需建立自然植保护区来维持环境质量和未来发展的资源供给。可以利用本模型生成多种保护区规划方案，并进行比较以找出最合适的方案。

土地利用适宜性图层所需的数据均为栅格数据，包括 NDVI 指数、距城镇中心距离、距高速公路距离、距一般道路距离、坡度和局部城市用地密度，分辨率均为 100 m，数值范围均归一化为［0，1］。其中，归一化后的 NDVI 指数作为植被质量指标 S_{veg}。任何保护环境的行动都不能以牺牲地区的未来发展为代价，适宜性计算也必须考虑城市未来的发展潜力 S_{dev}，可以通过层次分析方法计算得到。因此，每一个栅格作为保护区的适宜性 S 可以通过式（12.9）计算得到：

$$S = S_{\text{veg}} - S_{\text{dev}} \tag{12.9}$$

设定智能体数为 2000 个，并设定适宜性权重 w_v 从 0 至 1 按 0.1 为间隔递增，再按间隔分别取值测试模拟结果的紧凑程度与 F 函数值。模拟结果如图 12.8 所示，可以发现，当 w_v 的数值小于 0.3 时，均生成了一个具有高度紧凑性的聚类。此后，随着 w_v 数值的增大，适宜性变量的作用越来越大。当 w_v 为 0.4～0.8 时，尽管紧凑度下降了，但与此同时所获得的适宜性总和大大增加。当 w_v 非常接近 1.0 时，起决定性作用的是适宜性变量，此时整体格局呈现出越来越破碎的变化趋势。最后，利用式（12.6）评价所有的模拟结果，以找出一个较为合适的参数取值范围。如图 12.9 所示，当 w_v 的数值为 0.5～0.8 时模拟结果的 F 函数取得最高值。

在上述模拟结果的基础上，额外设置了不同数量的智能体，包括 8000 个、15000 个和 23000 个，大致占番禺总面积的 10%、20% 和 30%，并模拟其最优格局。同时，将该多智能体模型与 Santé-Riveira 等（2008）提出的 SA（simulated annealing）算法得出的结果进行对比（图 12.10）。通过两者的对比可以发现，SA 算法虽然可以找出区域中最适宜的位置并保证连通性，但由于空间效益约束的缺失使得整体格局不够紧凑，导致其 F 函数值低于多智能体模型生成的格局（表 12.1）。

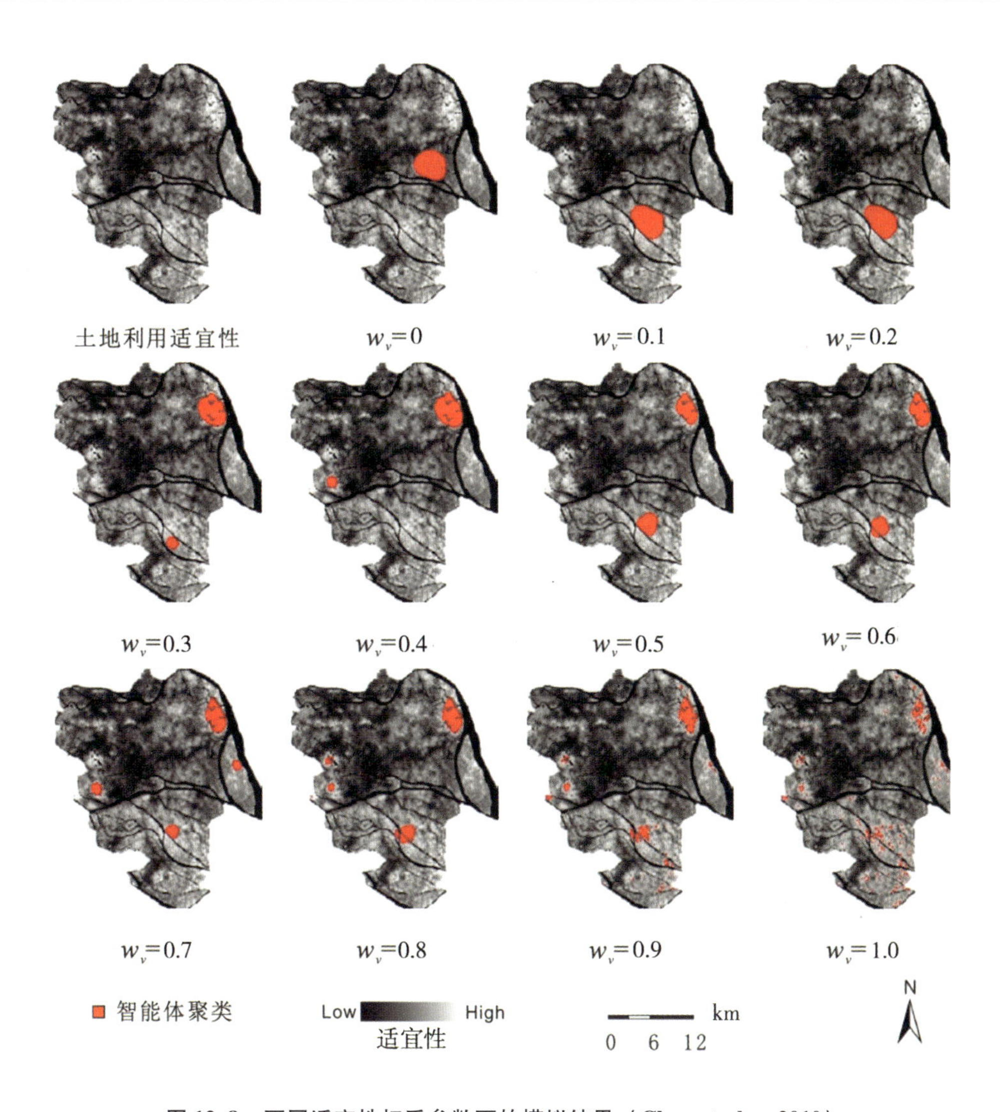

图 12.8 不同适宜性权重参数下的模拟结果（Chen et al.，2010）

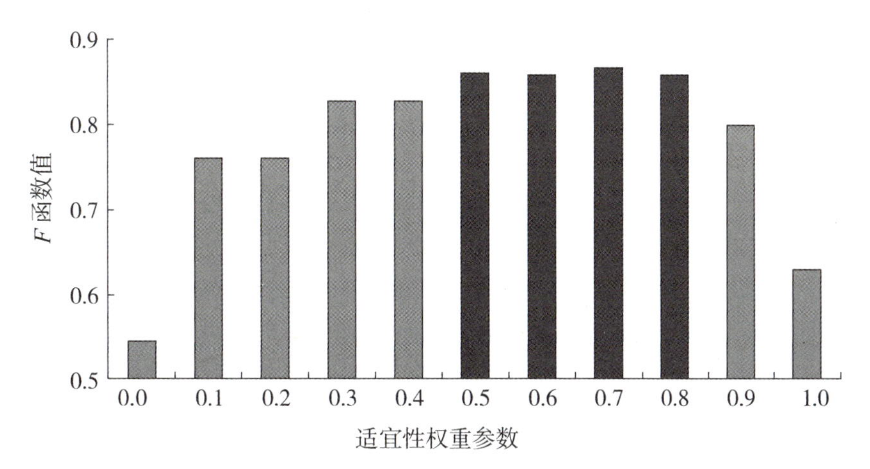

图 12.9 不同适宜性权重参数下 F 函数值的变化（Chen et al.，2010）

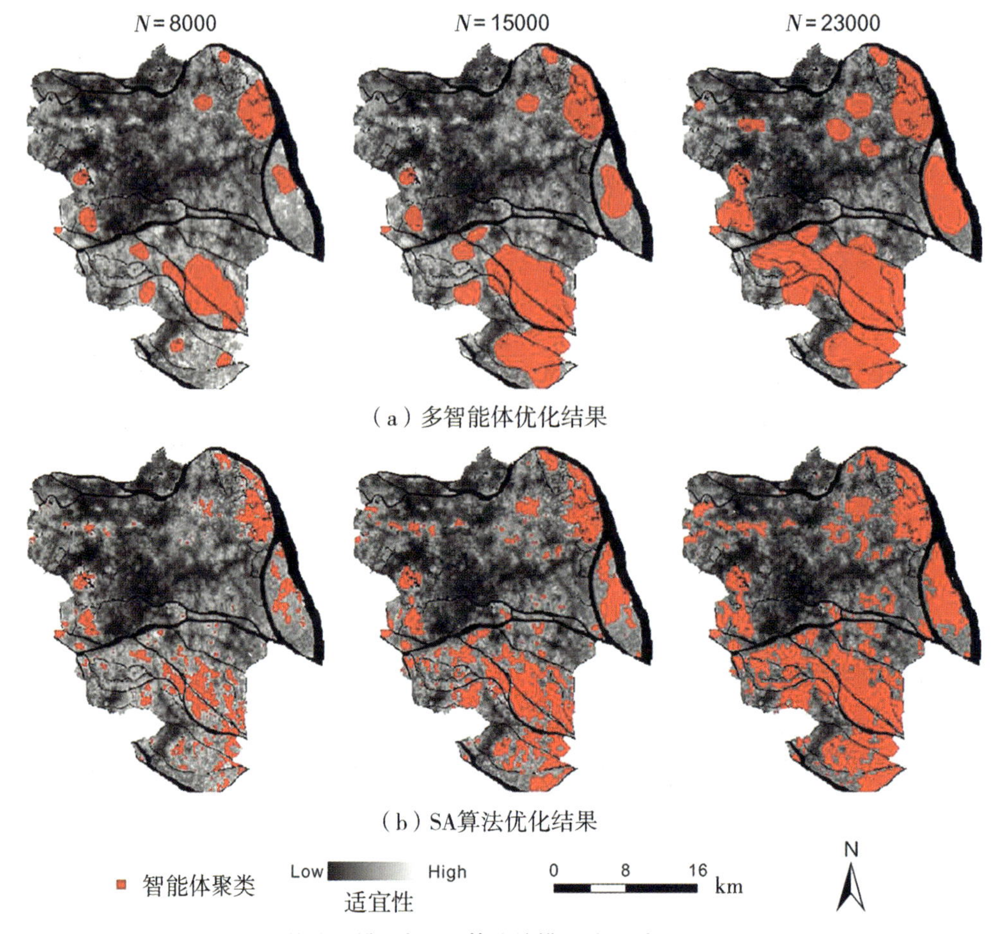

图 12.10　多智能体优化模型与 SA 算法的模拟结果对比（Chen et al.，2010）

表 12.1　不同智能体数量的模拟结果及模型对比（Chen et al.，2010）

指标	模型	智能体数量		
		8000	15000	23000
F 函数值	多智能体模型	0.8798	0.9036	0.9112
	SA 模型	0.8136	0.8586	0.8877
运行耗时（s）	多智能体模型	956	1500	2091
	SA 模型	2787	3104	3763

综上所述，本节介绍了如何利用多智能体来解决复杂优化问题，所提出的智能体模型通过个体决策来寻找一个连续的、优化的区域作为植被保护区。规划目标以适应度函数的形式嵌入智能体的行为中，最终的优化结果是通过所有个体的空间决策过程得到的。同时也定义了一个评价函数来衡量最终格局的优劣。将该模型应用于广州市番禺区生成植被保护区规划方案。模拟结果表明，当适宜性权重为 0.5～0.8 时所获得的格局是最好的。通过将该模型的模拟结果与 SA 算法得到的格局进行比较发现，SA 算法由于没有空间效益约束，产生的格局缺乏必要的紧凑性，而多智能体模型能在保证紧凑性的同时，达到较高的目标效用，非常适合解决此类土地利用规划问题。

第 13 章　大数据驱动下的城市交通出行研究

全球城市化进程的加快促进了城市人口的持续增长和城市居民的人均机动车持有量的逐渐提高（Sung et al.，2014；Li et al.，2020a），加剧了交通拥堵、温室气体过量排放等一系列城市问题（Chiou et al.，2015；Li et al.，2018）。根据国际能源组织（International Energy Agency，IEA）的统计数据，2016 年全球排放的二氧化碳（CO_2）中有接近 1/4 是来自于交通。虽然目前中国交通部门统计的 CO_2 排放量占比相对全球而言并不高，但其增长速度却远高于其他部门（杨文越、曹小曙，2019）。近年来，我国机动车保有量的不断增加和交通方式结构的不合理，使得我国交通领域的碳排放量持续以 5% 的年增长速度增长（刘清春 等，2021），给交通碳减排带来了严峻的挑战（Wang et al.，2018）。因此，开展城市交通出行研究对于实现交通领域碳减排具有重要的意义。

近年来，随着互联网和信息科技技术的进步，大数据热潮兴起，为城市交通出行研究带来了新的机遇。新技术的发展，为获取多源时空大数据提供了可能（傅伯杰，2017）。具有大容量、大范围、细粒度分辨率、个体关联等优势的多源时空大数据，为从微观、人文社会视角理解人类活动和出行模式提供了新的支持（Kitchin，2013；刘瑜，2016）。如何利用海量出行大数据，探讨轨道交通和共享单车等低碳交通出行行为的影响机制，是优化城市空间结构和出行结构、促进城市交通可持续发展的重要基础。

本章基于地铁 IC 卡刷卡数据、共享单车数据等海量多源时空大数据，采用线性回归模型、地理探测器模型、机器学习模型等方法，开展了大数据驱动下的交通出行影响因素研究，并获得了建成环境对轨道交通出行的影响、共享单车骑行影响因素的交互机制、建成环境与道路条件对共享单车骑行影响的非线性效应等几个典型模型应用实例。

13.1　模型与方法

13.1.1　线性回归模型

普通最小二乘法（ordinary least squares，OLS）是站点客流预测中最基本的、应用最广的一种模型。其方程为：

$$y = \beta_0 + \beta_1 x_1 + \beta_2 x_2 + \cdots + \beta_p x_p + \varepsilon_i \tag{13.1}$$

式中：y 为因变量；β_0 为常数；β_1、β_2，⋯，β_p 为系数；x_1、x_2、x_p 为自变量；ε 是整个回归模型的随机误差项。

普通最小二乘法的不足在于其系数一旦确定是不会随着位置的变化而变化的，是基于全域的均一均质面，但在研究过程中，研究对象往往是具有空间异质性的。

地理加权回归（geographically weighted regression，GWR）是进一步考虑空间异质性的线性回归模型。与估计一组全局参数的 OLS 模型相比，GWR 将空间分异纳入回归模型解释变量的系数估计中（Chiou et al.，2015）。变量 β_k 的系数因位置而异，并由特定位置的空间坐标（u_i, v_i）所定义。其典型解释变量 y_i 的值是根据式（13.2）计算的（Fotheringham et al.，1998）：

$$y_i = \beta_{i0}(u_i, v_i) + \sum_{k=1}^{p} \beta_{ik}(u_i, v_i) x_{ik} + \varepsilon_i \tag{13.2}$$

式中：$\beta_{i0}(u_i, v_i)$ 表示样点 i 在（u_i, v_i）处的估计截距；p 为自变量的个数；x_{ik} 为样点 i 的第 k 个自变量；$\beta_{ik}(u_i, v_i)$ 是自变量 x_{ik} 的估计系数；ε_i 为样点 i 的随机误差。通常采用加权最小二乘法来估计局部参数 $\beta_{ik}(u_i, v_i)$，且需要空间加权函数和带宽。

GWR 的估计值是随着空间权值 W_{ij} 的变化而变化的，空间权值 W_{ij} 的估计至关重要。实际研究中常用的计算矩阵为空间距离权值中的高斯距离权值，计算式如下：

$$W_{ij} = \exp\left[-\left(\frac{d_{ij}}{b}\right)\right]^2; \quad j = 1, 2, \cdots, n \tag{13.3}$$

式中：d_{ij} 是第 i 个和第 j 个样本之间的距离；b 是带宽。

在本章案例中，将应用 GWR 模型探讨轨道交通出行影响因素的空间异质性（Li et al.，2020）。

13.1.2　地理探测器模型

地理探测器是定量分析空间分异性及其驱动因子影响机制的一种空间统计学模型方法（王劲峰、徐成东，2017）。该模型的基本原理是假设各自变量对因变量具有影响力/解释力，则各自变量与因变量的空间分布也具有较强的一致性。地理探测器模型包括 4 个子模型，分别是因子探测器、交互探测器、生态探测器与风险探测器（王劲峰、徐成东，2017）。其中应用最广的是因子探测器与交互探测器，前者主要应用于量化空间分异驱动因子的影响力大小程度，后者主要应用于量化驱动因子两两间共同对空间分异产生的交互影响作用力。

（1）因子探测器的基本作用是定量分析某地理现象空间分异背后驱动因子的影响力大小，通过 q 值结果衡量，即分别计算某因子在全区的总方差（total sum of squares，SST）和在次级区域内的方差之和（within sum of squares，SSW）。其计算式为：

$$SSW = \sum_{h=1}^{L} N_h \sigma_h^2 \tag{13.4}$$

$$SST = N\sigma^2 \tag{13.5}$$

$$q = 1 - \frac{\sum_{h=1}^{L} N_h \sigma_h^2}{N\sigma^2} = 1 - \frac{SSW}{SST} \tag{13.6}$$

式中：$h = 1, 2, \cdots, L$ 表示因变量或自变量的分层；N_h 和 N 分别为 h 区和全区的单元数；σ_h^2 和 σ^2 分别是 h 区和全区因变量 Y 值的方差。q 值的域值范围为 $[0, 1]$，值越大表示该因子对共享单车骑行时空分布的影响力越大。

（2）交互探测器的基本作用是量化驱动因子两两之间对某地理现象空间分异性产生的交互影响作用力，即量化驱动因子 X_1 和 X_2 共同影响作用时是否会增强或削弱单因子独立作用对因变量空间分异的影响。首先，其计算原理是量化 2 个驱动因子 X_1 和 X_2 的独立影响力，即对因变量 Y 的 q 值：$q(X_1)$ 和 $q(X_2)$。其次，量化 2 个驱动因子相交时的 q 值：$q(X_1 \cap X_2)$。最后，比较 $q(X_1)$、$q(X_2)$ 和 $q(X_1 \cap X_2)$ 的大小差异。在本章的案例中，将应用地理探测器模型探讨共享单车出行影响因素的独立作用和交互作用（Gao et al.，2021）。

13.1.3 梯度提升决策树模型

梯度提升决策树（gradient boosting decision tree，GBDT）是一种基于提升（boosting）策略的集成学习方法。其中，集成学习是机器学习方法中的一个重要分支，其实现方法是通过多个弱学习器构建一个鲁棒性更强的学习器，而提升则是一种集成学习策略，主要通过逐一迭代多个相互依赖的弱学习器，并在迭代过程中不断逼近目标函数，进而实现模型训练精度的提高（Friedman，2001；Elith et al.，2008）。梯度提升决策树常用于解决回归或分类问题，当用于解决回归问题时，常以回归决策树作为弱学习器。其原理是根据选定的损失函数与梯度下降算法迭代学习新的决策树，以拟合上一棵决策树的预测结果与对应真实值的残差。其特点是各棵决策树之间层层递进、相互依赖，预测结果是所有决策树的预测值之和（图 13.1）。其中，梯度提升决策常用于回归分析的损失函数包括均方误差（mean-square error，MSE）、平均绝对误差（mean absolute error，MAE）等。

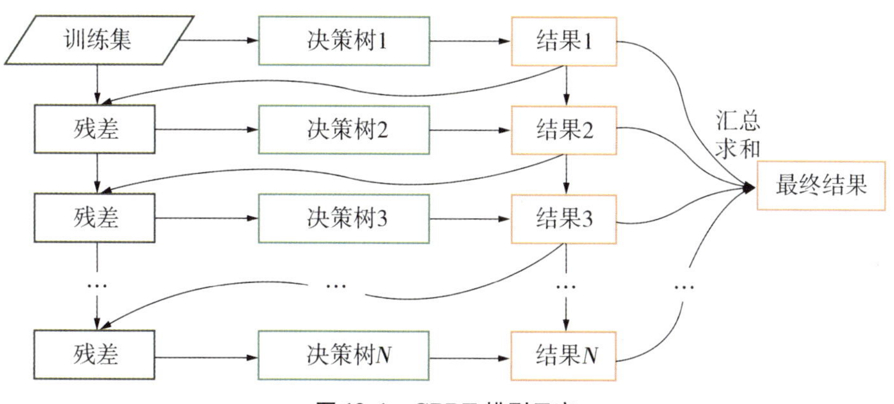

图 13.1　GBDT 模型示意

为了避免模型出现过拟合或欠拟合现象，通常需要对模型中的一些超参数进行微调，以提高模型精度。在可以微调的超参数中，除了前文提及的损失函数，决策树的数量决定了模型迭代优化的次数；学习率决定了每次迭代优化对最终模型的贡献权重；决策树的最大深度、叶子节点最少样本数、节点划分时的最大特征数会影响每棵决策树的复杂性；子采样率表示用于训练模型的数据集的比例。尽管子采样率在大多数情况下取值为 100%，但当它小于 100% 时（但通常也不低于 50%），能够在一定程度上减少方差，从而防止模型过拟合。

通过模型训练得到最终结果后，GBDT 等基于决策树的机器学习模型还可以通过相对重要性（relative importance）与部分依赖图（partial dependence plots，PDPs）进行模型的可视化解释。其中，相对重要性用于衡量某一特征（自变量）对每棵决策树非叶子节点分裂时的平均贡献（Friedman，2001），所有特征的平均贡献之和为 100%，该方法可以用于解释不同自变量对因变量的重要程度。部分依赖图能够可视化一个或两个自变量对因变量的非线性影响（Goldstein et al.，2015）。需要注意的是，部分依赖图的绘制是以变量间的相互独立为前提的，这就要求用于训练模型的自变量要尽量避免多重共线性，以提高解释结果的可信度。此外，对于数据分布更密集的区间，部分依赖图结果的可解释性更高。相反，对于数据分布稀疏的区间，应避免被过度解释。在本章案例中，将应用 GBDT 模型探讨道路尺度的建成环境因素与道路条件对共享单车骑行影响的非线性和阈值效应（Zhuang et al.，2022）。

13.2 模型应用

13.2.1 建成环境对轨道交通出行影响的空间异质性

城市轨道交通是一种有助于缓解交通拥堵、促进城市出行增长的高效公共交通方式（Zhao et al.，2013；Li et al.，2018）。当前我国轨道交通规划建设进入了快速发展阶段，探讨轨道交通客流量的影响因素在轨道交通规划和客流管理中发挥着重要的作用。其中，建成环境对轨道交通客流量的影响尤为复杂。许多研究通过 3D［Density（密度）、Diversity（多样性）和 Design 设计］（Cervero and Kockelman，1997）因素来探讨出行需求和建成环境之间的关系。本节通过地理加权回归（GWR）局部模型结合多源空间大数据探讨精细尺度的建成环境因素对广州地铁轨道交通客流量的影响，并探讨影响的空间异质性（Li et al.，2020）。

本节在 GWR 模型的基础上获取了轨道站点客流量的局部影响系数，利用 Moran's I 指数对 4 个因变量及其潜在预测因子进行空间自相关检验。研究发现，除体育用地变量外，其余指标均存在空间自相关性（$P \leqslant 0.05$），并呈现出聚集的分布状态。其中，就业密度、人口密度、特殊交通设施用地对地铁客流量的影响系数分布如图 13.2～图 13.4 所示。其中，就业密度对工作日、早出晚进模式客流量均有显著影响，其相应的空间异质规律如图 13.2所示。2 种模式下的南部、东部站点就业密度系数值低于中部、北部和西部的系数值，意味着广州市南部、东部郊区就业人口对轨道交通的通勤依赖程度较低，这与郊区的低地铁站密度、中部地区的高拥堵特征相关。

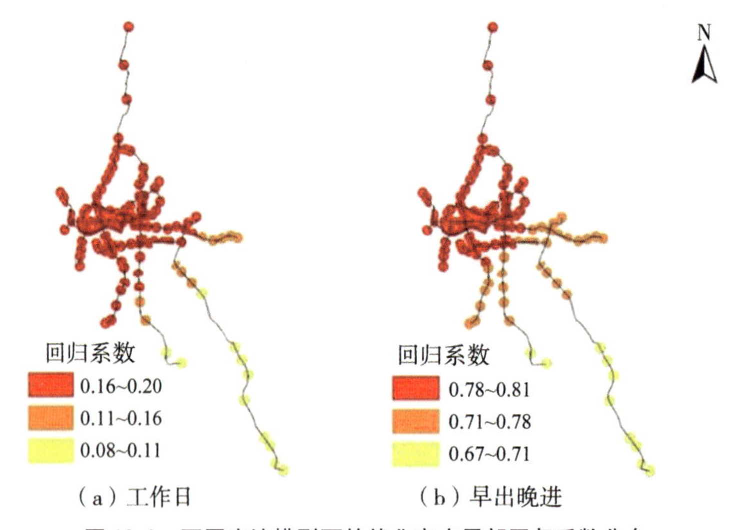

图 13.2　不同客流模型下的就业密度局部回归系数分布

图 13.3 显示了周末、早进晚出模式下人口密度因子与轨道交通客流量的局部回归系数。对前一种客流模式来说，高系数区域主要集中在中心城区，尤其是西部的老城区。由于该片区的商业、娱乐设施的聚集程度较高，故在周末时段会出现更为频繁的休闲出行现象。后一种模式的系数高值区则分布在南部番禺区、北部白云区境内的轨道 3 号线及番禺区的 2 号线沿站，这意味着这些片区的居民更依赖于地铁通勤，符合较多番禺区居民在市中心工作这一普遍事实。正是较长的通勤距离、相对昂贵的交通成本使该群体倾向于选择轨道交通这一出行方式。

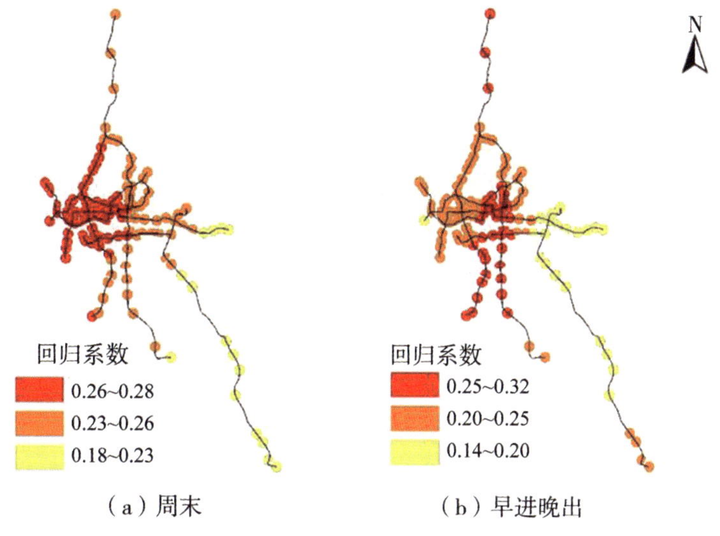

图 13.3 不同客流模型下的人口密度局部回归系数分布

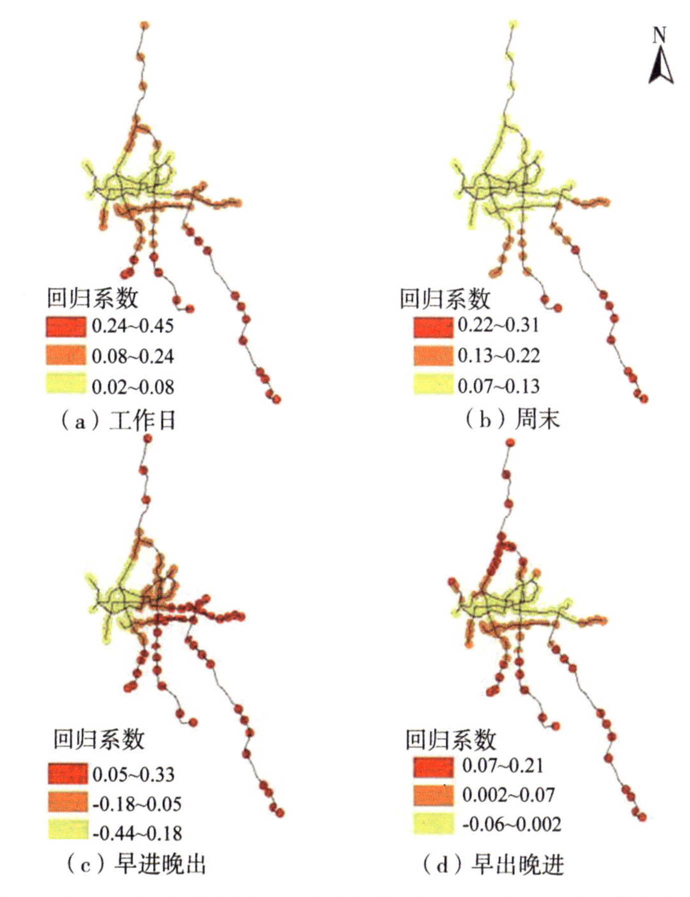

图 13.4 不同客流量模型下的特殊交通设施用地局部回归系数分布

图 13.4 显示了不同模式下特殊交通设施用地与轨道交通客流量的局部回归系数。其中，中部地区的特殊交通设施用地系数较小，而远离该片区的南部番禺区、南沙区的系数较大。由

于南部片区的轨道交通站点密度较低，故设置了公交站和停车场以方便居民接驳。这表明市郊的轨道交通乘客比市中心的乘客更加依赖交通接驳设施。机场、火车站则无法支撑特殊交通设施用地对多模式客流量的解释影响。黄埔区、白云区的轨道站点在不同模式中呈现出截然不同的客流影响。在早进晚出客流模式中，特殊交通设施用地对东部地区的影响与南部地区大致相同［图 13.4（c）］。此外，在早出晚进客流模式中，特殊交通设施用地对北部地区与南部地区的影响同样大［图 13.4（d）］。

13.2.2　共享单车骑行影响因素的交互机制

建成环境对共享单车骑行的影响因素的相关研究大多忽视了影响因子之间共同对因变量的交互影响力的分析，基于地理探测器模型可以定量分析共享单车骑行的影响因素。本节以深圳市为例，首先利用地理探测器模型的因子探测器探测建成环境因子对共享单车骑行影响的独立影响作用，然而利用交互探测器探讨因子之间的交互作用（Gao et al.，2021）。

1. 建成环境因子对共享单车骑行的独立影响作用分析

应用地理探测器模型中的因子探测器子模型，定量分析各建成环境因子对共享单车骑行总量、起点、终点分布的独立影响力，并对比工作日与周末的日差异结果，如图 13.5 所示。通过分析得到以下结论：①实时人口是影响共享单车骑行使用最大的因素，其影响力高于设施、交通与土地利用因素，印证了人口密度越集中的地区吸引或产生共享单车使用需求的能力越强；②交通可达方面，地铁站点分布因子对共享单车骑行起点、终点分布的影响力最大，表明深圳市共享单车骑行的主要换乘接驳方式是地铁换乘，而非公交换乘，说明了共享单车与地铁接驳出行是大都市普遍存在的一种出行方式，地铁站可达性与共享单车使用存在正相关关系。

2. 建成环境因子对共享单车骑行的交互影响作用分析

仅依靠各影响因子对骑行的独立影响力进行分析难以获取更多关于骑行影响因素的规律，需要进一步研究各建成环境因子对共享单车骑行的交互影响力。通过量化两两建成环境因子之间共同对因变量产生的交互影响力，对骑行起点、终点建成环境因子的交互影响因素进行分析，结果如图 13.5、表 13.1 所示。通过表 13.1 的数据发现：①周末早高峰时段“职业∩地铁”因子组对骑行终点的交互影响力比职业因子的独立影响力提高了超过 100%；周末晚高峰时段，“职业∩地铁”因子组对骑行起点的交互影响力比职业因子的独立影响力提高了 92.36%。这反映了深圳市的周末加班工作现象，且当公司附近有地铁站点时，周末加班的人仍然依赖地铁和共享单车接驳的出行方式。因此，周末高峰时段的共享单车骑行职住通勤需求不应忽视。

3. 建成环境与道路条件对共享单车骑行影响的非线性效应

近年来，诸多研究对建成环境影响共享单车骑行的机制展开了探讨，但是却少有研究在道路尺度上探讨建成环境对单车骑行的非线性效应。因此，本节以深圳市主城区为例，提出了一种顾及骑行轨迹的道路尺度共享单车出行量提取方法，并运用多源大数据对道路尺度上的影响因素进行量化。在此基础上，还运用梯度提升决策树（GBDT）及其特有的解释方法，探讨交通路况与建成环境对共享单车骑行在道路尺度上的非线性影响。

如图 13.6 所示，通过相对重要性的分析结果可以看出：交通路况在所有影响因素中总体贡献最高。在其下的变量中，机动车流量在 3 个时段的重要程度排名第一，表明道路的共享单车骑行量与机动车流量之间存在强相关性；机动车 $PM_{2.5}$ 排放量在工作日高峰时段的相

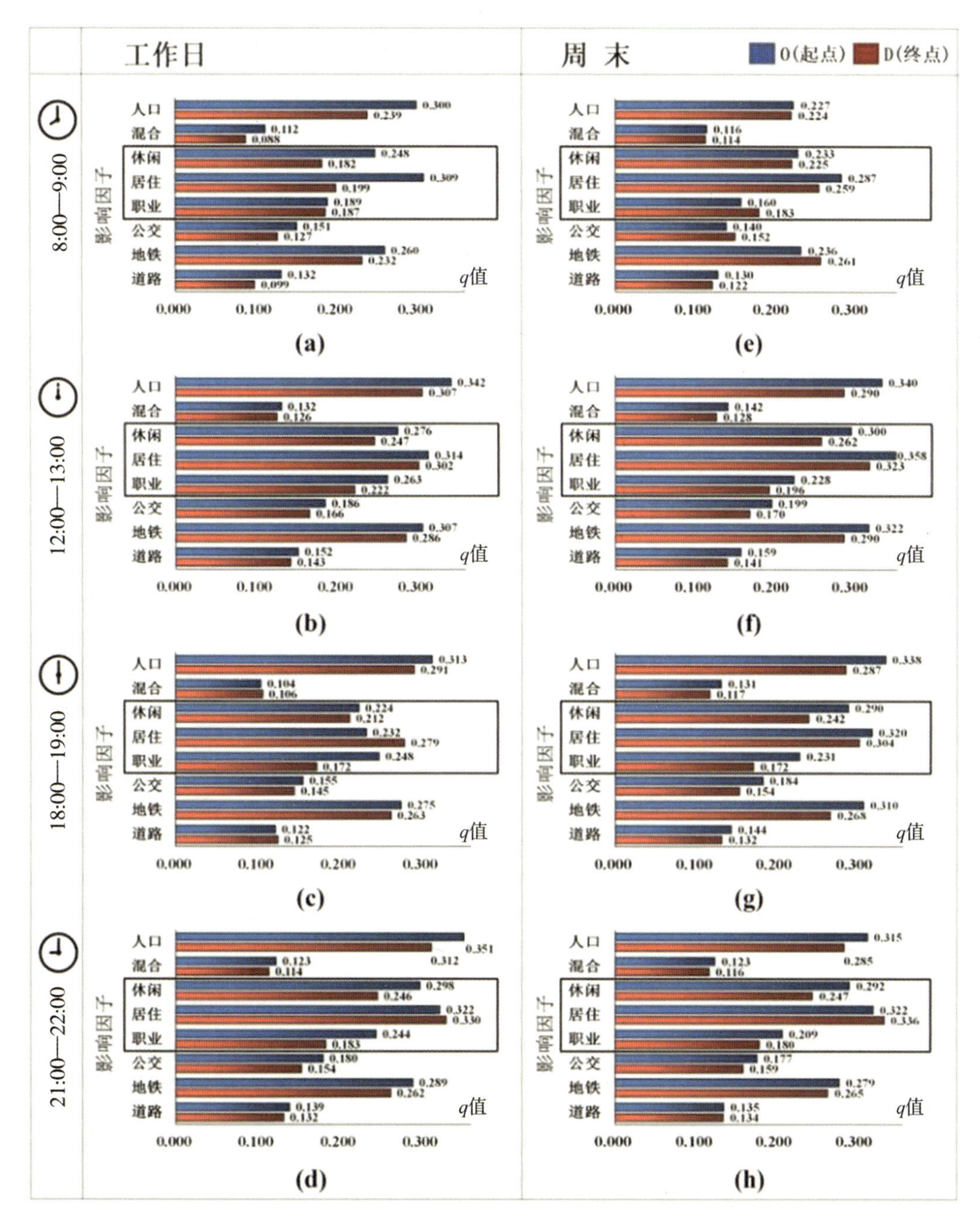

图 13.5　骑行起点、终点分布的建成环境因子独立影响因素分析各时段的结果

对贡献排名第二，表明通勤时段的共享单车骑行量与机动车 $PM_{2.5}$ 排放量关系紧密。密度因素的总体贡献仅次于交通路况，其中，休闲设施密度在休息日对单车骑行的影响显著；接驳距离则次于密度因素，其中，与最近地铁站点路网距离的解释贡献率要大于与最近公交站点路网距离。在此之后，多样性、道路设计与目的地可达性三者的重要性程度较为接近。

借助部分依赖图，本研究进一步探讨了共享单车骑行与影响因素之间存在的复杂关系。在交通路况方面，道路尺度的共享单车骑行量与机动车流量在 4 个时段下均呈正相关趋势［图 13.7（a）］。通过对各等级道路在不同时段下共享单车与机动车流量的统计也可以发现（图 13.8）：等级越高的道路，越可能同时出现较高的单车与机动车流量，其中城市主干道的平均骑行量约是支路的 2 倍。从图 13.7（b）中可以发现，道路尺度的共享单车骑行量与机动车 $PM_{2.5}$ 排放量之间的关系存在显著的时间差异：高峰时段呈正相关趋势，而非高峰时段呈负相关趋势，且工作日的变化趋势明显强于休息日。

表 13.1　周末影响因素的交互结果

日类型	时段	起点/终点	排序	交互因子	交互影响力	与地铁因子交互影响力的提高百分比
周末	8:00—9:00 早高峰	起点	1	娱乐 ∩ 地铁	0.392	68.19%
			2	居住 ∩ 地铁	0.387	34.80%
			3	人口 ∩ 居住	0.355	—
		终点	1	娱乐 ∩ 地铁	0.394	75.29%
			2	居住 ∩ 地铁	0.379	46.47%
			3	职业 ∩ 地铁	0.372	103.48%
	12:00—13:00 午间	起点	1	娱乐 ∩ 地铁	0.505	68.38%
			2	居住 ∩ 地铁	0.497	38.81%
			3	人口 ∩ 居住	0.460	—
		终点	1	居住 ∩ 地铁	0.448	38.70%
			2	娱乐 ∩ 地铁	0.446	70.53%
			3	人口 ∩ 居住	0.405	—
	18:00—19:00 晚高峰	起点	1	娱乐 ∩ 地铁	0.486	67.29%
			2	居住 ∩ 地铁	0.458	42.82%
			3	职业 ∩ 地铁	0.444	92.36%
		终点	1	居住 ∩ 地铁	0.419	37.88%
			2	娱乐 ∩ 地铁	0.415	71.52%
			3	人口 ∩ 居住	0.391	—
	21:00—22:00 夜间	起点	1	娱乐 ∩ 地铁	0.469	60.72%
			2	居住 ∩ 地铁	0.442	37.30%
			3	人口 ∩ 居住	0.424	—
		终点	1	居住 ∩ 地铁	0.446	38.44%
			2	娱乐 ∩ 地铁	0.422	44.54%
			3	人口 ∩ 居住	0.418	—

此外，本研究还发现，道路尺度共享单车骑行量与部分影响因素之间存在非线性与阈值效应。在道路设计方面［图 13.9（a）～（b）］，仅当道路绿视率大于 0.2 或天空开阔度大于 0.1 时，它们对共享单车骑行的促进作用才逐渐显著。在工作日高峰时段，绿视率与天空开阔度对共享单车骑行的影响均呈 U 字形的变化趋势，其中，当绿视率小于 0.15 或天空开阔度小于 0.1 时，它们与共享单车出行呈负相关趋势，其原因可能与居民在通勤时段受限于硬性的出行需求而不得不牺牲部分骑行体验有关。在目的地可达性方面［图 13.9（c）～（e）］，当道路的远度大于 560 或凸壳面积大于 150 时，它们对共享单车骑行的促进作用更为明显；尽管绕行率对共享单车骑行有抑制作用，但当绕行率大于 1.4 之后，其抑制作用不再显著。

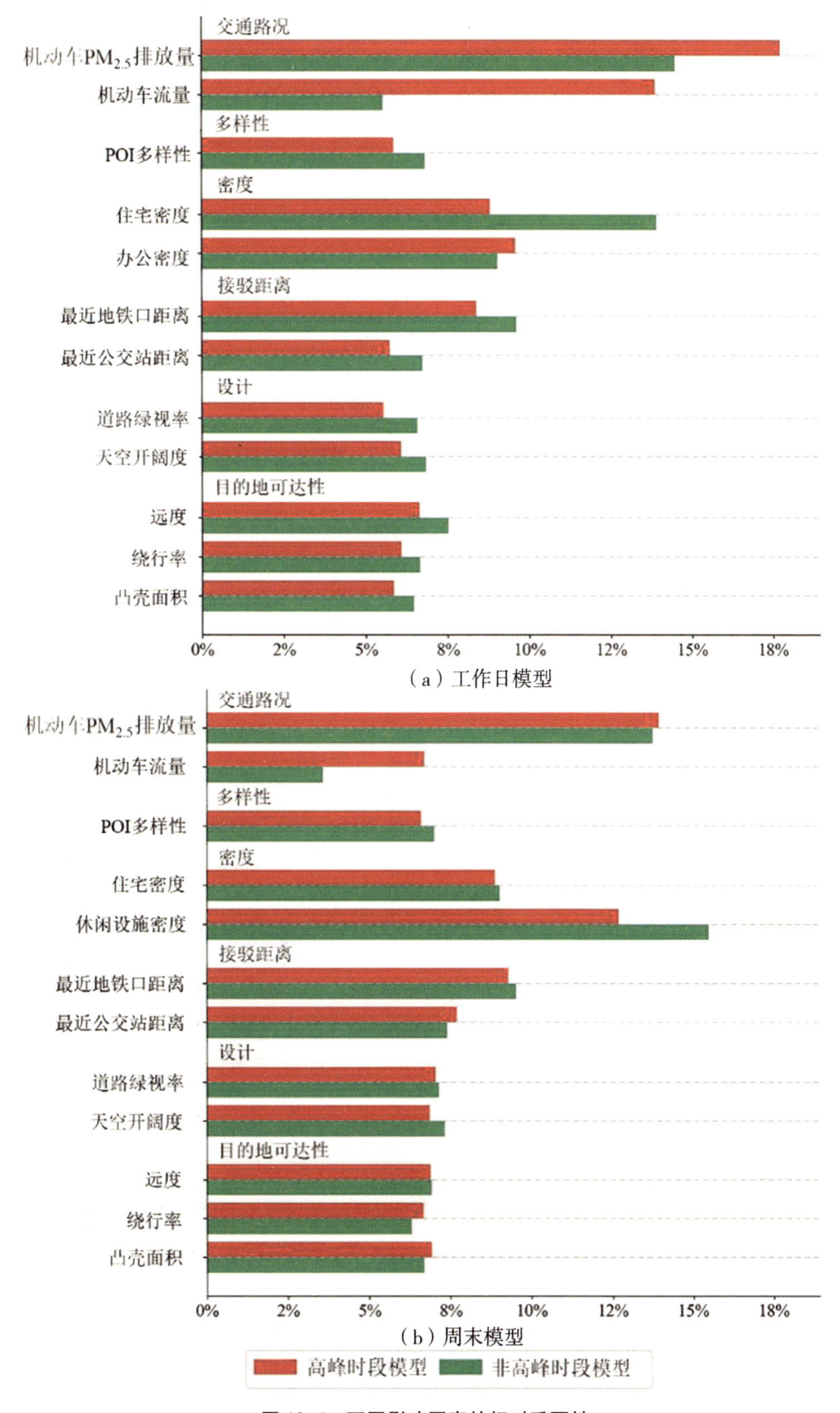

图 13.6　不同影响因素的相对重要性

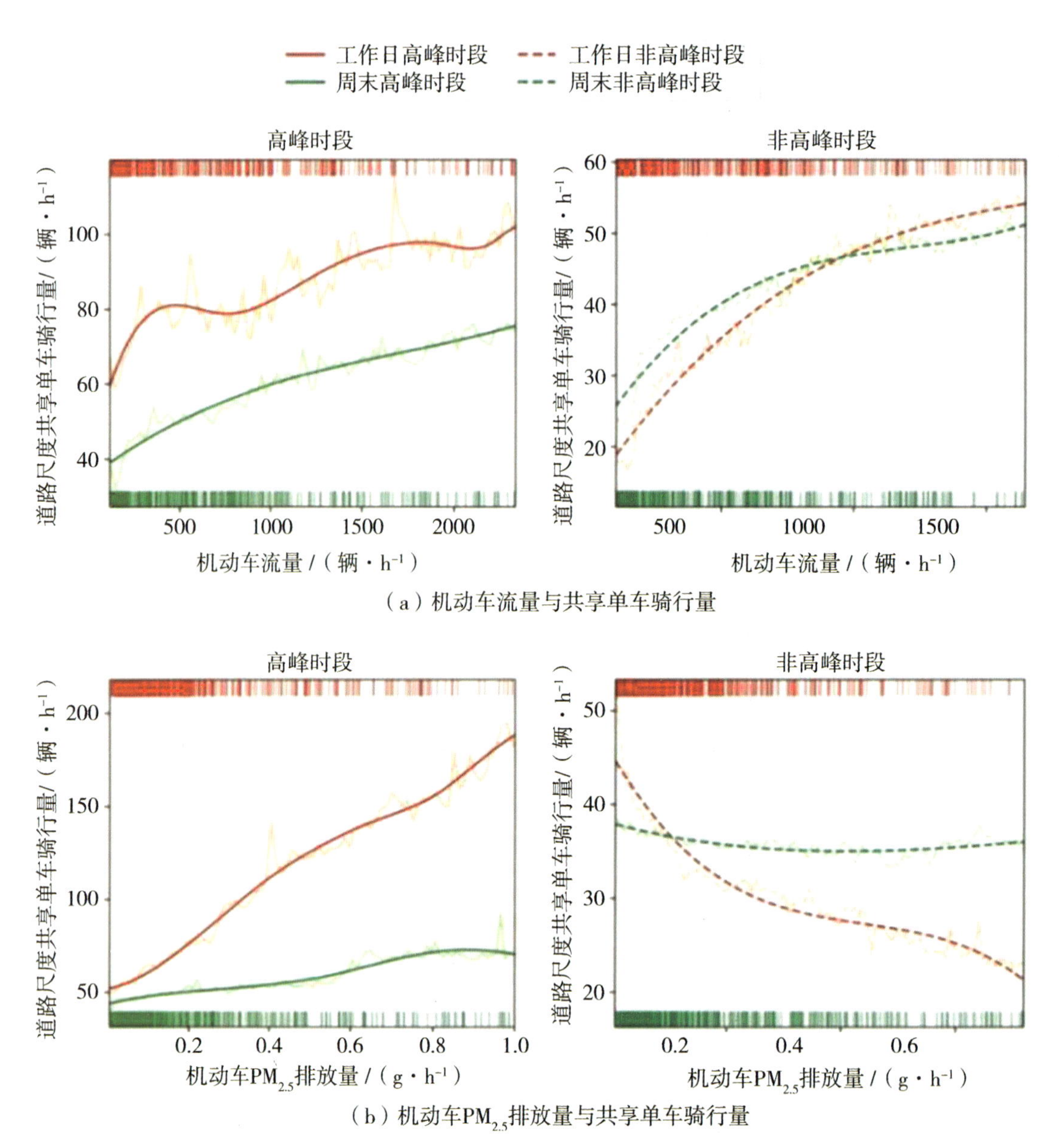

（a）机动车流量与共享单车骑行量

（b）机动车$PM_{2.5}$排放量与共享单车骑行量

图 13.7　交通路况对共享单车骑行的非线性影响

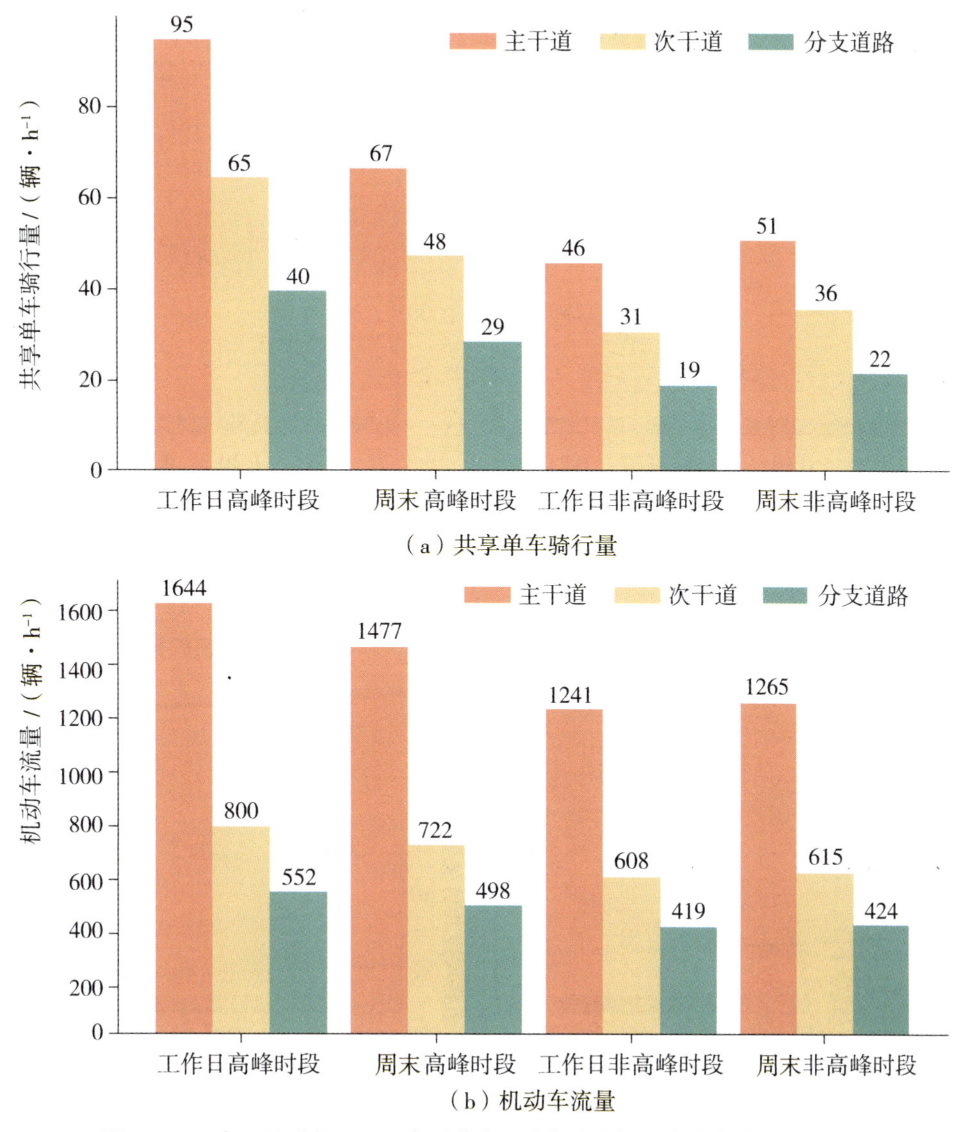

图 13.8　4 个不同时段下不同类型道路机动车流量与共享单车骑行量的对比

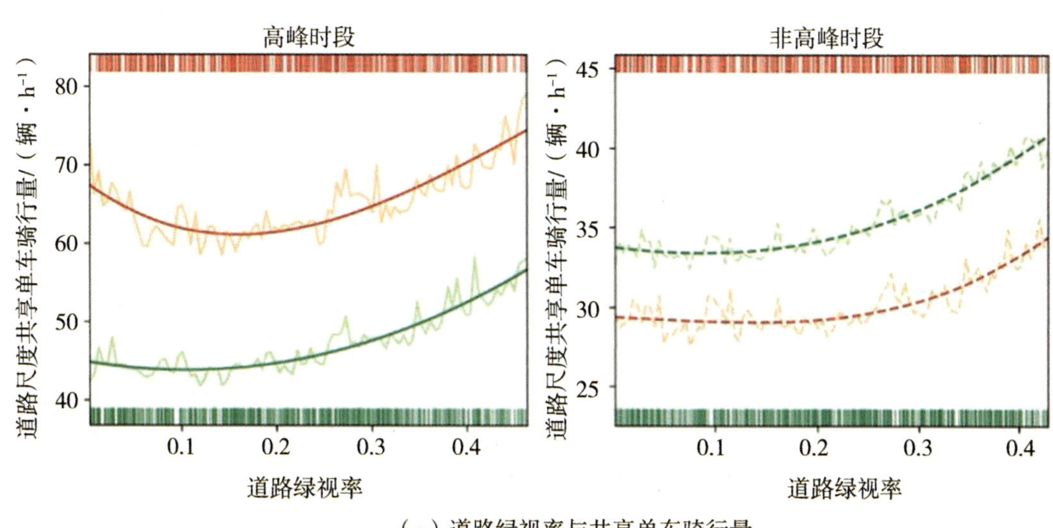

(a)道路绿视率与共享单车骑行量

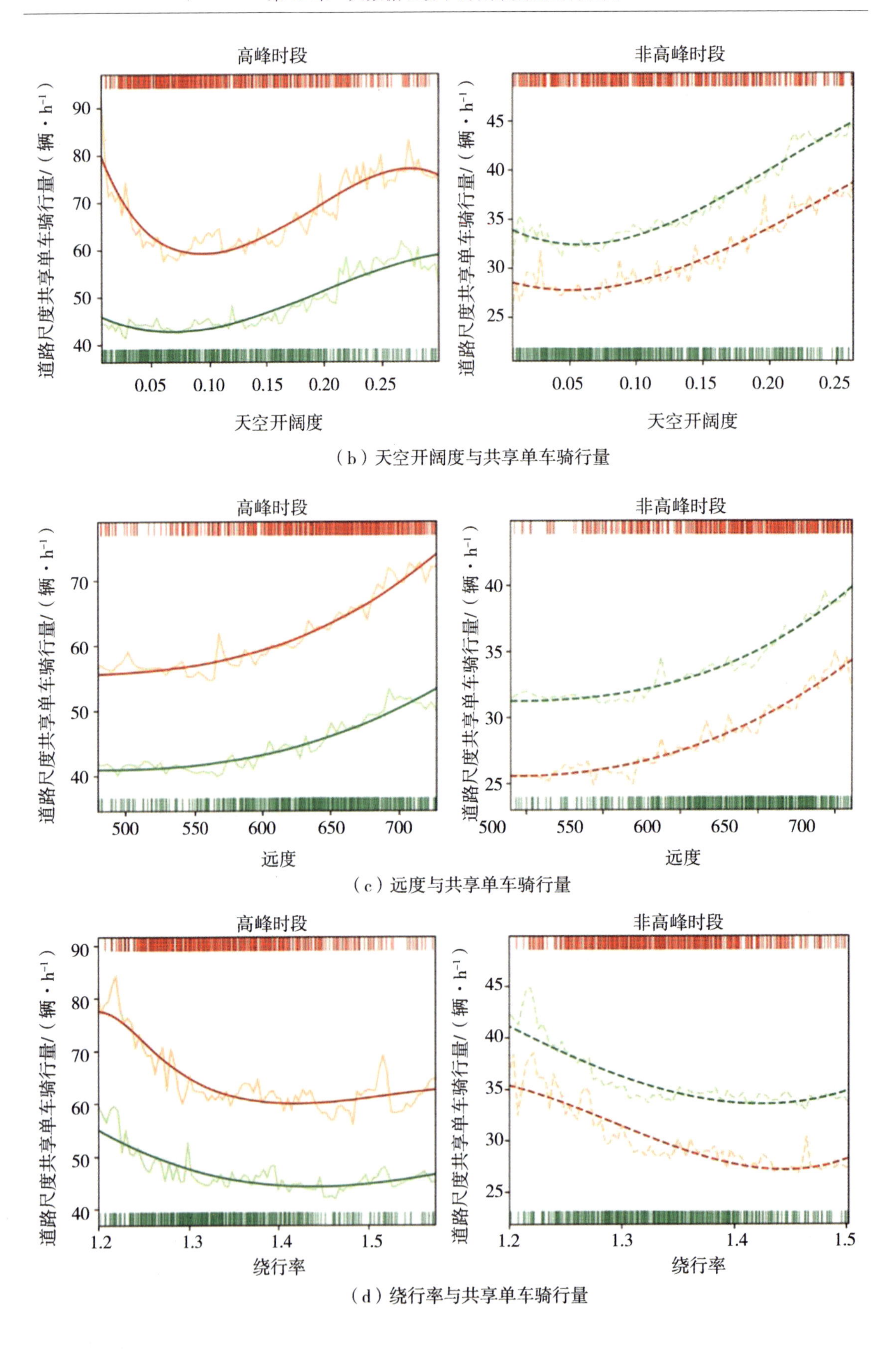

（b）天空开阔度与共享单车骑行量

（c）远度与共享单车骑行量

（d）绕行率与共享单车骑行量

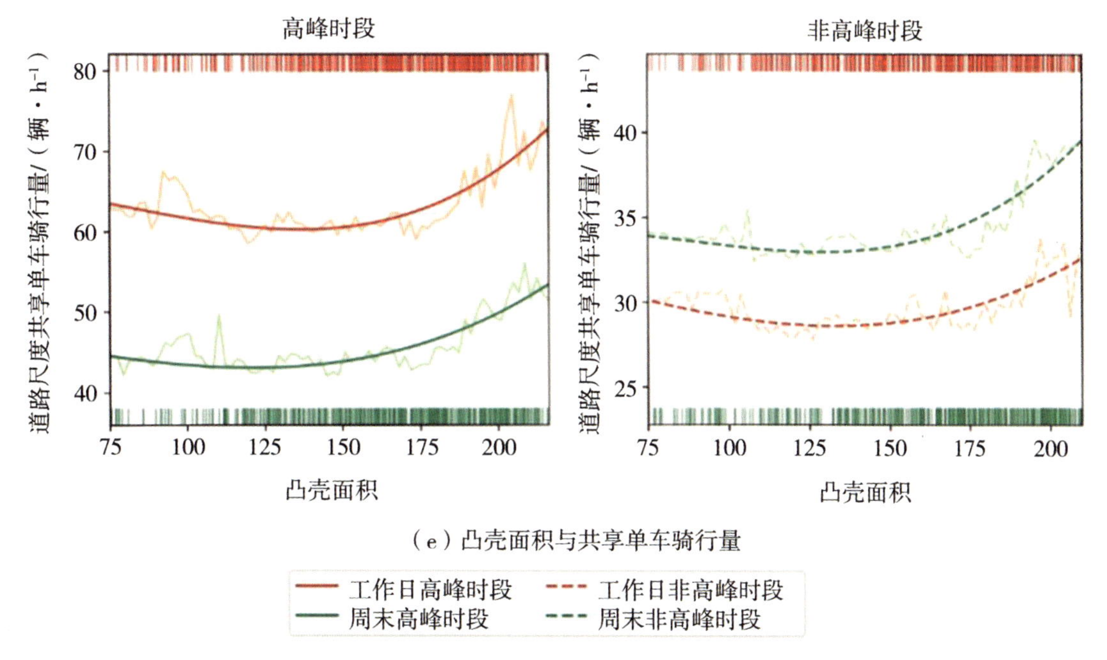

（e）凸壳面积与共享单车骑行量

图 13.9 不同影响因素与共享单车骑行量的非线性与阈值效应

13.3 本章小结

本章基于多源空间大数据，探索大数据驱动下的交通出行的影响因素，主要用到的模型与方法有线性回归模型、地理探测器模型和机器学习模型。根据不同的研究数据、研究目的和侧重点选取合适的模型与方法，基于模型与方法进行研究分析得到模型应用实例。模型应用实例的研究内容包括以下 3 个方面。

（1）建成环境对轨道交通出行的影响。采用线性回归模型中的地理加权回归（GWR）局部模型结合多源空间大数据考察了建成环境对多类型轨道交通客流量的空间变化影响。首先，基于 GWR 模型获得每个站点客流量的局部影响系数；然后，绘制出不同客流模型下就业密度、人口密度、特殊交通设施用地的系数分布图，并分析变量的影响系数在空间上的分布特征，揭示了精细尺度的建成环境变量对不同类型客流量的影响机制的空间异质性。

（2）共享单车骑行影响因素的交互机制。在 MAUP（modifiable areal unit problem）探讨确定合适的空间尺度以及划区方法的基础上，利用地理探测器模型定量分析各建成环境因子对共享单车骑行总量、起点、终点分布的独立影响力，并比较工作日与周末的日差异结果；通过量化两两建成环境因子之间共同对因变量产生的交互影响力，对骑行起点、终点建成环境因子的交互影响因素进行分析。

（3）建成环境与道路条件对共享单车骑行影响的非线性与阈值效应。以深圳市主城区为例，运用梯度提升决策树（GBDT）及其特有的解释方法，探讨交通路况与建成环境对共享单车骑行在道路尺度上的非线性影响。将机器学习方法运用于道路尺度的骑行影响机制研究，通过构建 4 个代表不同时段的梯度提升决策树模型，并运用机器学习特有的解释方法，揭示了路况与环境因素对共享单车骑行的非线性与阈值效应。

第四编

应用编

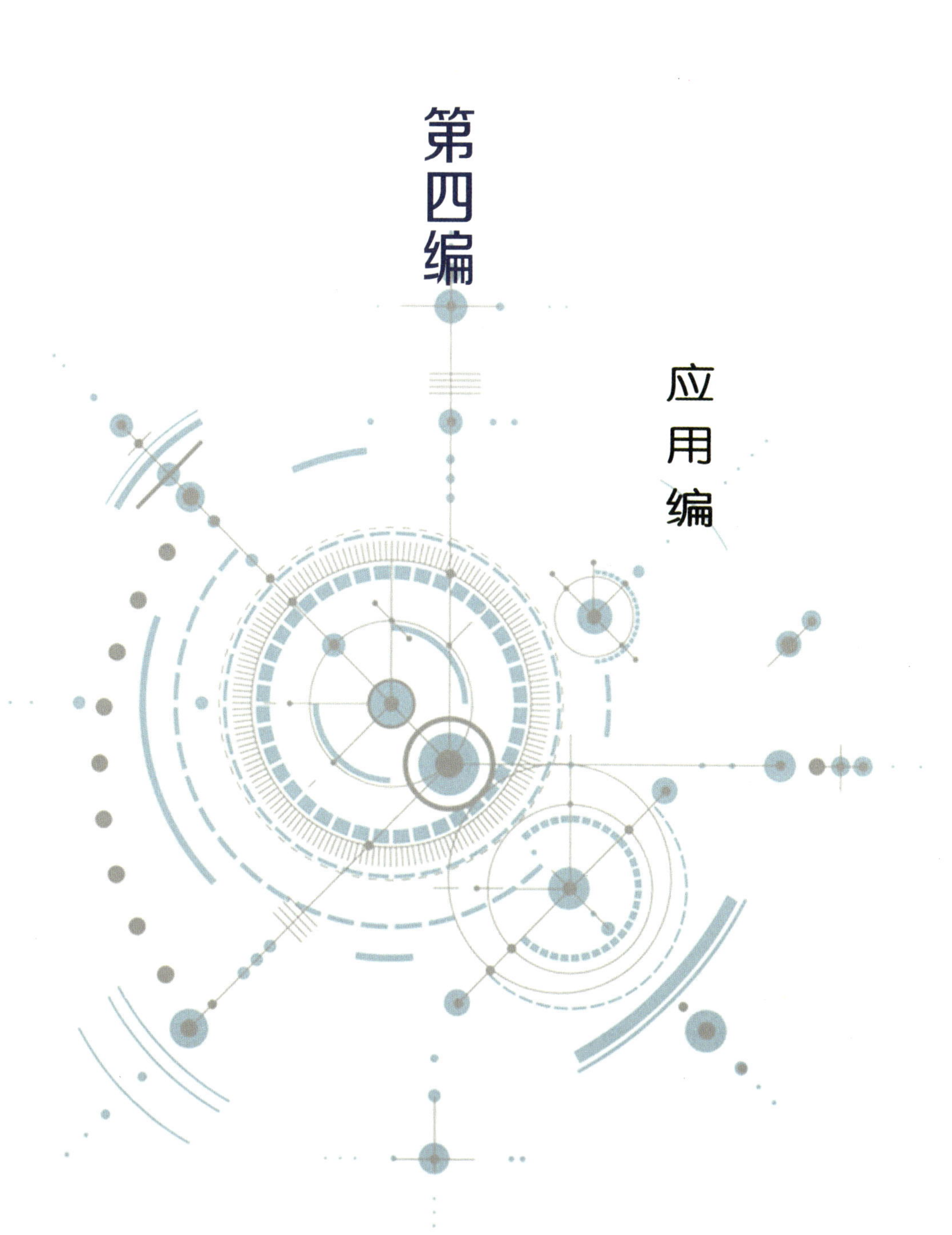

第 14 章　国土空间规划

传统规划编制评估受限于数据、技术、理念等方面的不足，常会出现编制成果无法有效落实、规划实施不够科学等情况。近年来，随着大数据、人工智能等新技术的迅猛发展，规划数据和知识快速膨胀与汇集，且技术的变革促进空间治理模式和服务模式不断突破，这赋予了国土空间规划智慧化的新动能（龚强，2018；谢新水，2020）。

当前，国土空间规划正处于由“片面、静态、定性”的传统规划向“多维、动态、定量”的智慧规划转型的关键时期，需要规划理念与技术层面的技术创新。在数据使用层面，既要注重传统的统计年鉴、问卷调查等数据的使用，又要结合大数据时代的需求，充分发挥手机信令、互联网数据、城市运行监测数据等新型时空大数据在知识挖掘方面的作用，为规划全过程管理提供全面可靠的数据支撑（秦萧 等，2014；甄峰 等，2019）；在支撑方法层面，大数据分析、人工智能等技术已经逐渐成为辅助规划编制、规划评估等工作必不可少的技术手段，并在国土空间信息提取、人地关系耦合评估、规划智能仿真方面得到了广泛应用（袁源 等，2019；钟镇涛 等，2022）。

本章将以多源大数据和新兴技术手段为基础，围绕智慧国土空间规划编制分析与实施评估，从“双评价”、“三区三线”划定、城市体检评估等方面阐述智慧国土空间规划的技术思路和实践案例，为实现“可感知、能学习、善治理、自适应”的智慧规划目标提供参考借鉴。

14.1　“双评价”

“双评价”是国土空间规划编制的基础工作。“双评价”即资源环境承载力评价与国土空间开发适宜性评价。资源环境承载能力指基于一定发展阶段、经济技术水平和生产生活方式，一定地域范围内的资源环境要素能够支撑的农业生产、城镇建设等人类活动的最大规模。国土空间开发适宜性指在维系生态系统健康的前提下，综合考虑资源环境要素和区位条件，在特定国土空间进行农业生产、城镇建设等人类活动的适宜程度。两者都是以人类生产生活为核心展开评价。

根据自然资源部印发的《资源环境承载能力和国土空间开发适宜性评价技术指南（试行)》(以下简称《指南》)，“双评价”的总体技术流程如图 14.1 所示，评价工作大致可以分为 3 个阶段：前期的工作准备、中期的本底评价与结果校验、后期的综合分析和成果应用。其中，本底评价涉及对生态、土地、水、气候、环境等自然资源要素的评价，评价过程中依据底线约束、生态优先的原则，在优先识别生态保护极重要区的基础上，综合分析农业生产和城镇建设的合理规模与适宜程度。

尽管《指南》明确了“双评价”的技术路线与整体框架，但在实践操作中还是存在以下 3 个难点。

(1) 体现地区差异。由于我国幅员辽阔，不同地区的自然资源环境与社会经济发展水

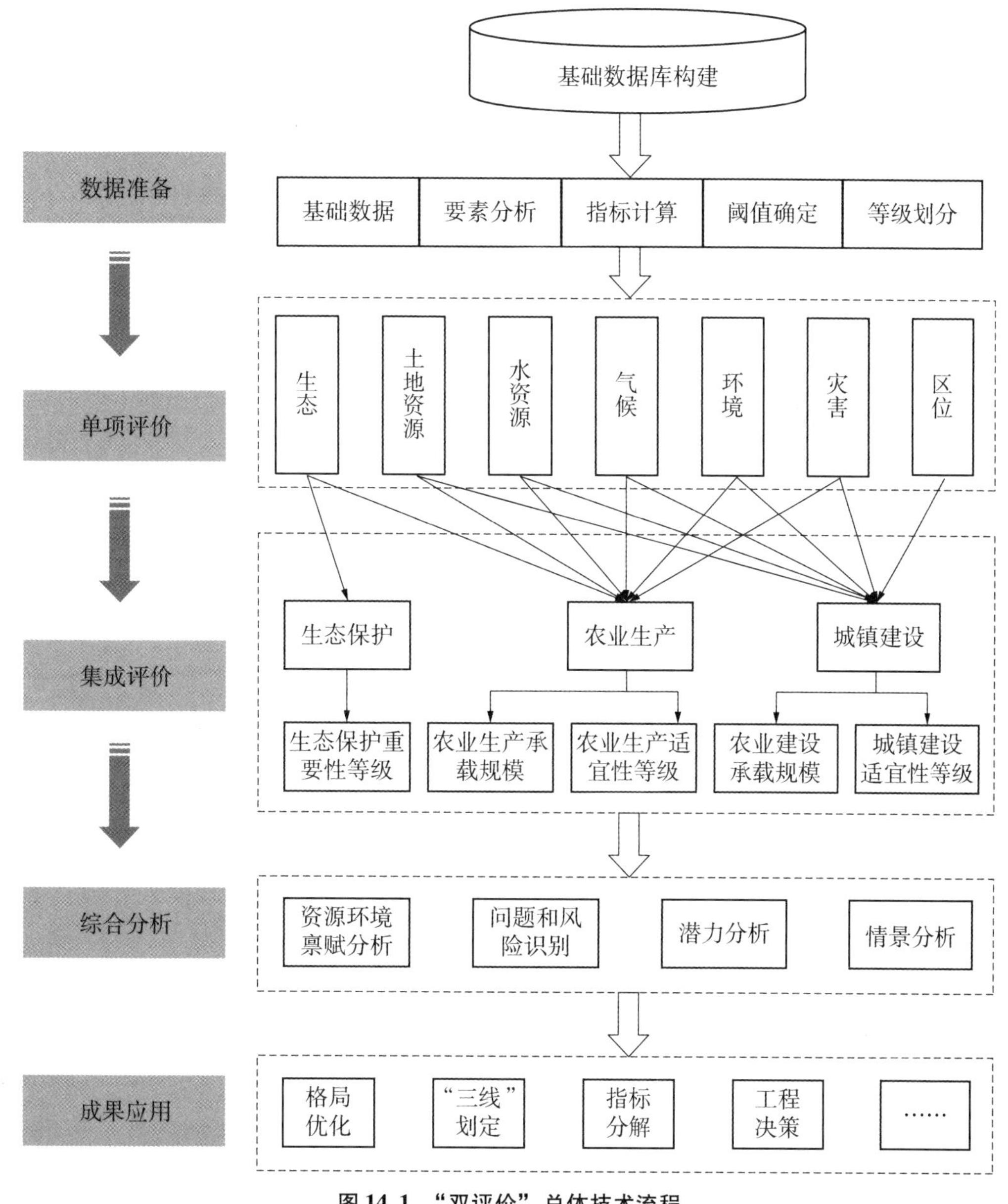

图 14.1 “双评价”总体技术流程

平存在较大差异，无法构建一套统一的技术方法体系以全面地满足各地差异化的评价需求，对不同地区的因地制宜化评价提出了较高要求。

（2）数据收集与管理。评价涉及的数据包括生态、土地和水资源等七大类，数据种类繁多且格式各异，导致资料收集耗时长，且难以保证数据质量，因此，前期需要花费大量的时间做数据准备工作。此外，如何实现多源数据管理，确保数据资源能够高效地支撑多样化的评价需求，也是数据应用的重点与难点。

（3）算法模型构建。评价中用到的某些算法，如生态评价中的生态保护重要性需要考虑区域的生物多样性、水源涵养量和水土流失等因素，这些指标具有较高的学科专业性，计算中不仅需要大量的数据支持，还会用到较为复杂的计算模型，对技术人员的理解能力、数据整合与处理能力要求较高。

解决以上 3 个难点成为推动各地区“双评价”工作开展，以及保障评价成果科学性和易用性的关键，因此，运用智能化手段和思路提升“双评价”工作效率、增加评价科学性、减轻评价人员的工作量是极为必要且迫切的。

本节研发了面向市县级国土空间规划的“双评价”系统，并以山西省的忻州市为例，对该区域的智能化“双评价”工作进行了探索。研究中使用的评价数据均为网络公开数据，包括数字高程模型（digital elevation model，DEM）、历史气象数据、土壤类型和兴趣点等多源数据。

14.1.1 “双评价”应用系统

面向市县空间布局优化、提升规划效能的需要，按照因地制宜、科学客观、灵活易用的思路，研发了面向市县级国土空间规划的“双评价”系统（以下简称“‘双评价’系统”）。该系统提供了单项评价、集成评价、评价管理等几大功能模块。

1. 单项评价

以单项评价中的土地资源评价为例，图 14.2 为土地资源评价的功能界面，在“双评价”系统中输入评价所需的对应数据后，只需要点击执行，即可以自动计算出该区域的土地资源评价结果。

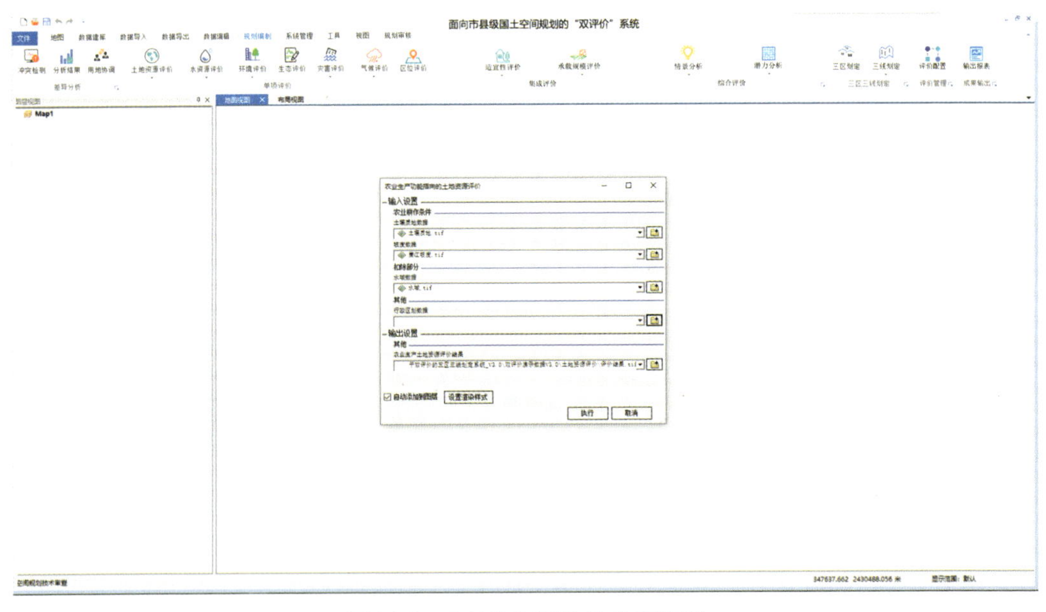

图 14.2 土地资源评价的功能界面

2. 集成评价

集成评价与单项评价类似，如计算农业生产适宜性的评价结果，仅需要输入单项评价结果中与农业生产对应的数据，点击执行，即可以一步得到农业生产适宜性的评价结果（图 14.3）。

3. 评价管理

该模块提供了高度灵活、自由配置的模型与算法构建工具，如“双评价”系统中默认配置的“双评价”指标、算法等无法满足区域差异化的评价需求，用户可以自行配置与研发能实现本土化评价的模型指标和算法（图 14.4），充分体现“因地制宜、科学评价”的原则。

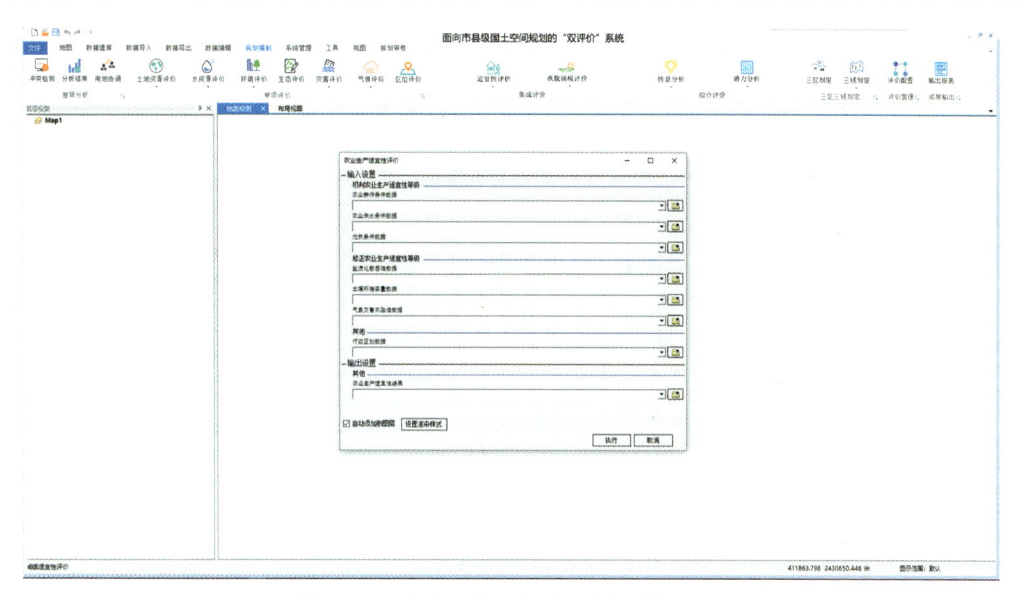

图 14.3　农业生产适宜性评价的功能界面

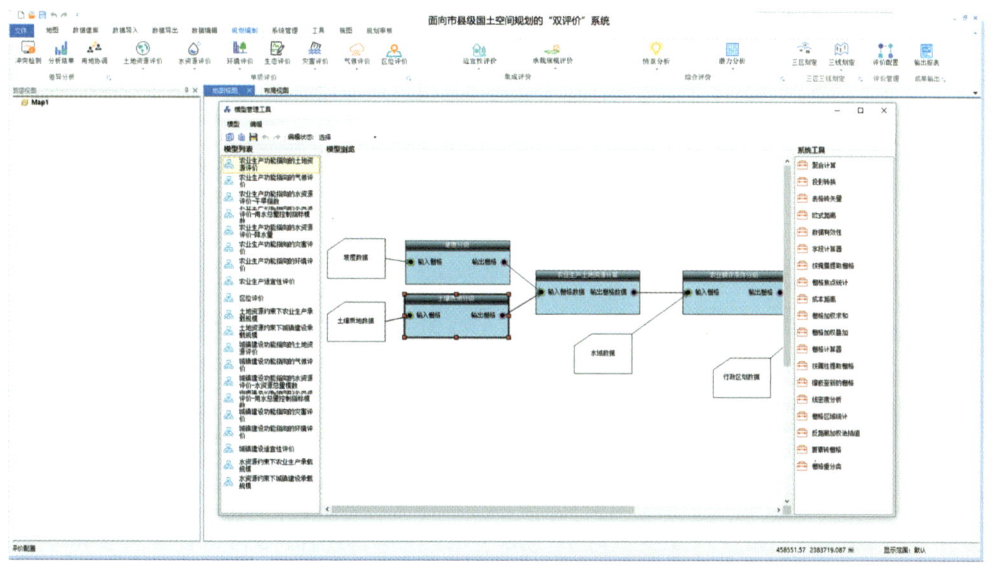

图 14.4　模型指标和算法的配置界面

14.1.2　智能化“双评价”案例

1. 土地资源评价

忻州市位于山西省中北部、黄土高原东端，境内山丘众多、土壤类型丰富，根据《指南》中对土地资源评价的相关要求，基于网络开放数据下载、大数据爬取等手段，对坡度、土壤质地、高程、地形起伏度等评价关键数据进行收集。同时，根据市级评价尺度的需要选取相应精度的数据源，面向土地资源评价的需要构建指标模型算法，辅助完成对土壤耕作条件和城镇建设条件的评价。

以农业功能指向下的土地资源评价为例，计算方法如下：

$$\text{农业耕作条件} = f\,(\text{坡度，土壤质地}) \tag{14.1}$$

具体计算步骤如下：①将 DEM 数据及土壤质地数据投影成国家 CGCS2000 坐标系，并重采样为 30 m 分辨率；②利用 DEM 数据计算坡度，并按≤2°、2°～6°、6°～15°、15°～25°、>25°划分为平地、平坡地、缓坡地、缓陡坡地、陡坡地 5 个等级，生成坡度分级图；③按照坡度分级的结果划分农业耕作条件为高、较高、中等、较低、低 5 级。

根据图 14.5 的评价结果显示，忻州市城镇建设条件与农业生产条件较好的地区都集中在中东部的狭长盆地平原地带，这与忻州市目前生产生活区的分布较为一致，但也体现出当地城镇建设与农业生产适宜区的占比较少，需要以合理优化国土空间开发保护格局、实施国土空间用途管制等方式，保障土地资源的可持续发展和利用。

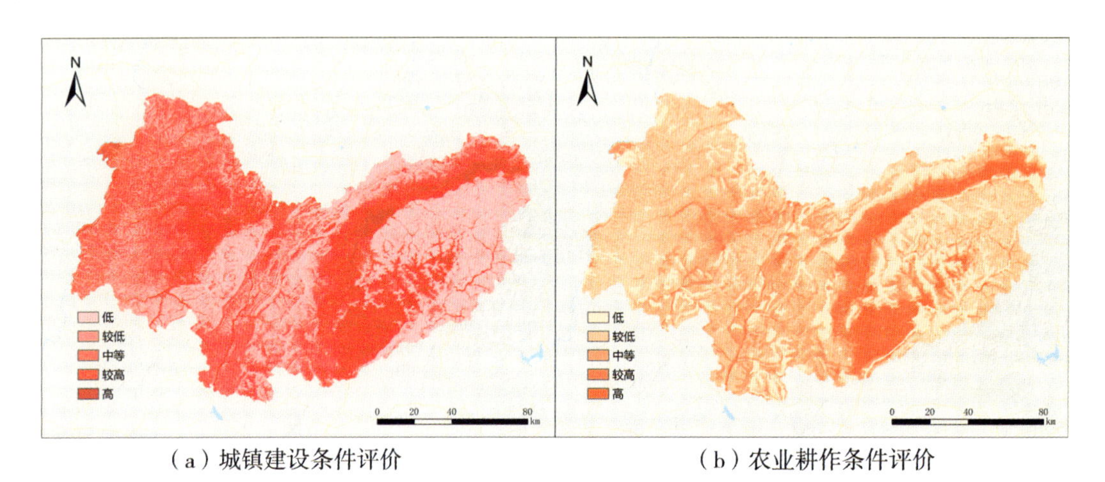

（a）城镇建设条件评价　　（b）农业耕作条件评价

图 14.5　忻州市的土地评价结果

2. 区位条件评价

区位条件涉及的影响因素较多，包括交通干线可达性、交通枢纽可达性、中心城区可达性、周边城市可达性及交通网络密度等，最核心的限制条件是交通路网。为了确保获取的路网数据真实且完整，本研究中的数据均来源于国家基础地理信息中心和开放街道地图（Open Street Map），并运用多源数据融合技术，形成了覆盖范围广泛且更新及时的路网信息。同时，针对传统静态等时圈法的局限性，该研究采用了系统集成的高德 API 接口进行可达性分析，高德地图的路径规划算法综合考虑了道路的动态与静态特征，能够更准确地评估路况，反映出更真实的出行时间成本，因此，所得的可达性计算结果具有较高的可信度。

基于区位条件和交通网络密度的评价结果，确定区位优势度的评价结果。其计算方法如下：

$$\text{区位优势度} = f\,(\text{区位条件，交通网络密度}) \tag{14.2}$$

以交通密度的判断方式为例，计算式为：

$$D = \frac{L}{A} \tag{14.3}$$

式中：D 为交通路网密度；L 为路网长度，单位为米；A 为区域面积，单位为平方公里。

按照交通网络密度由高到低分为 5、4、3、2、1 这 5 个等级，由于不同市县所在的区域城镇化程度差异很大，分级参考阈值结合本地的实际情况，采取专家打分的方式进行分级，如表 14.1 所示。

表 14.1　交通网络密度评价的分级参考阈值

评价指标	分级参考阈值	赋值
交通网络密度	高	5
	较高	4
	中等	3
	较低	2
	低	1

从忻州市的区位条件评价结果（图 14.6）可以看出，忻州市东南部的区位优势度最高，不但市中心坐落于此，而且交通网络也比较完善，对于周边区域的发展也能起到很好的辐射作用。

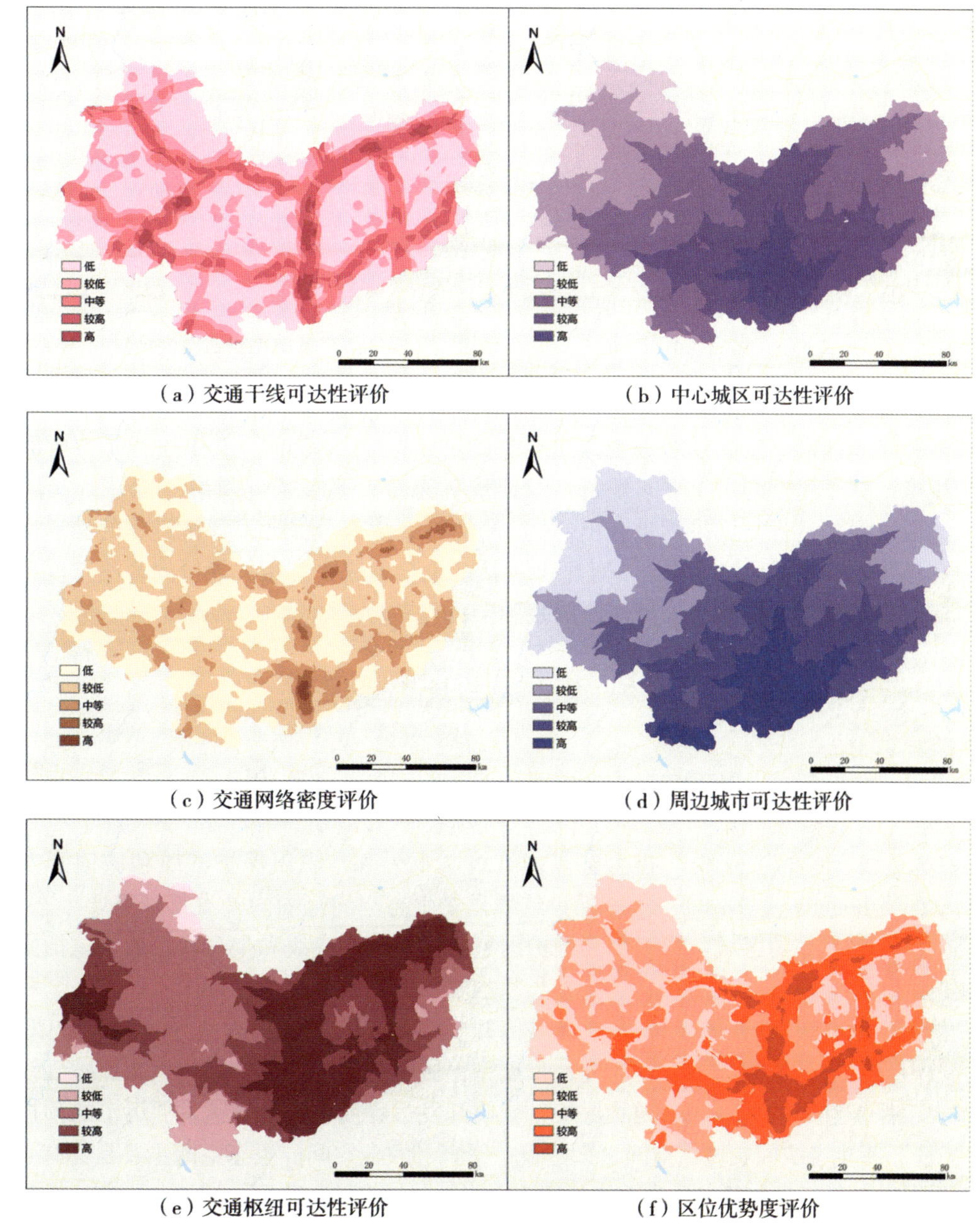

（a）交通干线可达性评价　（b）中心城区可达性评价

（c）交通网络密度评价　（d）周边城市可达性评价

（e）交通枢纽可达性评价　（f）区位优势度评价

图 14.6　忻州市的区位条件评价结果

3. 适宜性评价

适宜性评价是所有单项评价的集成结果，评价规则复杂、计算流程长、运算难度大。因此，其过程按照“单要素单项评价—承载力集成评价—开发适宜性评价”的思路进行层级递进式的计算。系统通过预设运算规则，可以快速直观地输出适宜性评价结果。

从忻州市的农业生产适宜性与城镇建设适宜性的评价结果（图14.7）可以看出，两者的适宜性等级分布较为相似。这也反映出在环境气候和灾害等因素限制较弱的情况下，适宜性程度主要取决于土地资源条件。

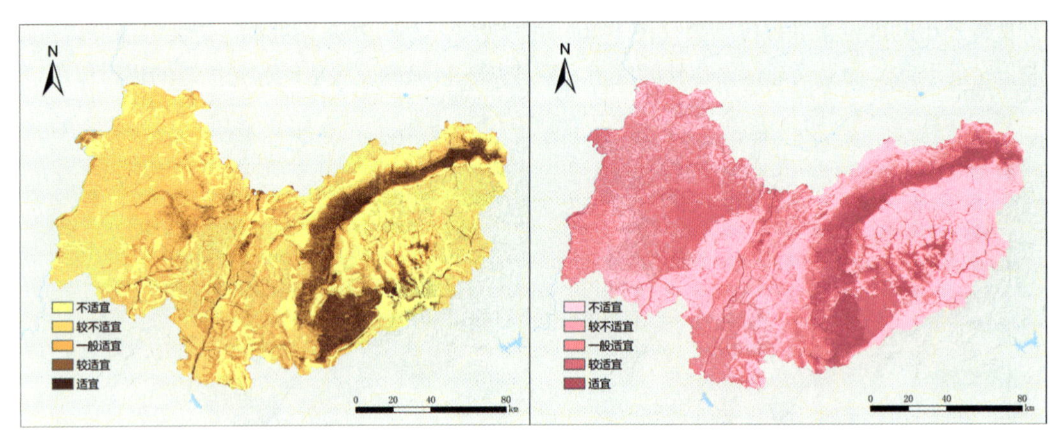

（a）农业生产适宜性评价　　（b）城镇建设适宜性评价

图14.7　忻州市农业生产适宜性评价和城镇建设适宜性评价

本节针对当前国土空间规划编制的重要基础之一的“双评价”工作在开展中所面临的痛点与难点，基于研发的国土空间规划“双评价”系统，实现了忻州市“双评价”的智能化评价。通过评价过程与成果不难看出，“双评价”系统充分保证了评价过程的灵活性，可以满足多样化的评价需求。未来，“双评价”系统也会集成更多相关评价的算法与模型，为国土空间规划编制提供更好用、更便捷的基础工具与平台。

14.2 “三区三线”划定

14.2.1 “三区三线”内涵辨析

“三区三线”中的“三线”指生态保护红线、永久基本农田保护红线和城镇开发边界（urban growth boundary，UGB）。生态保护红线是在生态空间范围内具有特殊重要生态功能、必须强制性严格保护的区域，是保障和维护国家生态安全的底线和生命线，通常包括生态功能重要区域和生态环境敏感脆弱区域。永久基本农田保护红线是为保障国家粮食安全和重要农产品供给而实施永久特殊保护的耕地。城镇开发边界是一定时期内指导和约束城镇发展，在其区域内可以进行城镇集中开发建设、重点完善城镇功能的区域边界。生态保护红线和永久基本农田保护红线的划定侧重现状保护，城镇开发边界侧重未来城镇发展诉求的预控。

“三区”指生态空间、城镇空间（即建设空间）和农业空间。生态空间主要是具有自然属性、以提供生态服务或生态产品为功能的国土空间，包括森林、草原、湿地、河流、湖泊、滩涂等各类生态要素。因此，在划定上要最大限度地落实保护生态安全、构建生态屏障的要求。

其对应的刚性管控线为生态保护红线，按照生态环境部与国家发展和改革委员会印发的《生态保护红线划定指南》，明确生态保护红线主要是在生态空间范围内具有特殊重要生态功能、必须强制性严格保护的区域，是保障和维护国家生态安全的底线和生命线。生态空间通常包括具有重要水源涵养、生物多样性保护、水土保持、防风固沙、海岸生态稳定等功能的生态功能重要区域，以及水土流失、土地沙化、石漠化、盐渍化等生态敏感脆弱区域。其总体管控要求是突出“三个不”，即确保生态功能不降低、面积不减少、性质不改变。

城镇空间（即建设空间）主要是以城镇居民生产生活为功能的国土空间，是主要承担城镇建设和发展城镇经济等功能的地域。其对应的管控线为城镇开发边界，即是一定时期内可以进行城镇开发和集中建设的地域空间边界，是一条城镇空间管控的政策线，需要根据城镇规划用地规模和国土开发强度控制的要求，兼顾城镇布局和功能优化的弹性从严划定。在等级序列上，城镇开发边界包括省、市、县三级。通过城镇开发边界的划定，可以进一步明确城镇集中建设区和非集中建设区。其中，城镇集中建设区为规划集中连片、规模较大、形态规整的地域，包括城镇及各类集中建设的开发区、产业园区等。

农业空间主要是以农业生产和农村居民生活为功能，承担农产品生产和农村生活功能的国土空间，包括永久基本农田、一般农田、耕地、园地、畜牧与渔业养殖等农业生产空间，以及村庄等农村生活空间。农业空间对应的管控线为永久基本农田保护红线，一般经国务院有关主管部门或县级以上地方人民政府批准确定的粮、棉、油生产基地内的耕地须划为永久基本农田保护红线，主要包括蔬菜生产基地、农业科研与教学试验田；已经建成的标准农田、高标准基本农田；集中度、连片度较高的优质耕地；相邻城镇间、交通干线间绿色隔离带中的优质耕地等。

“三区”和“三线”在空间上是包含与被包含的关系。国土空间由生态空间、农业空间和城镇空间组成，实现了国土功能区划分的互不重叠。“三线”是各空间内部的核心控制线，生态保护红线在生态空间范围内，永久基本农田保护红线在农业空间范围内，城镇开发边界在城镇空间范围内。

在中国快速城市化的进程中，城市建设用地不断快速增长，产生了城市无序蔓延、侵占优质耕地、自然资源过度开发等严重问题。这些问题将会导致严重的生态恶化与耕地流失，从而对城市的可持续发展形成了巨大的挑战。因此，如何科学地引导城市的发展，协调城市建设用地保障与生态环境、耕地保护间的平衡关系已经成为当前城市管理与规划中急需解决的问题（王颖 等，2018；魏旭红 等，2019）。目前，控制城市发展的政策普遍致力于增加城市用地的使用密度和保护优质的开放空间，包括管控绿带、城镇开发边界和城市服务边界（urban service boundary，USB）3 种方式。其中，城镇开发边界的功能是用于界定城市与非城市区域，它通过用地区划、开发许可证等调控手段，将城市开发规模控制在边界以内，从而控制城市用地的增长规模，已经被广泛应用于许多地区。

14.2.2 基于“双评价”的重庆市“三区三线”智能划定

重庆市地处长江上游经济带核心地区、中国东西结合部，是中国政府实行西部大开发的重点开发地区、五大国家中心城市之一，也是长江上游地区的经济中心、金融中心和创新中心，处于重要的地理位置。重庆市地形地貌较为复杂，海拔高、起伏大，是我国著名的“山城”。重庆市大部分区县境内水资源、林业资源较为丰富，耕地资源较差。重庆市各区县间建设用地的比重差异较大。主城区中，渝中区的建设用地面积占渝中区总面积的比例高达 77.22%，剩余可利用土地资源稀缺；渝东南、渝东北地区的部分区县建设用地面积小，于总面积的占比甚至不足 3%。因此，由于地形地势和经济基础的差异，重庆市各区县间的发展十分不平衡。除了要平衡各区县的城市发展，还需要十分重视重庆市大面积生态保护区的管控、保护重庆市稀缺的耕地资源。因地制宜地开展各区县间的“双评价”与城镇开发边界划定、减小区域间的差异性是重庆市城市规划的关注重点。

对国土空间的适宜性评价是“三区三线”划定的基础，主要考虑约束性和适宜性两个方面，分别对应于资源环境的约束性和社会经济发展的适宜性。本案例进行国土空间适宜性评价以栅格像元为基础评价单元，遴选出与城市发展密切相关的若干个单一指标，并对各单一指标按照其约束或促进功能导向进行适宜性打分后，加权求和各指标得出适宜性评价集成结果。该评价结果反映了各类空间中进行城镇开发布局的适宜程度，将适宜性划分为 4 个等级，分别为：最适宜、较适宜、较不适宜和最不适宜。本案例中“国土空间适宜性评价”均以 30 m 栅格格网为基本评价单元。针对项目的具体要求，国土开发适宜性部分选取了土壤侵蚀敏感性、地形地势、生态系统脆弱性、可利用土地、自然灾害性、水域面积占比地、公共服务设施可达性、交通优势、人口聚集度、经济水平、耕地面积占比、林地面积占比、涵养水源量和气体调节价值等 14 个指标，通过这些指标对城镇、农业和生态这三类空间的国土空间开发适宜性进行评价。方法流程如图 14.8 所示，综合性评价结果如图 14.9 所示。

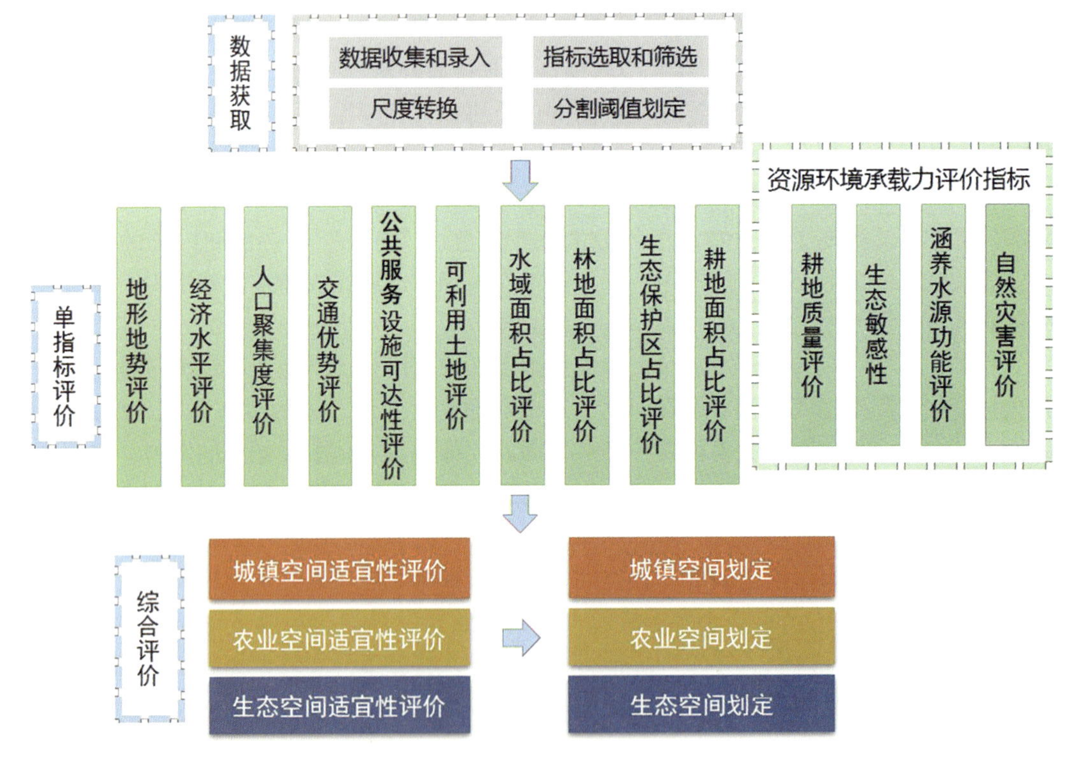

图 14.8　基于国土空间开发适宜性网格化评价的重庆市“三区”划定思路

城镇空间指资源环境条件较好、承载能力较强，战略区位重要、交通等基础设施优良，适宜承接较大规模的工业化和城镇化发展的国土空间。城镇空间适宜性反映了国土空间中进行城镇空间布局的适宜程度。将多指标综合评价结果与地表的实际现状进行综合集成，形成了城镇空间开发适宜性的评价结果，分 4 个等级：一等为最适宜开发，二等为较适宜开发，三等为限制开发（较不适宜开发），四等为禁止开发（不适宜开发）。选取国土空间开发适

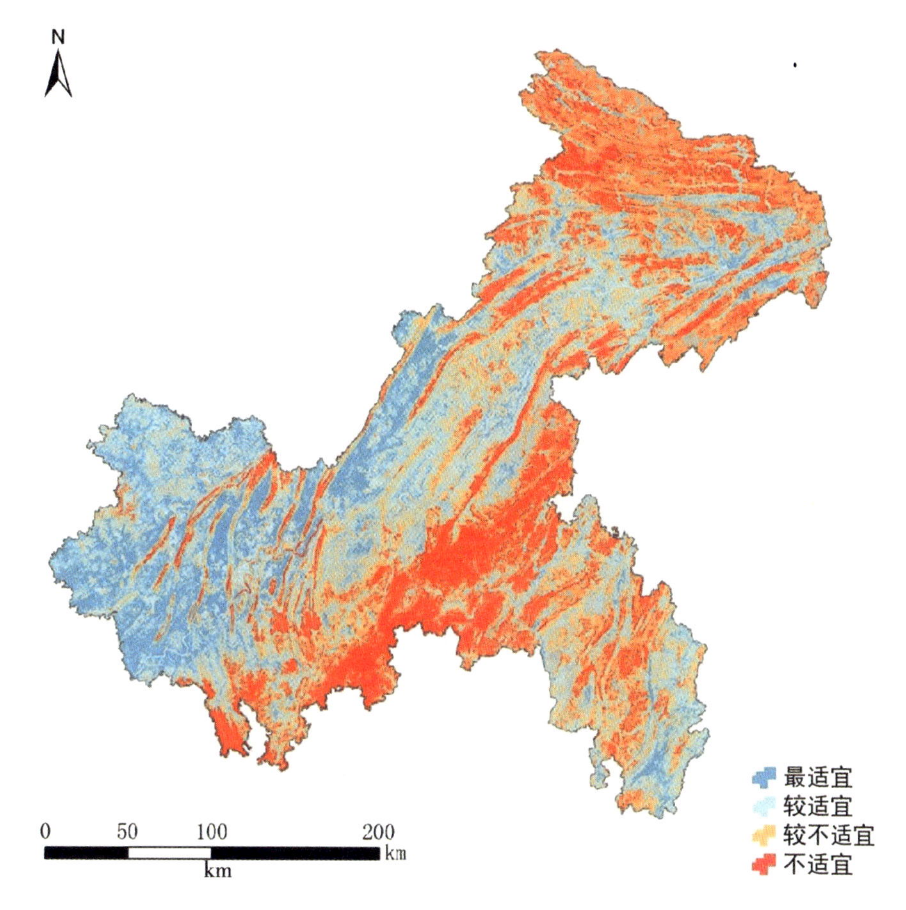

图 14.9 重庆市多指标国土适宜性综合评价各等级的空间分布

宜性评价中的资源环境约束性单项指标，并结合社会经济发展基础的相关指标，综合评价城镇空间的开发适宜性。根据多指标的综合结果将空间划分为4个等级，再结合下面的叠加规则进行确定。其中，现状建成区的等级变为最适宜开发，而现状地表分区中的空间开发负面清单区域，其开发适宜性评价等级为禁止开发。城镇空间的开发适宜性评价结果如图14.10所示。从整体上看，重庆市全域最适宜开发的地区主要分布在主城区、渝西的东部和西北部；较不适宜与不适宜开发的区域分布在“两翼地区”，即渝东南与渝东北。对于城镇空间开发的适宜性，地形地势是影响城镇发展十分重要的因素，特别是考虑到重庆作为“山城”具有地势复杂等特点，不难发现适宜性较高的区域主要为地形地势较为平坦或起伏度较小的地区。因此，对主城区来说，其整体适应性较高，而渝东北与渝东南鲜少有地区符合前述条件，适宜性不高；在渝东南与渝东北地区有大量的生态保护区域，这些地区也都被划定为不适宜开发的等级。

农业空间是建立在水、土地、气候、生物等自然资源和人力、物力、技术、管理等社会经济资源的基础上，适宜开展农业生产活动的国土空间。农业空间的适宜性从农业资源的数量、质量及组合匹配特点出发，结合农业发展基础，反映国土空间中进行农业空间布局的适宜性程度。将多指标的综合评价结果与地表的实际现状进行综合集成，形成了农业空间开发适宜性的评价结果，分4个等级：一等为最适宜开发，二等为较适宜开发，三等为限制开发（较不适宜开发），四等为禁止开发（不适宜开发）。按照评价准则，选取地形地势、耕地面积占比、生态系统脆弱性、水域面积占比及自然灾害性这几项指标。根据多指标的综合结果将空间划分为4个等级，再结合下面的叠加规则进行确定。其中，现状地表分区中的现状建成区和空间开发

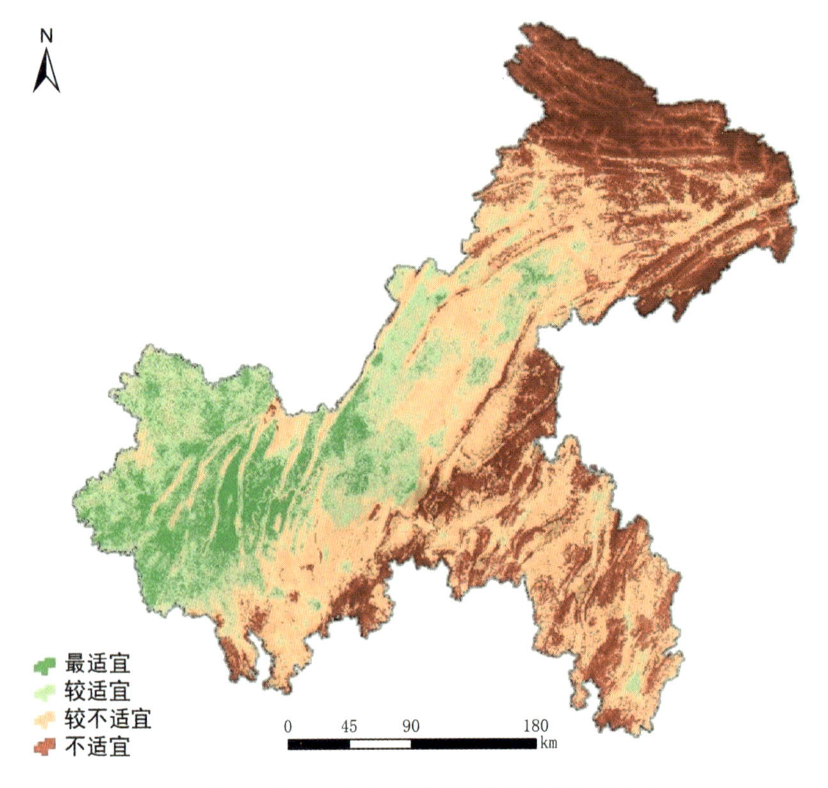

图 14.10　重庆市城镇空间的开发适宜性分布

负面清单区域的等级，其结果要变更为四等，而现状地表分区中的永久基本农田区域，其农业空间适宜性的评价等级则设定为一等。

按照上述的评价步骤进行叠加分析，最终形成的农业空间适宜性如图 14.11 所示。

农业空间的适宜性评价中，最适宜等级的划分依据需要在规避生态保护红线的前提下保留永久基本农田，因此，在渝东北、渝东南生态保护区集中的地区，农业最适宜空间呈零星、破碎化分布。整体结果上显示出，最适宜等级的农业空间开发适宜性区域主要集中在渝西区。由于渝西区地势较为平坦、生态系统脆弱性低、耕地质量最优，因此农业空间适宜性分布特征非常明显。由于重庆市用地的特殊性，适合农业发展的地方通常也具备开发城镇的条件，因此，2 类空间的职能转换与功能定位，需要结合政策、主体功能区及实地情况来进行划分。

生态空间的适宜性从生态敏感性和生态系统服务功能的重要性出发，结合局域生态问题，反映国土空间中进行生态空间布局的适宜程度。将多指标的综合评价结果与地表的实际现状进行综合集成，形成了生态空间开发适宜性的评价结果，分 4 个等级：一等为最适宜开发，二等为较适宜开发，三等为限制开发（较不适宜开发），四等为禁止开发（不适宜开发）。根据多指标的综合结果将空间划分为 4 个等级，再结合下面的叠加规则进行确定。其中，现状地表分区中覆盖了基本农田的区域，其结果要变更为四等，而现状地表分区中的空间开发生态管制区域，其生态空间适宜性的评价等级则修正为一等。

按照上述的评价步骤进行叠加分析，最终形成的生态空间适宜性如图 14.12 所示。

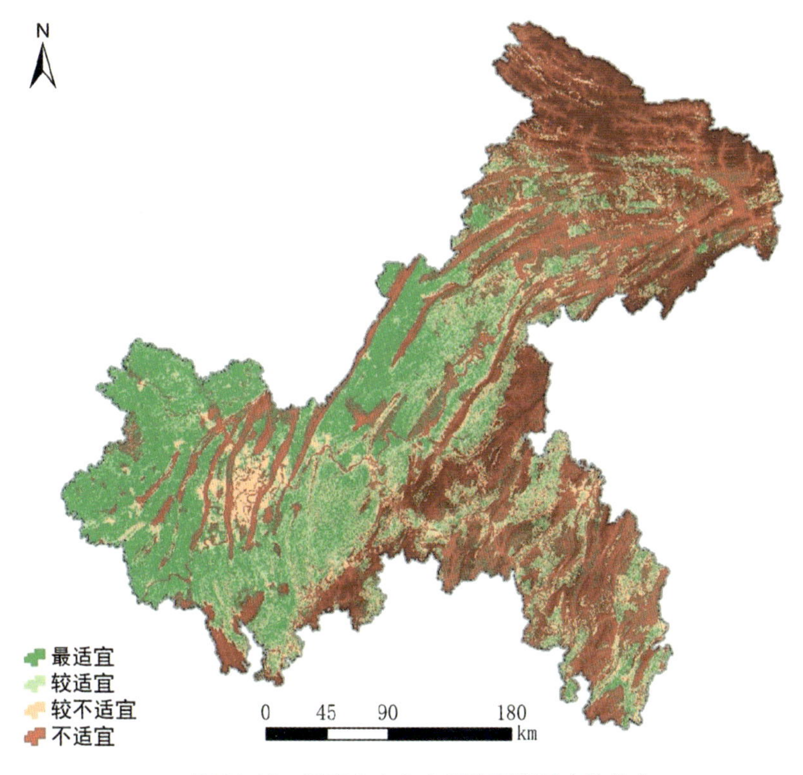

图 14.11　重庆市农业空间的开发适宜性分布

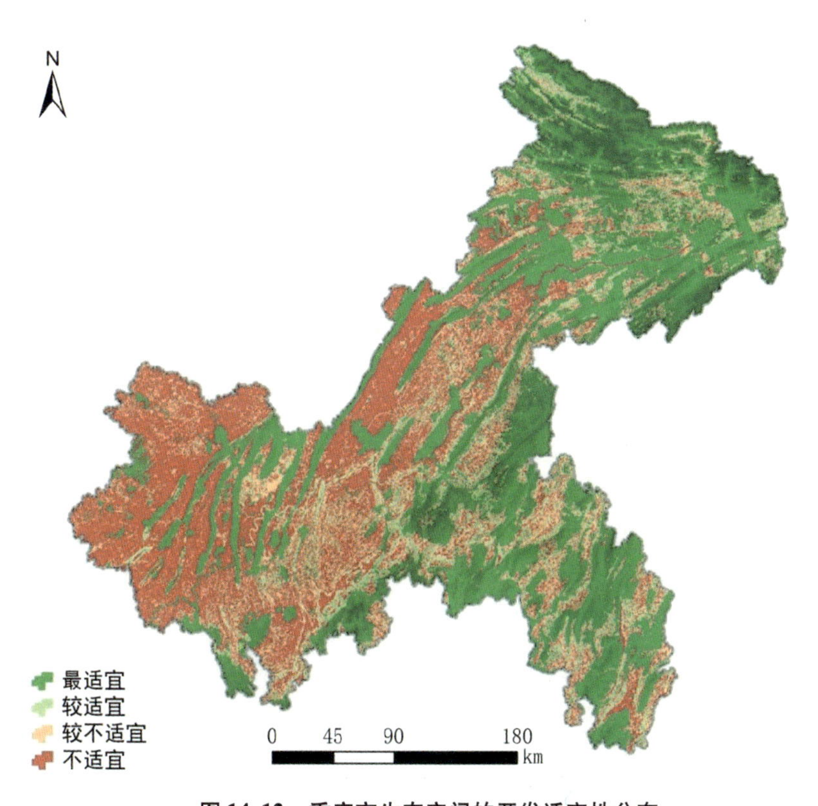

图 14.12　重庆市生态空间的开发适宜性分布

生态空间适宜性的划分方法类似于城镇空间与农业空间，生态空间应当在考虑生态保护红线的同时规避现状建成区及永久基本农田，上述 2 种类型的区域对于生态空间来说均为不适宜区域。在权重指标的选择中，林地占比与地形地势对生态空间有相对明显的影响，因此，生态空间的最适宜区域集聚在重庆市两翼地区，这也与林地的分布特征大致相同。同时，在渝东南地区，生态适宜性的整体水平偏高，但是由于少量基本农田及城镇的存在，将其切割为几个区域，最适宜区域主要分布在武隆区、彭水县的中北部等地。适宜性空间的相互调整对“三线”的完整划定有重要的意义，同时也是生态保护区控制的重要依据。

“三区”的划定是生态保护红线、永久基本农田保护红线、城镇开发边界等“三线”划定的基础。对“三区”的划定是基于对三类空间的开发适宜性评价完成的，然而，最终对“三区”范围的确定往往需要面对多目标保护的情景，即如何合理地配置同一地区生态、农业及城镇开发适宜性的高低，如何合理解决并优化不同保护与开发的目标。本案例的“三区”划定秉承了生态开发再优先于城镇开发优先于农业开发的原则，即生态 > 城镇 > 农业。

本案例完成了对重庆市的“三区”划定，划定标准在集成了 14 个单指标评价结果的基础上，针对“三区”不同的功能特点，分别选取了不同的单指标要素，结合 64 种适宜性情景，综合划定出了重庆市农业空间、城镇空间、生态空间三类空间。划定结果精确到了“三区”对应的栅格格网空间分布，格网分辨率为 30 m；三类空间之间彼此避让、互不侵占，为今后“三区”的管控提供了良好的空间数据成果。面积统计结果显示，重庆市全域的城镇空间面积为 8170.96 km^2、生态空间面积为 44216.98 km^2、农业空间面积为 30002.78 km^2。主城区的城镇空间面积为 2065.17 km^2、生态空间面积为 2011.34 km^2、农业空间面积为 1393.13 km^2。“三区”的划定结果如图 14.13 所示。

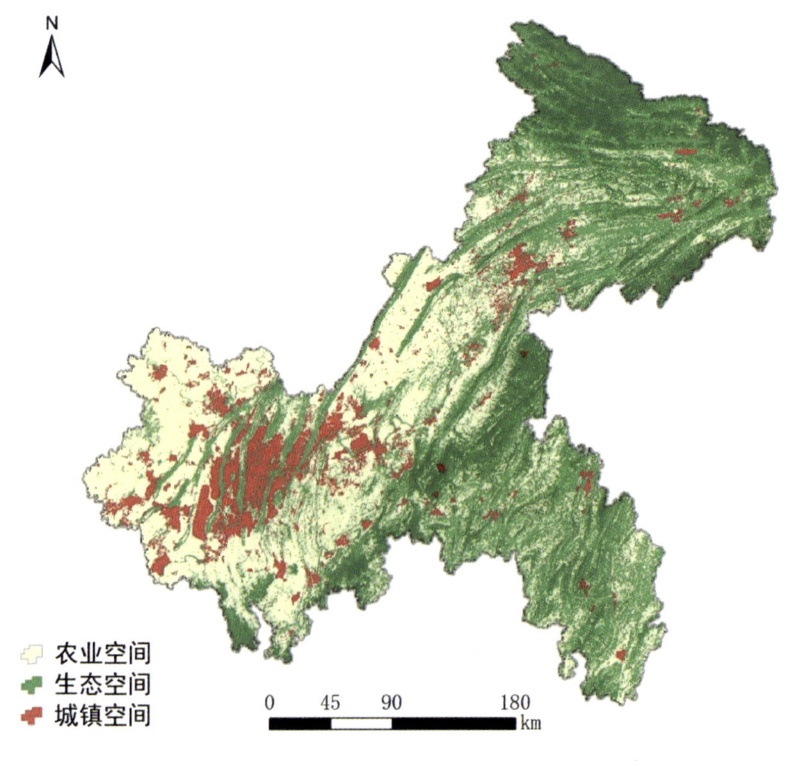

图 14.13　重庆市“三区”的划定结果

对城镇开发边界的划定结合了我国空间规划体系改革的趋势，采用了一种耦合资源环境承载力和空间适宜性“双评价”结果与未来土地利用模拟模型（FLUS 模型）的城市空间增长边界（urban growth boundary，UGB）划定方法。首先，借助资源环境承载力的评价结果来制定未来各区县的城镇建设用地适宜规模。然后，城镇空间适宜性评价的结果作为 FLUS 模拟中的空间驱动因子来引导建设用地扩张的强度与方向。本案例基于计算得出的各区县未来用地规模的预测值，分别对每个区县进行了建设用地的空间模拟。模拟基于 FLUS 模型进行，模拟的基准数据为 2006 年、2016 年重庆市土地利用 - 城镇建设用地的调查数据，本研究模拟了 2006 年至 2016 年建设用地的变化以验证模型的精度。FLUS 模型的验证基于 FOM（figure of merit）评价指标，验证结果显示，模型的 FOM 精度为 0.231，很好地满足了模拟的精度需求。在模型验证之后，本研究模拟了 2016 年至 2035 年重庆市建设用地的变化，模拟的迭代次数视当前区县的预测规模数而定。在本研究的模拟中，输入进模型的空间驱动因子涵盖了交通、区位、地形地势、规划等传统要素，包括距规划交通及用地的距离、距市中心的距离、DEM、起伏度等。此外，本研究同样将城镇空间适宜性的评价结果作为驱动因子输入进 FLUS 模型中，以反映在空间上城镇开发的适宜性对重庆市城镇建设用地的增长所起到的驱动作用。为了严格地控制建设用地的增长与生态、农业空间等的平衡关系，本研究选取了包括永久基本农田、生态保护红线、各类生态管制区、自然保护地等在内的 14 项限制因子作为 FLUS 模型的限制因素，在模拟中这些限制区域不会发生建设用地的增长与侵占。使用 FLUS 模型划定出的重庆市 2035 年城镇开发边界结果如图 14.14 所示，重庆市主城区 2035 年的城镇开发边界如图 14.15 所示。

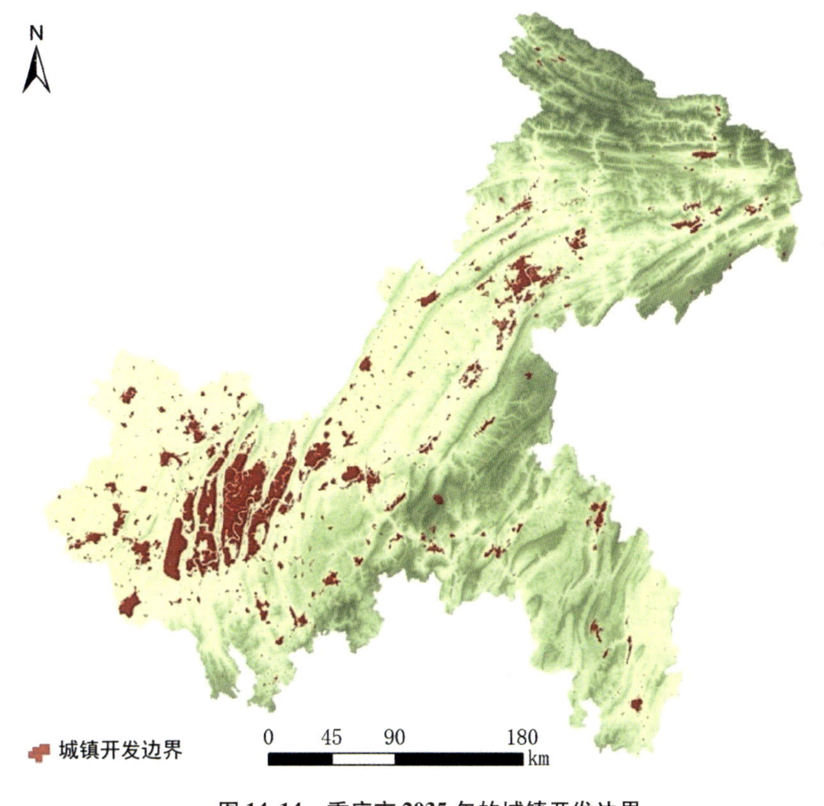

图 14.14 重庆市 2035 年的城镇开发边界

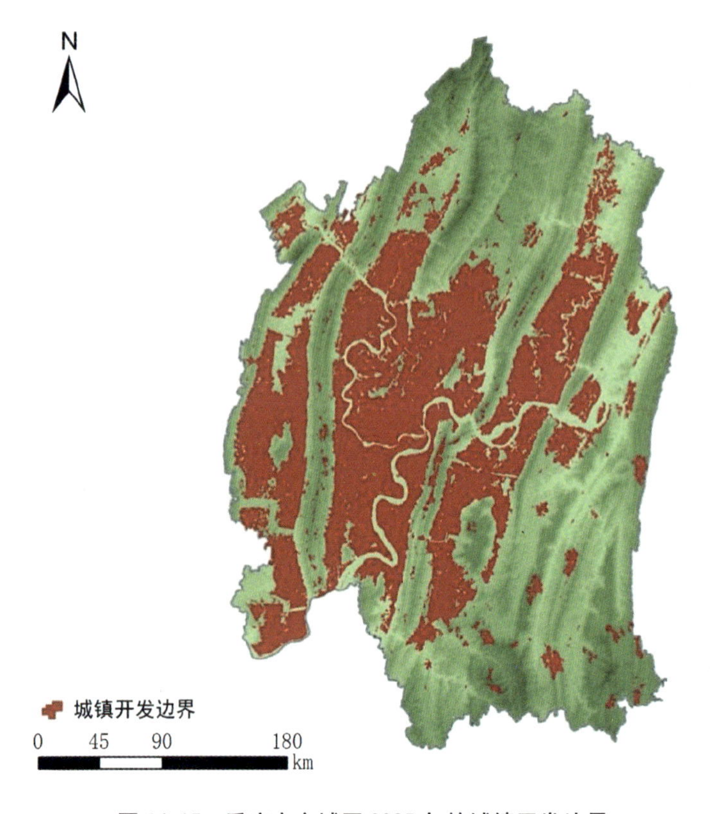

图 14.15　重庆市主城区 2035 年的城镇开发边界

根据市域公共服务设施专项规划及各镇的总体规划情况，基于重庆市土地利用现状已建成且用地报建手续完善的建设用地，国家、省、地级以上市确定的重大建设项目用地，位于土地利用总体规划和城市（镇）总体规划城镇建设用地范围内且不占生态保护红线的用地，位于现状建成区内部的城中村，已划入城市规划区、位于集中连片的城镇建成区周边的城边村建设用地等综合分析各类空间要素之间的关系，结合社会经济发展实际，在不占用生态保护红线及永久基本农田保护红线的前提下划定城镇开发边界，从而提高划定方案的合理性与可行性，并结合城市近期和远期的发展实际，对可纳入城镇开发边界的范围进行管控。

14.3　国土空间规划城市体检评估

国土空间规划城市体检评估是掌控国土空间开发保护现状与实施情况，支撑国土空间规划编制、动态调整完善、底线管控等的重要依据（张文忠 等，2021；向雨 等，2021；易娜 等，2023）。2020 年 10 月，自然资源部国土空间规划局发布的《关于开展现行国审城市国土空间规划城市体检评估工作的通知》（自然资空间规划函〔2020〕235 号），要求由国务院审批国土空间规划的 108 个城市按照《国土空间规划城市体检评估规程》开展体检评估工作。2021 年 6 月，自然资源部发布了行业标准《国土空间规划城市体检评估规程》（TD/T 1063—2021）和《城区范围确定规程》（TD/T 1064—2021），明确了城市体检评估的技术流程和参考指标体系。本节将主要围绕城市体检评估的要求，介绍城市体检评估的指标体系、评估方法以及智能信息技术辅助城市体检评估的应用实践。

14.3.1 体检评估指标体系

《国土空间规划城市体检评估规程》建议各城市按照安全、创新、协调、绿色、开放和共享6个维度建立指标体系，包括基本指标、推荐指标和自选指标。在基本指标的基础上，可以结合本地发展阶段选择推荐指标，也可以与地方实际紧密结合另行增设城市发展中与时空紧密关联，体现质量、效率、结构和品质的自选指标。

1. 指标选取原则

评估指标体系构建是评估结果合理与否的关键环节。由于国土空间具有复杂性，涉及因素众多，主观性较强，这就导致建立的指标体系很难全面客观地反映评价指标，因此指标选取应遵循科学性、客观性、系统性、层次性等基本原则。在此基础上，国土空间规划评估各层级指标的选取，还应着重考虑可获取和可操作性、可对比性、相关性以及完备性4个原则。

（1）可获取和可操作性。指标的选择需要充分考虑数据资源的实际，从数据资源中筛选可信、长期稳定的指标，并建立指标与责任部门的对应关系，增强指标的可操作性。

（2）可对比性。选取的指标应能够反映横向质量水平和自身目标的差距，增强评估的客观性。

（3）相关性。在现实环境中，事物的变化会受到外界环境的干扰，且影响事物使其发生改变的因素通常不止一个。为了避免指标冗余，要充分考虑和分析备选指标，从而选取信息量大、驱动力强、具有较强相关性的指标。同时，指标选取应充分考虑后期规划评估的需要，并应与规划评估指标体系有密切相关性。

（4）完备性。指标体系应从整体、全面的角度综合考虑，可以将评估指标和评估目标有机地联系起来，形成层次分明的整体，既要避免指标体系过于简单，又要避免指标体系过于庞杂。

2. 评估指标体系

依据《国土空间规划城市体检评估规程》，国土空间规划城市体检评估指标体系围绕安全、创新、协调、绿色、开放、共享6个维度，分为6个一级类别、23个二级类别，并细分为122项评估指标。根据指标特性，上述122项指标包含了33项必选基本指标（表14.2）和89项推荐指标（表14.3）。此外，各城市还可以结合地方实际另行增设自选指标。基本指标是与国土空间规划紧密关联的底线、用地、设施类指标。推荐指标是从其他方面直接或间接反映国土空间治理水平，主要涉及空间结构优化、人居环境改善等方面的指标。推荐指标中又有49项指标为国务院审批城市（82个）的必选指标，即国务院审批城市的必选指标共82项。其他设市城市则可以在33项必选基本指标的基础上，根据需要选取若干项推荐指标或自选指标。

（1）安全：主要是从底线管控、粮食安全、水安全、文化安全、防灾减灾与城市韧性等方面监测安全与底线的坚守力度，共计12项基本指标和15项推荐指标。例如，湿地面积、耕地保有量、生态保护红线面积、历史文化保护线面积和城市内涝积水点数量等指标分别反映了水安全、粮食安全、生态安全、文化安全和城市韧性。

（2）创新：主要是从创新投入产出、创新环境等方面监测创新发展的实施进展情况，共计6项基本指标和10项推荐指标。例如，研究与试验发展经费投入强度、土地出让收入占政府预算收入比例等指标分别衡量创新投入产出和发展模式现状。

（3）协调：主要是从城乡融合、陆海统筹、地上地下统筹等方面监测协调发展的实施进展情况，共计 5 项基本指标和 16 项推荐指标。例如，常住人口城镇化率、行政村等级公路通达率、自然海岸线保有率等指标分别表征集聚集约发展、城乡融合和陆海统筹的现状。

（4）绿色：主要是从生态保护、绿色生产、绿色生活等方面监测绿色发展的实施进展情况，共计 3 项基本指标和 14 项推荐指标。围绕“生态优先、绿色发展”的总体理念，结合森林覆盖率、河湖水面率、湿地保护率等具体指标，明确市县在生态保护、绿色低碳生产生活方式上的现状。

（5）开放：主要是从网络连通、对外交往、对外贸易等方面监测对外开放的实施进展情况，共计 1 项基本指标和 11 项推荐指标。结合国际国内通航城市数量、客货运吞吐量、进出口总额等指标，分析评判城市在对外开放中的优势和短板。

（6）共享：主要从宜居、宜养、宜业等方面监测设施共享及居民幸福感、获得感的实施进展情况，共计 6 项基本指标和 23 项推荐指标。通过工作日平均通勤时间、城镇人均住房面积、社区体育设施覆盖率、人均公园绿地面积等指标，评价市县域人居环境品质方面的现状。

表 14.2 城市体检评估的基本指标

一级	二级	编号	指标项	指标类别
安全	水安全	A－01	人均年用水量（m^3）	基本指标
		A－02	地下水水位（m）	基本指标
	粮食安全	A－03	永久基本农田保护面积（万亩）	基本指标
		A－04	耕地保有量（万亩）	基本指标
	生态安全	A－05	生态保护红线面积（km^2）	基本指标
	文化安全	A－06	历史文化保护线面积（km^2）	基本指标
	城市韧性	A－07	人均应急避难场所面积（m^2）	基本指标
		A－08	消防救援 5 min 可达覆盖率（%）	基本指标
		A－09	城区透水表面占比（%）	基本指标
		A－10	城市内涝积水点数量（处）	基本指标
		A－11	超高层建筑数量（幢）	基本指标
	规划管控	A－12	违法违规调整规划、用地用海等事件数量（件）	基本指标
创新	投入产出			推荐指标
	发展模式	A－13	闲置土地处置率（%）	基本指标
		A－14	存量土地供应比例（%）	基本指标
		A－15	城乡工业用地占城乡建设用地的比例（%）	基本指标
		A－16	土地出让收入占政府预算收入的比例（%）	基本指标
		A－17	城区道路网密度（km/km^2）	基本指标
	智慧城市	A－18	“统一平台”建设及应用的县级单元比例（%）	基本指标

续表 14.2

一级	二级	编号	指标项	指标类别
协调	集聚集约	A－19	常住人口数量（万人）	基本指标
		A－20	城区常住人口密度（万人/km^2）	基本指标
		A－21	建设用地总面积（km^2）	基本指标
		A－22	城乡建设用地面积（km^2）	基本指标
		A－23	城区建筑密度（%）	基本指标
	城乡融合			推荐指标
	陆海统筹			推荐指标
	地上地下统筹			推荐指标
绿色	生态保护	A－24	森林覆盖率（%）	基本指标
		A－25	森林蓄积量（亿 m^3）	基本指标
	绿色低碳生产	A－26	每万元 GDP 地耗（m^2）	基本指标
	绿色低碳生活			推荐指标
开放	网络联通			推荐指标
	对外交往	A－27	城市对外日均人流联系量（万人次）	基本指标
	对外贸易			推荐指标
共享	宜业	A－28	工作日平均通勤时间（min）	基本指标
	宜居	A－29	15 min 社区生活圈覆盖率（%）	基本指标
		A－30	每千人口医疗卫生机构床位数（张）	基本指标
		A－31	每千名老年人养老床位数（张）	基本指标
		A－32	城镇人均住房面积（m^2）	基本指标
	宜乐			推荐指标
	宜游	A－33	人均公园绿地面积（m^2）	基本指标

注：整理自《国土空间规划城市体检评估规程》（TD/T 1036—2021）。

表 14.3 城市体检评估的推荐指标

一级	二级	编号	指标项	指标类别
安全	水安全	B－01	重要江河湖泊水功能区的水质达标率（%）	推荐指标
		B－02	用水总量（亿 m^3）	推荐指标
		B－03	水资源开发利用率（%）	推荐指标
		B－04	湿地面积（km^2）	推荐指标
		B－05	河湖水面率（%）	推荐指标
		B－06	地下水供水量占总供水量的比例（%）	推荐指标
		B－07	再生水利用率（%）	推荐指标
	粮食安全	B－08	高标准农田面积占比（%）	推荐指标
	生态安全	B－09	生态保护红线范围内的城乡建设用地面积（km^2）	推荐指标

续表14.3

一级	二级	编号	指标项	指标类别
安全	文化安全	B－10	自然和文化遗产（处）	推荐指标
		B－11	破坏历史文化遗存本体及其环境事件数量（件）	推荐指标
	城市韧性	B－12	综合减灾示范社区的比例（%）	推荐指标
		B－13	年平均地面沉降量（mm）	推荐指标
		B－14	经过治理的地质灾害隐患点数量（处）	推荐指标
		B－15	防洪堤防达标率（%）	推荐指标
	规划管控			基本指标
创新	投入产出	B－16	社会劳动生产率（万元/人）	推荐指标
		B－17	研究与试验发展经费投入强度（%）	推荐指标
		B－18	万人发明专利拥有量（件）	推荐指标
		B－19	高等学校数量（所）	推荐指标
		B－20	每10万人中具有大学文化程度的人口数量（人）	推荐指标
	发展模式	B－21	批而未供土地处置率（%）	推荐指标
		B－22	新增城市更新改造用地面积（km^2）	推荐指标
		B－23	城乡居住用地占城乡建设用地的比例（%）	推荐指标
		B－24	城乡职住用地比例（1：X）	推荐指标
		B－25	城市建设用地综合地价（元/m^2）	推荐指标
	智慧城市			基本指标
协调	集聚集约	B－26	实际服务管理人口数量（万人）	推荐指标
		B－27	人口自然增长率（‰）	推荐指标
		B－28	常住人口城镇化率（%）	推荐指标
		B－29	城镇开发边界范围内的城乡建设用地面积（km^2）	推荐指标
		B－30	城区建筑总量（亿m^2）	推荐指标
	城乡融合	B－31	人均城镇建设用地面积（m^2）	推荐指标
		B－32	人均城镇住宅用地面积（m^2）	推荐指标
		B－33	人均村庄建设用地面积（m^2）	推荐指标
		B－34	等级医院交通30 min行政村覆盖率（%）	推荐指标
		B－35	行政村等级公路通达率（%）	推荐指标
		B－36	农村自来水普及率（%）	推荐指标
		B－37	城乡居民人均可支配收入比（%）	推荐指标
	陆海统筹	B－38	大陆自然海岸线保有率（%）	推荐指标
		B－39	近岸海域水质优良（一、二类）比例（%）	推荐指标
		B－40	海洋生产总值占GDP比例（%）	推荐指标
	地上地下统筹	B－41	人均地下空间面积（m^2）	推荐指标

续表 14.3

一级	二级	编号	指标项	指标类别
绿色	生态保护	B-42	林地保有量（hm^2）	推荐指标
		B-43	草地面积（km^2）	推荐指标
		B-44	新增生态修复面积（km^2）	推荐指标
		B-45	本地指标性物种种类（种）	推荐指标
	绿色低碳生产	B-46	每万元 GDP 水耗（m^3）	推荐指标
		B-47	每万元 GDP 能耗（吨标准煤）	推荐指标
		B-48	单位 GDP 二氧化碳排放降低比例（%）	推荐指标
		B-49	分布式清洁能源设施覆盖面积（km^2）	推荐指标
		B-50	工业用地地均增加值（亿元/km^2）	推荐指标
		B-51	综合管廊长度（km）	推荐指标
	绿色低碳生活	B-52	城镇生活垃圾回收利用率（%）	推荐指标
		B-53	农村生活垃圾处理率（%）	推荐指标
		B-54	绿色交通出行比例（%）	推荐指标
		B-55	新建、改建建筑中的绿色建筑比例（%）	推荐指标
开放	网络联通	B-56	定期国际通航城市数量（个）	推荐指标
		B-57	定期国内通航城市数量（个）	推荐指标
		B-58	1 h 到达中心城市国际机场或干线机场的县级单元比例（%）	推荐指标
	对外交往	B-59	铁路年客运量（万人次）	推荐指标
		B-60	机场年旅客吞吐量（万人次）	推荐指标
		B-61	国内年旅游人数（万人次）	推荐指标
		B-62	入境年旅游人数（万人次）	推荐指标
		B-63	国际会议、展览、体育赛事数量（次）	推荐指标
	对外贸易	B-64	机场年货邮吞吐量（万 t）	推荐指标
		B-65	港口年集装箱吞吐量（万标箱）	推荐指标
		B-66	对外贸易进出口总额（亿元）	推荐指标
共享	宜业	B-67	城镇年新增就业人数（万人）	推荐指标
		B-68	45 min 通勤时间内居民占比（%）	推荐指标
		B-69	都市圈 1 h 人口覆盖率（%）	推荐指标
		B-70	轨道交通站点 800 m 半径服务覆盖率（%）	推荐指标
	宜居	B-71	社区卫生服务设施步行 15 min 覆盖率（%）	推荐指标
		B-72	市区级医院 2 km 覆盖率（%）	推荐指标
		B-73	每万人拥有幼儿园班数（班）	推荐指标
		B-74	社区小学步行 10 min 覆盖率（%）	推荐指标
		B-75	社区中学步行 15 min 覆盖率（%）	推荐指标

续表 14.3

一级	二级	编号	指标项	指标类别
共享	宜居	B－76	社区养老设施步行 5 min 覆盖率（%）	推荐指标
		B－77	殡葬用地面积（km^2）	推荐指标
		B－78	社区文化活动设施步行 15 min 覆盖率（%）	推荐指标
		B－79	菜市场（生鲜超市）步行 10 min 覆盖率（%）	推荐指标
		B－80	年新增政策性住房占比（%）	推荐指标
		B－81	公共租赁住房套数（套）	推荐指标
	宜乐	B－82	社区体育设施步行 15 min 覆盖率（%）	推荐指标
		B－83	足球场地设施步行 15 min 覆盖率（%）	推荐指标
		B－84	每 10 万人拥有的博物馆、图书馆、科技馆、艺术馆等文化艺术场馆数量（处）	推荐指标
		B－85	每万人拥有的咖啡馆、茶舍等数量（个）	推荐指标
	宜游	B－86	公园绿地、广场步行 5 min 覆盖率（%）	推荐指标
		B－87	人均绿道长度（m）	推荐指标
		B－88	森林步行 15 min 覆盖率（%）	推荐指标
		B－89	年空气质量优良天数（d）	推荐指标

注：整理自《国土空间规划城市体检评估规程》（TD/T 1036—2021）。

国土空间规划定期评估的主要内容包括两个方面：一方面，重点围绕创新、协调、绿色、开放、共享、安全 6 个维度，细分为 122 项指标，进行城市体检现状评估；另一方面，从规划实施过程、实施结果和实施成效等方面进行规划实施评估。根据指标完成情况分类可以给出总体的对策建议，对于完成度较差的个别指标予以特别关注和预警管理，同时对总体规划实施评估指标体系表进行动态维护（增减指标、调整目标值等）。剖析问题与成因要采用综合性诊断，可以结合历史趋势、横向比较、目标差距对比等，从区域到市级、区级层面再到街道、社区等多空间层次，进行深度分析、复合诊断和综合施策，并通过对指标内部的结构性诊断分析，由表及里地发现问题和原因。开展专项评估和政策机制分析，可以进一步聚焦于城市发展规律性问题和深层次的关联性政策机制问题，以提出政策建议，还可以参照监测结果对各类规划实施工作进行及时的反馈和修正，为城市精细化管理出谋划策。

14.3.2　体检评估技术方法

目前国内外对城市空间规划实施评估的方法主要有定性方法（是否达到规划目标）、定量方法（具体量化目标数值）以及定性与定量相结合的方法。《国土空间规划城市体检评估规程》指出，可以收集全国国土调查及年度变更调查、自然资源专项调查、地理国情普查和监测、航空航天遥感影像、国土空间规划编制与审批、土地供应、执法督查等自然资源主管部门的空间数据，经济社会发展统计数据，各部门的专项调查统计数据，以及公开发布或合法获取的手机信令数据、POI 数据、交通 IC 卡数据、企业信息、位置服务、夜间灯光遥感、市民服务热线数据等城市运行的大数据，用于城市体检评估。基于上述遥感影像、空间调查数据、社会经济统计数据、行政管理数据及互联网和物联网大数据，《国土空间规划城市体检评估规程》

建议城市体检评估综合运用差异对比、空间分析、趋势研判、社会调查等方法，并倡导大数据、人工智能等新技术和新方法的应用，对城市发展现状和规划实施效果进行分析和评价。

1. 差异对比法

该方法主要用于评估各项规划指标的执行率和规划目标的落实情况。将指标现状值与规划目标值进行对比，可以通过分析经济、人口与城镇化、居民生活水平、文化教育及社会保障建设与规划目标之间的差异，反映城市经济实力、社会发展状况、资源配置及生态保护水平。该方法可以通过计算单项指标完成率对各指标的执行情况予以量化。

2. 空间分析法

可以采用扩展强度指数、等扇分析、核密度分析等方法，分析规划实施期间城乡格局的时空发展变化情况。

（1）扩展强度指数。该方法主要用于分析不同时段内城镇建设用地增长的速度及趋势，计算式为：

$$EI = \frac{\Delta U_{ij}}{\Delta t_j \times TLA_i} \times 100\% \tag{14.4}$$

式中：EI 代表扩展强度，EI 越大代表扩展强度越高；ΔU_{ij} 代表在第 j 个时间段中第 i 个研究单元内新增建设用地的面积；Δt_j 代表第 j 个时间段的长度；TLA_i 代表第 i 个研究单元内全部的土地面积。

（2）等扇分析方法。该方法主要利用城镇建设用地在不同方向上的增长面积、速度差异来表达城镇扩张的方向、强度，并通过分析不同时期建设用地增长的各向异性来描述建设用地增长的空间分布特征。

（3）核密度分析法。该方法主要利用特定属性值并生成热点图来表现某种事物的聚集程度。该方法可以有效地反映城乡建设用地增长的空间形态变化，揭示城乡发展的进程和功能空间的演替程度。其原理是通过在事物质心上设置一个对称面，利用高斯核函数计算此面到参考位置的距离并相加所有对称面到参考位置的距离，计算式如下：

$$f(x,y) = \frac{1}{n h^2} \sum_{i=1}^{n} K\left(\frac{d_i}{h}\right) \tag{14.5}$$

式中：$f(x,y)$ 代表位置 (x,y) 的核密度；n 代表观测目标的数量；h 代表带宽或核大小；K 代表核函数；d_i 代表位置 (x,y) 到观测目标 i 的位置。

3. 趋势研判法

趋势指事物在特定的时间内发展的方向和态势。趋势研判法主要基于一定时间内各项规划指标的动态监测数据和发展规律，运用移动平均、指数平滑、回归分析等趋势分析方法，从时间、方向和态势等方面综合对特定规划指标值及其范围进行趋势判断。

14.3.3 广州市城市体检评估实践案例

本节以广东省广州市为例，介绍了如何综合利用大数据、人工智能、空间分析等技术辅助城市体检评估指标分析，主要选取了城市韧性、职住通勤及便民服务等几个维度的典型指标阐述分析。

1. 城市韧性评估

城市可渗透地面对于城市生态系统的平衡有重要作用。城市大量硬化覆盖会造成区域地表温度、湿度的调节能力的丧失，地面沉降，“城市人造沙漠”等问题。因此，城区透水表面占比（%）是衡量城市生态的重要指标，具体指市辖区的建成区内具有渗透能力的地表（含水域）面积占建成区面积的百分比。

（1）数据需求。指标计算所需要的数据主要包括可渗水面数据及建成区边界数据。其中，可渗水面数据通过遥感影像识别提取，目前，国内外已有GISA 1.0、GAIA、GAUD、GHSL等多个全球范围的30 m的多时序不透水面数据集，本案例选取了GAIA 2.0不透水面产品。

（2）评价技术路线。如图14.16所示，首先将可渗水面数据与绿道数据进行合并，然后将建成区边界与合并后的可渗水面数据进行叠加分析，得到建成区范围内的可渗水面数据。城市可渗透地面面积比例的计算式为：

$$城市可渗透地面面积比例=\frac{可渗透地面面积}{建成区面积}\times 100\% \tag{14.6}$$

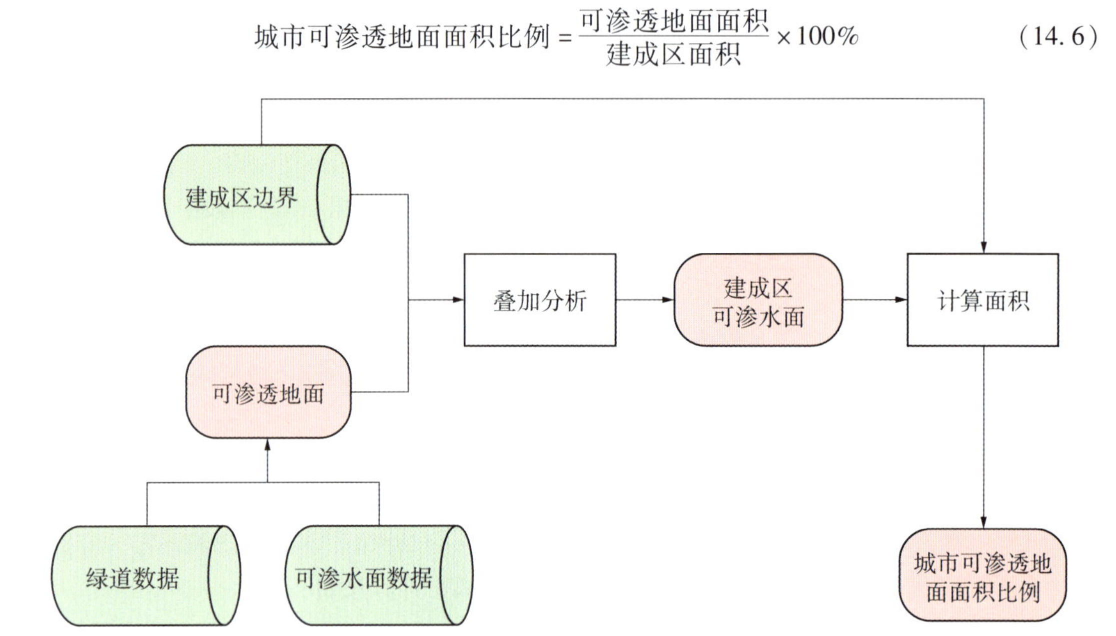

图14.16　城市可渗透地面面积计算的技术路线

（3）评价结果分析。广州市的城市可渗透地面面积比例为45.17%。从化区和增城区的可渗透地面面积比例在50%以上，在该项指标上表现良好；白云、黄埔、越秀区的可渗透地面面积比例为45%～50%，基本满足了城市可渗透地面面积比例的适宜值要求；该项指标低于45%的区域包括天河、花都、海珠、番禺及荔湾区，其中，荔湾区的可渗透地面面积比例仅为32.78%，是全市最低。建议在建成区增设一些公园、草坪和人工蓄水池等设施。在城市地面硬化中应采用一些透水铺装材料，并增加城市绿地、植草沟、人工湿地等可透水地面，促进雨水的下渗并增加雨水蓄存和循环利用，切实提高城市可渗透地面面积的比例。

2. 职住通勤评估

城市常住人口平均单程通勤时间是总通勤时间与总通勤人口的比值。平均通勤时长是衡量城市交通服务水平与城市人居环境建设水平的重要指标之一，影响着人们每天的生活品质、工作状态和幸福感，将通勤时长控制在45 min以内已经成为全球各大城市的目标共识。城市常住人口平均单程通勤时间（min）是评估城市职住通勤状态的重要指标，指市辖区内常住人口单程通勤所花费的平均时间。

（1）数据需求。城市通勤及常住人口数据主要通过手机信令数据提取。手机信令数据是手机用户使用移动通信网络时留下的时空轨迹，记录了用户在城镇之间的出行轨迹，能真实地反映城市内部的人流信息。手机信令数据具有样本大、覆盖广、用户持有率高的特点，因此，已经成为挖掘城市体征与人类活动的重要数据源。

（2）评价技术路线。如图 14.17 所示，将通勤时长数据和通勤人口数据进行叠加分析，即将同一网格的通勤时长和人口数量相乘得到各网格的通勤总时长。根据行政边界汇总统计各格网的通勤总时长，得到行政区域范围内的通勤总时长；根据行政边界汇总各格网的通勤人口，得到行政区域范围内的通勤总人口，以此计算城市常住人口平均单程通勤时间。其计算式为：

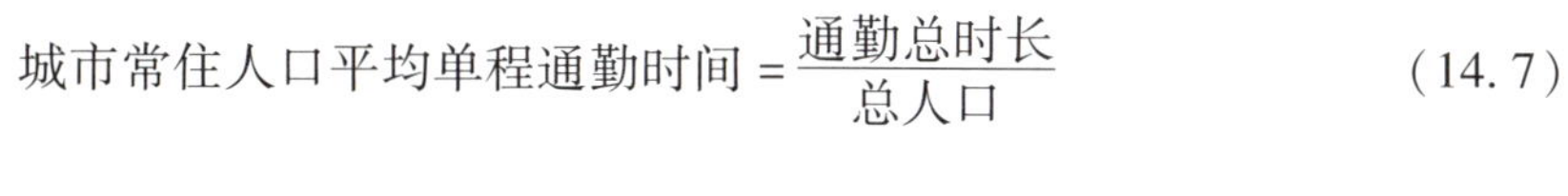

$$城市常住人口平均单程通勤时间 = \frac{通勤总时长}{总人口} \tag{14.7}$$

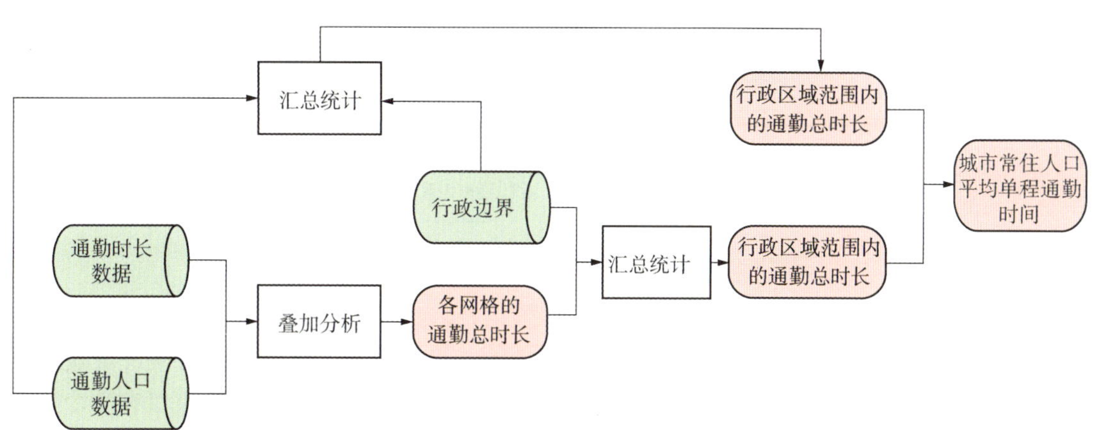

图 14.17　城市常住人口平均单程通勤时间计算的技术路线

（3）评价结果分析。根据手机信令数据的平均通勤时间及人口分布，计算得出广州市域范围内的通勤平均出行耗时为 38.55 min，处于较为良好的水平。各区之间的通勤时间虽然略有差异，但平均通勤时长也都低于 45 min。荔湾、海珠、番禺和天河区的该项指标相对较高，均超过了 40 min，其中荔湾区达到了平均 41.29 min 的时长。可以通过继续加大城市公共交通建设的投入力度，给人们的上班通勤提供更多方便、快捷的路径，进一步缩短城市人口的平均单程通勤时间。

3. 便民服务评估

社区便民商业服务设施覆盖率（%）是体现城市社区便利度、人居环境体验服务的重要指标，指市辖区的建成区内有便民超市、便利店、快递点等服务设施的社区数占社区总数的百分比。

（1）数据需求。城市便民设施一般可以通过百度地图、高德地图等开放数据平台获取，通过提取对应的兴趣点数据，经过地名、地址转译，可以得到城市兴趣点设施的分布数据。

（2）评价技术路线。如图 14.18 所示，从兴趣点数据中提取出便民服务设施的 POI 数据，将便民服务设施 POI 数据空间连接至建成区社区数据上，可以得到各建成区社区的便民服务设施数量，将建成区内的社区分为达标和未达标两类（拥有便民服务设施即为达标，反之为未达标），计算得到社区便民商业服务设施覆盖率。其计算式为：

$$社区便民商业服务设施覆盖率=\frac{达标社区数}{建成区社区总数}\times 100\% \tag{14.8}$$

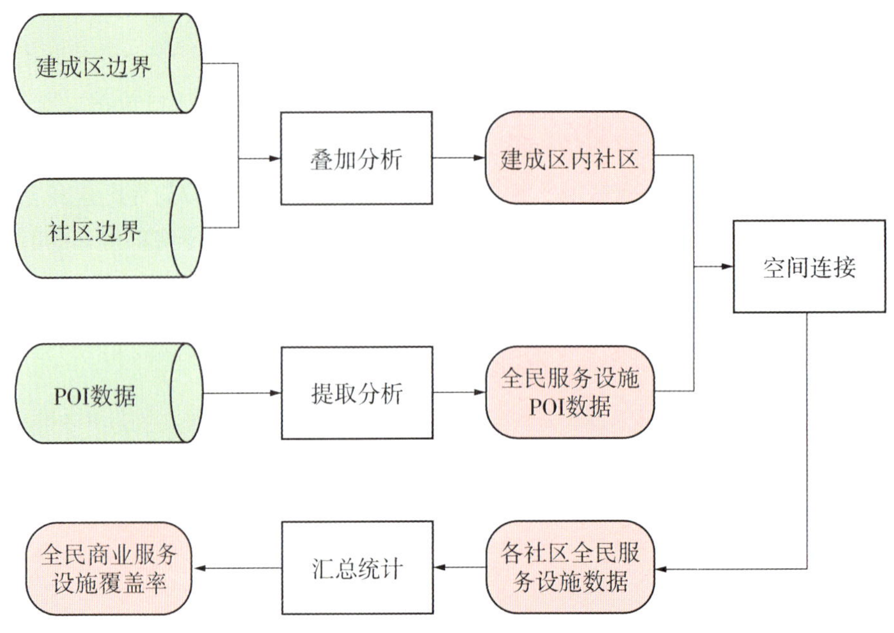

图 14.18　社区便民商业服务设施覆盖率评价的技术路线

（3）评价结果分析。广州市社区便民商业服务设施覆盖率为 95.69%。全市共有 9 个行政区的便民商业设施覆盖率达到了 90% 以上，其中，荔湾、天河和越秀区的便民商业服务设施覆盖率更是高达 100%，实现了便民商业服务设施的全社区覆盖。广州市仅有 2 个行政区（黄埔、增城区）的社区便民商业服务设施覆盖率在 90% 以下。对于个别社区便民商业服务设施覆盖率不足的区域，建议从社区实际情况出发，精准补建便民商业设施网点，提升社区便民商业服务设施的覆盖率。

第 15 章　智 慧 城 市

城市是人类活动的主要场所，是人流、物流、信息流和价值流的枢纽，对经济、社会与生态有着重大影响（李清泉，2017）。随着《国家新型城镇化规划（2014—2020 年）》的颁布，中国城镇化进入了工业化、城市化、信息化深度融合的新阶段，根据 2022 年的统计报告显示，中国的城镇化率为 65.22%，但随之而来的人口膨胀、资源紧缺、环境污染、交通拥堵、公共安全隐患日增等一系列“城市病”成为阻碍城市发展的重要因素。物联网、大数据、云计算、人工智能等新一代信息技术的应用为城市的智慧化发展带来了契机（党安荣 等，2018；李汝资 等，2023）。智慧城市是城市信息化发展的高级阶段，其通过集成新一代信息技术获取城市运行核心系统中的关键信息并进行分析、整合与智能决策，促进了城市运营精细化管理与资源集约化利用，可以满足人们不断增长的对美好生活的追求，是实现城市可持续发展的重要途径（龚健雅、王国良，2013；李德仁 等，2014；吴志强 等，2022）。

作为与国家安全和社会经济发展密切相关的基础战略信息资源，城市地理信息是智慧城市运行的重要载体。城市地理信息技术通过城市空间信息的动态化在线感知、多维度数据融合、智能化辅助决策，为智慧城市的建设提供了地理空间框架和智慧决策模型，满足了政府、企业、市民的按需、即时和精准决策需求（Xiao et al.，2017；龚健雅 等，2019）。一方面，城市地理信息利用测绘遥感、物联网大数据等信息感知技术汇聚了城市时空信息，构建了涵盖室内外、地上下、二三维于一体的城市信息底座，实现城市群至街区多种尺度的自然地表要素、人车物运动目标和街区复杂场景的精确获取、快速生产、动态更新、多维融合，可以满足智慧城市全空间、全要素、高精度、高时变的信息感知需求。另一方面，城市地理信息利用元胞自动机、群智能算法等城市动态模型，针对城市治理的多种场景与目标，识别出了有效的关键要素和机制，抽象出了尽量真实的世界运行机制，并预测了未来城市全生命周期的动态趋势（杨滔 等，2022），尤其是在辅助城市用地信息提取、资源优化配置、空间格局演变模拟等方面，揭示了城市的发展特征与演变的方向。

本章重点描述了城市地理信息在智慧城市中的应用，包括依托现有城市地理信息技术搭建的数字孪生信息平台以及城市地理信息技术在城管、园区、社区、水务、安防、环保、交通等智慧城市中的典型应用。

15.1　数字孪生信息平台

随着信息技术和计算能力的不断提升，数字孪生的概念在近年来迅速发展（Shahat et al.，2021）。数字孪生信息平台是一种综合利用数字技术和物理系统模拟技术的创新性平台，它的概念来源于数字孪生，即以数据与模型的集成融合为基础与核心，通过数字化手段对现实世界中的实体、过程或系统进行高度精确的建模和仿真，基于数据整合与分析预测来模拟、验证和预测物理实体的全生命周期过程，最终形成智能决策的优化闭环。

从社会经济背景来看，数字孪生信息平台是信息技术、城市化进程、产业升级和可持续发展需求等多方面背景因素共同推动的产物。随着我国社会经济水平的不断提高与城市化进程的深入，传统的资源管理模式已经难以完全满足新时代城市发展的管理应用需求。而数字孪生信息平台的出现，正是着力解决这一问题的突破之处，其以城市、工厂、交通和能源等领域为重点，将物理系统与数字化模型进行对比、分析和优化，能够更好地理解、管理和预测优化真实世界中的复杂系统。

数字孪生信息平台，以智慧城市的建设要求为出发点，通过多维度的技术层面融合，组建了一套可感知、可计算、可优化的智慧城市信息平台；以空天地一体化为主要手段，构建了地形级、城市级和部件级的多源空间数据体系；采用游戏引擎与GIS引擎，搭建了面向不同行业的垂直领域数字孪生信息平台。通过大规模数据分析与可视化展示，数字孪生信息平台使得城市知识能够被更好地理解，从而为规划决策提供更全面、更准确的决策支持，推动空间治理领域向数字化、网络化、智能化方向加速跃升，加快促进空间治理体系与治理能力的现代化，帮助城市实现智慧、可持续的发展。

15.1.1 架构体系

数字孪生信息平台通过对物理对象的精确数字化映射，来模拟物理对象实体在现实环境中的具体行为动作与变化情况，以实现状态监测、故障诊断、趋势预测和综合优化等全生命周期管理。为了构建数字化镜像并实现上述目标，需要物联网传感器、数据建模与处理、数据存储与展示等基础支撑技术通过系统平台化的架构镜像融合，从而搭建物理世界与数字孪生之间的信息交互闭环。从整体上看，一个完整的数字孪生信息平台总体架构主要包括以下几个实体层级：①数据感知获取。主要涵盖了网络数据爬取、物联网传感器数据收集等技术，承担了数字孪生信息平台对于现实世界的状态感知功能；②数据处理融合。依托基础平台与人工智能基础，对采集的数据进行二次处理，从而获得可用、精细的生产级别数据；③数据人机交互。通过集成可视化技术、虚拟现实技术，实现了人机交互的功能，发挥着数字孪生空间与现实空间之间媒体连接的作用（图15.1）。

15.1.2 数字底座建设

1. 基础技术：感知获取

在数字孪生信息平台中，感知指从物理世界中获取数据和信息的过程，是数字孪生信息平台与物理对象精准映射与实时交互的媒介。感知技术通过使用传感器、检测设备、地理信息系统（GIS）等技术手段，实时采集与监测城市或实体的各种参数和状态，并将这些数据传送到平台中进行后续的处理和分析。

全域、全时段、多维度的物联感知体系，能够通过采用多种感知技术来满足对孪生区域内所有地物进行协同感知，不仅要求大范围把握海量时空数据，而且强调了对于数据感知尺度的精细化、精准化（Weil et al.，2023）。

全要素标识能够给实体对象赋予身份信息，实现孪生映射。标识技术能够给各类城市部件、物体赋予唯一的数字身份编号，从而实现物理世界与数字孪生空间中数字关系的精准映射和一一对应，物理实体的每一时刻的变化信息都能即时、精准地同步反映到数字孪生空间中，对数字物体的任何操控都能实时影响到对应的物理实体，便于物理实体之间跨域、跨系统的互通和共享。

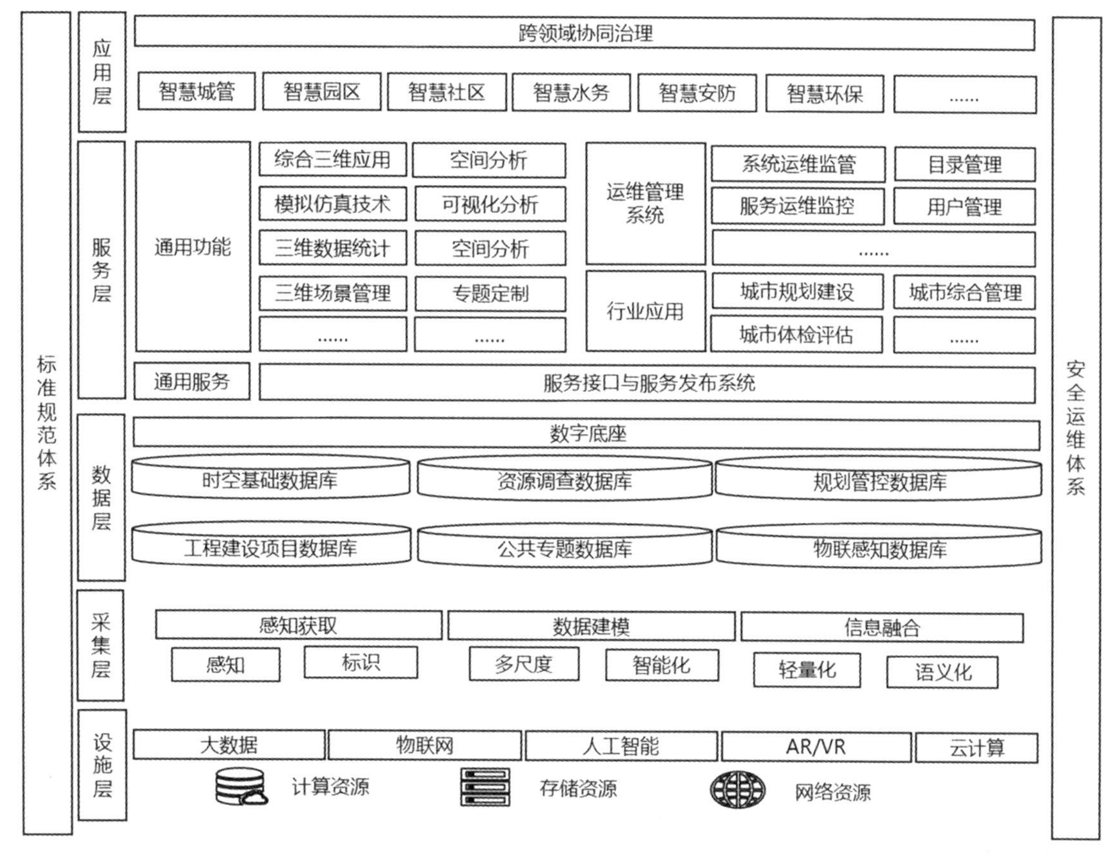

图 15.1 数字孪生信息平台架构体系

2. 基础技术：数据建模

现实世界中一切物体的数字孪生体，归根结底就是一个个的模型和模型的集合，所以建设数字孪生系统的关键也在于模型表达。模型的建立方法随着数据采集技术的发展而迅速发展，不同来源、不同类型的空间三维数据愈来愈多，目前应用于建筑物、构筑物、道路、地下管线的采集方法主要有传统的三维建模软件、三维激光扫描、航空摄影测量等。几何生成技术、语义化技术、多模态多尺度空间数据智能提取技术、深度学习技术、多分辨率空间索引和调度技术、高性能三维渲染技术等技术的不断发展，促进了点云逆向建模、倾斜摄影三维重建、结构化语义建模等城市模型表达方式不断成熟，数字孪生信息平台的三维信息模型进入了高精度、高效率、高真实感和低成本的全自动、全要素结构化表达的阶段。

数字孪生信息平台引入了多尺度空间数据建模技术。数字孪生信息平台需要对整个城市的地物进行建模（Lei et al.，2023），考虑到效率与精度的需求不同，需要采用不同的建模方式（Dembski et al.，2020），构建不同精度标准的模型，从而以不同颗粒度的数据来还原城市结构。

具体的建模方式如下：①以高分辨遥感影像作为数据源构建地形级三维模型（Xue et al.，2020）；②以无人机倾斜摄影和点云数据来快速构建城市级模型（To et al.，2021），主要是对城市内的生产和生活空间进行映射，特别是道路、建筑和植被等地物；③以 BIM（building information modeling）模型来构建部件级三维模型（Ali et al.，2023），重点是对一些建筑内部的区域进行精细化还原，以满足专业化和个性化的需求；④以物联感知数据来对城市内的流动数据进行建模，主要是通过定位和AI识别能力来对车流、人流及环境进行模拟。其中，城市级模型起到了骨架作用，使用最多，这部分通过无人机拍摄的倾斜照片，采用自动空三和联合精确定位、密集点云自动匹配、精细三维模型自动纹理映射等技术来进行快速的模型构建。

数字孪生信息平台还引入了智能化、语义化的深度学习建模技术。对于现状数据可以通过上述的采集手段和多尺度建模技术进行构建，但本研究的数字孪生平台不仅要能展示现状而且要能回顾过去和展望未来。

对于历史数据现存较多的CAD图纸及历史影像，可以采用深度学习技术对影像进行分割和识别，从而快速地构建白膜，而通过语义模型对CAD的功能进行识别，可以根据识别的图形和属性信息，快速地构建三维语义模型。

未来的展现可以通过模拟仿真技术和生成式人工智能（artificial intelligence generated content，AIGC）技术来生成（Lyu and Xie，2021），通过人工智能（AI）来构建面向交通、城市等领域的仿真模块（Gao et al.，2021），如构建内涝模拟与分析技术来模拟洪水的演变。通过识别现在和过去的城市形态组合，使用生成技术，可以快速地生成满足特定要求的建筑、道路等数据，以此展望未来的城市变化。

3. 基础技术：信息融合

数字孪生信息平台的数据智能融合技术是建立在信息感知技术之上，对空间信息数据、人类活动大数据等多源数据进行融合与共享，并为空间模拟与决策技术提供关键信息的技术手段（Weil et al.，2023）。数字信息融合能力，包括数据集成融合能力和数据供给能力。其中，数据融合以城市多源、多类型数据为基础，以城市时空数据为主要索引，构建多层次时空数据融合框架，形成以基础地理和自然资源数据为基础、以政务数据为主干、以社会数据为补充的全空间、全要素、全过程、一体化的时空数据体系，使数字孪生信息平台能够更为精确全面地呈现和表达，如更准确地实现动态监测、趋势预判、虚实互动等核心功能。数字孪生信息平台在信息融合方面的具体技术优势如下。

（1）模型轻量化处理。模型构建时由于建模机制问题，会存在较多不必要的细节以及一些重复的纹理，造成数据量较大，因此，在保留三维模型精度的前提下，通过几何数据的减面压缩、LOD（levels of detail）分层、参数化重建等手段，可以减少存储空间，实现流畅操作，从而为后续在浏览器或手机上查看城市尺度的数字孪生模型提供基础。

（2）多源数据汇聚与管理。通过上述多种模型的构建方法获取的数据会存在格式不一致、数据孤岛等问题（Li et al.，2022），为了能够对各种格式的数据进行统一管理，需要通过数据清洗、质量检查、格式转换等操作，解决数据碎片化和不完整性问题；同时，为了进行后续多类数据的融合展示，需要对数据进行碰撞检测。

（3）数据关联集成能力。以管理对象（实体模型对象）为关联标识，将城市各种原始的、离散的业务数据叠加在统一的三维空间、一维时间之中，可以通过对管理对象的各种属性信息、业务状态信息进行多维关联，实现数据关联、业务集成（Xia et al.，2022；Lei et al.，2023）。

（4）模型语义化。通过倾斜摄影构建的模型是Mesh网状结构，类似于影像，只能展示，不能进行查询和统计，可以利用深度学习技术，通过自动对其进行检测、分割来实现单体化处理，还可以结合矢量数据来挂接属性，并以业务运行模型为基础，通过节点（实体模型对象）及节点之间的逻辑关系，构建物理实体之间的关联、指标等关系（Noardo，

2022)，从而快速地形成数据融合模型及丰富的知识图谱，将物理世界中的多源异构和多模态的空间大数据组织成复杂庞大的数据语义网络，解决跨领域的数据在几何位置、属性语义、逻辑等方面的相似性、不一致性问题。

(5) 数据挖掘和分析能力。数字孪生信息平台还可以建立从描述性可视分析到解释性可视分析和探索性可视分析的多层次可视分析体系，从而快速有效地从多模态实景三维大数据中发掘价值，支撑数字孪生各应用领域的决策分析。

4. 基础技术：通用功能

数字孪生信息平台是现实物理世界的数字承载体。因此，对数字孪生对象的分析能够直接应用于现实物理世界。在数字城市中分析，在物理城市中执行，使城市建设和发展的路线可预期、可规划、少失误，是数字孪生信息平台价值的真正体现。在数字孪生城市中，运用模拟仿真技术，可以进行自然现象的仿真、物理力学规律的仿真、人群活动的仿真、自然灾害的仿真等，为城市规划、管理、应急救援等方案的制定提供科学决策依据，促进城市资源的公平和快速调配，支撑建立更加高效、智能的城市现代化治理体系。数字孪生信息平台在通用功能方面的具体技术如下。

(1) 空间分析技术。空间分析技术指基于数字孪生城市的三维模型，结合时空网格技术、北斗定位服务等，针对具体业务需求，进行空间数据相关计算、分析、查看、展示的能力，包括距离测量、面积测量、体积测量等测量能力，叠加分析、序列分析和预测分析等时空分析，路径规划、漫游定制、可视域分析等场景分析，以及全景图定制和场景标注等。

(2) 模拟仿真技术。模拟仿真技术，是在数字空间中通过数据建模、事态拟合（Boschert and Rosen，2016）进行某些特定事件的评估、计算、推演，为管理方案和设计方案提供反馈和参考。与物理世界相比，数字世界具有可重复性、可逆性、全量数据可采集、重建成本低、实验结果可控等特性。在虚拟数字世界中，可以为城市规划、城市更新、应急方案、无人车训练等方案的评估与优化提供细化、量化、变化与直观化的分析与结论。

(3) 双引擎加持技术。双引擎加持技术，主要指以 GIS 引擎和游戏引擎融合的技术体系加持数字孪生信息平台。随着数字孪生信息平台在城市规划建设、综合管理、防灾应急等多领域、多场景的高频应用，PB 级城市三维模型的数据处理需求愈发凸显。因此，夯实城市三维数字底座，加强数字模型的渲染能力，提升虚实融合的计算能力，强化城市模拟推演的分析能力，成为数字孪生技术发展的必然趋势。

(4) 分布式处理技术。分布式处理技术，主要指利用大数据技术解决数字孪生信息平台的数据存储、数据管理、数据计算等具体问题（Prokhorenko and Babar，2020）。现实物理空间数据无论是在空间还是时间维度的体量都十分庞大，普通的数据管理技术难以处理大场景下的海量数据。其内容也多种多样，主要包括现状数据、规划数据、管理数据和社会经济数据等，具有多源异构、多行业、多部门交叉融合等特性。空间数据类型，按照表现特征可以分为图像、文字、音视频等，按照数据结构可以分为矢量、栅格、信息模型和结构化数据等。因此，数字孪生信息平台的建设必须考虑到城市空间中各要素及对时空信息资源的处理能力。同时，空间数据非结构化和半结构化的数据类型对数据存储与管理提出了新的要求，即需要通过可扩展且灵活的数据库技术来管理和访问。分布式技术则大大改善了这一问题，其通过采用并行执行的机制，将任务分布在不同机器上进行执行，从而拆解了任务量、减少了单机的计算耗费资源，同时也有较高的扩展上限，为数字孪生信息平台的数据存储、计算与管理提供了强劲的支撑。

5. 智慧引领：行业应用

目前，数字孪生信息平台技术在智慧城市建设方面的应用主要包括以下3个方面。

（1）城市规划建设。数字孪生信息平台通过对现实城市中的地形、道路、建筑等对象进行数字化模拟，形成了数字化骨架，并关联城市中的各类物联感知数据，为城市规划提供了数据基础。利用平台的大数据分析能力及专题场景快速搭建能力，通过多源、多业务数据接口，以地图定位、场景集成、图表统计等多种直观表示形式，将各行业的数据进行深入挖掘，将原本分散的不同层级的规划业务系统进行整合，为空间规划的融合统一提供信息化支撑，实现信息化层面上的“多规合一”。

（2）城市综合管理。数字孪生信息平台可以通过建立现实世界和虚拟空间的映射，提供城市运行的实时监测和展示平台，通过在平台上搭建信息融合展示、数据查询统计、专题分析展示等功能，可以实现城市运行中必要专题业务数据在空间纬度上的串联，并通过大数据分析、人工智能、神经网络算法等技术，将对城市建设、发展、运行方面的现状、问题、趋势数据进行分析和直观化呈现。数字孪生信息平台可以形成多区域展示、多部门协同的城市管理新思路，形成信息透明且可模拟展示的决策效果，为城市问题的快速发现、精准定位和多方案决策提供新的思路，提高城市公共资源的管理和配置效率，为管理者制定决策提供有效科学依据，推动行业产业发展、助力城市高质量发展、提升城市现代化的建设能力。

（3）城市体检评估。基于数据底座的建设，可以对各种成果进行直观展示。通过各类指标可以进行快速分析与监管，再加上可以通过模拟人流和物流的移动来模拟社会公众的参与，形成了“监测预警、定期评估、对比分析、问题反馈、决策调整、持续改进”的展示闭环，以此可以了解城市的发展规律，为推动实施城市的更新行动提供数据和决策支持。

15.1.3 平台功能建设

数字孪生信息平台实质上是城市物理实体的三维模型表达，通过空天、地面、地下、水下的不同层面和不同级别的数据采集，对城市进行全要素数字化和语义化建模，对城市数字孪生进行还原，实现数字空间与物理空间的一一映射，为数字孪生城市可视化展现、智能计算分析、仿真模拟和智能决策等提供数据基础，共同支撑智慧城市应用。平台的主要建设功能包括以下4类。

1. 数据建模与处理

数字孪生的建模是将物理世界的对象数字化和模型化的过程。通过建模可以将物理对象表达为计算机和网络所能识别的数字模型，从而将对物理世界或问题的理解进行简化和模型化。

数字孪生平台提供了各类数据的建模工具（图15.2），包括倾斜摄影数据处理工具、遥感影像识别与白膜获取工具、CAD识别与建模工具等，可以一键生成三维模型，减少人工操作。

2. 数据融合与存储（图15.3）

（1）多源数据融合。数字孪生信息平台提供了数据格式转换工具，可以将GIS数据、物联网（internet of things，IoT）数据、BIM数据、公共专题数据和互联网数据等海量异构多维时空数据转换为统一的格式，并进行数据检查操作

（2）时空数据库构建。数字孪生信息平台为数据设计了统一定义、存储、索引及服务机制，形成了TB级数据集、分布式集群管理，实现了数据的统一接入、交换和高效共享，

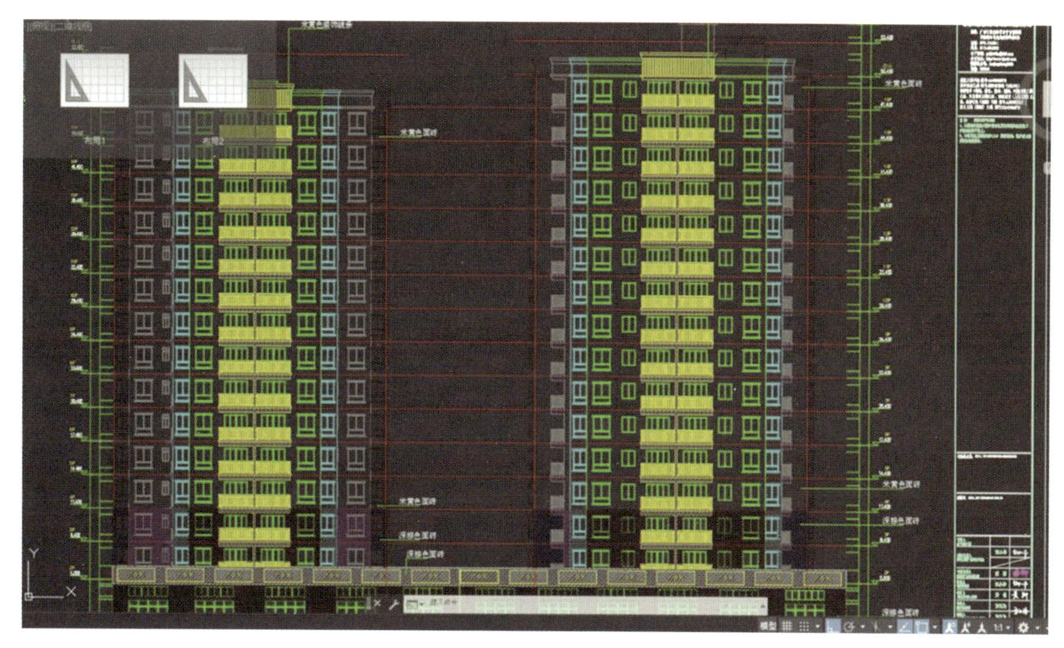

图 15.2　CAD 识别与建模工具（作者自绘）

构建了全要素数据体系，可以为城市提供完整统一的三维数字底板。

（3）构建关联语义关系。数字孪生信息平台以三维实体为牵引，可以向上、向下追溯到与该实体相关的所有信息，可以提供实体二三维图元切换、实体关联关系、实体社会属性以及实体关联的非空间数据的展示。

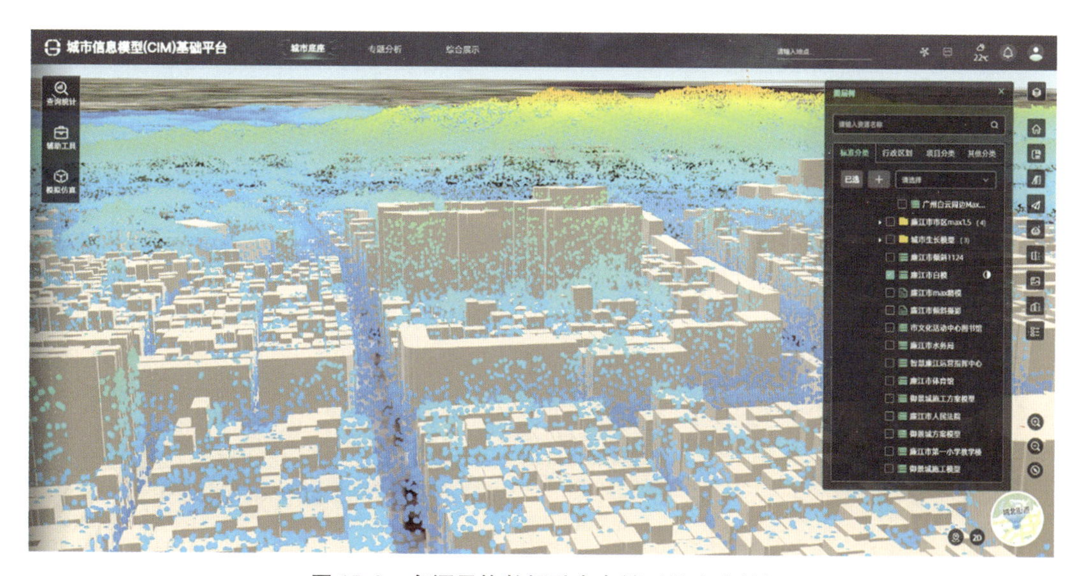

图 15.3　多源异构数据融合存储（作者自绘）

3. 数据可视化（图 15.4）

数字孪生信息平台通过构建 GIS + 游戏引擎的机制，可以实现多层次实时渲染，实现地下地上、室内室外、静态动态模型一体化的渲染机制，通过游戏引擎的云渲染可以快速、高效、逼真地展示效果。云渲染技术将本来需要在本地电脑上完成的渲染工作迁移到云端服务

图 15.4　多类模型高效展示（作者自绘）

器，在保证效果的同时，也降低了渲染对使用终端的要求，从而可以实现多端高逼真轻量化渲染。在三维空间场景中，提供了大规模的三维精细模型、倾斜摄影测量模型，可以实现地形成果（DEM/DSM + DOM）、激光点云等实景三维数据的快速加载与浏览。

4. 通用分析功能

（1）基础分析功能。在数字孪生信息平台中，基于三维空间模型，提供了通视分析、可视阈分析、光照分析、压平分析、天际线分析（图 15.5）、地标开挖、剖面开挖、开敞度分析、淹没分析、地址分析等三维分析。

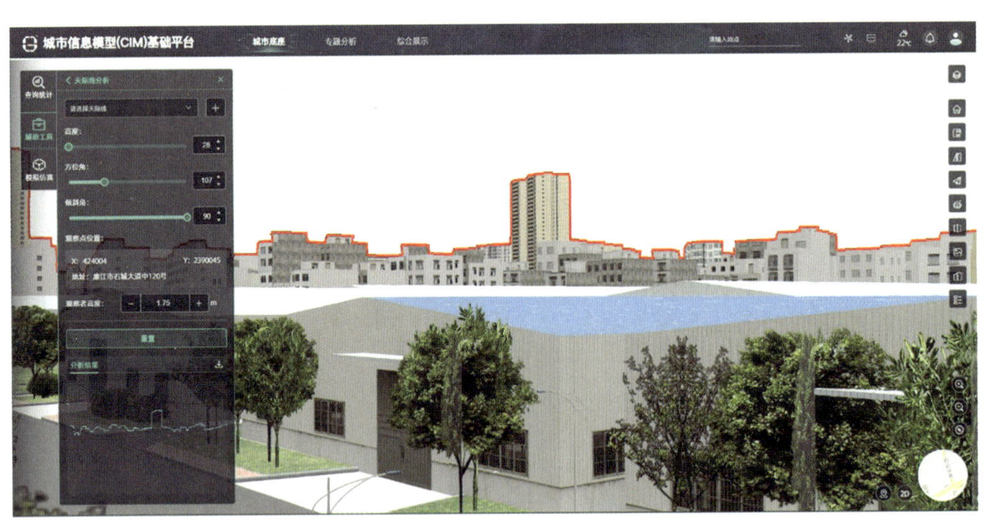

图 15.5　　天际线分析（作者自绘）

（2）物联感知监控分析（图 15.6）。数字孪生信息平台具备对物联感知数据进行动态汇聚与运行监控的能力，能够实现对建筑能耗、气象、交通、城市运行与安防及生态环境等指标监测数据的读取与统计，可以提供监测指标配置、预警提醒、运行状态监控、监控视频融合展示等功能。

（3）知识图谱分析。数字孪生信息平台以地理实体数据作为基础建立了知识图谱，可

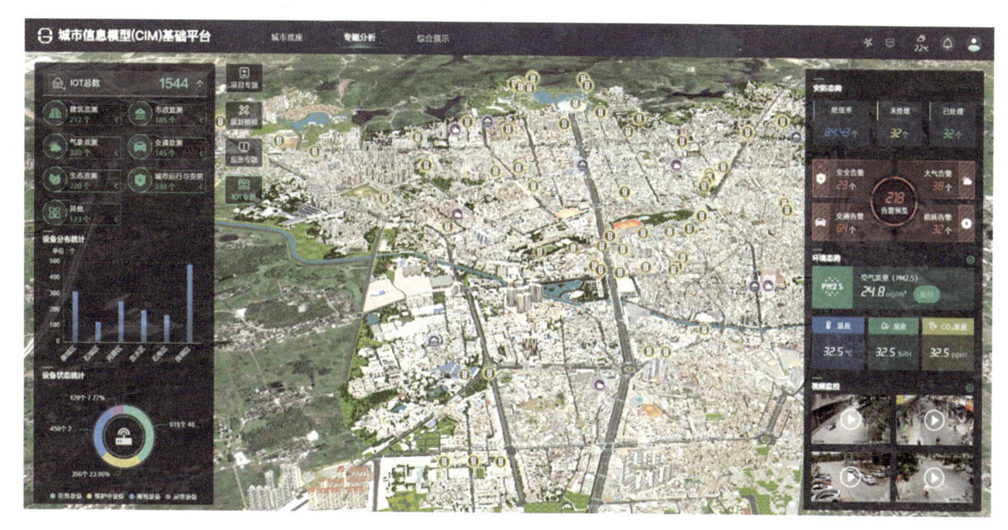

图 15.6 物联感知融合（作者自绘）

以查看各数据的详细信息及数据之间的关联情况，还可以针对其中的某个数据异常查看上下游之间的数据变化情况。

15.2 智慧城市典型应用

15.2.1 智慧城管

智慧城管集成了物联网、信息融合、云计算等现代化信息手段，基于数字孪生信息平台搭建了数据资源中心、服务集成管理中心、智慧专题应用，强化了信息获取自动化、监督管理精细化、业务职能协同化、服务手段多样化、辅助决策智能化、执法手段人性化，建立了分工明确、责任到位、沟通便捷、反应快速、处置及时、运转高效的城市综合管理长效机制，实现了城市管理要素、城市管理过程、城市管理决策等全方位的智慧化。数据资源中心包括：人员、设备、车辆的实景三维影像、GPS 定位、移动互联网、视频监控等基础数据，执法案卷数据库、公共服务数据库、定位轨迹数据库等业务管理数据，以及审批数据、共享视频数据等共享数据。服务集成管理中心：提供统一用户认证服务、数据分析服务、统一 GIS 服务、数据访问服务、统一运维服务、安全认证服务和数据交换服务等。智慧专题应用：面向城市运行管理服务状况的实时监测、动态分析、统筹协调、指挥监督和综合评价等需求，搭建了业务指导、监督检查、监测分析、综合评价、指挥调度、行业监管、决策建议等应用。

1. 监督监测

围绕市、区、街道、社区四级责任清单，基于 3DGIS、物联网、互联网数据信息汇聚打造了“城市治理一张动态底图”，叠加了综合执法（图 15.7）、市容整治、市政设施、环卫保洁、城市照明、园林绿化等各专业图层。结合视频监控图像的智能识别分析功能，对视频中特定事物的属性进行自动识别，关联城市基础设施的部件状态，提供图文一体化的可视化城市运行状态监控信息。重点监督市政设施、房屋建筑、交通设施、人员密集区域等领域，打造了“燃气管线一张图、违建处置一张图、易涝风险一张图”等专项监管地图，基于业务数据间的关联性分析、地理数据分析研判城市的运行状况，分析评估城市的运行风险，辅助管理者从城市运行监管、应急联动指挥、城市管理专项治理评价、城市运行综合成效评估等方面做出科学决策。

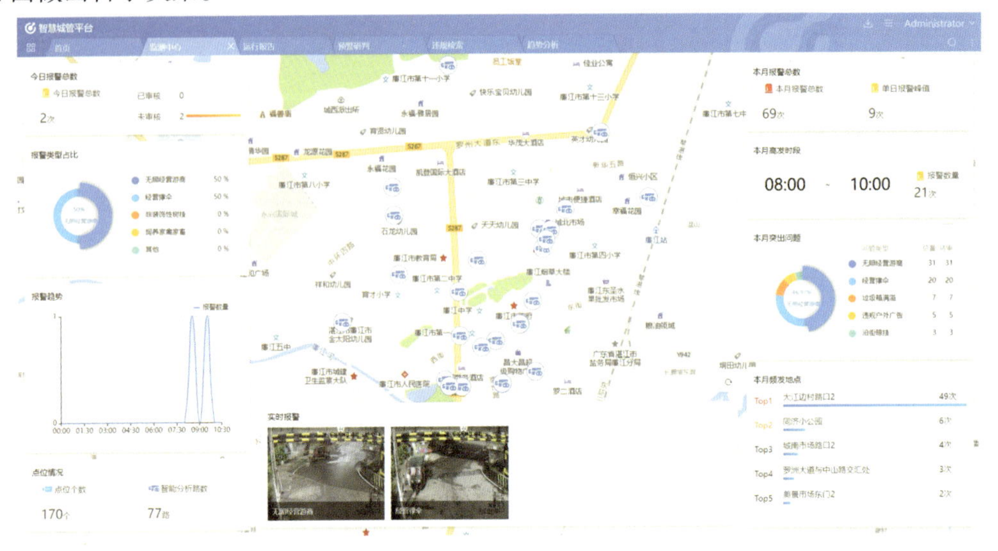

图 15.7　综合执法（作者自绘）

2. 指挥协调

以 3DGIS 和视频监控数据为基础构建了指挥调度体系（图 15.8），实时对重大案件、网格人员工作、执法督察情况进行扁平化综合调度，覆盖了责任人员监管、执法督察管理、应急救援等跨部门、跨区域的综合指挥工作，实现了城管执法业务范围内的事件监控、任务派发、结果反馈、案件归档、历史记录查看、流程配置和监督调度的闭环管理，并将网格化管理系统接入，辅助以城市虚拟仿真、大屏幕展示，使各级指挥人员能更直观、更智能地进行综合指挥，提升了城市管理效能和突发事件处置能力。

3. 行业监管

围绕市政、市容、城管执法等职责需求，建设了多种行业应用系统，推进了数据流与业务流的相互嵌合、科技支撑与业务优化的同步开展。行业应用系统包括市容环卫、市政公用和城市管理执法等业务系统，着力推进精细化城市管理体系的建设，实现了数据驱动和智慧服务的双轮驱动，使智慧型城市管理的良好社会效益辐射至人民群众。

智慧环卫（图 15.9）通过动态采集环卫车辆、船只、保洁人员的实时作业数据，对环卫业务前端保洁、中端服务、末端处置进行“横向”一体化管理，实现了对机械车辆作业、人工保洁、河道保洁、公厕保洁等环卫作业过程所涉及的人、车、物、事的全过程实时管控，做到了规范作业、提高效率、降低运营成本，并充分利用和发挥信息系统在统计、分析方面的优势，自动生成了监督管理相关的统计分析报表，建立了环卫管理的长效机制。

智慧市政基于 BIM/CIM 三维建模技术，实现了对地上基础地理信息、地上产权、三维建筑物模型、三维地质模型、地下管线三维模型等数据的地上、地下全资源一体化展示和应用，支持市政设施及附属部件的 GIS 查询、统计分析、专题图展示（图 15.10）。基于物联网、视频监控等传感技术，实现了路灯、道路和桥梁、地下管线、防汛防台、户外广告等一体化的动态监测和快速响应。在智慧路灯方面，将摄像头、广告屏、充电桩、小基站等功能集于一身，能够完成对照明、公安、市政、气象、环保、通信等多行业信息的采集、发布及

图 15.8　指挥调度（作者自绘）

图 15.9　智慧环卫（作者自绘）

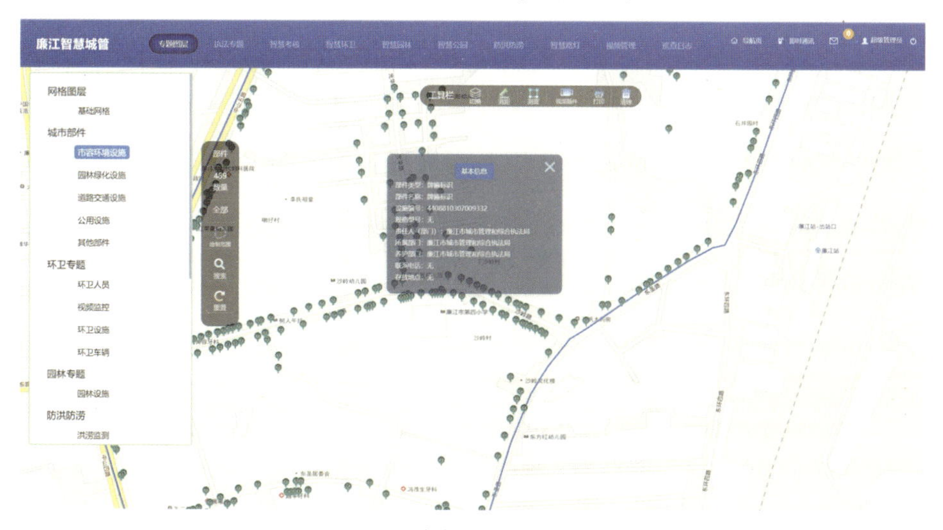

图 15.10　城市部件查询（作者自绘）

传输。

智慧执法基于3DGIS和物联网技术，支持监控视频、执法人员、执法车辆、网格、重点区域、重点道路等全局执法资源的一图展示，通过多图层叠加、筛选，和执法过程实时画面、录像抓拍，快速构建了指挥中心、分局、基层队员纵向一条线，带来了更直观、更准确、更简单的管理体验，提升了管理效率。

4. 移动执法

通过打造基于移动互联的移动执法App（图15.11），服务于所有执法工作生态圈，通过一个App实现所有执法工作的移动办理。网格员/采集员在巡查过程中主动发现城市管理问题，通过智慧城管移动端记录城管问题类型、问题位置、图片、音频、视频等相关属性，并向城管指挥中心提交问题信息。城管指挥中心的受理人员通过智慧城管平台获取问题信息，准备对城管问题进行立案处理。城市管理综合执法监督管理平台通过移动化、扁平化、实时化的基于移动互联的综合执法业务体系实现了对执法活动的全过程跟踪记录，提升了日常执法工作效率，确保执法工作依法进行、有据可查。

图15.11　移动执法（作者自绘）

5. 公众服务

通过整合科普教育、绿道、政务办理等城管服务资源，搭建了通知公告、便民服务、综合发现、违法监督、投诉建议、办事缴费、活动参与、智慧客服等多个功能模块，充分调动了公众参与城市管理的积极性和主动性，并及时回应市民关切、受理投诉举报、倾听意见建议，为市民提供了更精细、更智慧、更人性化的服务。

15.2.2 智慧园区

智慧园区以互联网+园区管理为理念，结合“云、智、大、物、移”新技术，基于数字孪生信息平台，搭建数据中心、运营管理平台、智慧专题应用，使园区的土地供应、产业规划、招商引资、企业服务、宣传展示等业务实现信息化、一体化管理。数据中心：汇聚二、三维城市空间数据，融合土地、规划、人口、产业、经济、管理、感知等园区大数据，构建智慧园区数据中心，形成园区基础数据底座，实现信息的互联互通和共享开放。运营管理平台：提供三维可视化、决策支持、模拟仿真等基础功能，园区数据感知、数智分析、数智决策等运营服务，园区实时监管、产业分析、辅助决策等综合管理功能。智慧专题应用：面向园区招商引资、企业入驻运营、园区管理维护、多行业应用等场景，构建园区总览、规划设计、运营管理、招商引资、公共服务等专题应用。

1. 园区总览（图15.12）

依托数字孪生、人工智能、物联感知的核心能力，以土地、规划、人口、产业、经济、管理、感知等园区大数据为基础，构建了园区数字孪生体，以可视化的手段呈现园区全域态势，支持园区全貌、区位环境、周边配套、规划设计、运营管理等的三维可视化展示分析，尤其是对园区人、物、事件、安全等重要指标细节信息的立体展示、全面查询和动态监测，实现了对园区各要素的精准定位、全面管理、实时追踪，协助管理者对园区及周边情况进行全面、直观地摸底，同时成为对外招商的展示媒介。

图15.12 园区总览（作者自绘）

2. 规划设计（图 15.13）

支持接入在规划阶段、设计阶段、施工阶段、竣工完成的 BIM 模型数据，展示各阶段的模型差异，并提供规则建模、空间分析、红线检测、控高分析、天际线分析、日照分析、容积率分析等基础分析功能，辅助园区综合规划设计、方案比选、方案评审，支持高逼真的规划设计成果的仿真呈现，统筹安排主导产业、优势产业、特色产业，科学布局生产、生活、生态空间。

图 15.13　园区规划设计（作者自绘）

3. 运营管理（图 15.14）

从园区人车通行、安防管理、设备管理、园区招租等多个维度出发，通过物联动态数据的集成能力，实时动态掌控园区内人、财、物、车辆、设备、环境、事务的状态和运行情况。根据监测指标实时分析各系统的运行效率、运行状态并监测相关临界值等，实现园区运营各领域的统一管理，保障园区各项工作的稳定进行，优化园区公共服务效率，主要包括智慧物业、智慧车辆、能耗监控、环境监控、智慧安防、智慧消防等模块。

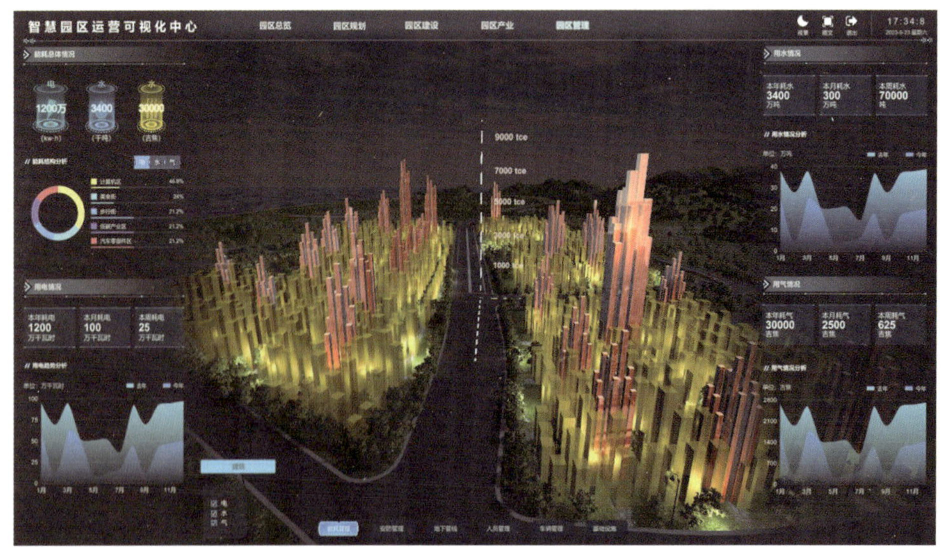

图 15.14　园区运营管理（作者自绘）

（1）智慧物业。通过物联平台采集园区设备设施的状态监测数据和物业巡检数据，对整个园区的重点区域、关键设备进行自动巡检，若出现异常情况，可以实现其详细定位及导航，方便问题的及时处理，确保整个园区的安全。整合园区内的监控视频、人脸识别设备、电锁、会议室等资产，进行资产的整体盘点，统计设备的故障率、告警数据，结合三维模型进行可视化的告警、预警。

（2）智慧车辆。基于车牌识别技术，实现园区内部车辆、访客预约外部车辆的不停车进出，重点监控和管理园区出入口及园区内部的停车场区域，在保障园区安全的同时，极大地提升了进出效率及停车体验，节约了人工管理成本。采用无线地磁终端，对园区的停车位数据进行采集，检测车位的占用/空闲状态。地磁根据周围磁场的变化检测到车辆停入或驶离车位，将车位的状态信息传送至云监控平台，由云监控平台对数据进行处理与分析，并与停车管理应用平台进行数据交互，实现对停车场车位状态的实时监控。

（3）能耗监控。基于物联网感知设备，监控区域内的关键能源基础设施，包括各个电力配电房、变电站、供水设备、燃气设备等基础设施，并在大屏幕集中展示区域内的能源使用概览及能源流向，呈现综合能源的使用效率、能源使用与费用构成等，结合 AI 辅助复核预测，提供管理节能、需量报装建议等多种能效优化方案。

（4）环境监控。基于物联网感知设备展示园区的温度、湿度、$PM_{2.5}$、PM_{10}、二氧化碳等环境监测指标，以及报警信息提醒、趋势分析、指标对比等，通过在主要污染区域、重点监测区域、人流量密集区域或者大型园区、产业园区内部等区域安装环境相关采集仪器，将环境数据实时传送到云服务器，帮助管理部门实现全方位、全时段的信息化管理。

（5）智慧安防。利用视频智能分析技术与三维真实场景拼接，形成视频图像镶嵌动态地图，实现对楼梯通道分布、电梯运行情况、门禁开关状态、安保人员情况等的三维感知能力，基于多种视频分析服务，如越界检测、跨镜头定位追踪等，实现入侵探测、报警。

（6）智慧消防。在园区三维 GIS + BIM 场景中嵌入各类传感设备，通过物联传感器为园区管理者提供火灾超前预警、消防栓末端水压监测、无线烟感监控等实时数据监测和预警告警，对异常阈值进行实时推送及报警，在园区 CIM 平台、园区 GIS + BIM 地图中进行分层分户的事件高亮定位，保障在异常发生的第一时间通过移动终端设备或短信告知管理者。

4. 招商引资

基于招商大数据，提供产业与园区、项目与产业之间的匹配度分析，针对具体项目进行亩均产出效益、能耗、双碳、环境等全过程的监测评估，通过政策导向逐步优化产业项目，构建区域经济画像、目标企业画像、关键人脉画像、城市产业地图等维度的信息画像，辅助园区进行智能招商决策。基于数字孪生信息平台的互动式（裸眼 3D/VR 模式）招商展示分析系统，综合展示园区的土地、楼宇、公共服务设施等空间招商资源，分析招商项目与园区产业的关联。将移动招商服务平台作为园区对外展示（图 15.15）的移动窗口，帮助园区管理者进行外出招商展示，通过介绍园区的基本概况与优势，让投资者建立对园区的初印象，使其了解园区的整体面貌。

5. 公众服务（图 15.16）

公众服务包括企业综合服务和基层社会服务。

企业综合服务围绕企业全生命周期，再造“科技服务、人才服务、金融服务、产业服务”四大科技创新体系的信息化流程，将科技创新体系全景图数字化、线上化。按照“一

图 15.15 园区产业分布（作者自绘）

站服务，一网通办”的理念，实现惠企政策“免申即享”“政策出台主动匹配”“政策兑现一键触达”。根据因产业集聚态势、企业不同规模等产生的不同类型的需求，制定相应的惠企政策，实现政策、资金、人才方面的主动精准服务。

基层社会服务围绕基层治理和社会服务两大主线，积极推进园区社会治理的网格化服务管理新模式。整合网格化管理的相关信息资源，打造集民生诉求反馈、巡查上报、事件分流、业务协同、考核监督、统计分析、决策辅助于一体的智慧治理综合平台，形成“一网通办、一网统领”的综合网格建设格局，实现基层精细治理，提升社会管理效能。

图 15.16 公众服务

15.2.3 智慧社区

智慧社区是智慧城市的基本组成单元和重要表现形态，基于数字孪生信息平台，通过全面感知社区范围内的人、地、事、物、情、组织和房屋等信息实现社区泛在互联，统筹公共管理、公共服务和商业服务等资源，构建社区数据中心、运营中心、应用中心，实现社区智能管理和运维，实时社区安全隐患监测，辅助支撑社区治理，打造全面感知、智能分析、自动预测、智慧决策的城市级社区大脑。数据中心：基于建立的社区数据中心或云计算中心，通过整合社区物业管理、居民基本信息、社区电子商务及公共资源等数据库，实现数据共享、数据挖掘、统计分析等功能。运营中心：提供社区三维可视化、实时监测、身份识别、权限管理、知识管理等基础功能。应用中心：面向政府、物业、居民、企业提供社区总览、社区治理、物业服务、居民生活、安防管理等智慧应用。

1. 社区总览（图15.17）

以三维GIS + BIM模型为基础，将社区的重点人员、重点事件、重点企业、社区部件、网格划分等信息在一张图上展现，构建地上地下一体化、室内室外一体化、宏观微观一体化的全空间实景社区，实现全景视角、多维观测、全量分析的社区透彻感知，为社区服务、社区管理、社区治理、智能安防等场景提供数字孪生场景应用，支撑社区综合治理全过程的精准施策。

图15.17 社区总览（作者自绘）

2. 社区治理

社区治理的数字化、信息化，能够提升治理的智能化水平，做到及时发现问题甚至对事件进行预警，能够提升政策宣传、民情沟通、便民服务效能，让数据多跑路、群众少跑腿。社区治理主要包括智慧党建、政务服务、网格管理等。

（1）智慧党建。构建“互联网 + 社区党建”的管理模式，一方面，打通多级架构的沟通渠道，对内实现辖区内党建、工作、业务、数据的科学管理，对外为党员、群众、企业、组织提供全面服务，推动社区党建工作和党员管理服务的信息化；另一方面，通过智慧大屏对社区内的党员风采、党务公开、党建动态等信息进行定期推送，实现党组织与基层党员之间的政策下达、意见反馈和信息互动，发挥党员在社区基层治理中的作用。

（2）政务服务（图15.18）。推动“互联网+政务服务”向社区下沉，打通政府与群众之间的沟通渠道，提供多项社区业务网上办事入口及用于社区相关信息的对外或对内发布、通知等相关功能，包括对群众的各类政务信息公开、新闻发布等。

图15.18　政务服务（作者自绘）

（3）网格管理。以互联网+物联网为基础，加强社区管理和网格化管理的融合、街道管理人员和基层治理人员的融合，全方位把控社区“人、地、事、物、情、组织”的信息，推行“社区输入+网上推送+部门响应”工作模式，建立健全民情反馈、风险研判、应急响应、舆情应对机制，及时回应群众的诉求。

3. 物业服务（图15.19）

基于数字孪生信息平台的智慧社区能够提供人员/车辆出入管理、设备运维管理、环境管理、物业服务费的缴纳管理、能耗监管、在线缴费、维修报修、业主沟通等多种服务，建立了标准化、信息化的管理模式，使业主可以随时随地通过手机或电脑进行操作，能够方便快捷地解决物业问题，同时，还可以提供物业公告、社区活动等信息推送功能，增加业主的参与感和满意度，提升物业管理水平和服务品质，降低物业服务成本。

4. 居民生活（图15.20）

居民生活包括便民服务、养老服务、教育医疗服务。

（1）便民服务。在极大程度上为人们的衣食住行提供便利，帮助社区工作人员优化社区的资源配置和服务，包括生活缴费、上门服务、社区订购、行政服务便利等业务，连接用户和生活服务行业，做到足不出户也能办理，不仅有利于提高居民生活质量和幸福指数，而且能提高工作人员的工作效率、管理水平和服务质量，有助于构建高效、稳定、可持续的社区管理体系。

（2）养老服务。围绕老人的生活起居、安全保障、保健康复、医疗卫生、学习分享、

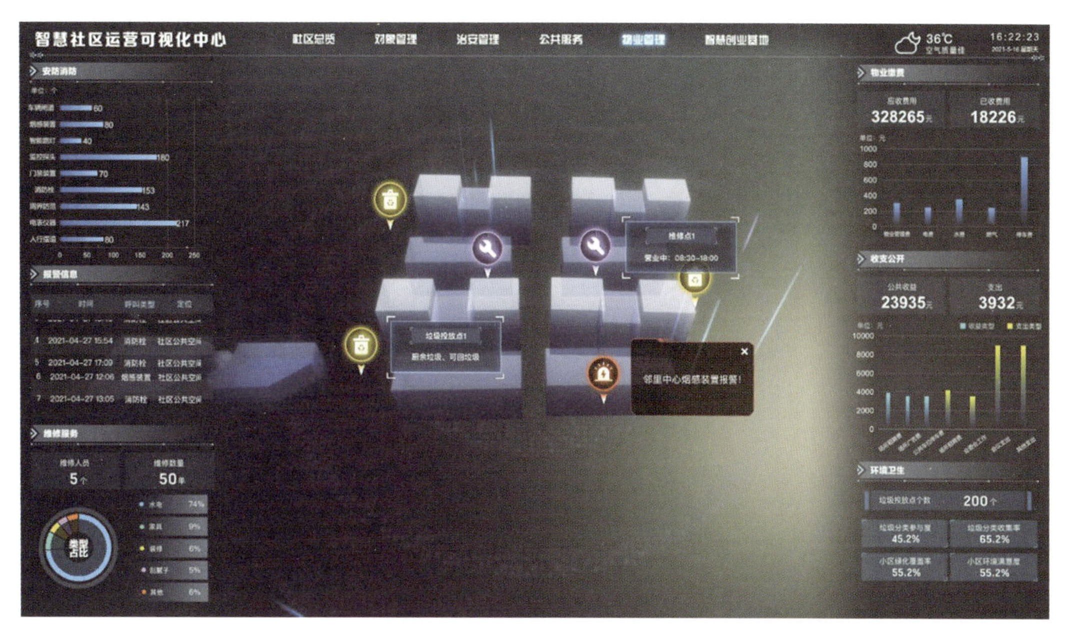

图 15.19　物业服务（作者自绘）

心理关爱等需求，构建了线上线下相结合、多方主体参与、资源共享、公平普惠的智慧养老服务供给体系。通过智能手环实现了居家老人的心率监护、血氧监测、远程看护，实现了医护管理、养老监护的可视化管理，能够满足老年人多样化、多层次的养老服务需求。

（3）教育医疗服务。整合政务、医疗、教育、社区管理、服务等功能，在各个领域中围绕重点信息进行整合，实现了各类信息的实时发布，加强了社区管理服务部门和群众的联系，进一步实现了优质教学资源共享和医疗服务体系完善，进而提升了管理服务水平。

图 15.20　居民生活（作者自绘）

5. 安防管理（图 15.21）

通过视频监控、入侵报警、门禁系统、移动哨兵、消防感知、环境监测等技术，布设了可以智能分析消防占道、垃圾堆放、高空抛物、人脸识别等多种问题的 AI 算法和高清摄像头，实现了对社区内各个区域和公共场所的车辆、人员、事件的安全监控和管理。不仅支持治安防范预警信息发布，而且支持警情发布、社区居民自主上报和社情共享，居民可以通过手机或智能设备实时查看监控画面，提升了对突发事件的预防监控和处理能力，减轻了社区巡检压力，提高了社区安全性。

图 15.21　安防管理（作者自绘）

15.2.4　智慧水务

智慧水务以智能化和自动化为目标，基于数字孪生信息平台，利用前端数据采集、大数据分析、灾害仿真模拟等技术，搭建了前端数据感知、水务数据中心、水务综合管理平台，实时感知水源水库、城市供排水系统的运行状态，对各类水务信息进行调度运行的实时监控、供水变化趋势的预测及应对、突发事件的预警及应急处置等，实现了监控监测智能化、管理协同化、决策科学化、服务主动化，提升了城市供水安全保障的智能化管理水平，实现了水务“可视、可知、可控、可预测”。前端数据感知：在取水户、河道流量站、雨量站、水质站点等各类信息终端布设自动监测设备，覆盖城市水资源与水生态环境的各类监控对象的监测网络，实现了水务工程的及时、可靠、自动监测。水务数据中心：集成水资源数据库、水利工程数据库、水旱灾害防御库、河长制数据库、水务基础数据库、水生态环境动态评估库、防洪防汛智能预警预报库、水务决策支持预案库等数据库，为业务应用系统提供支撑。水务综合管理平台：包括水资源管理、水利工程管理、河长制、水旱灾害防御、水生态环境动态评估等专项业务应用系统，对内业务应用门户、对外信息服务门户等信息查询系统，实现了全方位的智慧水务服务应用。

1. 综合展示一张图（图 15.22）

基于数字孪生信息平台，对河道、水库、管道设施、机器设备等要素进行仿真建模，构建了完美还原物理世界的数字孪生水务，并利用 GIS + BIM 等信息技术，集成了水务的水旱防御、水资源、河长制、水利工程的基础数据和监测信息（包括雨量站、河道水情、水库水情、洪水预报、淹没分析、视频监控、无人机、取水户、水功能区、灌区、水质监测、河道、堤防、水库、水闸工程等图层数据）的管理、浏览、查询和空间分析功能，为城市水务设施的运行管理、模拟分析和联合调度提供翔实全面、不同尺度、不同显示模式的基础数据支持。

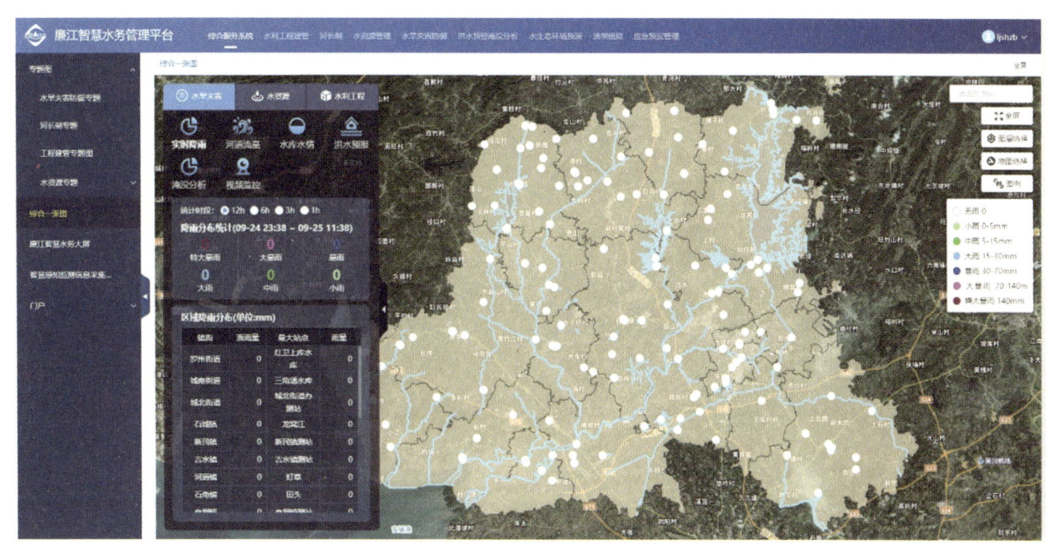

图 15.22　综合展示一张图（作者自绘）

2. 供排水实时监测

（1）供水实时监测。基于物联网和大数据分析技术，对水库水厂、管网等水务设施的压力、流量、水质进行实时监测，将同类监测数据按照一定的时间段进行横/纵向比较，以柱状、线状等形式进行展示，并通过大数据分析对水务情况进行分析，支持水务异常数据的实时报警，快速实现事故溯源、追踪与预警，辅助管理部门做到防患于未然，提升对供水事故的预警和处理能力。

（2）排水实时监测。基于物联网和大数据分析技术，汇聚排水管道、渠道、检查井、排水口、城市道路、地下停车场、下沉式立交桥、城市河流水系等监测点的实时信息，构建“排水一张图”，全方位感知市政排水的运行工况，实现调度运行的实时监控、供水变化趋势的预测及应对、突发事件的预警及应急处置等辅助决策功能，为市政排水调度管理机构提供数据支持。

3. 水资源业务管理（图 15.23）

支持水资源费改税管理、取水许可电子证照管理、取水口台账监管、水资源管理定制开发等功能，实现水量分配和用水总量动态监管，完善水务征管、水利核量、自主申报、信息共享的水资源业务管理共治模式。

4. 水利工程管理

通过汇集水利工程建设全生命周期的行政审批管理、图纸档案资料管理、进度管理、验收管理、人员管理、资金管理、质量管理，使主管部门能及时掌握水利工程项目的进展情况，促进水利工程规、建、管的一体化、规范化、精细化（图 15.24）。

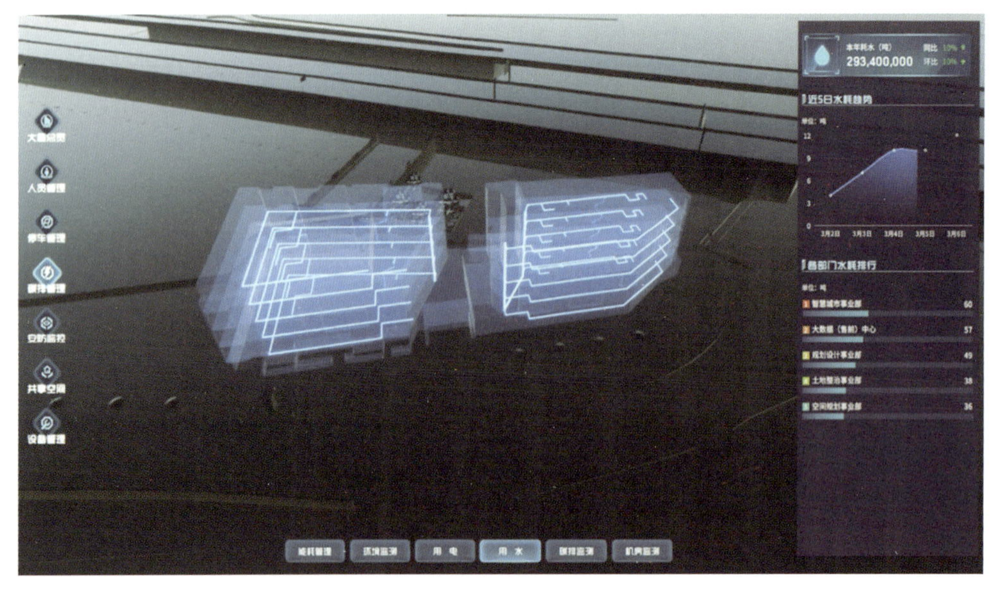

图15.23 水资源业务管理（作者自绘）

图15.24 水利工程项目概览（作者自绘）

5. 水旱灾害防御

依托物联网前端感知设备对排水防涝的各类资源进行动态监测，采集汇聚气象、水文、遥感、视频等多源时空数据信息，开展基于多源数据融合的预报大数据处理，当达到水灾害预警指标时要及时提醒管理人员进行处置，实现水旱灾害防御感知信息的整编、统计、预警和可视化展示。基于数字孪生技术，对流域内的山川、河流、城市、水利工程、气象、水文等要素进行数字化还原，可以根据降雨量预报数据自动预设调度规则，对流域内的水动力过程进行模拟仿真，构建水力模型进行冒溢分析，推演不同水利调度方案实施后的洪水演进趋势，生成动态三维场景模拟洪水的演进过程（图15.25），预测影响区域，实现城市内涝预警报警的自动化和处置的智能化。

图 15.25 溃坝分析模拟

6. 公众服务门户

基于数字孪生信息平台搭建智慧水务公众号或应用，方便公众可以随时查询水务公共信息，提供预约办理业务的功能，提高办事的效率。用户可以在多种客户端如智能手机器及传统桌面系统等查询浏览水务信息，可以为用户推送用水信息、停水公告等，也可以为企业管理、用水用户、设备厂家、供电局、市政及其他政府部门提供及时、全面的信息服务，提升了服务水平和水务工作效率。

15.2.5 智慧安防

智慧安防运用物联网、视频监控、人脸识别、环境感知等技术，基于数字孪生信息平台搭建了前端数据感知、安防数据中心、智慧专题应用，通过模拟技术，对各类安全事件进行预测和模拟，帮助安防人员及时发现安全威胁，提前实施应对措施。根据模拟结果和历史数据，可以自动化或辅助决策，触发应急响应措施，实现对安全隐患的早期预警和智能化处理，提升安防系统的响应速度和效率。前端数据感知：在公共场所、企业、交通枢纽等关键区域布设各类感知设备，如高清视频监控摄像头、烟雾传感器、温度传感器、人脸识别设备等，利用先进的传感技术和数据采集算法，实现对城市安全的全面监控和及时响应，提升安防系统的效率和智能化水平。安防数据中心：集成基础信息数据库、视频数据库、交通数据库、人脸数据库、门禁数据库、地理信息数据库、社会共享数据库等数据库，为业务应用系统提供支撑。智慧专题应用包括车辆监控、人脸识别、智能巡检、智能报警、智能小区等专项业务应用系统，对内业务应用门户、对外信息服务门户等信息查询系统，实现了全方位的智慧安防服务应用。

1. 车辆监控（图 15.26）

通过高清摄像头和车辆识别技术，实时监控道路上的车辆行驶状况，准确识别车辆的车牌号码、车型和颜色等信息，将数据传输至中央服务器或数字孪生信息平台进行处理。在数字孪生信息平台中，车辆监控数据与历史交通数据相结合，实现了对交通流量、拥堵情况和违规行为的全面分析和预测，提高了交通通行效率和道路安全。

图15.26 车辆监控

2. 人脸识别

通过数字孪生技术将实时采集的人脸图像与预先录入数据库中的人脸信息进行快速比对和分析。利用高性能的摄像设备和先进的人脸算法，准确地捕捉、提取和匹配人脸特征，可以实时识别行人或特定目标的身份信息。人脸识别广泛应用于安防场景，包括人员进出门禁、安全通行验证、犯罪嫌疑人搜捕等。通过数字孪生信息平台的集成和协同，人脸识别系统可以实现更高水平的安全防范和监控，提高公共场所的安全性，同时也增强社会管理和治安维护的效率。然而，为了确保隐私安全，人脸识别的应用必须遵循相关法律法规和伦理标准，对人脸数据进行安全合规的处理和妥善保管。

3. 智能巡检

通过先进的技术和设备，实现对城市或特定区域的全面监控和巡查。使用智能巡检机器人、自动驾驶车辆或无人机等载具，搭载高精度传感器、摄像设备和其他智能设备，自主巡逻和收集环境数据。智能巡检在数字孪生信息平台的支持下，通过智能路径规划和优化算法，能够灵活地调整巡检路线，实现高效率的巡查覆盖。将巡检数据实时传输到中央服务器或数字孪生信息平台进行分析和存储，形成全面的城市信息模型，可以实现对城市安全状态的实时跟踪和数据记录（图15.27）。为城市提供全天候、全方位的安全监测能力，能够快速发现和处理潜在的安全隐患，提高城市的安全防范和紧急处理能力。

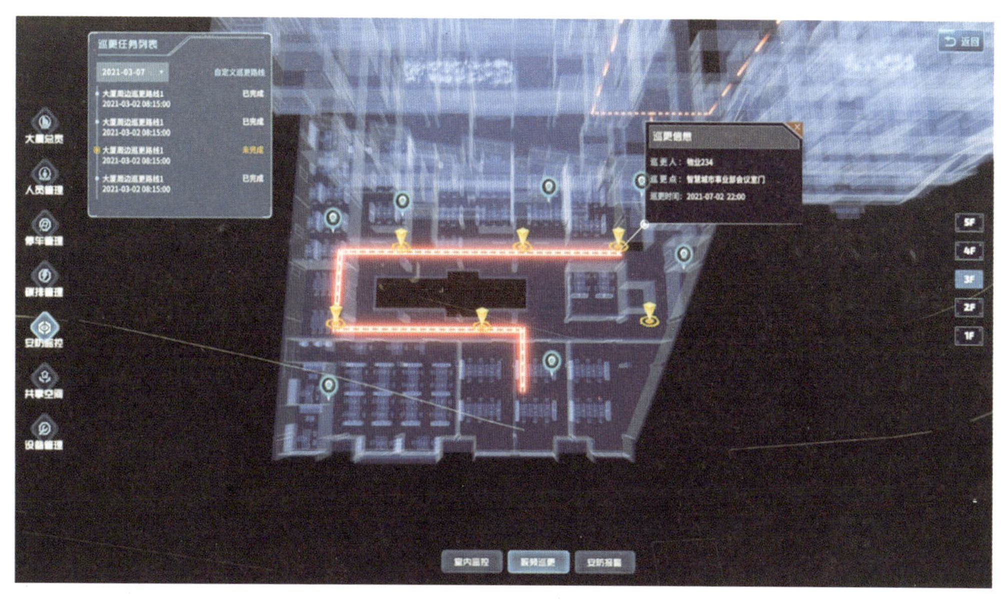

图 15.27 视频防控（作者自绘）

4. 智能报警

通过数字孪生技术将实时感知数据和历史信息融合，实现对城市安全状态的全面监测和实时分析。整合各类感知设备、视频监控、环境传感器等功能，通过高性能的服务器和智能算法，快速识别异常事件、犯罪行为、火灾、交通事故等潜在安全威胁，能够自动触发警报，及时向相关部门或安全人员发送预警信息（图 15.28）。数字孪生信息平台支持对报警事件进行模拟预测，提供预警级别和可能影响范围的评估，有助于优化应急响应和资源调度，能够提升安全预警的准确性和响应速度，有力地防范潜在风险，为城市居民和公众提供更加安全、稳定的生活环境。

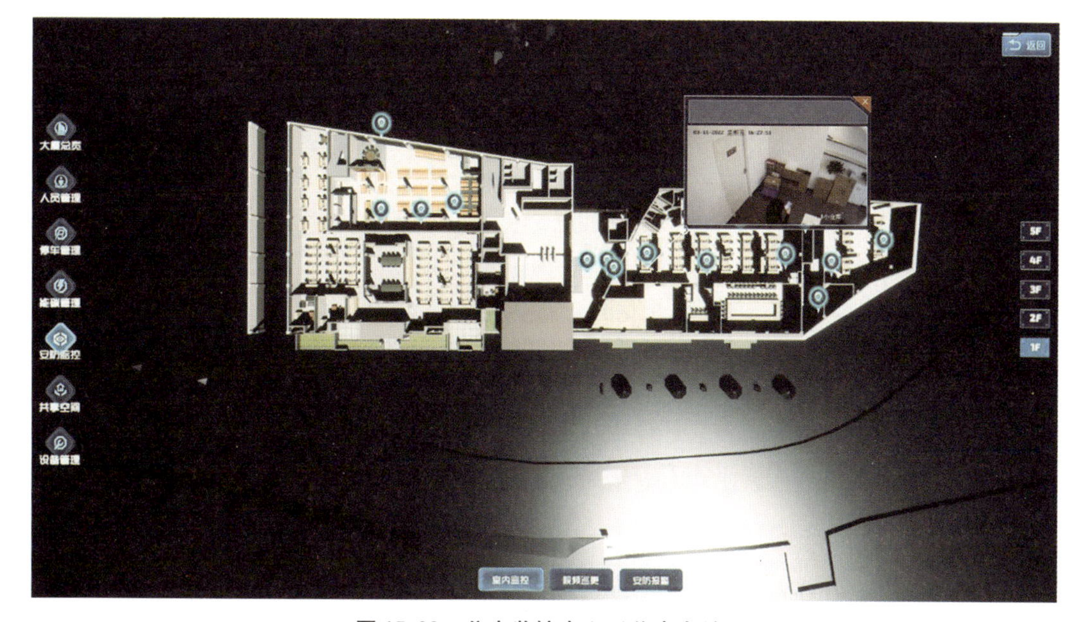

图 15.28 公安监控中心（作者自绘）

5. 智能小区

通过高度智能化的技术和设备，实现小区人员、车辆、房屋、行为、事件的智能感知与管理（图15.29），提升小区的治安管理能力。整合视频监控、人脸识别、环境感知等多种智能设备，通过高性能的服务器和智能算法，实时监控小区内的人员出入、车辆行驶及环境变化，能够准确识别住户身份、车辆信息等，为小区门禁和车辆管理提供安全认证。通过数字孪生信息平台的支持，小区管理者可以实时了解小区的安全状况，优化安全措施和资源配置，提高安全防范水平。为居民提供更安全、更便捷的生活环境，可以增强社区的凝聚力和居民的幸福感，推动社区治理的现代化和智能化进程。

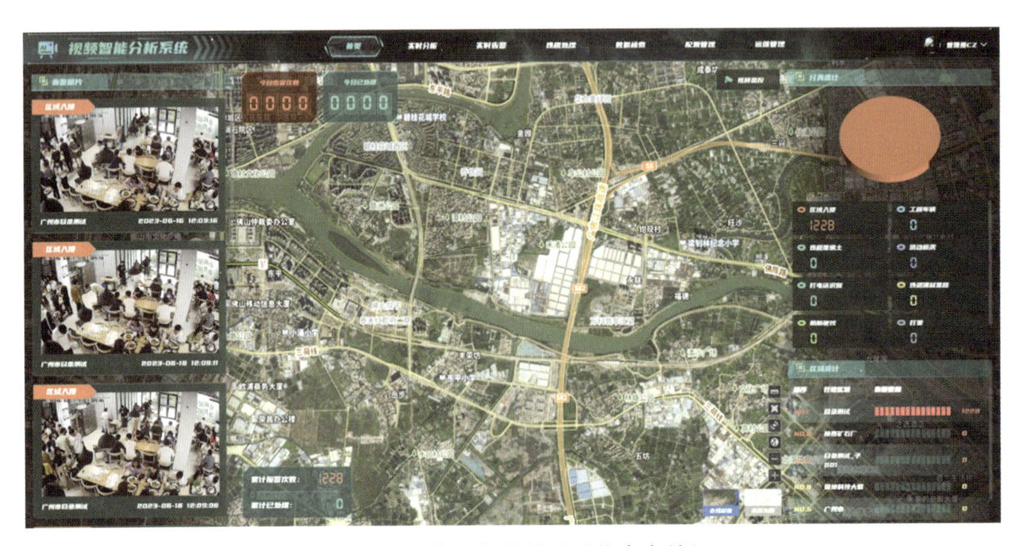

图15.29　房屋人员关系（作者自绘）

15.2.6　智慧环保

智慧环保运用云计算、大数据、物联网、互联网等信息化先进技术，基于数字孪生信息平台，搭建了感知层、传输层、智慧专题应用，通过物联网与互联网相联，实现了城市部件与信息系统的整合。利用物联网感知环境基础信息，采用大数据平台存储和管理环境大数据，构建完善的网络、数据、应用、服务一体化的环境监测、监管、治理体系，能够全方位提升环境监测业务的信息化水平，以及应急监测数据的分析能力，助力环保主管部门构建数字化环境治理体系。感知层：通过传感器、监测设备和数据采集技术等手段，实时感知和监测环境中的各种环境指标和污染源，包括空气质量、水质状况、噪声水平、能源消耗等。传输层：利用环保专网、有线/无线政务专网、互联网，结合4G/5G、卫星通信等技术，将环境信息传输至客户端进行交互和共享，利用物联网、云计算、大数据分析等技术，实现个人电子设备与组织和政府信息系统的互联互通。智慧专题应用：以环境数据资源中心为核心，为管理人员提供污染源信息管理、环保工作业务管理、监察执法任务管理、污染防控辅助决策等功能，为公众提供环保资讯查看、污染预警、环境监督等功能。

1. 环境监测

通过数字化模拟系统，对空气质量（图15.30）、水质、土壤污染等环境监测数据进行自动化采集和处理，并转化为可视化图像，及时跟踪污染源、污染物排放的变化情况。利用先进的数据分析算法和模型快速识别环境异常污染源，并提供预警和预测功能，帮助相关部门和公众更实时地监测环境。

（1）空气质量监测。基于大气环境监测、污染精细制图、空气质量时空统计分析、大气污染空间溯源与分析以及空气质量预测预报等技术，以空气质量监测数据为中心，实现监测数据统计、GIS 制图、污染来源追踪、大气污染治理评估、大气污染智能预警等分析服务，将分析应用结果以热力图、表格、地图等多种可视化表现形式展示，提供给业务人员及管理决策者形象、直观、立体、全面、简单明了的可视化信息，实现了空气质量的综合展示和分析。

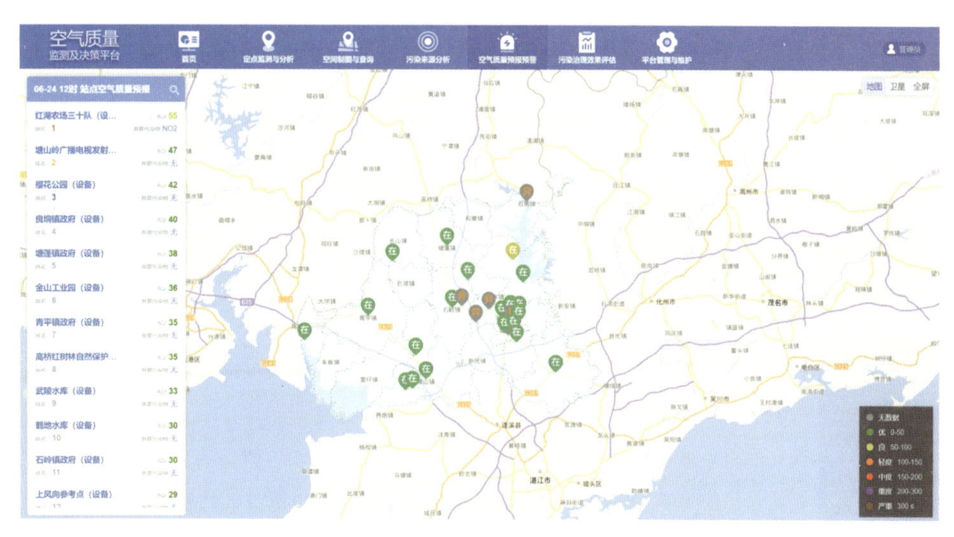

图 15.30　空气质量监测平台

（2）水环境监测平台（图 15.31）。基于水质达标控制、GIS 空间信息、统计分析模型集成流域水网数据、点源面源数据、水环境及污染源监测数据，实现了水环境现状分析、水质变化趋势分析、水质异常预警等综合应用。实时监测水环境质量，反映流域水质存在的问题，可以初步识别需要优先治理的河段及污染因子，推动水环境的精准管理及未来水环境的持续改善。

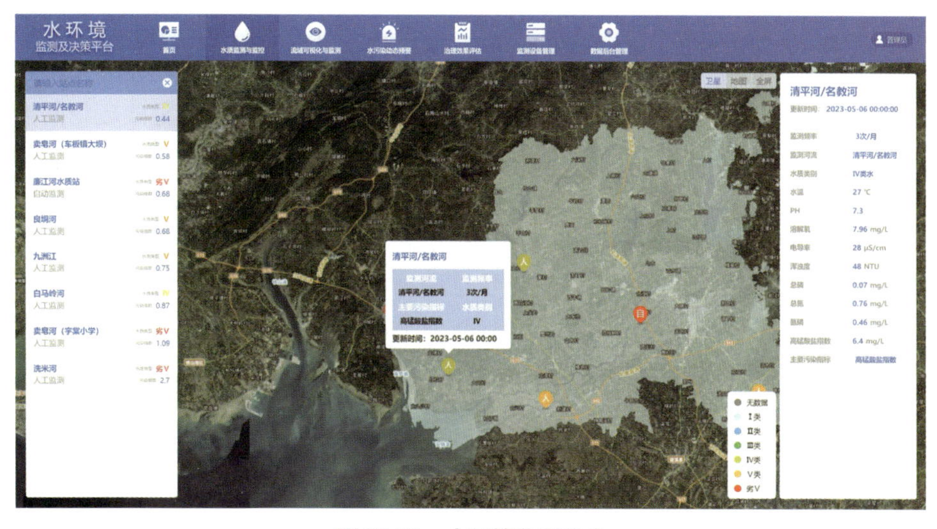

图 15.31　水环境监测平台

（3）土壤监测。基于传感器网络、物联网和人工智能等技术，实时收集、分析土壤质量数据，提供准确、全面的土壤质量评估，如土壤 pH 值、有机质含量、重金属污染和营养元素水平等，可以实时监测并快速响应环境变化。基于土壤质量数据和分析结果，快速评估土壤污染区域、程度，可以辅助中长期土壤污染防治决策。

2. 环境管理

通过将物理环境与虚拟仿真相结合，能够实时监测、分析和优化环境指标，实现更加精准、高效的环境管理。利用传感器网络和物联网技术收集大量环境数据，如空气质量、水质、噪声等，并将其与模型进行交互，可以实现对环境状况的准确预测和评估（图 15.32）。提供数据可视化工具和智能分析算法，可以帮助管理者快速识别问题和优化方案。通过数字孪生信息平台，环境管理者可以及时响应和解决环境挑战，促进可持续发展并改善人类居住环境。

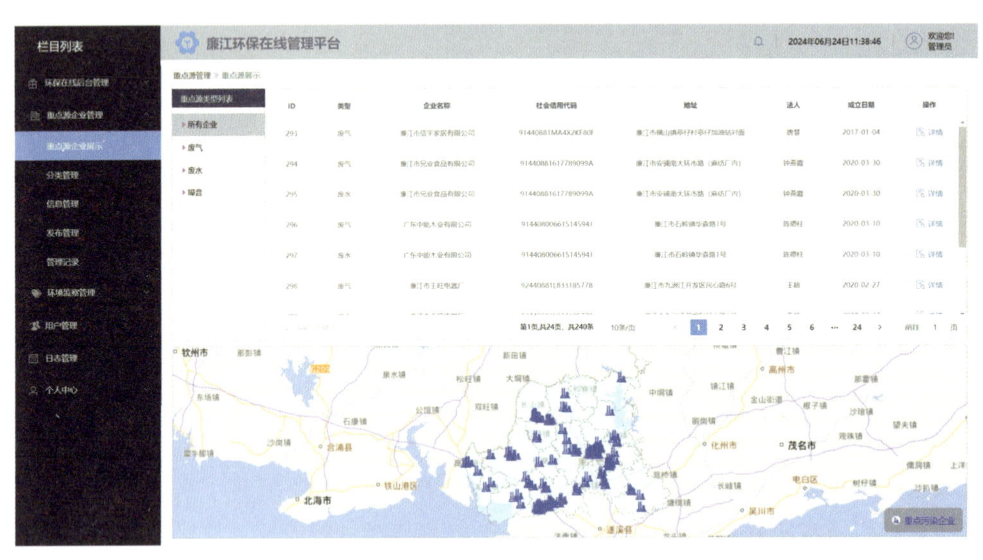

图 15.32　重点源展示

（1）危废监管。通过传感器、监测设备和互联网等技术，实时监测和管理危险废物的生成、运输和处理过程，实现全流程的可视化和数据化管理。基于数字孪生信息平台，实时采集和分析各类危险废物的相关数据，包括产生量、组成成分、运输路径及处理方式等，将数据整合到一个虚拟的环境中，与实际情况进行比对和模拟，实现了对危险废物的准确追踪和监管。

（2）生态保护。通过将实时数据、传感器信息和模拟模型相结合，实时监测环境中的污染源，精准预测生态系统的演化趋势，帮助科学家和决策者制定有针对性的保护计划，提高环境管理的效率和灵活性。利用数字孪生信息平台模拟各种生态系统的复杂交互关系，可以探索不同干预措施的效果，避免盲目行动导致的不良后果。通过开放式数据共享和互动式信息展示，可以使公众更加直观地了解环境状况和生态系统的重要性，激发他们的环保意识，并启发创新的解决方案。公众的积极参与也会进一步加强监督机制，确保环保措施的有效实施。

（3）环评监督。通过实时监测环评项目所在地区的环境状况，包括空气质量、水质、土壤污染等指标，帮助监测人员及时掌握环境变化的情况，发现异常现象并及早做出响应。

利用模拟技术进行虚拟预演，模拟各种施工方案和环保措施的效果，可以实现数据驱动、科学决策和公众参与的有机结合，使得环评工作更加科学、公正。

（4）污染防治。通过实时监测环境中的污染源和污染物浓度，利用大数据分析，快速识别污染热点和高风险区域（图 15.33），帮助监管部门及时采取有针对性的控制措施，最大限度地减少污染的扩散和影响。通过模拟技术预测不同污染源和污染控制策略对环境的影响，可以评估各种方案的效果。基于数字孪生信息平台的智能决策和自动化控制，可以实现对环境污染治理设施的远程监控和运行管理，以便及时调整污染治理措施，保障设施的运行效率，减少污染物的排放。

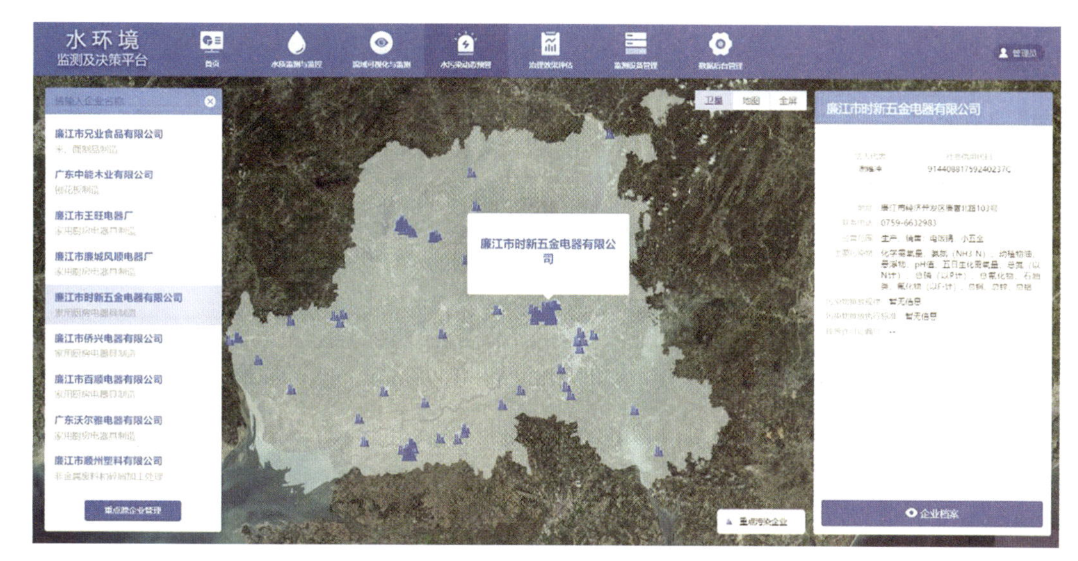

图 15.33 污染来源分析

3. 动态预警

通过实时数据监测、模拟预测和预警信息传播，提高环保事件的应急响应能力，保护环境和公众的安全。基于数字孪生信息平台的动态预警系统（图 15.34），能够实时监测大气、水质、土壤等关键环境指标，快速识别污染源和异常现象，预测环境污染的发展趋势和扩散路径。一旦发现潜在的环境污染风险或突发事件，要立即发布预警信息，并通过多种渠道传播，包括移动应用、短信、公众号等，确保信息及时传达到公众和相关部门。根据污染程度和威胁级别，设定多个级别的预警，如黄色预警、橙色预警和红色预警，不同级别的预警将触发相应的应急响应措施，有助于最大限度地减少环境损害。

4. 应急指挥

利用数字孪生技术和实时环境数据，实现对环境突发事件的快速响应和精准指挥。实时监测环境污染状况，包括大气、水质、土壤等关键指标，利用模拟技术可以预测事件的发展趋势和影响范围。一旦发生环境突发事件，应急指挥系统将迅速启动，并自动调取实时数据，为指挥决策提供科学依据。通过交互友好的用户界面，环保部门和应急指挥中心可以实时查看事件动态，调度应急资源，协调救援行动。通过智能决策和自动化控制技术，可以实现对应急设施的远程监控和运行管理，确保应急处置的高效和准确，大大提高环保部门的应急响应能力，提高环境事件的处置效率，保障公众和环境的安全。

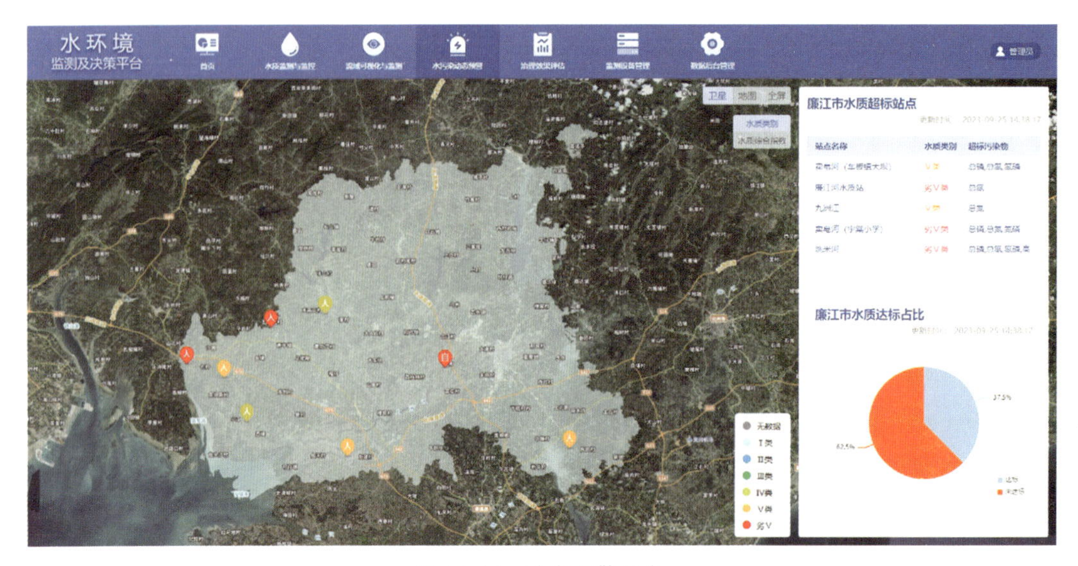

图 15.34 动态预警平台

5. 公众服务

企业综合服务通过数字孪生技术整合企业的环保数据和资源，提供全方位的环保解决方案和服务。汇集企业的环保监测数据、排污许可信息、环保法规政策等，可以实现智能化的环保数据分析和预测。通过移动应用或在线平台（图 15.35），可以实时监测环境指标、自动化报告排放情况，以获得个性化的环保建议和合规指引。支持企业的环保培训和技术发展，帮助企业提升环保管理水平和技术创新能力，为企业提供更高效、更精准的环保支持，促进企业的可持续发展和绿色转型，实现企业与环保部门的密切合作，共同构建更加清洁、绿色的企业生态。

图 15.35 公众服务平台

基层社会服务通过数字孪生技术将环保信息和资源延伸到基层社区，可以为居民提供便捷、高效的环保支持。整合基层社区的环境监测数据、环保教育资料、环保活动信息等，可以实现信息共享和交流。居民可以通过移动应用或在线平台，了解社区的环境状况、学习环保知识，并参与社区的环保活动。环保工作人员也可以通过该平台 App（图 15.36）实时收集社区环保问题和需求，及时响应居民的反馈和投诉。这样的智慧环保基层社区服务将推进环保服务的普及和覆盖，增强居民对环保事业的参与意识，构建社区与环保部门的良好互动机制，共同推进基层社区环境的保护和改善，为打造更美好的生态社区贡献力量。

图 15.36 基层社会服务移动平台

15.2.7 智慧交通

智慧交通作为智慧城市的重要组成部分，利用物联网、云计算、大数据、移动互联网等新一代信息技术，依托于数字孪生信息平台的可扩展、可模拟、可分析、可展示性，构建了数据采集与感知中心、数据传输与云存储中心、智慧应用中心，实现了对城市交通的全面监测和智能化管理，提供了实时预测和优化方案，有助于缓解拥堵、提高交通效率、优化道路规划和交通信号控制。数据采集与感知中心：通过传感器、摄像头、无线通信等技术，实时收集交通流量、车辆位置、道路状况等感知城市交通相关的数据，构建可供交管部门决策的数据基础，保障其全面性、精准性。数据传输与云存储中心：在确保数据安全的前提下，将前端感知体系采集到的交通大数据实时传输至交警数据仓库进行存储、管理，并将脱敏的信息共享至数字孪生信息平台存储，经过大规模数据管理、实时数据分析，最终将数据结果传递至应用层的业务应用模块。智慧应用中心：为政府、公众提供交通管理、智能监管、智慧出行、智能交通集成指挥、智能电子警察等智慧应用。

1. 交通管理

结合全域实时交通数据，基于场外视频实时结构化分析能力，应用大数据、云计算和分布式计算以及视频分析挖掘等技术进行信息互联、智能优化和深度挖掘，实现了信息自动化管理，减少了人为的交通干预，提高了道路交通的管理能力和服务水平。

（1）交通流量管理。通过传感器、摄像头和其他监测设备实时监测道路上的交通流量，提供实时的交通状况信息，帮助交通管理部门更好地分析和预测交通流量，优化信号灯配时，减少拥堵情况，提高道路的通行效率。

（2）交通数据分析。基于交通流量、车速、车辆类型等交通大数据，对道路的通行效率、历史过车信息、车流演变趋势等信息进行分析（图 15.37），通过深入挖掘交通数据，建设更智能、可持续的交通系统。

图 15.37　智能信号灯（作者自绘）

（3）智能信号灯控制。通过传感器、数据分析和实时化算法动态调整信号灯的时序和配时，提高交通效率，减少拥堵和事故发生率。通过改善城市交通状况，提高交通效率，减少汽车尾气污染，为人和非机动车提供更好的出行环境。

（4）智能公共交通管理。基于云计算架构的基础软硬件支撑环境，搭建智能公共交通数据中心，实现城市公交、道路运输、公路、航运等行业数据的整合集中与规模应用，为智慧城市其他模块提供了交通相关的数据服务，为开展行业智能监管与分析、科技执法和交通信息服务的相关人员以及交通应急指挥提供了固定办公场所。

2. 智能监管

基于智能传感器、摄像头和无线通信等技术，可以实时接收和监测道路情况，包括车辆流量、速度、违规（图 15.38）等信息。相关信息传输到中央控制中心经过实时处理和分析后，可以快速识别交通拥堵、事故和违规行为等问题，以便及时采取相应措施。通过高清摄像和车牌识别技术，可以加强对交通违法行为的监督和处罚，例如，可以准确记录违规行为并自动生成罚单。

（1）人流量监控。通过实时监测和管理城市或特定区域内的人群流动情况，提供准确的数据，包括人数、密度和趋势等信息，能够帮助城市规划师和交通管理部门更好地了解人流量趋势和行为模式，从而优化城市交通规划和资源分配，还能够更好地应对人口增长和活动密集区域的挑战，提升交通安全性和效率，改善出行体验。

（2）车流量监控。通过安装在道路上的传感器、摄像头和其他设备，可以实时监测和管理道路上的车辆流动情况，收集大量关于车辆的数量、速度、密度和行驶方向等信息，经过处理和分析后能够提供准确的车流量统计和预测，协助交通管理部门优化道路资源配置、改善交通流畅性，并提供实时的交通状况信息、交通信号灯优化方案、拥堵预警和导航建议等，以提升交通通行效率、减少交通事故、缓解城市交通压力。

图 15.38　超限监管（作者自绘）

（3）安保监控。基于计算机视觉和图像识别技术，可以自动检测违规行为，如闯红灯、逆行、超速等，并可以通过实时警报或自动执法手段进行处理。通过监控交通事故和紧急情况，可以快速响应并向相关部门发送警报，以便及时救援和处理。

（4）应急指挥。基于先进的技术和数据分析，可以快速识别和定位问题区域，有助于迅速采取相应措施减少交通拥堵、保障安全和提供紧急救援。通过与交通监控设备、车辆传感器和智能手机等设备的连接，可以实时收集和分析交通流量、道路状况和车辆位置等信息。当发生紧急情况时，能够自动触发警报并将相关信息发送给交通管理中心等相关部门，有助于提供准确的交通信息和路线建议，使救援人员能够快速到达事发现场并展开救援工作。

3. 智慧出行

整合各种交通模式，包括公共交通、共享出行、自驾、步行等，通过智能导航、预订和支付等功能，可以为用户提供一体化的出行选择。根据智能算法和个性化推荐，可以选择最佳的出行路线和交通工具。通过整合和优化交通资源，可以提供更加高效、便捷和环保的出行方式建议，减少交通拥堵和大气污染，改善城市居民的出行体验。

（1）智能导航。基于实时交通信息、智能算法等技术，可以准确计算最佳行驶路线，避开拥堵区域，提供交通事故、道路施工等实时信息，并为驾驶员提供导航指引，以确保安全和高效的行驶体验。导航系统能够持续监测实时交通信息，如果出现交通堵塞或其他不可预见的情况，将在需要时重新规划路径。当用户接近目的地时，导航系统会提前通知，并给出停车地点建议，指引用户到最近的停车场。

（2）智慧停车。基于智能停车场、智能路边停车设施建设，可以实时获取进出车辆的精准位置和车位信息，在关键位置设置停车诱导屏，实时发布停车场的车位信息，可以引导车辆用最短的时间完成停放。与社会第三方停车系统合作，可以实现精准位置停车管理、车位在线预定、停车费在线支付等功能。

（3）共享出行。基于智能技术和互联网平台，可以通过手机应用或在线平台预订共享汽车、自行车、电滑板车等交通工具，为城市居民提供便捷、高效、环保的出行方式，这样不仅有效减少了城市交通拥堵和空气污染问题，还节约了资源和减少了能源消耗。通过智能调度和管理系统，可以实现更高效的路线规划和提高共享交通工具利用率，提供更优质的服务以提升用户体验。

4. 智能交通集成指挥

作为城市智慧管理和发展的有效支撑，基于智能终端的智能交通集成指挥平台紧密贴合公安、交警管理部门的实际业务需求，在对各类基础数据（道路基础信息、设施基础信息、地图数据等）进行采集、接入、交换的管理基础上，可以辅助公安、交通管理部门完成交通状况监测、交通组织与管控、应急指挥与协作、机动车缉查布控、非现场违法取证、警力资源管理及综合研判与集成展示等任务。

5. 电子警察（图15.39）

电子警察能够减少因闯红灯、压线行驶、逆向行驶、不按车道行驶等违法行为而造成的交通事故、堵塞和交通混乱，有助于提高机动车驾驶员的自觉性，使其增强交通安全意识。检测和记录城区的车辆情况，组织调度交通流，可以改善治安并提升交通秩序，为交通肇事逃逸和涉车案件等违法行为提供侦查线索和处罚证据。

图15.39 电子警察拍摄违规

第 16 章 城市化及其对资源环境的影响

16.1 城市碳排放时空分布与影响分析

在全球变暖的大背景下，二氧化碳（CO_2）排放问题已经成为各国关注的焦点。中国是最重要的发展中国家，同时又是全球最大的碳排放国，巨大的碳排放总量和较高的增长速度，使中国面临着前所未有的减排压力。由于中国各区域之间的经济社会发展和能源消费结构差异较大，如何准确地评估不同区域碳排放的时空演变，并分析其影响机理，是科学制定和实施碳减排政策的重要前提。目前，由于市级或更小尺度的统计数据存在严重缺失，给我国制定准确、系统、差异化的碳减排计划带来了较大困难。此外，城市是经济、社会活动的聚集地，城市碳排放问题日益突出。除了依靠由传统的科技和政策约束的减排措施，城市空间规划在一定程度上可以有效地降低城市碳排放。目前，关注于城市空间结构与城市碳排放关系的研究大多数为定性的描述，缺乏针对中国城市发展水平差异性较大的情况的分析，缺少对不同发展水平的城市空间结构对城市碳排放的不同影响作用的定量研究。因此，科学地分析和研究中国城市碳排放与空间结构的关系，针对能源和气候变化形势，因地制宜地制定相关策略，达到城市节能减排的目标具有重要意义。

为此，本章围绕我国城市能源 CO_2 排放问题，利用夜间灯光影像和人口数据（Land-Scan）评估了中国城市 CO_2 排放的空间分布格局。在推算得出中国各地市级能源 CO_2 排放量的基础上，利用面板数据模型，实证研究了中国不同发展水平城市的社会经济、空间结构与碳排放的关系。基于本研究的结果，从城市经济发展和城市空间规划的角度，为实现中国节能减排和建设低碳城市的目标提出了政策建议和可行措施。

16.1.1 城市能源碳排放空间分布方法

针对我国市级或更小尺度的统计数据存在严重缺失，且各级行政单元的统计口径、计算方法和统计误差存在不一致的问题，本章首先采用能源统计数据整理出了各省（自治区直辖市）的碳排放量，然后基于 NPP-VIIRS、辐射定标夜间灯光影像和人口数据，利用空间分配模型，评估我国城市能源 CO_2 排放的空间分布情况。

1. 能源碳排放计算方法

参照《2006 年 IPCC 国家温室气体清单指南》中各种燃料的缺省碳含量、缺省 CO_2 排放因子等指标，并结合《中国能源统计年鉴》中的各类终端能源（如原煤、原油、焦炭、汽油、柴油、煤油、天然气、燃料油、热力和电力等）消耗数据，对我国能源 CO_2 排放量进行计算。其计算式如下：

$$C = \frac{44}{12}\sum_{i=1}^{N} E_i \times EF_i \times OXID_i \times NCV_i \tag{16.1}$$

式中：C 是 CO_2 总排放量；E_i 是燃料 i 的活动强度，也就是所消耗燃料 i 的数量（一般按照质量或体积单位计）；EF_i 是燃料 i 的单位能量碳排放因子，具体依照 IPCC 清单指南中的标准而定；$OXID_i$ 是燃料 i 的氧化率，按照 IPCC 清单指南中的标准，设缺省值为 1；NCV_i 是单位质量或单位体积燃料 i 的平均低位发热量；N 是燃料总类数，各能源的碳排放系数详见表 16.1。

表 16.1　各类能源的碳排放系数

能源	平均低位发热量	碳排放因子	能源	平均低位发热量	碳排放因子
原煤	20934（kJ/kg）	26.8（kg/GJ）	原油	41868（kJ/kg）	20.0（kg/GJ）
洗精煤	26377（kJ/kg）	26.8（kg/GJ）	汽油	43124（kJ/kg）	18.9（kg/GJ）
其他洗煤	8374（kJ/kg）	26.8（kg/GJ）	煤油	43124（kJ/kg）	19.6（kg/GJ）
型煤	20934（kJ/kg）	26.8（kg/GJ）	柴油	42705（kJ/kg）	20.2（kg/GJ）
煤矸石	12545（kJ/kg）	26.0（kg/GJ）	燃料油	41868（kJ/kg）	21.1（kg/GJ）
焦炭	28470（kJ/kg）	29.5（kg/GJ）	石脑油	41868（kJ/kg）	21.0（kg/GJ）
焦炉煤气	17375（kJ/m^3）	13.0（kg/GJ）	润滑油	41868（kJ/kg）	21.0（kg/GJ）
高炉煤气	22140（kJ/m^3）	12.9（kg/GJ）	石蜡	41868（kJ/kg）	21.0（kg/GJ）
转炉煤气	22140（kJ/m^3）	12.9（kg/GJ）	溶剂油	41868（kJ/kg）	21.0（kg/GJ）
其他煤气	5234（kJ/m^3）	13.0（kg/GJ）	石油沥青	41868（kJ/kg）	21.0（kg/GJ）
其他焦化产品	28470（kJ/kg）	29.5（kg/GJ）	石油焦	41868（kJ/kg）	21.0（kg/GJ）
天然气	38989（kJ/m^3）	15.5（kg/GJ）	液化石油气	50241（kJ/kg）	17.2（kg/GJ）
液化天然气	50241（kJ/kg）	17.2（kg/GJ）	炼厂干气	46055（kJ/kg）	18.2（kg/GJ）
热力	—	22.8（kg/GJ）	其他石油制品	41868（kJ/kg）	25.8（kg/GJ）
电力	—	0.272（kg/kW·h）	—	—	—

2. 碳排放空间分配模型

本研究利用 Ghosh 等（2010）提出的空间分配模型，估算出了中国 CO_2 的空间分布。这个模型是基于夜间灯光数据和人口数据，自上而下地分配每个空间单元的 CO_2 排放量。与那些仅基于夜间灯光数据的空间分配模型不同，这个分配模型既考虑到了灯光区域的 CO_2 排放，又考虑到了非灯光区域的人为 CO_2 排放。其中，灯光区域里的 CO_2 排放通过灯光数据来估算，非灯光区域的 CO_2 排放通过人口数据来估算。模型的具体运行过程如下所示。

（1）首先提取夜间灯光影像中 DN（digital number）为非 0 的像元，生成一个灯光区域的掩膜；然后，把该掩膜与人口数据（LandScan）进行叠置分析，获得某个行政区 i 中灯光区域内的总人口数（SP_{Li}）。反之，提取灯光影像中 DN 值为 0 的像元，生成一个非灯光区域的掩膜，同样将其与人口数据进行叠置分析，获得该行政区 i 中非灯光区域的总人口数（SP_{Di}）。

（2）相关研究表明，在同一行政区 i 内，非灯光区域内人均碳排放量（x_i）只有在灯光区域内人均碳排放量的一半（$x_i/2$）。因此，灯光区域的 CO_2 排放量（CO_{2Li}）和非灯光区域的 CO_2 排放量（CO_{2Di}）可通过式（16.2）和式（16.3）分别表示。由于行政区 i 的总 CO_2 排放量（TCO_{2i}）是其中灯光区域和非灯光区域 CO_2 排放量的总和，而且容易从统计资料中获得，因此通过式（16.5）可以计算出该行政区在非灯光区域的人均碳排放量（x_i），从而

得到灯光区域的 CO_2 排放量（CO_{2Li}）和非灯光区域的 CO_2 排放量（CO_{2Di}）。

$$CO_{2Li} = SP_{Li} \times x_i \tag{16.2}$$

$$CO_{2Di} = SP_{Di} \times \frac{x_i}{2} \tag{16.3}$$

$$TCO_{2i} = CO_{2Li} + CO_{2Di} \tag{16.4}$$

$$x_i = \frac{TCO_{2i}}{SP_{Li} + \frac{SP_{Di}}{2}} \tag{16.5}$$

（3）根据式（16.6），利用行政区 i 中灯光区域的 CO_2 排放量（CO_{2Li}）、灯光总亮度（SL_{Li}）以及每个像元的灯光亮度值（L_{pi}），求出该行政区中灯光区域内每个像元的 CO_2 排放量（CO_{2Lgi}）。对于行政区 i 中的非灯光区域，则利用非灯光区域的 CO_2 排放量（CO_{2Di}）、总人口数（SP_{Di}）以及每个像元的人口数量（P_{Dpi}），通过式（16.7）求出该行政区中非灯光区域内每个像元的 CO_2 排放量（CO_{2Dgi}）。

$$CO_{2Lgi} = L_{pi} \times \frac{CO_{2Li}}{SL_{Li}} \tag{16.6}$$

$$CO_{2Dgi} = P_{Dpi} \times \frac{CO_{2Di}}{SP_{Di}} \tag{16.7}$$

（4）综合所有行政区 N 中灯光区域和非灯光区域像元的 CO_2 排放量，通过式（16.8），得到全国范围内 CO_2 的排放总量。

$$CO_{2g} = \sum_{i=1}^{N} CO_{2Lgi} + CO_{2Dgi} \tag{16.8}$$

16.1.2　基于面板数据模型的城市碳排放影响分析

本节采用面板数据模型研究城市空间结构与碳排放之间的关系，分析不同发展水平下的城市社会经济及空间结构对城市碳排放的影响。面板数据模型充分利用了观测样本在横截面和时间序列两方面的信息，可以更真实地反映各个要素对碳排放的作用。在中国各地级市能源 CO_2 排放量的基础上，本节采用了景观指数来定量描述城市用地的空间结构特征，结合社会和经济统计数据，通过面板数据模型来分析城市用地空间结构与城市能源碳排放的关系。此外，为了从不同层面剖析碳排放的影响机理，本节根据中国城市分级，建立了中国各线城市的面板数据来更加客观地描述能源碳排放变化与社会经济和城市空间形态的关系，明晰中国各线城市能源 CO_2 排放量变化的影响因子。

1. 指标体系的构建

基于已有碳排放增长理论的分析，结合中国城市能源碳排放增长的特征，本节选取了国内生产总值（GDP）、人口规模（population，表示为 POP）来描述中国各地级城市的经济和人口变化情况，同时选取了城市斑块面积（urban patch area，UA）、城市斑块数量（number of patches，NP）、最大斑块指数（largest patch index，LPI）和平均周长面积比（mean perimeter-area ratio，PARA_MN）这 4 个景观指数，从城市用地规模、异质性、聚散性和规则性等方面来量化城市用地空间结构的变化情况。

（1）国内生产总值。城市经济发展水平与能源 CO_2 排放量间存在着较强的联系。它宏观上决定了城市的发展速度和规模，微观上通过影响居民的生活水平和消费选择来对城市居民的住宅和出行方式产生影响，从而导致了能源消费数量与 CO_2 排放量的变化。

（2）人口规模。目前，城市居民消费了更多的能源以满足生活、工作中的住房需求和交通需求等。居民直接和间接消费的能源不断增长，已经成为城市碳排放的重要组成部分。

（3）城市用地规模。城市规模与能源 CO_2 排放量间同样存在着重要的联系。正因为城市的产业集聚能够大幅度地提高生产效率、降低生产成本，所以才能吸引人们到城市从事生产活动。城市规模越大，城市经济的效益就越明显，会对城市居民的消费、出行都产生影响。因此，本研究选择城市斑块面积作为城市规模指标，通过中国土地利用数据获得各城市的建设用地面积（单位为 km^2）。

（4）城市景观异质性。城市斑块数量（NP）能描述城市景观异质性，斑块数量越多代表城市景观的破碎化程度越高。本研究通过中国土地利用数据获得各城市的城市斑块数量。

（5）城市用地聚散性。最大斑块指数（LPI）能描述城市用地聚散性，值越大说明斑块连片面积越大，其内部生境就越大。最大斑块指数（LPI）的计算式为：

$$LPI = \frac{\max a}{AREA} \times 100\% \tag{16.9}$$

式中：$\max a$ 表示最大城市斑块的面积；$AREA$ 表示城市用地景观的总面积。

（6）城市形态规则性。平均周长面积比（$PARA\_MN$）指城市用地斑块总周长与区域总面积的比值，能描述城市形态的规则性，值越小表示越规则。平均周长面积比（$PARA\_MN$）的计算式为：

$$PARA\_MN = \frac{\sum_{i=1}^{n} \frac{l_i}{a_i}}{n} \tag{16.10}$$

式中：n 表示城市用地斑块的数量；l_i 和 a_i 分别表示城市用地斑块 i 的周长和面积。

2. 面板数据模型

面板数据建模及检验是近年来数量经济学发展较快的分支之一。所谓面板数据，指在不同时间段上同一截面单元数据集的重复观测值。在传统经典的计量经济学模型中，往往只利用截面数据或者时间序列的二维数据信息。然而，在很多时候，这些只利用二维信息的模型不能满足人们分析实际经济问题的需求。面板数据含有横截面、时间和指标等三维信息，利用面板数据可以构造和检验比以往单独使用横截面数据或者时间序列数据更为真实的行为方程，并且可以进行更加深入的研究分析。从总体上来说，面板数据具有以下特点：①面板数据可以充分利用时间段和截面单元的信息，给出了变量更多的数据信息和自由度，从而减少了变量之间多重共线性的产生，使估计结果更加有效、稳定和可靠；②面板数据能够很好地容纳和控制不可观测的个体单元集之间的异质性与动态性；③面板数据可以将不同时间点上的经历和行为联系起来，表示不同个体的截面数据是如何随时间的变化而变化的，有助于更好地研究数据的动态矫正；④相较于单独的时间序列或截面数据，面板数据模型可以构造和检验更为复杂的行为模型，而且可以获得更为准确的模拟预测。

（1）基本面板数据模型。面板数据也称为时间序列截面数据，从横截面上看，是由若干个个体在一些时刻的横截面观测值构成的，从纵剖面上看，是一个个时间序列。可以用双下标变量表示为：

$$y_{it}(i = 1,2,\cdots,N; \quad t = 1,2,\cdots,T) \tag{16.11}$$

式中：N 表示面板数据中含有的个体数：T 表示时间序列的最大长度。若固定 t 不变，y_i 是横截面上的 N 个随机变量；若固定 i 不变，y_t 是纵剖面上的一个时间序列。

下面介绍面板数据的基本形式。设有因变量 y_{it} 与 $1 \times k$ 维解释向量 $\boldsymbol{x}_{it}$，满足线性关系：

$$y_{it} = a_{it} + \boldsymbol{\beta}_{it}\boldsymbol{x}_{it} + u_{it}; \quad i = 1,2,\cdots,N; \quad t = 1,2,\cdots,T \tag{16.12}$$

式（16.12）考虑到了 k 个指标在 N 个个体以及 T 个时间点上的变动关系。式中：N 表示个体横截面成员的个数；T 表示每个截面成员的观测时期总数；a_{it} 表示模型的常数项；$\boldsymbol{\beta}_{it}$ 表示对应于解释向量 $\boldsymbol{x}_{it}$ 的 $1 \times k$ 维系数向量；k 表示解释变量个数；随机误差项 u_{it} 相互独立，且满足均值为零、等方差为 $\boldsymbol{\sigma}_u^2$ 的假设。

（2）面板数据模型的分类。根据系数和截面的不同，面板数据模型分为以下 3 种：混合回归模型、变截距模型和变系数模型。在变截距模型和变系数模型中，根据个体影响与系数影响的不同分为固定效应模型与随机效应模型。

第一，混合回归模型。在混合回归模型中，假设在个体成员中既没有个体影响也没有结构变化，即对于各个成员方程，截距项 α 和 $k \times 1$ 系数向量 $\boldsymbol{\beta}$ 均相同。

$$y_{it} = \alpha + \boldsymbol{\beta}\boldsymbol{x}_{it} + u_{it}; \quad t = 1,2,\cdots,T; \quad i = 1,2,\cdots,N \tag{16.13}$$

第二，变截距模型。该模型中，假设在个体成员中存在个体影响但无结构变化，也就是说在该模型中各个成员方程的截距项 α_i 不同，但 $k \times 1$ 系数向量 $\boldsymbol{\beta}$ 相同。其中，截距项 α_i 的差别说明了个体影响，反映了模型中忽略的有个体差异的变量影响；随机误差项 u_{it} 反映了模型中忽略的随个体成员和时间变化的因素的影响。

$$y_{it} = \alpha_i + \boldsymbol{\beta}\boldsymbol{x}_{it} + u_{it}; \quad t = 1,2,\cdots,T; \quad i = 1,2,\cdots,N \tag{16.14}$$

式（16.14），根据个体影响的不同形式，分为固定影响变截距模型和随机影响变截距模型。固定影响变截距模型指个体成员中的个体影响可以用常数项的不同来说明，随机影响变截距模型反映个体差异的截距项要用常数项和随机变量项来说明。

第三，变系数模型。该模型中，假设在个体成员中存在个体影响又存在结构变化，则用变化的截距项 α_i 来说明的同时，还允许 $k \times 1$ 维系数向量 $\boldsymbol{\beta}_i$ 依个体成员的不同而变化。

$$y_{it} = \alpha_i + \boldsymbol{\beta}_i\boldsymbol{x}_{it} + u_{it}; \quad t = 1,2,\cdots,T; \quad i = 1,2,\cdots,N \tag{16.15}$$

同样，根据系数影响的不同形式，分为固定影响变系数模型和随机影响变系数模型。

（3）面板模型参数的估计与检验。建立面板数据模型的第一步是检验样本数据究竟是混合回归模型、变截距模型还是变系数模型。本节采用广泛使用的 F 检验来确定，即利用协方差分析法对样本数据进行检验获得统计量 F。此外，不管是变截距模型还是变系数模型，两者都有固定效应和随机效应之分。可以通过 Hausman 检验进行固定效应模型和随机效应模型的筛选。Hausman 检验的原假设是随机效应，在原假设成立的情况下，Hausman 检验的统计量渐近服从自由度为 k 的卡方分布。如果 Hausman 检验拒绝了原假设，就表示固定效应模型是一个更好的模型。如果 Hausman 检验不拒绝原假设，就表示随机效应模型是一个更好的模型。

16.1.3 应用与结果

1. 城市碳排放时空分布

利用碳排放空间分配模型，以地级市为基础单元，求得我国各地级市 1995 年、2000 年、2005 年、2010 年及 2013 年的能源 CO_2 排放总量（图 16.1），本节将对各年份我国地级市的碳排放时空分布进行解析说明。

从时间纵向上看，随着时间的推移，我国高能源 CO_2 排放量（7000 万吨以上）的城市呈现出逐年增多的趋势，由 1995 年仅有北京、上海 2 个城市，增加到 2013 年有 19 个城市；低能源 CO_2 排放量（200 万吨以下）的城市呈现出逐年减少的趋势，由 1995 年的 42 个城市缩减至 2013 年的 7 个城市。

从空间横向上看，1995 年，在全国碳排放水平普遍较低的情况下，北京、上海和天津这 3 个城市的碳排放量最为突出，位居全国前三，其中，上海最高，达到 8677.61 万吨。此外，位于我国东北地区的沈阳、大连及长春，华北地区的保定、邯郸、石家庄及唐山，以及中部地区的成都和荆沙，它们的能源 CO_2 排放总量均处于 2000 万吨～3000 万吨，属于当年全国各地市级能源 CO_2 排放总量的第二梯队。

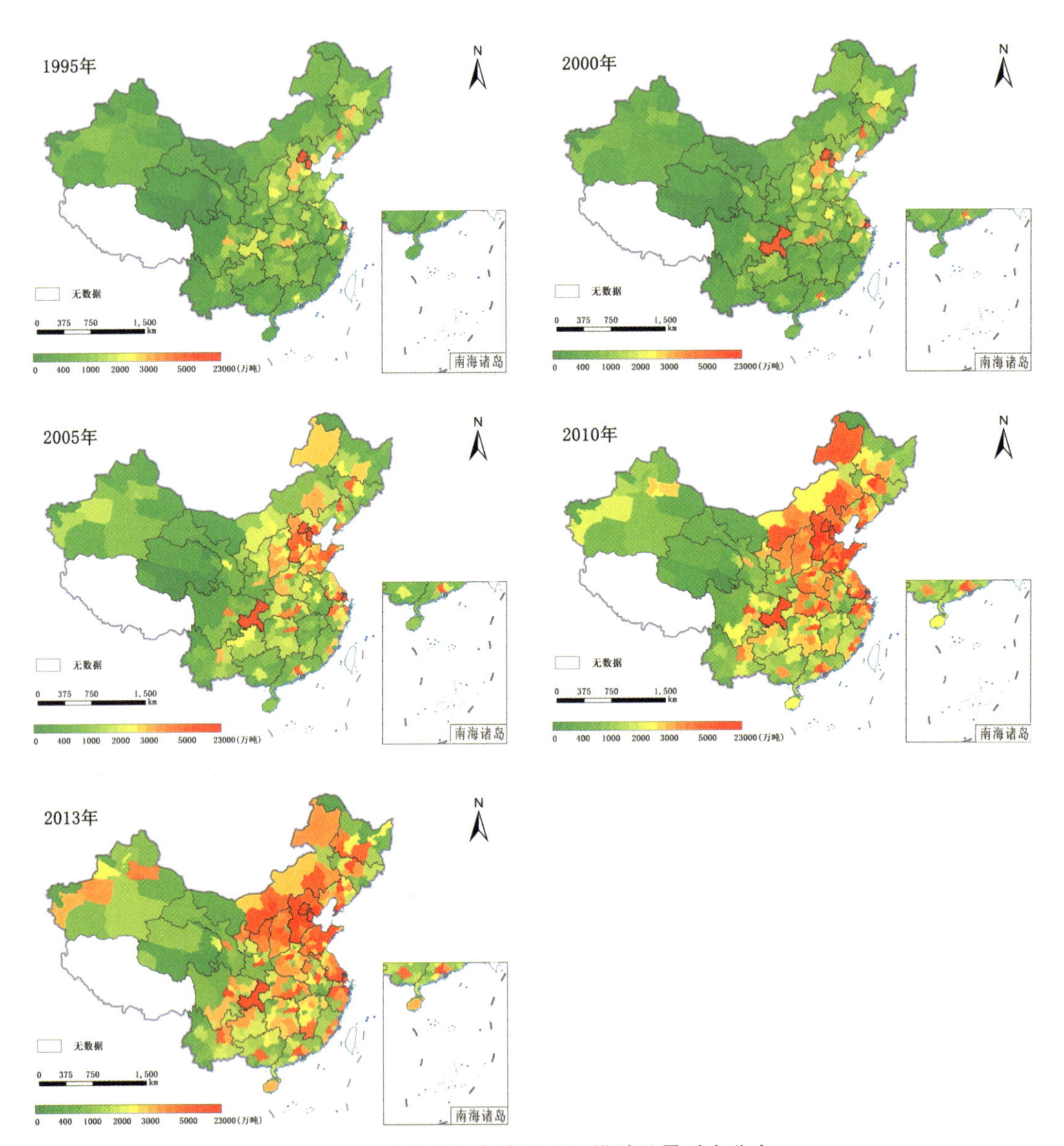

图 16.1　中国地级市能源 CO_2 排放总量时空分布

2000 年，全国城市能源 CO_2 排放量保持低速增长，排放量大于 7000 万吨的城市增至 3 个，小于 200 万吨的城市有 39 个。其中，上海仍是全国能源 CO_2 排放总量最高的城市，达到 10416.26 万吨。此外，重庆和沈阳的能源 CO_2 排放量也迅猛发展，突破了 4000 万吨。

2005 年，我国东部、中部城市的能源 CO_2 排放量加速增长，排放量大于 7000 万吨的城市增至 4 个，小于 200 万吨的城市减至 21 个。上海、北京、重庆、天津位列全国城市能源

CO_2排放量的前四位，其中，上海的城市能源CO_2排放量居首位，为14892.13万吨。大连和唐山的CO_2排放量发展迅猛，分别由2000年的2202.15万吨和2337.81万吨增长至6374.35万吨及5870.05万吨，超过了沈阳，分居全国第五位、第六位。此外，东部沿海及华北地区等发达城市的CO_2排放量也有了显著增长。

2010年，在2005年的基础上，华北至东北一带的能源CO_2排放量保持高速增长趋势，排放量大于7000万吨的城市增至13个，小于200万吨的城市减至16个。其中，上海突破了20000万吨，稳坐我国城市能源CO_2排放量排行榜的榜首。此前一直位居第二的北京被重庆和天津赶超，降到全国第四，较2005年增长了2000万吨，增幅较小。

2013年，我国城市能源CO_2排放量整体呈进一步上涨趋势。其中，上海的碳排放量为22900万吨，较2010年增长了近2000万吨，仍为全国最高。北京的CO_2排放量得到了进一步控制，由2010年的12513万吨降至11476万吨，退居全国第七位。此外，华北地区的天津、唐山等城市的CO_2排放量高速增长，分居全国第二位、第三位。

总的来说，我国各地级市的能源CO_2排放量整体随时间的变化而逐年增长，同时高排放量城市呈现出由东部沿海逐步向中西部地区扩展的趋势，且2000—2010年间增速加快，到2013年，部分城市的增速减缓甚至下降，说明在我国节能减排逐渐受到重视，碳排放量得到了一定控制，但现状仍不容乐观。

2. 碳排放面板模型的估计结果

为了从不同的层面研究我国碳排放的影响机理，本节根据《第一财经周刊》在2016年4月发布的中国城市最新分级名单，将全国城市分成5级。其中，19个一线城市［包括4个老牌一线城市（北京、上海、广州、深圳）和15个新一线城市］，30个二线城市，70个三线城市，90个四线城市及129个五线城市。考虑到研究选取的面板数据时间数$T=5$而且限制条件$T>k+1$，因此，面板模型中最多只有3个解析变量k。本节将结合各解析变量的相关关系，且避免变量之间的多重共线性问题，把各线城市的解析变量分成2组模型来研究能源碳排放的变化影响，分别是：①GDP、NP和PARA_MN；②POP、UA和LPI。此外，由于不同解析变量的单位及统计方式不同，本研究为了消除变量的异方差性，首先对所有变量均取自然对数，然后按照以上各类检验方法进行面板数据模型的选择。

首先，采用F检验来确定是否选择混合回归模型、变截距模型和变系数模型。根据研究选取的面板数据，容易得到各线城市个体数N、时间数T和解释变量数k。然后，计算各线城市能源碳排放的面板变系数模型、变截距模型和混合回归模型的残差平方和S_1、S_2、S_3，得到各线城市各个组合模型的F统计量。通过F检验结果可知，所有模型采用变截距模型形式。接下来，通过Hausman检验可知，各个模型拒绝个体随机效应的原假设，应该采用固定效应形式。通过F检验和Hausman检验可知，更适合采用固定效应变截距面板模型来研究各线城市的能源碳排放与社会、经济和城市空间结构的关系（表16.2～表16.6）。

表16.2为一线城市的面板数据模型估计结果，2个模型的参数估计统计中$R-squared$都达到了0.9以上，说明方程拟合效果非常好。另外，模型估计结果表明，城市经济发展水平和城市用地的空间形态对一线城市的能源碳排放有显著影响。其中，城市*GDP*和人口数量对一线城市的能源碳排放均有正向影响作用，说明城市经济越发达、人口越聚集，就会消耗更多的能源和产生更多的碳排放。同时，城市用地规模（*UA*）大，消耗的土地资源多，也是导致城市能源碳排放增加的重要原因。在一线城市用地格局方面，其破碎程度及不规则程度也与城市能源碳排放量呈正相关关系，说明当城市活动分散于许多城市用地斑块时

（较高的 *NP*），不同斑块间的交通需求会增加，导致交通能耗和碳排放量进一步增加。不过值得注意的是，城市聚集度（*LPI*）对一线城市的能源碳排放同样有正向影响，与紧凑型城市的理论假设相反。这一结果一方面原因可能是，在一线城市的建成区密度和人口集中度已经趋近于饱和的情况下，城市内部的交通情况十分拥堵，且城市密度和紧凑度越高，拥堵情况越严重，由此带来的能源消耗和碳排放量已经远远超过了减少出行距离所能降低的碳排放量。另一方面的原因是，一线城市的建成区内密度已经接近饱和，城市密度的提高和城市紧凑度的提高，会使城市的热岛效应加剧，中国的大型城市由于所处的地理位置四季温差悬殊，对夏季空调和冬季供暖的需求又进一步增加了住宅能耗。因此，对于一线城市来说，提高城市密度和城市紧凑度非但不能有效降低能源碳排放，反而会导致碳排放量的上升。

表 16.2　一线城市的面板数据模型估计结果

变量	模型 1 系数及 *t* 统计量	模型 2 系数及 *t* 统计量
GDP	0.5624（20.3697）***	—
NP	0.4145（2.1213）**	—
*PARA*_MN	0.0937（0.1671）*	—
POP	—	0.8695（2.9619）***
UA	—	1.5397（6.4728）***
LPI	—	0.0669（0.4710）*
Constant	0.2527（0.0846）	−7.942（−4.2663）***
R-squared	0.9434	0.9012
F-statistic	57.5551	31.4622
Prob.	0	0

注：括号中数值为 *t* 统计量“*”“**”“***”，分别表示在 10%、5% 和 1% 的水平上显著。

表 16.3 是二线城市的面板数据模型估计结果，2 个模型的参数估计统计中 *R-squared* 分别为 0.9464 和 0.8651。与一线城市的结果相比，城市 *GDP*、人口数量（*POP*）、城市用地规模（*UA*）、城市用地斑块（*NP*）、城市形态规则性（*PARA_MN*）对城市能源碳排放均有正向影响作用，但是城市用地聚散性（*LPI*）却与城市能源碳排放呈负相关关系，说明城市密度越高、城市越紧凑，城市能源碳排放量越少，这一结论符合紧凑型城市的基本理论推断：紧凑型城市的用地布局比分散的布局方式更能节省交通需求和能源消耗，与此同时，各种基础设施如电力和煤气的维护成本也会大大降低。二线城市包括我国中东部地区的省会城市、沿海开放城市和经济较发达的地级市，无论是经济发展水平还是城市规模，都与欧美紧凑型城市理论的研究对象较为接近。因此，通过提高城市的紧凑度，可以进一步降低二线城市的能源碳排放量。

表 16.3　二线城市的面板数据模型估计结果

变量	模型 1 系数及 *t* 统计量；	模型 2 系数及 *t* 统计量
GDP	0.611 (33.2712)***	—
NP	0.0294 (0.1982)*	—
PARA_MN	0.1128 (0.3443)*	—
POP	—	0.9421 (4.9735)***
UA	—	1.6878 (7.9564)***
LPI	—	-0.1427 (-1.5996)*
Constant	2.5262 (1.7116)*	-9.5391 (-6.0237)***
R-squared	0.9464	0.8651
F-statistic	65.5561	23.8153
Prob.	0	0

注：括号中数值为 *t* 统计量；“*”“**”“***”，分别表示在 10%、5% 和 1% 的水平上显著。

表 16.4 是三线城市的面板数据模型估计结果，2 个模型的参数估计统计中 *R-squared* 分别为 0.9224 和 0.8473。与二线城市的结果相似，在三线城市面板数据模型的各个变量中，除了城市用地聚散性（*LPI*），其他变量均对城市能源碳排放有显著的正向影响。这说明城市经济越发达、人口越聚集、城市用地规模越大，越会消耗更多的能源和产生更多的碳排放。同时，城市用地格局越破碎、越不规则，越容易造成居民生活和工作的交通需求增加，导致交通能耗和碳排放量进一步增加。另外，城市用地聚散性与城市能源碳排放呈负相关关系，说明三线城市通过提高城市紧凑度，可以进一步降低能源碳排放量。

表 16.4　三线城市的面板数据模型估计结果

变量	模型 1 系数及 *t* 统计量；	模型 2 系数及 *t* 统计量
GDP	0.4791 (29.0464)***	—
NP	0.3195 (2.0044)**	—
PARA_MN	0.4681 (1.3616)*	—
POP	—	0.2526 (3.6472)***
UA	—	1.1908 (7.4364)***
LPI	—	-0.3348 (-4.1982)***
Constant	-0.6981 (-0.4547)	1.6123 (1.4883)
R-squared	0.9224	0.8473
F-statistic	45.4233	21.2059
Prob.	0	0

注：括号中数值为 *t* 统计量；“*”“**”“***”分别表示在 10%、5% 和 1% 的水平上显著。

表 16.5 是四线城市的面板数据模型估计结果，2 个模型的参数估计统计中 *R-squared* 低于一、二、三线城市的估计结果，分别为 0. 8759 和 0. 8108。与二、三线城市的结果相似，四线城市面板数据模型的各个变量均对城市能源碳排放有显著影响。其中，城市经济越发

达、人口越多，越会导致消耗更多的能源和产生更多的碳排放。同时，城市用地规模（*UA*）越大，越会导致城市能源碳排放量增加。对于经济发展水平一般的四线城市来说，其城市用地的破碎程度及不规则程度与城市能源碳排放同样呈正相关关系。另外，城市用地聚散性（*LPI*）对四线城市的能源碳排放有显著的负向影响作用，说明通过提高城市密度和紧凑度，可以缩短居民的出行距离，对降低交通碳排放量有明显的抑制作用。

表 16.5　四线城市的面板数据模型估计结果

变量	模型 1 系数及 *t* 统计量;	模型 2 系数及 *t* 统计量
GDP	0.3539（23.6124）***	—
NP	0.2770（2.5183）**	—
*PARA*_MN	1.0862（3.5246）***	—
POP	—	0.1684（4.0053）***
UA	—	0.8916（6.9156）***
LPI	—	-0.2826（-4.0337）***
Constant	-2.8836（-2.0679）**	1.1506（1.3377）
R-squared	0.8759	0.8108
F-statistic	27.3098	13.0097
Prob.	0	0

注：括号中数值为 *t* 统计量；“*”“**”“***”分别表示在 10%、5% 和 1% 的水平上显著。

表 16.6 是五线城市的面板数据模型估计结果，2 个模型的参数估计统计中 *R-squared* 分别为 0.8705 和 0.8280。从表 16.6 可以发现，五线城市面板数据模型的各个变量对城市能源碳排放的影响作用与四线城市的结果相似。其中，城市经济水平（*GDP*）、人口数量（*POP*）和用地规模（*UA*）对碳排放量有显著的正向作用，而城市用地的空间格局（*NP*、*PARA_MN* 和 *LPI*）对能源碳排放量的影响只在 10% 的水平上显著。这说明了在经济基础较差和交通不够便利的五线城市中，社会经济、人口发展和城市用地扩张是产生能源碳排放的主要原因。

表 16.6　五线城市的面板数据模型估计结果

变量	模型 1 系数及 *t* 统计量;	模型 2 系数及 *t* 统计量
GDP	0.3501（24.9173）***	—
NP	0.0339（0.3960）*	—
*PARA*_MN	0.3657（1.5239）*	—
POP	—	0.2247（5.8063）***
UA	—	0.6763（6.0075）***
LPI	—	-0.3525（-5.4641）*
Constant	2.4211（1.9788）**	2.0408（2.8830）***
R-squared	0.8705	0.8280
F-statistic	26.0680	15.2794
Prob.	0	0

注：括号中数值为 *t* 统计量；“*”“**”“***”分别表示在 10%、5% 和 1% 的水平上显著。

16.2　城市热岛效应及其影响

16.2.1　城市热岛效应

1. 形成城市热岛效应的原因

城市是承载着世界主要人口的社会、经济、文化和政治活动中心。工业革命以来，城市快速发展，大量人口随之涌入城市，造成城市地区不断扩张。城市中活跃的人类活动释放了大量的人为热，同时也改变了城市的地表结构，进而影响了城市的辐射传输及其热环境，造成城市地区的温度高于周边农村地区，即城市热岛效应（urban heat island，UHI）（图16.2）。这一现象最早由英国学者 Howard（1833）在其对伦敦热环境的研究中提及，之后他在撰写的《伦敦气候》一书中提出了“城乡温度差”的概念。之后，Manley（1958）正式将其形象地概括为“城市热岛”。自此，国内外诸多学者陆续开展了对城市热岛效应的相关研究。

图 16.2　城市热岛概念示意

城市热岛效应的成因与诸多因素相关，主要分为以下两个方面。一方面是城市下垫面改变所导致的城市地表储热与散热效应的变化。在城市建设过程中，原本以植被、草地、湿地及农田等为主的透水性表面逐渐被柏油、石砖、混凝土等不透水表面所替代。城市下垫面的物理、化学特性发生改变，使城市地区陆—气物质和能量反馈的交换过程受到影响。城市地区植被覆盖率的降低，减弱了其对高温环境的缓解作用（Yao et al.，2019）；人工地表反照率低、比热容小、蒸发蒸腾作用弱的特点，使其能有效吸收并存储更多的太阳辐射，促使城市下垫面快速升温（寿亦萱、张大林，2012）；城市人造地表的较高粗糙度及林立的高楼建筑在一定程度上降低了风速，进而影响了热量流通与空气流动，进一步增强了城市地表的储热性能（Castiglia et al.，2021）。另一方面是城市人口大量集聚所带来的影响。城市居民的生产生活和工业能源消耗等产生了大量的人为热排放，使得城市内的产热常高于周边地区（Wang et al.，2021）；交通出行、燃煤取暖、空调设备使用等城市生产活动源源不断地向大气中排放污染物，使得空气质量降低、城市边界层趋于稳定，不利于城市内部与外部热量的对流传输，减弱了城市地区的散热性能（Nuruzzaman，2015）。

随着城市扩张，城市地区面临着一系列城市天气气候和生态环境问题，城市热岛效应便是其中之一（He et al.，2022）。城市热环境恶化使得空气质量恶化、居民热舒适度降低，极大地影响了城市的宜居性（Grimm et al.，2008）。持续的城市“高温化”将导致居民的发病率和死亡率升高，尤其是在发生高温热浪时城市居民面临的高温风险将显著增强（Cleland et al.，2023）。研究城市热环境已经成为应对城市高温灾害风险、改善城市人居环境质量、缓解城市公共健康风险与能源损耗、建设气候适应型城市和促进城市可持续发展的重要内容（聂敬娣 等，2021）。

2. 城市热岛效应的分类

城市热岛一般分为冠层热岛、边界层热岛和地表热岛 3 种类型。最初提出的城市热岛指城市冠层热岛，主要基于气象观测站点的实测气温数据进行分析。城市边界层热岛主要通过对下垫面的结构和气象条件进行数值模拟得出，或由高塔、无线电探空仪和飞机等平台测得。城市地表热岛则主要由利用遥感技术获取的地表温度数据进行衡量。

城市热岛效应广泛存在于全球各地，并且在不同地理背景的城市中呈现出不同的时空变化特征。根据其发生时间，城市热岛还可以进一步分为日间热岛和夜间热岛（Zhao et al.，2014）。Peng 等（2012）对全球 419 个城市的地表热岛进行了综合分析，发现大城市日间热岛的年均强度显著高于夜间，但昼夜地表热岛强度之间无显著相关性，昼夜热岛的驱动机制存在差异。Schwarz 等（2011）通过对欧洲地表热岛的分析同样发现日间热岛和夜间热岛无明显相关性，此外，冬季热岛和夏季热岛之间的相关性也不明显。然而，Cui 和 de Foy（2012）利用中分辨率成像光谱仪（moderate-resolution imaging spectroradiometer，MODIS）采集的地表温度数据和墨西哥国家气象站的观测数据研究了墨西哥的地表热岛和冠层热岛，发现二者均呈现出夜间高、日间低的特征；此外，日间地表热岛在全年保持稳定，日间冠层热岛则随各季节的干湿程度变化而变化。Garuma（2023）使用 MODIS 地表温度数据分析了东非热带地区地表热岛的时空变化，结果表明大部分省会城市在夏末至冬季的地表热岛强度较高，地表热岛强度受城市的人口、植被、蒸散发和土壤水分等因素的影响，此外，城市热岛现象还会加剧东非热带地区的干旱。Zhou 等（2015）利用 2003 年到 2012 年的 MODIS 地表温度数据探究了中国 32 个城市的城乡温度“悬崖”，并据此估计了城市地表热岛效应的足迹，结果显示地表热岛效应的足迹在白天和夜晚分别是城市面积的 2.3 倍和 3.9 倍（图 16.3）。

在研究早期，由于气象观测站点分布稀疏且技术发展受限，学者们主要使用单一的气象站点观测数据进行城市热岛效应的研究（Oke，1988）。相关研究主要集中在气象观测技术起步较早的英国等欧美国家。之后，随着大量观测实验的进行和气象观测网的组建，城市热岛效应的研究范围从单个城市扩展到了多个城市乃至全球，时间序列也逐步延长。然而，这些气象观测设备的开发、安装和维护通常非常耗时且昂贵，因此测站的数量十分有限。由于测站数量的限制及空间分布的不连续，基于测站计算得到的冠层热岛通常难以为城市土地利用规划及热环境缓解等研究提供充足的空间细节（Zhou et al.，2018）。近年来，随着卫星遥感和空间技术的快速发展，具有覆盖范围广、空间分辨率高、可重复观测等特点的遥感数据逐渐成为研究地表热岛的主要数据源（Zhou et al.，2018）。用于监测城市地表热岛的常见遥感卫星包括 Landsat 系列、中分辨率成像光谱仪（MODIS）及先进星载热发射和反射辐射仪（advanced spaceborne thermal emission and reflection radiometer，ASTER）等。随着高空间分辨率传感器的发展，Stewart 等提出了局部气候带（local climate zone，LCZ）的概念，热岛研究的空间尺度进一步细化到了城市内部街区（Stewart and Oke，2012）。此外，地表热岛还可以用来预测冠层热岛（Ho et al.，2014）。

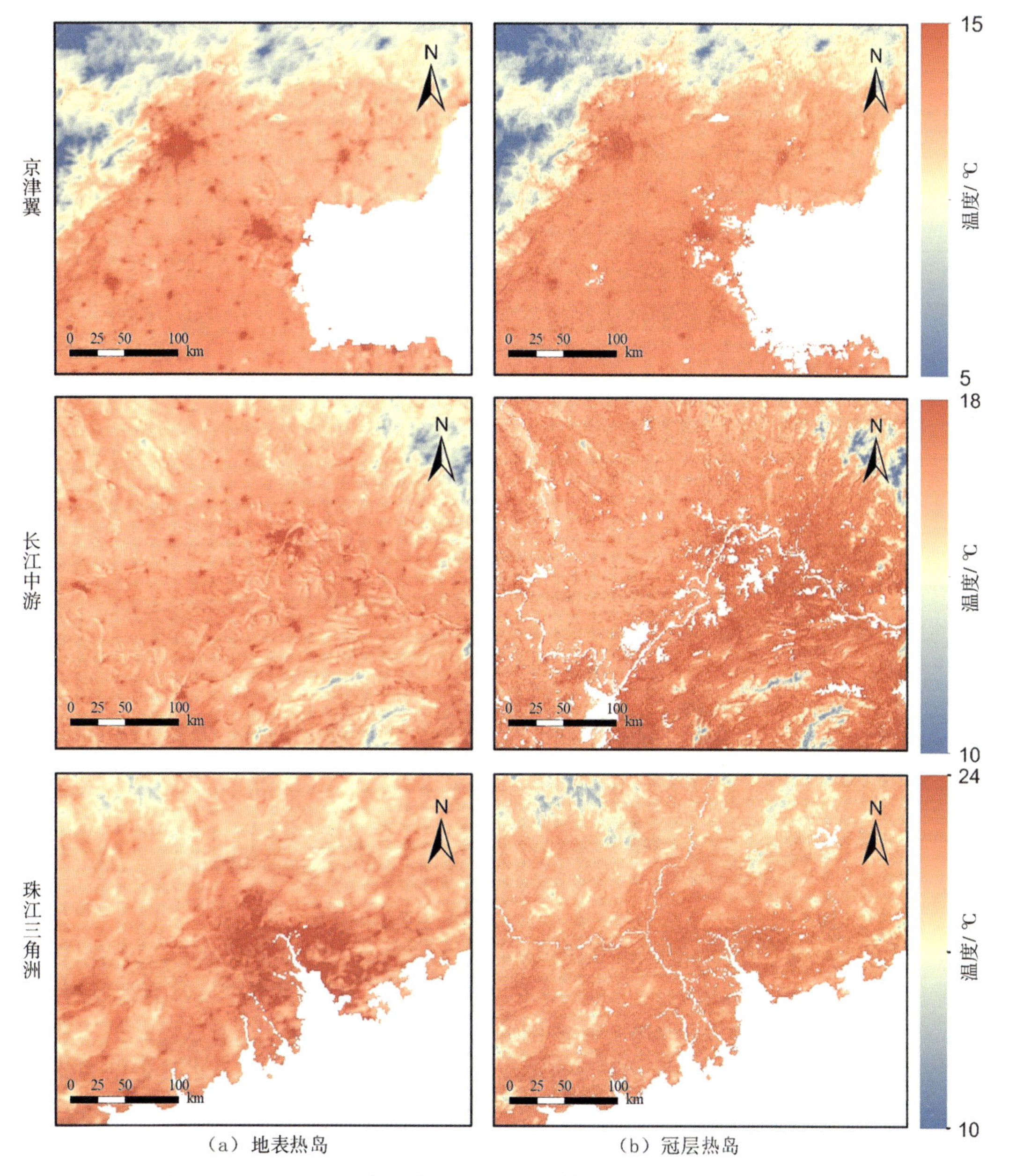

图 16.3　2003—2020 年间我国三大城市群的地面温度和近地面气温分布

遥感数据的发展和进步弥补了观测数据在空间上不连续的缺陷（Yao et al.，2018），然而，其存在着时间分辨率低及数据重访周期长的问题。此外，光学遥感易受天气状况的影响，在低纬度或沿海等易受云雨天气干扰的地区采集的数据的可用性较低，因此难以用于精细空间尺度的研究。与遥感数据相比，传统的站点观测数据虽然空间分布不连续，但其观测记录的时间序列更为悠久、数据可靠性较强、受天气情况的影响较小且时间分辨率更高。站点观测能够获取小时甚至分钟级的数据，在时间分辨率上具有显著优势。对于现今的研究来说，这 2 种数据各具优、劣势，研究人员应根据研究尺度等实际需求选择合适的数据源。

16.2.2　影响城市热岛效应的主要因素

随着全球气候变暖和城市化的快速发展，城市人居环境遭受严峻威胁，并引发了一系列问题，如生态安全、居民健康、社会发展等。因此，缓解城市热岛效应成为亟待解决的难点和研究热点之一（韩美玥 等，2022）。影响城市热岛的因素大体可以分为气象因素、地理因素和社会经济因素（图 16.4）。其中，气象因素主要包括风速、云量、降雨、气溶胶、湿度和太阳辐射等。例如，Morris 等（2001）在研究风速和云量对墨尔本夏季夜间热岛的缓解作时用，指出风速每增加 1 m/s，热岛强度下降 0.14 ℃，云量每增加 1 个单位，热岛强度降低 0.12 ℃。当城市边界层中水汽的湍流输送增强且持续时间更长，感热通量释放时间延长，可能会导致城市云量多于农村，云量在夜间表现出更高的逆辐射作用，可能会加剧夜间热岛（Morris et al.，2001）。此外，气溶胶粒子对太阳辐射有吸收和散射作用，是引起地表短波辐射变化的外部因素，且气溶胶增加了大气边界层的稳定性，城市地面到大气的能量耗散效率降低，因此，更不利于城市地区散热，加剧了城市热岛效应。

图 16.4　城市热岛效应的主要影响因素

城市的下垫面特征，如植被覆盖度、水体、反照率等，对热岛效应特征有重要的影响。Clinton 和 Gong（2013）提取了全球范围内的城市地表热岛进行统一分析，发现植被在减缓热岛强度及其带来的危害中发挥了很大的作用，因此，呼吁规划师在城市设计中考虑这一点。Peng 等（2012）评价了 2003—2008 年全球 419 个大城市的生物物理因素和经济社会因素对地表热岛的影响，发现在日间，植被覆盖率和植物蒸散活动的效率对城市热岛效应有缓解作用；在夜间，城乡间反照率和夜间灯光强度的差异越大，城市热岛效应越显著。之后，Li 等（2019）和 Sun 等（2019）的研究也同样佐证了这一观点。除植被覆盖度外，城市化所导致的城市水体减少，也会导致热岛效应的增强。例如，项小云等（2021）发现中国福州的水体减少是导致城市热岛增强的重要因素，从而导致城市温度上升。此外，Zhao 等（2014）应用气候模型对北美城市的城市热岛效应进行研究后得出，干湿程度对城市热岛有非常重要的影响，其中，低层大气对流传热的城乡差是城市热岛的主要影响因素。传热效率取决于当地的气候背景，缓解城市热岛效应的一个有效方法是增加城市地区的反照率（Zhao et al.，2014）。

除气象因素和地理因素外，社会经济因素也会对热岛效应产生影响。影响热岛的社会经济因素包括不透水面积、建筑物密集度、人工热源、城区大气污染等。城市热岛在不同城市或城市群，呈现出不同的特征，相较于北方城市，尤其是湿冷地区的城市来说，南方城市中日间热岛强于夜间的情况更普遍，这种差异与城市的气候背景及研究时段的选择有很大的关系（Zhou et al.，2014）。珠江三角洲城市群已经形成了由多个城市建成区相连而构成的巨大的“区域热岛群”。从1944年至2014年，该城市群地表城市热岛大于3 ℃的总面积从6 km^2增加到了4812 km^2，且中心城区的平均地表城市热岛从0.1 ℃增加到了1.8 ℃，热岛评估等级由轻微（1级）上升到了严重（4级）（张硕 等，2017）。城市群的迅速扩张，带来了城市热岛效应的强度增加与范围扩大。此外，彭保发团队通过对1961—2010年上海市的城市热岛年平均及季节性强度进行分析，发现了其具有波动上升的特征，并且发现城市热岛效应与土地城市化、工业化、房地产开发和人口增长的相关性较强（彭保发 等，2013）。城市规模、城市扩张和土地利用变化对热岛强度的影响已经在多个国家和城市中被证实 。城市热岛效应源于自然景观的人为改变所导致的大气和热物理变化，这种变化基于不同尺度并且存在不同特征，如垂直尺度（城市规模、冠层高度、城市边界水平）和水平尺度（围观、局部、区域尺度），城市规模越大、结构越紧凑、拉伸程度越小，城市热岛效应强度往往越强（Zhou et al.，2017）。城市热岛同时也受到空气污染的影响，即城市气溶胶或雾霾污染的生物化学效应是城市热岛的一大影响因素，Cao等（2016）的研究表明，城乡雾霾污染水平的差异是控制中国夜间城市热岛的一个重要因素。在单城市尺度下，研究者在对北京（Peng et al.，2012）、武汉（Shen et al.，2016）、上海（徐伟 等，2018）和广州（Yu et al.，2019）的热岛强度的研究中发现，上海等城市的热岛强度呈现出日间高、夜间低的现象，与相同研究时段内北京、广州的热岛强度夜间较日间高的日内变化特征不一致，推测可能与沿海城市受海陆平流的作用较强有关。

以粤港澳大湾区为例，其地表热岛效应和相关因子的分布如图16.5所示。粤港澳大湾区是中国南部一个快速发展的城市群，然而，其快速的城市化过程伴随着不可避免的城市热岛效应。在粤港澳大湾区，城市热岛效应可能受到多种因素的影响，如土地覆盖变化、人口数量、植被覆盖等（图16.5）。人口规模的增长可能是城市热岛效应的重要驱动因素。人口密集区域通常伴随着更多的建筑和交通活动，这会导致更多的热量释放和储存，进而增强城市热岛效应。不同的土地利用模式对城市热岛效应有着显著的影响。例如，大规模的商业和工业用地可能具有较低的反射率，会吸收更多的太阳辐射，从而升高城市区域的温度。相反，规划良好的住宅区和绿化空间可能有助于减缓热岛效应。高植被覆盖率有助于减缓城市热岛效应。植被通过蒸腾作用和阴凉效应能够降低地表温度。夜间灯光数据可以提供城市活动和发展的直观指标。繁荣的城市往往伴随着更多的夜间照明，这可能与增加的能量消耗和热量释放相关。因此，夜间灯光数据可以用来间接评估城市热岛效应的强度和空间分布。

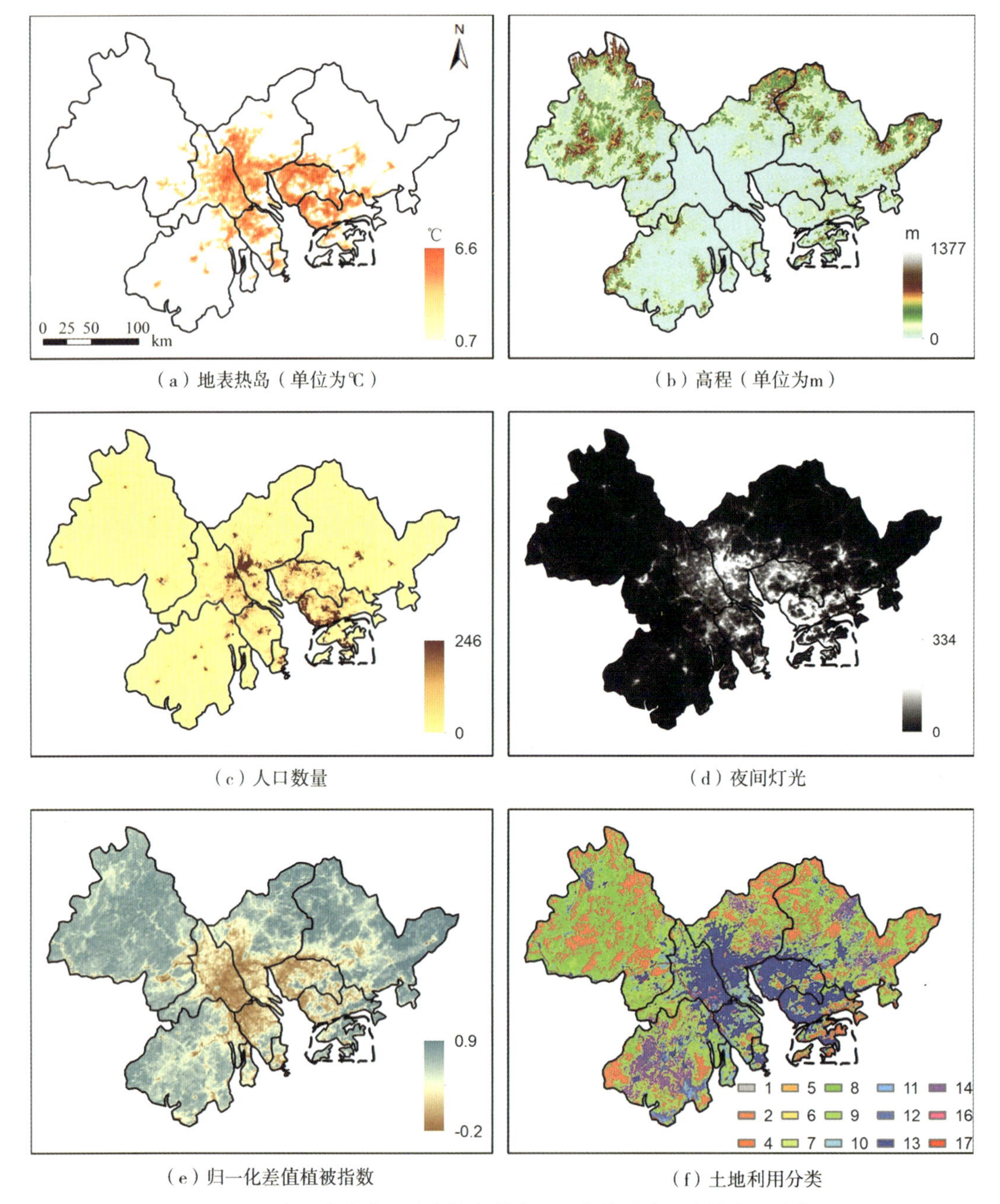

（a）地表热岛（单位为℃）

（b）高程（单位为m）

（c）人口数量

（d）夜间灯光

（e）归一化差值植被指数

（f）土地利用分类

图 16.5　粤港澳大湾区地表热岛效应及可能的影响因素的空间分布

（注：图 16.5（f）中 1～17 分别代表常绿针叶林、常绿阔叶林、落叶针叶林、落叶阔叶林、混交林、郁闭灌丛、开阔灌丛、多树草原、稀树草原、热带稀树草原、草原、永久湿地、耕地、城市及建成区、农田/天然植被、永久冰雪、裸土及水体）

16.2.3　城市热岛效应的主要影响

1. 城市热岛效应对生态环境的影响

城市热岛效应是表征城市局部地热环境变化的重要因子，对城市生态环境、城市气候条件、空气质量、土壤条件、植物生长及生态系统等有着重要影响，特别是在极端天气事件下，城市热岛效应带来的负面影响可能会加剧，甚至引发一系列的生态环境问题（Schatz and Kucharik，2015）。城市热岛不仅受到气象因素的影响，而且也会反过来影响气象因素，从而改变城市内部的气候条件。研究发现，城市热岛效应使城区气压降低，使低层大气的不稳定性增加，同时，城市中地表粗糙度和气溶胶含量的增加有利于对流和凝结核的形成，因此大城市群中更容易出现长时间持续的对流云团，从而增加城市雷暴和降雨风险。早期一项针对上海的研究发现，不同的热力背景对城市下垫面降雨分布的影响具有显著差异，在高温背景下，城市的年降雨量为 1075.7 mm，相较在自然背景下和低温背景下分别增加了 110.5 mm 和 48.5 mm，其增幅相较在自然背景下达到了 11.4%（陈云浩 等，2001）。一项针对东亚 3 个特大城市的研究发现，当热岛强度超过一定阈值时，城市地区的午后降水明显强于农村地区，且更容易产生极端降雨事件（Oh et al.，2023）。降雨量的增加会影响城市内部的水文特征，使地表径流增加、地下径流减少，容易导致地下水位的下降和城市内涝的产生。

除了对城市气候条件产生影响，城市热岛效应还会加重云、雾、烟尘及有害气体在城市上空的堆积，形成尘埃穹顶（Ulpiani，2021），影响城市的空气质量。城市热岛的存在使得城市中心容易产生向外辐射的上升暖气流，并在城市周围的郊区或农村地区下沉。在此过程中，城市中的污染物，如汽车尾气、工业废气等，受上升气流的影响容易堆积在城市热岛中心而难以扩散，加剧了城市的空气质量问题。此外，高温加速了空气中氮氧化物和挥发性有机物的光化学反应，伴随着热岛效应引发的大气扰动混合增强，城市区域的热力环流特征改变，导致城市大气边界层加厚，进一步增加了城市臭氧污染和光化学污染的发生风险（Li et al.，2016）。2013—2019 年中国 74 个城市的监测数据显示，城市臭氧日浓度显著增长，从 2013 年的年评价浓度为 139 $\mu g/m^3$ 升至 2019 年的 179 $\mu g/m^3$（中国环境科学学会臭氧污染控制专业委员会，2022）。一项针对珠江三角洲地区的观测和模拟结果也表明，人为热排放的增加会引起当地的气象状况风险增加，从而影响城市空气质量的分布变化（Xie et al.，2016）。

此外，城市热岛还会影响城市的土壤条件、物候特征和生物多样性。热岛效应会导致土壤温度上升、水分减少、有机质降低（Shi et al.，2012）。同时，受温度上升的影响，城市植物的生命周期变长，植物发芽和开花结果的时间提前，落叶衰败的时间延后。研究发现，在 2012—2014 期间，美国麦迪逊市的城市热岛使城市的植被生命周期相较周边农村地区延长了大约 5 天（Zipper et al.，2016）。除对植物产生影响外，温度还是影响生物多样性的重要生态因子（Yang et al.，2016）。城市热岛改变了城市近地表的热量结构，使生物物候、生活习性、生物群落、种群结构、分布范围以及繁殖行为等发生改变，温度变化可能会导致动物栖息地减少甚至消失，干扰了原有的生态相互作用，导致物种被入侵、出现物种替代问题，影响了城市的生物多样性和生态稳定性。

2. 城市热岛效应对人类社会的影响

在当前全球气候变暖、城市快速扩张的背景下，城市热岛对人类社会有较大的影响，主要体现在热胁迫直接影响人体健康、高温天气加剧空气污染，以及应对热岛效应需要付出大量经济成本上。其中，对人体产生直接危害主要是因为暴露在极端高温下会增加热胁迫的风险，而城市热岛效应通过延长高温条件的持续时间并缩短缓解高热暴露的时间窗口，从而增加了城市发生热浪的幅度和持续时间（Li et al.，2020），使城市居民面临更高的健康风险，尤其是老人和没有空调的居民等脆弱人群（Tan et al.，2010）。城市热岛会提高夜间温度，这使得城市地区的死亡率比郊区和农村更高（Kovatsand Hajat，2008）。在美国 1980 年发生的一次严重热浪事件中，堪萨斯市和圣路易斯市中心城区的人口死亡率上升幅度分别为 57% 和 64%，而城郊却不到 10%（彭少麟 等，2005）。同时，高温也会增加相关疾病的死亡率，1990—2007 年在美国密歇根州没有绿地的城市地区，极端高温事件期间心血管疾病的死亡率高出了 39%（Gronlund et al.，2015）。2001—2009 年间一项针对香港地区的研究表明，当超过 29 ℃时，温度每升高 1 ℃，在热岛指数高和低的地区死亡率分别上升 4.1% 和 0.7%（Goggins et al.，2012）。此外，城市建筑密度和高度以及城市比例的增加将提高城市热岛强度（Li et al.，2020）。热岛效应还会加剧自然发生的热浪的影响，热岛和热浪的复合作用带来的影响可能大于两者的单独作用之和（Li and Bou-Zeid，2013）。

除了直接影响人体健康，城市热岛所导致的空气污染物浓度增加会间接导致哮喘和支气管炎等呼吸道疾病的发生，对居民健康造成长期影响。同时，城市热岛效应能通过加剧空气污染实现自我维持，在强烈的热岛效应下，城市的空调运行时间会增加，对电量需求的增加会导致发电厂增大二氧化碳、氮氧化物以及其他温室气体的排放，从而进一步加剧热岛效应和空气污染（Rosenfeld et al.，1998）。城市高温与 PM 浓度之间的关系通常取决于 PM 污染物的组成和城市规模（Yang et al.，2020）。在美国圣路易斯，高温天气下的空气污染使 9～45 岁患者的哮喘急诊就诊率增加了 95.1%（Mohr et al.，2008）。

此外，城市热岛还严重影响当地经济和社会发展。高温天气使得城市居民的工作效率降低甚至不能工作，减少了当地经济产值，同时居民为了降温会增大对水电的使用需求，这增加了居民支出和资源浪费。对于当地政府来说，还需要采取一系列措施减缓热岛效应，如植树和规划亲水环境等。以 2014 年的美国凤凰城为例，在 1 ℃的城市热岛中运行的空调系统造成的总超额成本每年高达 1.26 亿美元，据估计凤凰城观测到的 3 ℃热岛效应会消耗当地 1560 亿美元经济的 0.3%（Zhang et al.，2021）。

16.2.4　城市热岛效应的缓解及风险应对

城市植被、水体和湿地是城市生态系统中的重要组成部分，增加这些“蓝”“绿”空间用地是减缓城市环境压力、缓解热岛效应的有效措施，有利于实现城市生态缓解系统的良性循环。因此，应该科学部署、统一规划，注重城市绿化空间规划，加强对城市绿地、水体和湿地的保护，这对减缓城市热岛效应具有重要意义。在未来的城市规划中，还应该充分考虑采取适应性策略以满足缓解城市热岛和高温叠加影响的迫切需求，例如：增加绿色屋顶、种植树木以提升城市水资源的利用率（Stone et al.，2014）；在城市建设中可以考虑采用特殊反射材料以达到降温和降低能耗的目的（Yang et al.，2015），并提倡使用渗水性较强的地面铺装用材；等等。

在城市高温的预测预警与响应方面，目前精细化的城市尺度天气数值预报模式仍有待进一步发展和完善。例如，可以充分利用对地遥感、雷电监测等技术手段，将人口、年龄、疾病史等灾体信息以及气象、环境等危险源信息集成到预警和风险评估框架中，并根据年龄、性别、疾病、职业及其他社会经济条件所决定的不同人群适应性的差异，针对敏感区域和敏感人群制定针有对性的措施，根据高时空动态分辨率的预警和风险评估结果进行及时、科学的决策，在街区及社区等精准空间尺度上提供及时有效的信息进行精准预警。

一方面，城市人群的人均能耗量大，有不少居民缺乏环保和节能的生活意识，因此，需要向民众宣传环保生活理念，鼓励并提倡个人、家庭、企事业单位都要将低碳理念贯穿于日常生活、学习、工作等各个方面。居民日常生活方式的改变是一项长期的工作，可以直接减少交通运输、空调、烹饪及工业生产过程中的废热排放，引导居民从身边做起、采取适应措施以减缓或消除城市热岛效应和高温热浪的不利影响。另一方面，即使城市热岛效应加剧和高温天气频发叠加产生影响，但城乡居民对城市高温热浪的健康危害及风险认识仍然不足（许燕君 等，2012），有关部门还需要增强相关知识的宣传和普及，提高民众对城市热环境恶化的认知与警觉性，以降低城市极端高温造成的损失。

16.3　基于雷达遥感的城市洪涝灾害监测

洪涝灾害是城市地区最为常见、也最具危险性的灾害之一，对居民的生产生活和安全健康构成了巨大威胁。根据联合国减少灾害风险办公室的报告可知，洪涝灾害在所有与天气相关的灾害中所占的比例最高。与世界上其他自然灾害相比，洪涝灾害具有最大的破坏潜力，影响人数最多。仅在1975年至2015年间，洪涝灾害就影响了全球约23亿人。全球很多地区都发生过严重的城市洪涝灾害。据相关统计，2008—2010年，中国有60%以上的城市发生过不同程度的洪涝事件，其中，有近140个城市发生洪涝灾害超过3次以上。城市洪水会对城市的基础设施（如交通、桥梁、街道、房屋、隧道等）、农业、自然资源、环境以及居民的日常生活造成严重威胁。这不仅会造成巨大的经济损失与人员伤亡，而且可能会导致其他相关的次生灾害发生，如滑坡、泥石流、地面沉降等（Miller and Shirzaei，2019）。

随着全球气候变化的不断加剧，城市地区频繁发生极端降雨和洪水事件。大量观测证据表明，全球近2/3降雨测量站的降雨量正在逐渐增加。气候变化引发的极端降水现象，进一步加剧了洪水事件的规模和敏感性。此外，随着城市人口的不断增长与城市化程度的进一步提高，城市洪涝灾害所导致的潜在损失和破坏也将日益严重。预计到2050年，全球仅洪水造成的社会和经济损失就将高达520亿美元。

在应对洪涝灾害方面，准确且快速的洪水范围确定是灾情评估的基础，迅速地响应则是有效开展洪水应急管理的关键。实时监测城市内的洪水情况不仅对洪水救援、灾害损失评估以及灾害监测工作至关重要，而且对于居民应对灾害、政府部门制定城市未来管理决策和发展规划等方面也具有重要意义。因此，迫切需要研发近乎实时且精准的城市洪涝灾害监测方法，以有效应对不断增长的洪涝灾害威胁。

16.3.1　城市洪涝灾害监测技术的发展

洪水具有影响范围广的特点。传统的地面观测方法或者使用无人机拍摄大范围洪水具有很大的局限性，不仅不能及时获取完整的受灾面积，而且还会消耗大量人力和财力、延误应急救援时间。卫星遥感技术具有成像范围大、重返周期短、可连续观测、成本低等优势，为洪涝灾害的监测、制图及评估提供了一种安全、高效的工具，被广泛用于洪涝灾害监测研究中。

光学遥感影像能够提供丰富的波谱信息，更适用于监测洪水的动态变化。使用光学遥感监测水体动态的主要原理是近红外至中红外波段对水的吸收比其他可见光波段强。因此，有研究者提出了利用水体指数来提取水体范围，如归一化水体指数（normalized difference water index，NDWI）和修正的归一化水体指数（modified normalized difference water index，MNDWI）等。使用光学遥感技术进行洪涝灾害监测的研究始于20世纪70年代。1979年NOAA系列卫星AVHRR（advanced very high resolution radiometer）成功发射入轨，为使用中低分辨率卫星遥感影像监测洪水的研究奠定了基础。然而，AVHRR 影像的空间分辨率约为 1.1 km，无法刻画出洪水的详细空间信息，其在监测大型洪水事件中具有优势，但是不适用于监测中小尺度的洪水事件。从 1984 年开始，Landsat TM 与 ETM + 系列传感器由美国 NASA 成功发射入轨后，30 m 分辨率的 Landsat 光学遥感影像开始应用于洪水研究中。与 AVHRR 相比，Landsat 系列遥感影像可以支持更加精细尺度的洪水监测及灾害评估和分析研究。然而，由于洪涝灾害的发生多伴随着多云多雨的天气，光学遥感影像容易因受到天气状况的影响而无法提供数据支持。此外，光学遥感不具备穿透性，只能检测洪水表面信息，无法探测植被覆盖下的洪水信息及水面下的信息。

首先，雷达遥感技术使用较长的电磁波谱，具有穿云透雾、不受天气状况影响、可以全天时全天候获取影像数据的优势（Tsyganskaya et al.，2018），可以弥补光学遥感的不足。此外，微波遥感影像具有纹理丰富、图像对比度大的特点，不同极化方式能够提供更多有关区分地物的信息。其次，雷达遥感具有穿透性，能够有效地探测到植被冠层下的水体（Hess et al.，1990），是研究洪涝灾害的有效工具（Matgen et al.，2011）。与其他土地覆被类型相比，平静开阔的水体由于会发生镜面反射，在雷达遥感影像上呈现暗黑色，因此使用单一雷达遥感影像可以提取出水体范围，使用多时相变化监测的方法可以去除由永久水体、雷达阴影、其他散射机制以及和水体类似的地物（如机场、开阔的马路等）等导致的误差。

近年来，越来越多雷达遥感卫星的成功发射及卫星重访周期的缩短促进了雷达遥感在洪涝灾害研究中的广泛应用（Schumann and Moller，2015），常用来研究洪涝灾害的卫星有 Sentinel-1、TerraSAR-X、Radarsat-2（Tanguy et al.，2017）、ERS-1（Longbotham et al.，2012）和 COSMO-SkyMed 等。

16.3.2 基于雷达遥感技术进行城市洪涝灾害监测

尽管雷达遥感技术在洪水测绘中得到了广泛应用，但由于雷达信号的传播在城市环境中复杂且模糊，因此使用雷达遥感技术绘制城市洪水地图仍然具有挑战性。迄今为止，一些研究发现空间分辨率高于 3 m 的雷达影像（如 TerraSAR-X 和 COSMO-SkyMed 等）可以识别城市地区受淹的道路和街道。然而，在高分辨率雷达影像中，高层建筑和树木会造成大量的阴影区域，可能遮挡或阻挡受淹的道路。此外，雨或风会显著增加水面的粗糙度，也可能导致雷达反向散射发生显著变化，从而导致城市洪水监测出现误差。

使用中分辨率雷达遥感影像可以从整体角度出发监测受淹的城市区域（即淹没的道路和建筑物等），克服使用高分辨率雷达影像遇到的阴影问题。最新发布的 Sentinel-1 星座由两颗带有 C 波段的雷达卫星组成，单星重访周期为 12 天，双星组合可以将重访时间减少到 6 天。此外，Sentinel-1 任务提供了多极化雷达遥感影像，与传统的单极化雷达遥感影像相比，该数据可以提升对观测目标的不同散射机制的刻画。因此，Sentinel-1 在城市洪涝灾害监测研究中提供了重要的数据支撑。然而，由于受淹的城市地区与受淹的农村地区的雷达回波存在显著差异（图 16.6），因此，现有的监测大范围洪水的技术不适用于监测城市洪涝灾害。

（a）2019年3月5日　（b）2019年3月17日　（c）2019年3月29日

图 16.6　受淹的城市地区与受淹的农村地区

当城市受淹时，由被淹没的地面与建筑物组成的二面角比由沥青表面与建筑物组成的二面角的后向散射强度更强。获取城市受淹前的两景图像以及城市受淹时的第三景图像的后向散射强度比值（图 16.7）。第一景和第二景图像的比值反映了雷达后向散射的变化，但没有洪水效应。相反，第二景和第三景图像的比值反映了由洪水影响引起的雷达后向散射变化。因此，这 2 个比值的对比可以证实城市地区后向散射强度的变化是由洪水引起的，而不是其他因素。如图 16.7（a）和（b）所示，在 VH（vertical and horizontal）和 VV 极化下，未受淹的城市地区的后向散射系数变化不大。相比之下，图 16.7（c）和（d）显示了在 VH 和 VV 极化下，受淹的城市地区的后向散射系数发生了显著变化，且 VV 极化比 VH 极化更敏感。

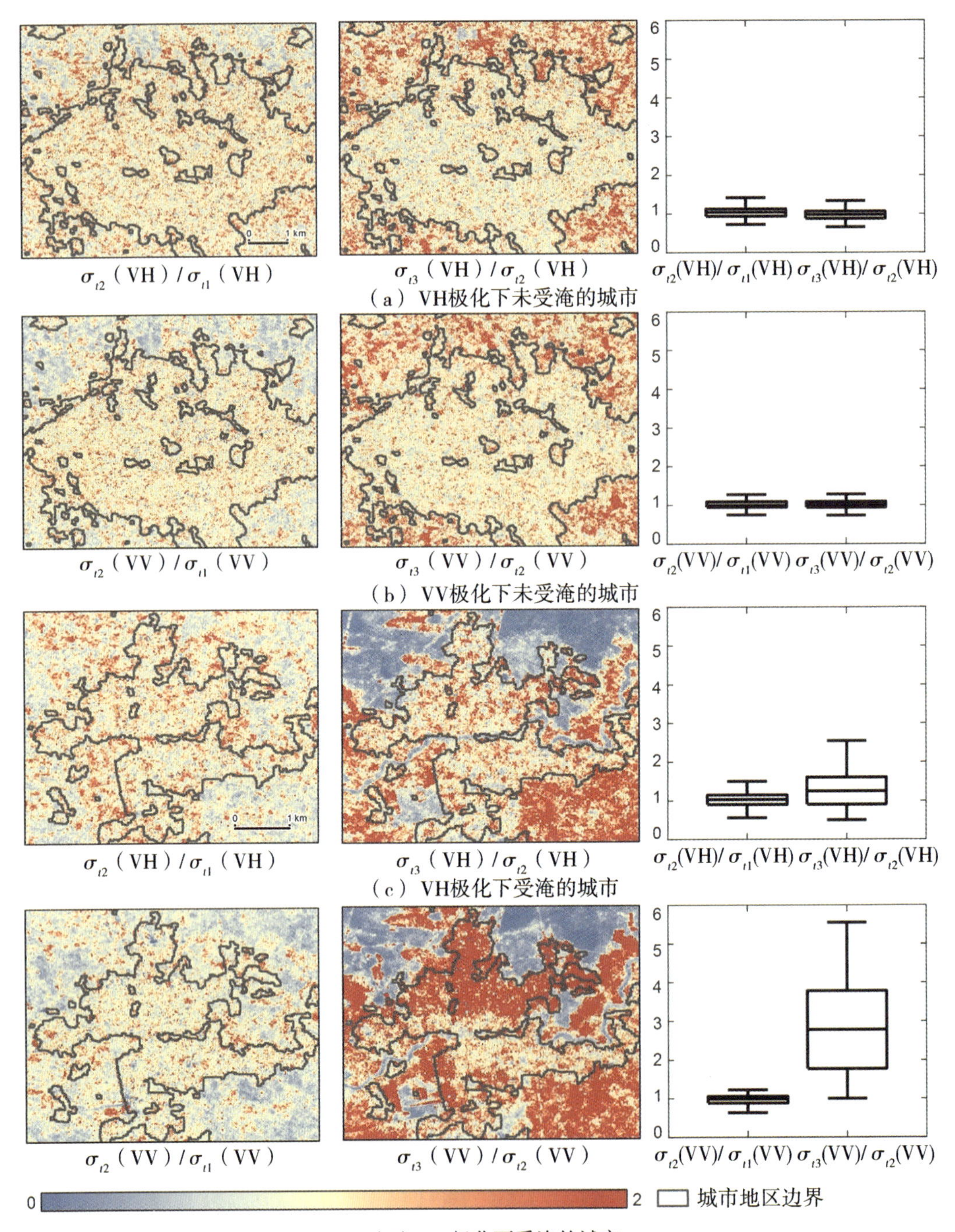

图 16.7　后向散射系数的变化

（注：σ_{t1}、σ_{t2}、σ_{t3}分别为第一景、第二景、第三景图像的后向散射系数）

城市地区受淹时，其干涉相干性会降低。图 16.8（a）和（b）分别显示了在 VH 和 VV 极化下未受淹城市地区的干涉相干性变化。由图 16.8（a）和（b）可以看出，在 VH 和 VV 极化下，未受淹的城市地区的干涉相干性变化不大。图 16.8（c）和（d）分别显示了在 VH 和 VV 极化下受淹城市地区的干涉相干性变化。由图 16.8（c）和（d）可以看出，在

VH 和 VV 极化下，受淹城市地区的干涉相干性显著降低，且 VV 极化比 VH 极化下的干涉相干性变化更显著。

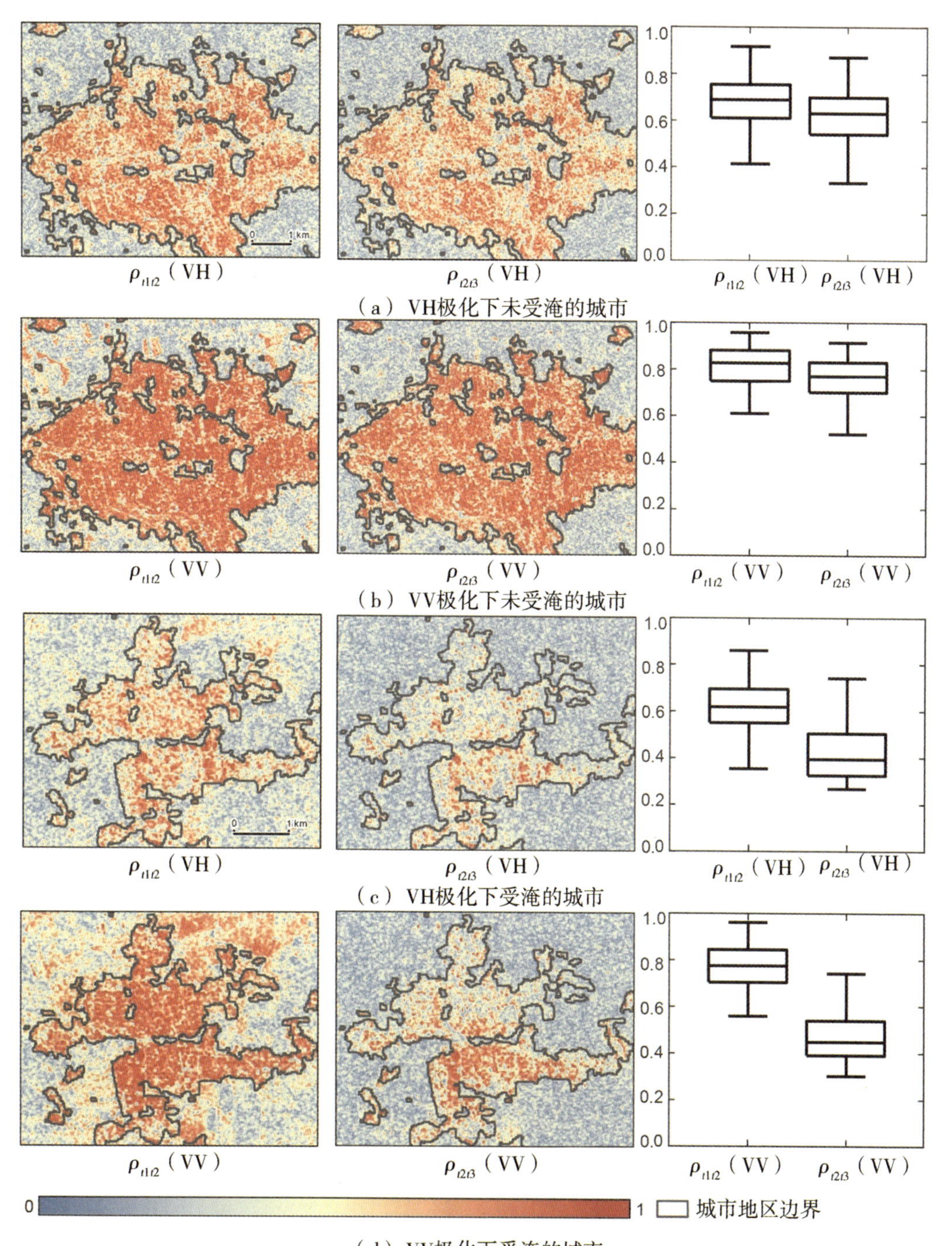

（a）VH极化下未受淹的城市

（b）VV极化下未受淹的城市

（c）VH极化下受淹的城市

（d）VV极化下受淹的城市

图 16.8　干涉相干性的变化

（注：ρ_{t1t2}和ρ_{t2t3}分别表示第一景和第二景图像、第二景和第三景图像之间的干涉相干性）

如图 16.9 所示，从第二景和第三景图像中提取的干涉相干性与从第一景和第二景图像中提取的干涉相干性的比值结果表明，在没有洪水影响的情况下，城市地区的干涉相干性变化不大，但当城市地区受淹时，其干涉相干性明显下降，特别是在VV极化下。

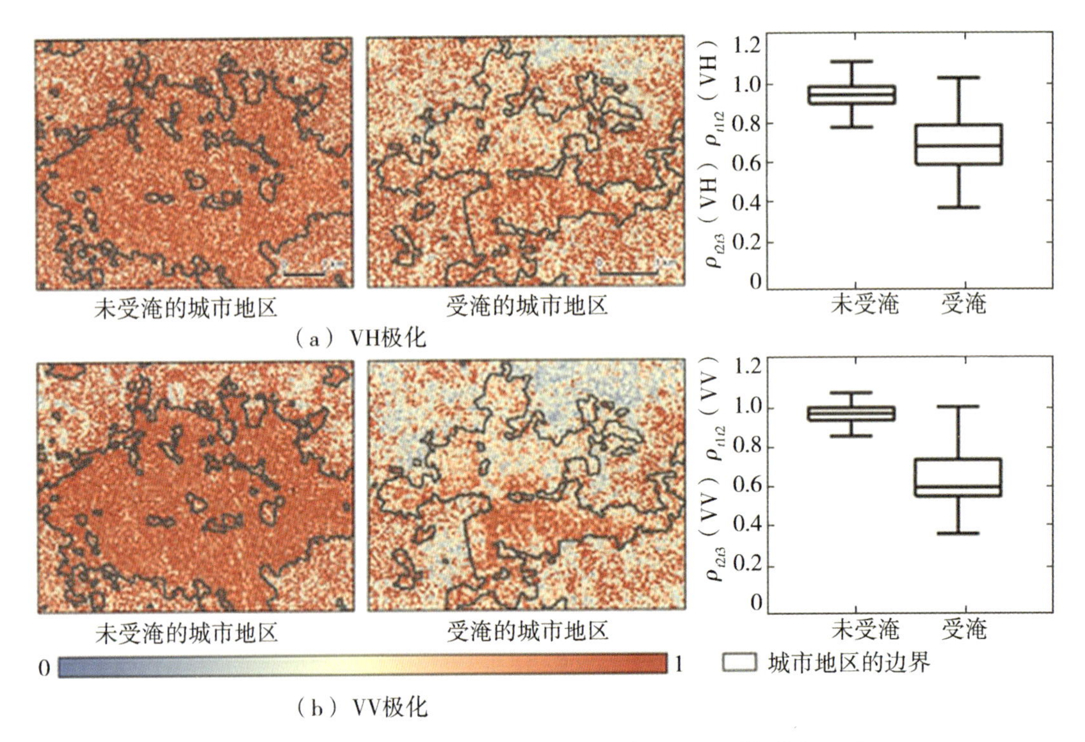

图16.9 从第二景和第三景图像中提取的干涉相干性（即ρ_{t2t3}）与从第一景和第二景图像中提取的干涉相干性（即ρ_{t1t2}）的比值

基于城市地区受淹时在后向散射强度和干涉相干性上的变化，可以结合使用2种变化以检测受淹的城市地区。因此，本节提出了一种新的城市洪涝指数（urban flooding index，UFI）用于检测城市受淹地区。假设图像$t1$、$t2$和$t3$是3张重复轨道的Sentinel-1 SAR图像，其中，图像$t1$和$t2$是在洪水前获取的，图像$t3$是在洪水期间获取的，则城市洪涝指数可以通过式（16.16）确定：

$$UFI = \frac{\dfrac{\sigma_{t3}}{\sigma_{t2}}}{\dfrac{\rho_{t2t3}}{\rho_{t1t2}}} \tag{16.16}$$

式中：σ_{t3}和σ_{t2}分别表示图像$t3$和$t2$的后向散射系数（线性尺度）；ρ_{t2t3}和ρ_{t1t2}分别表示图像$t2$和$t3$之间以及图像$t1$和$t2$之间的干涉相干性。

如前文所述，VV极化下的后向散射强度和干涉相干性比VH极化下的变化更显著。因此，本节使用VV极化计算的UFI来检测城市洪水地区。与仅基于后向散射强度或干涉相干性的变化相比，城市洪涝指数放大了受淹和未受淹城市地区的差异（图16.10）。

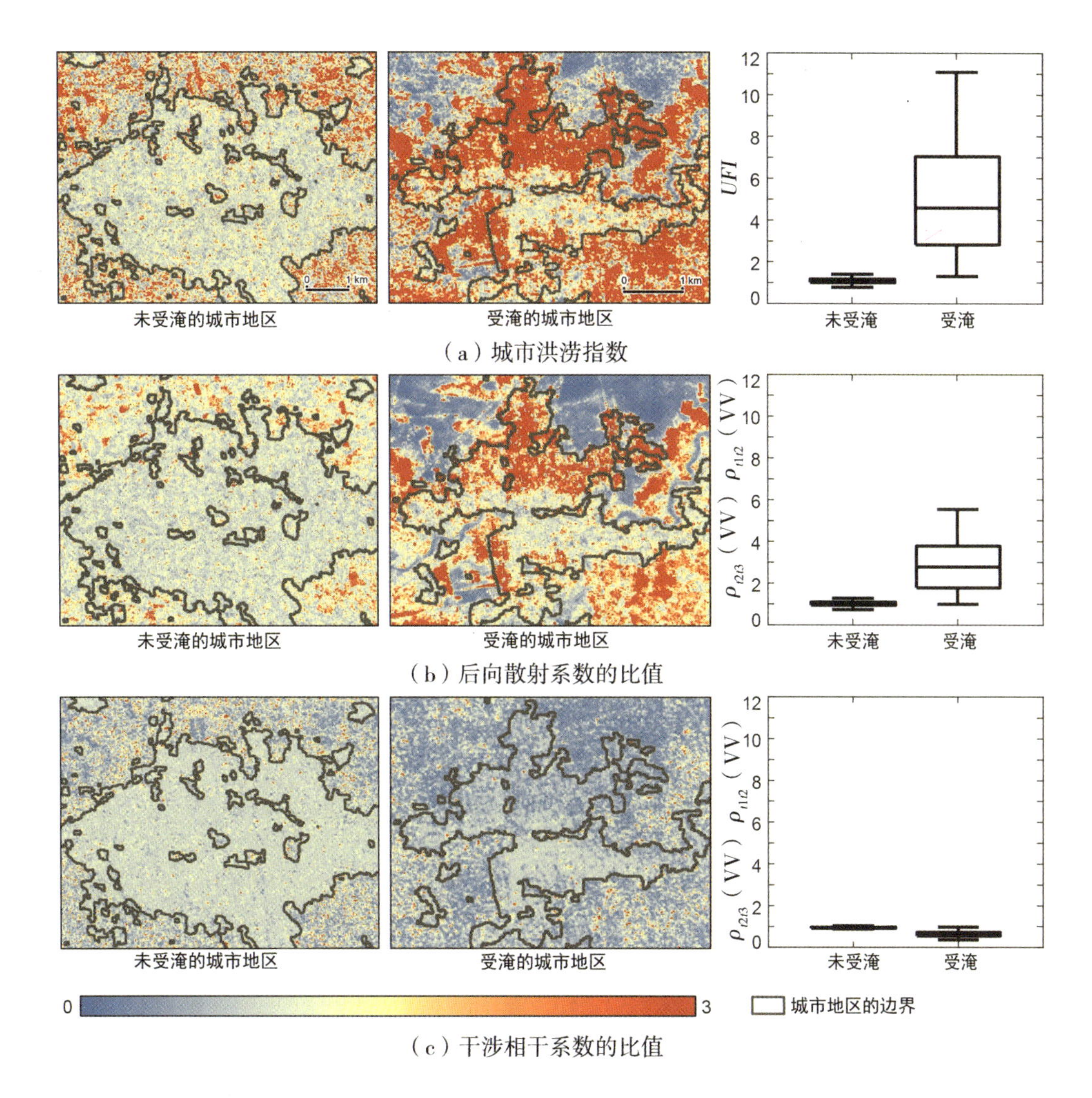

图 16.10　VV 极化下未受淹城市地区与受淹城市地区的变化

本节提出的基于城市洪涝指数的无监督城市受淹地区检测方法主要包括 3 个步骤（图 16.11）。首先，使用多尺度分割技术对多时相雷达遥感影像进行分割；然后，利用基于对象的随机森林算法从洪水前获取的雷达遥感图像中提取城市范围；最后，利用城市洪水所引起的后向散射变化和干涉相干性变化计算城市洪涝指数，并基于阈值法提取被洪水淹没的城市区域。

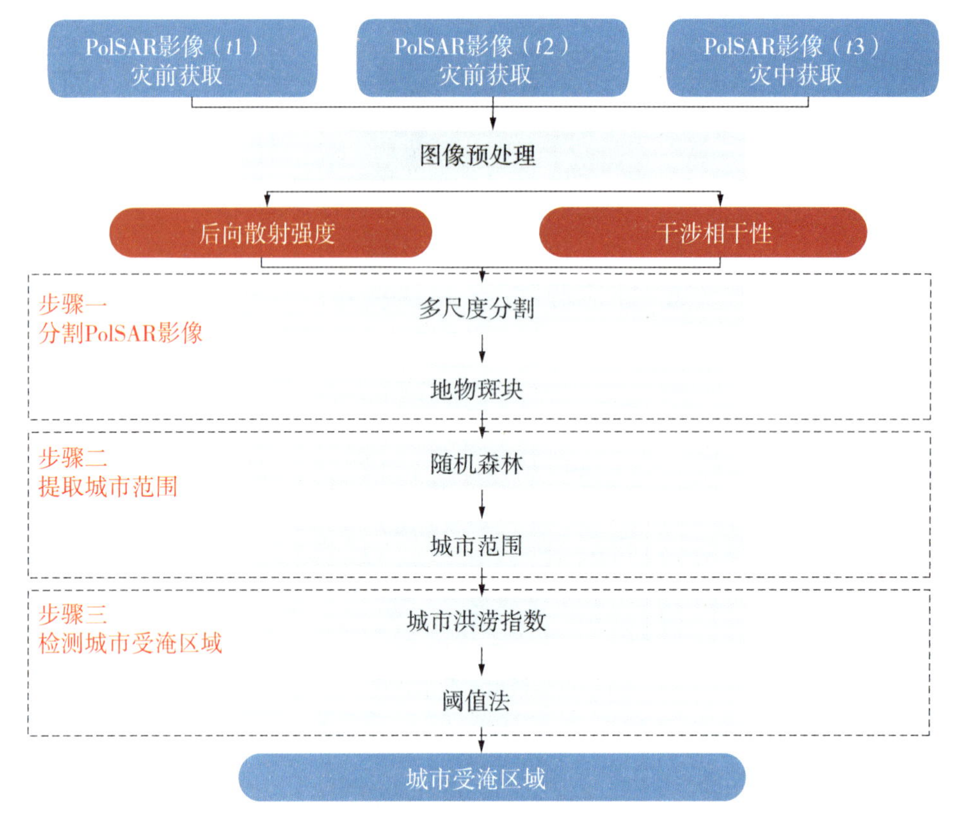

图 16.11　基于城市洪涝指数的城市受淹区域检测技术流程

16.3.3　案例应用

本节的研究区域位于伊朗东北部的 Golestan 省。Golestan 省的总人口为 140 万，总面积为 20893 km^2，包括 14 个县 60 个区，纬度范围为 36° 34′—37° 50′ N，经度范围为 54° 5′—56° 8′ E，海拔高度在 -147 m～3349 m 之间，坡度范围为 0°～89°。

从 2019 年 3 月中旬到 4 月，伊朗经历了 3 场严重的降雨和洪水，31 个省中有 26 个省都受到严重影响，灾害导致超过 70 人死亡、800 多人受淹，总体经济损失超过了 22 亿欧元。伊朗全国超过 1900 座城市和村庄受影响，80 多座桥梁坍塌，140 多条河流泛滥。Golestan 省是此次洪涝灾害中受灾最严重的省份之一。2019 年 3 月 19 日，Golestan 省经历了最严重的洪水，超过 10 个城市受影响，受淹最严重的区域是 Aq Qala、Gonbad-e-Kavous 以及它们周围的村庄。直到 3 月 31 日，Gomishan 和 Aq Qala 的城市区域中仍旧有洪水。

本节收集了于 2019 年 3 月 5 日、17 日和 29 日获取的 3 张重复轨道的 Sentinel-1A PolSAR 图像对 Golestan 省被洪水淹没的城市地区进行检测。如图 16.12 所示，前两景图像（即 3 月 5 日、17 日）是在受淹前获取的，第三景图像（即 3 月 29 日）是在受淹过程中获取的。这些图像是在干涉宽（interferometric wide，IW）扫描模式下获得的单视复数产品，包括两种极化（即 VH 和 VV）。由于所有图像都是在相同的成像参数下获得的，因此，可以在不受阴影或叠加影响的情况下进行比较以检测变化。

为了准确地评估对受淹城市区域的检测，通过对 2019 年 3 月 29 日获取的吉林一号高分辨率光学图像进行视觉解译，收集了受淹和未受淹的城市区域训练和验证样本（图 16.13）。这张吉林一号卫星图像由长光卫星技术股份有限公司提供［http://discover.charmingglobe.

com/（2019 年 9 月 29 日获取）]。它包含 1 个空间分辨率为 0.92 m 的全色波段和 5 个空间分辨率为 3.28 m 的多光谱波段。除了吉林一号的图像，还收集了有关洪水事件的公开新闻、报道、图片和视频来验证样本选择。被淹和未被淹的城区样本如图 16.12 所示，这些样本被随机分为 2 组进行训练和验证（表 16.7）。训练样本用于研究城市洪涝灾害导致雷达回波变化的特征和机制，验证样本用于对城市洪涝区域检测结果进行精度评价。

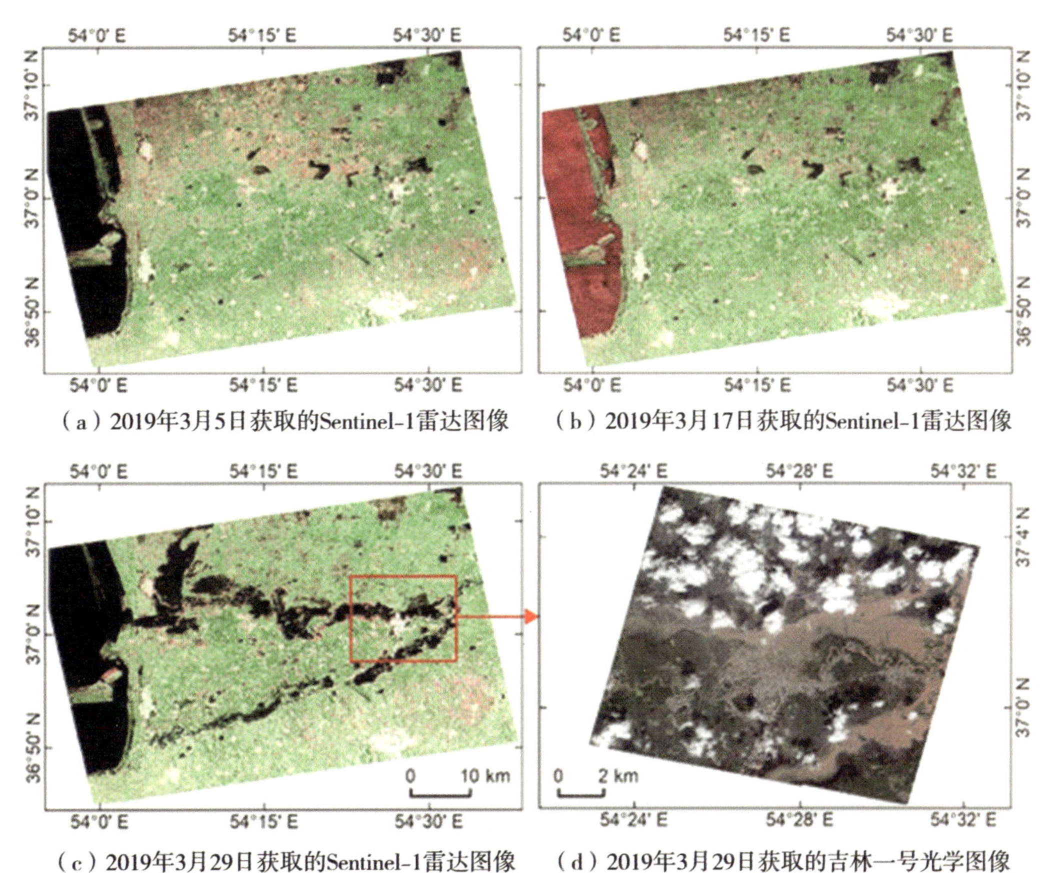

（a）2019年3月5日获取的Sentinel-1雷达图像　（b）2019年3月17日获取的Sentinel-1雷达图像

（c）2019年3月29日获取的Sentinel-1雷达图像　（d）2019年3月29日获取的吉林一号光学图像

图 16.12　欧洲空间局 Sentinel-1 雷达遥感影像和中国吉林一号光学遥感影像

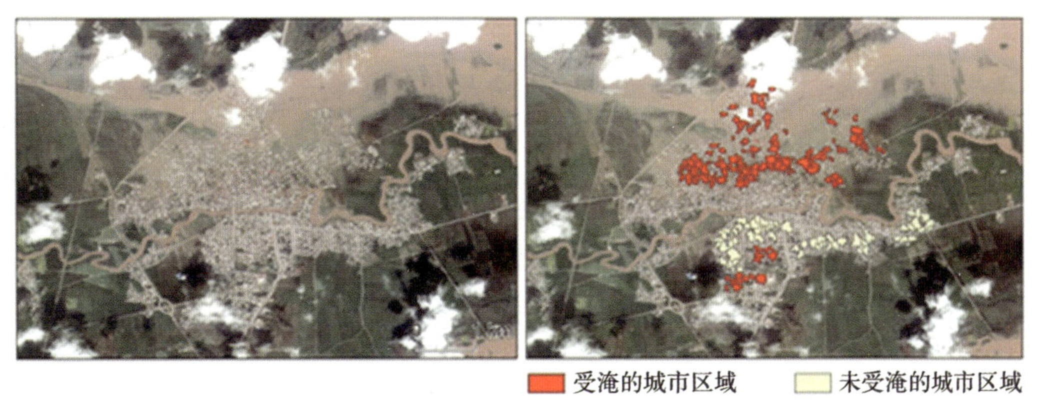

（a）吉林一号高分辨率光学图像；　（b）Aq Qala中受淹和未受淹没的城市区域样本

图 16.13　受淹和未受淹的城市区域样本

（注：图中样本为本节选取样本的一部分）

表 16.7　通过对吉林一号高分辨率光学图像进行目视解译收集的受淹城区和未受淹城区的样本

类型	训练样本		验证样本		合计	
	斑块（数）	像元（数）	斑块（数）	像元（数）	斑块（数）	像元（数）
受淹城区	79	29147	79	28361	158	57508
未受淹城区	311	149786	310	144812	621	294598
合计	390	178933	389	173173	779	352106

了解城市土地利用对于探测被淹城市地区至关重要，以防止在其他被淹地区（如被淹的树木或农作物）发生误报。在本节中，通过土地覆被分类获得可以检测到洪水城市的城市区域。因此，通过视觉解译 Sentinel-1 SAR 图像和 Google Earth 提供的高分辨率光学图像，在典型的土地覆盖类型（包括城市地区、植被、水域和裸地）中收集样本。本节利用面向对象的随机森林分类方法获取了灾前的土地利用图，如图 16. 14 所示。

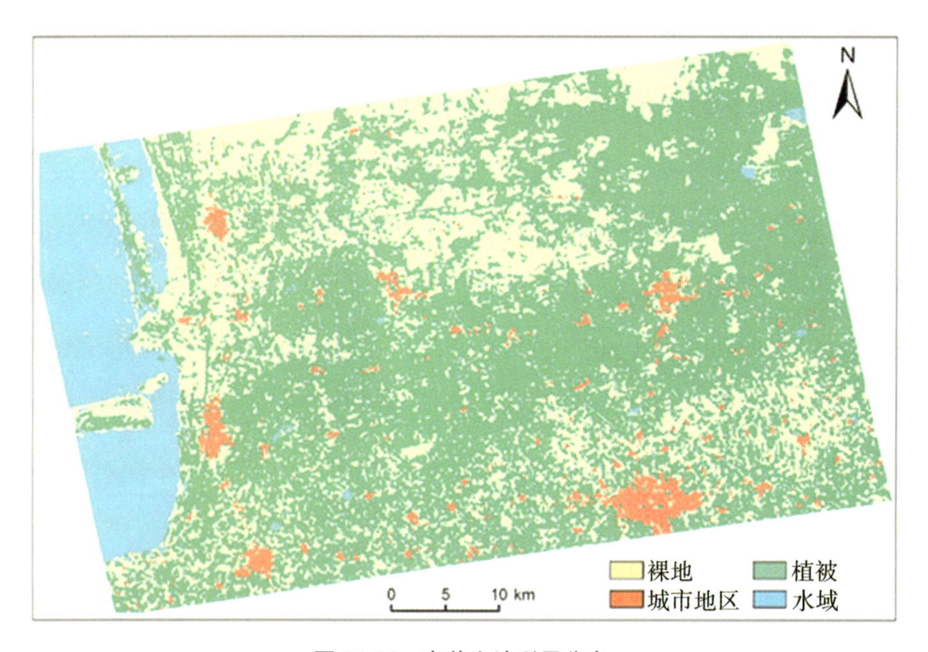

图 16. 14　灾前土地利用分布

使用基于城市洪涝指数的方法检测受淹城市的结果如图 16. 15 和图 16. 16（a）所示。受淹城市提取的影像包括受淹的农村地区，可以很方便地观察被探测到的受淹的城市地区。基于城市洪涝指数的方法的总体准确率为 98. 44%，检测准确率为 96. 78%，虚警率为 0. 95%。此外，本节还进一步对比了基于 VV 极化和 VH 极化分别与基于城市洪涝指数、后向散射强度和干涉相干性的方法一起用于检测受淹城市地区的提取结果（图 16. 15 和图 16. 16）。结果表明，无论采用何种方法，VV 极化都比 VH 极化具有更高的检测精度和更低的虚警率。

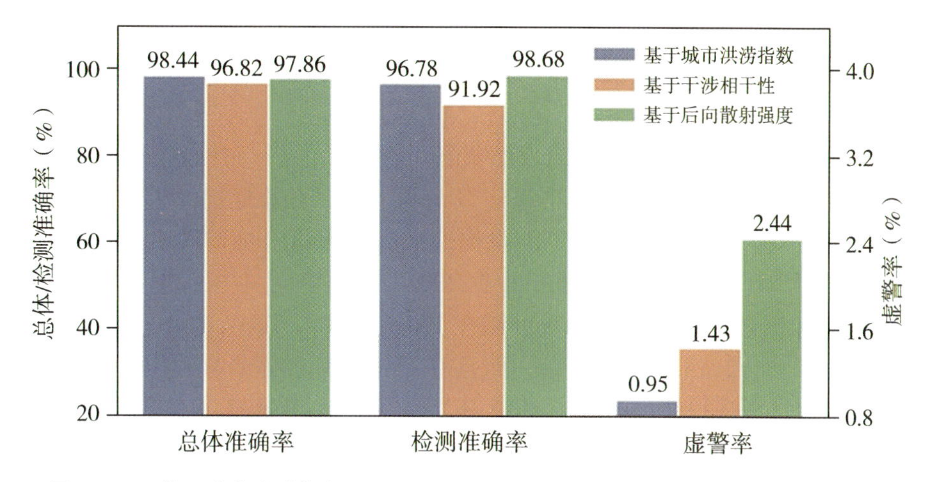

图 16.15　基于城市洪涝指数、干涉相干性以及后向散射强度的受淹城市提取精度

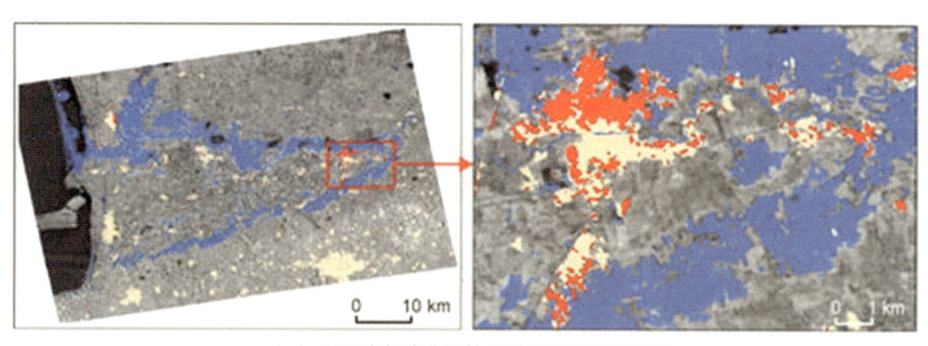

（a）基于城市洪涝指数的受淹城市检测结果

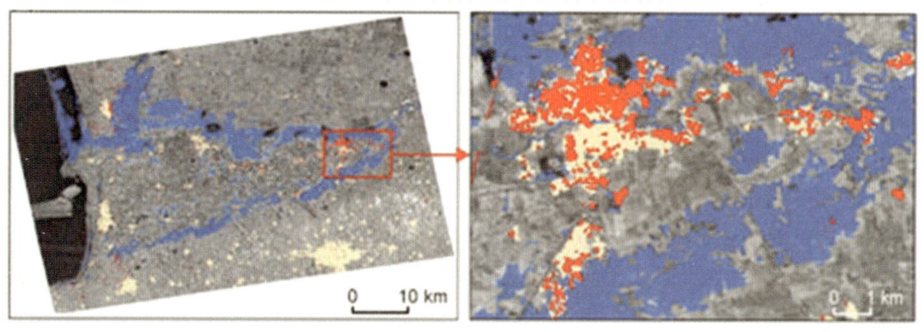

（b）基于后向散射强度的受淹城市检测结果

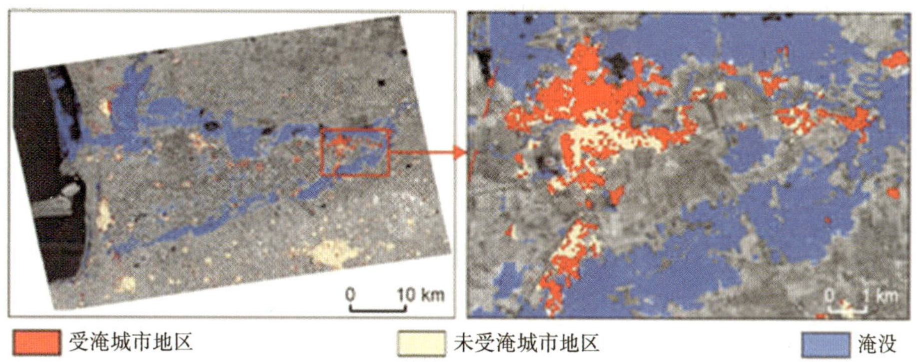

（c）基于干涉相干性的受淹城市检测结果

图 16.16　利用不同方法获取的受淹城市检测结果

16.4　城市内涝模拟

洪涝灾害是世界范围内高频发生的自然灾害，对国民经济与社会发展造成了持续的干扰。自1998年特大洪水后，我国持续推进建设水利工程，有效地提升了流域防洪标准，减小了大江大河发生洪水的威胁。但是，21世纪以来，伴随我国快速城市化而来的频繁内涝对城市地区造成了广泛影响和严重损失。根据2006—2016年《中国水旱灾害公报》的统计数据可知，2006年以来我国每年受淹城市都在100座以上，其中，2010年受淹城市为258座，2012年为184座，2013年为234座，而且在大江大河水势基本调控平稳的情况下这3年的洪灾造成的直接经济损失均超过了1998年特大洪灾（李超超 等，2019）。住房和城乡建设部对351个城市进行了专项调研，由调研结果可知，2008—2010年全国有62%的城市发生过内涝，发生内涝超过3次以上的城市有137个，其中，57个城市的最大淹没时间超过了12小时（朱思诚 等，2011）。由于人口、资源和交通基础设施等在城市集聚，暴雨内涝往往会造成严重的人员伤亡、经济损失，以及交通拥堵、电力中断和公共健康受损等问题。典型的暴雨内涝事件包括济南“2007·7·18”事件（30多人死亡，33万人受灾，经济损失13.2亿元）、北京“2012·7·21”事件（79人死亡，160.2万人受灾，经济损失116.4亿元）、广州“2020·5·22”事件（4人死亡，超万台汽车被淹，地铁13号线部分区间停运22天）和郑州“2021·7·20”事件（398人死亡，经济损失1200.6亿元）等。

城市暴雨内涝的原因不仅涉及降雨、地表产汇流、管网排水和河道排涝等水文水动力过程，而且受社会经济发展和城市管理等人文因素的影响，是一种人文与自然因子综合作用下的城市灾害（张冬冬 等，2014），其空间热点呈现出动态变化的特征（李彬烨 等，2015），致灾机理复杂且具有显著的区域差异。暴雨内涝物理过程的复杂性、驱动因子的综合性及城市建成环境的高空间异质性给城市水文研究与暴雨内涝模拟带来了巨大的挑战。

16.4.1　城市内涝特征

1. 短历时性与空间散布特征

城市水文过程的时空尺度显著小于流域水文过程，其汇流时间在小时尺度，空间范围一般在几平方千米到几百平方千米。受此影响，暴雨内涝与流域洪水在时空特征上也存在显著差异。时间历程上，暴雨内涝发生在小时尺度，小于流域洪水的日尺度。空间分布上，流域洪水的影响区域具有明确的方向性，从河道向外围扩散；受产汇流特征变化、自然与人工混合排水体制及建成环境高空间异质性的影响，暴雨内涝可能发生于城市的任意位置。具体来说，可能由于地表径流量过大而直接在局部低洼处形成积水，可能是雨水径流经管网输送后在特定节点发生超载和溢流（即双向排水，dual-drainage），也可能是因为河流高水位的顶托或倒灌作用，这3种内涝现象发生的空间尺度依次增大，即从局部小范围、排水管网到河流流域。实际上，内涝现象不仅单独发生在这3种空间尺度上，更有可能是3种机制相互作用的结果。因此，暴雨内涝具有时间上的短历时性和空间上的散布特征，这对预报预警的实时性和应急响应的空间覆盖度提出了更高的要求。

2. 内涝热点动态性

城市暴雨内涝呈现出典型的“城市化—内涝频发—工程治理—内涝减缓”的演变路径，使得内涝热点在空间上迁移，呈现出动态变化特征。在“先地上后地下”的发展模式下，排水工程建设通常滞后且标准偏低，排水系统难以有效地排除由于地表不透水化而增加的暴雨径流，进而导致内涝频发。针对内涝频发的水浸黑点进行工程治理，可以提高其排水能力，进而有效缓解局部地区的内涝问题。

以广州市主城区为例，李彬烨等（2015）的研究表明，1980—2012年间内涝点在空间上呈现出显著的扩张态势：2000年以前绝大部分内涝点集中于老城区（越秀区），2000年后则扩散到天河、海珠、白云和黄埔等区域。内涝点核密度与城市不透水面密度呈显著正相关（99%的置信水平），且其相关性随城市化的发展逐渐增强，表明城乡建设用地扩张是暴雨内涝灾害频发的一个重要诱因。Huang 等（2018）的研究表明，2009—2015年间广州市主城区的内涝热点呈现出自西（越秀/老城区）向东（天河/新城区）转移的态势［图16.17（a）和（b）］，排水改造工程的实施则有效地减少了暴雨内涝影响范围［图16.17（c）和（d）］。

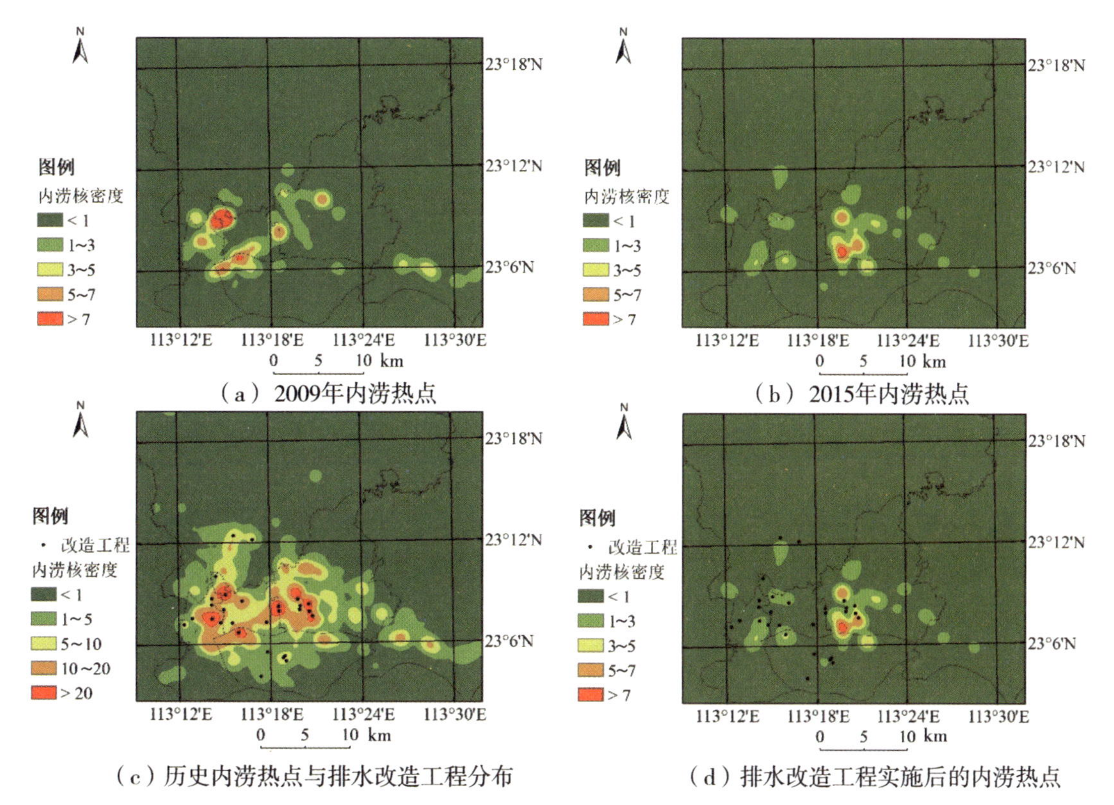

图16.17　广州市主城区内涝格局的演变与排水改造工程的内涝减缓效果

3. 连锁性与突变性

城市暴雨内涝有别于传统农业洪涝灾害的最为显著的特征是其连锁性与突变性（程晓陶 等，2015）。农业洪涝灾害以直接经济损失为主，而城市暴雨内涝则呈现出直接损失与间接损失兼有的特点。间接损失的大小取决于城市生命线中各子系统（如交通、电力、供水、通信等）之间的相互依赖程度，依赖程度越高，间接损失的量级越高，影响的空间范围越大。典型的暴雨内涝灾害连锁场景包括“暴雨内涝—交通拥堵—居民出行受阻”和“暴雨内涝—电力中断—供水、通信等中断—社会经济活动停滞”等。现代城市的一个显著特点是日益增加的复杂度，其驱动因素包括：①以效率为主要导向的发展模式；②部门职能的条带分隔；③忽略环境的安全性和可持续性，以获取发展资金为主要目标的短期决策（Berndtsson et al.，2019）。

城市的复杂水文情势和高价值承灾体使暴雨内涝灾害损失呈现出突变性。当降雨强度低于设计标准时，排水系统能有效排水除涝；当超标准降雨特别是极端暴雨发生时，在城市系统复杂度日益增长和暴雨内涝灾害连锁性增强的背景下，损失会急剧上升，如广州 2020 年“5·22”事件，局地特大暴雨导致 4 人死亡、地铁 13 号线部分站点进水、几个新建住宅小区的地面及地下停车场被淹，超万台汽车因被淹而报废。此外，超标准暴雨可能同时耦合其他致灾因素，如江河客水急增、沿海风暴增水，从而引起江水或海水顶托甚至倒灌，加剧城市内涝灾情。在极端情景下，沿江或沿海的防洪堤围可能溃塌，导致灾害损失进一步急剧扩大。

16.4.2　城市内涝致灾机理

暴雨内涝的物理过程涉及降雨、地表产汇流、管网排水和河道排涝等，但其影响因子不仅包括降雨强度大、不透水率高、地形条件不利和水位顶托等自然因素，而且包含地表沉降、设计排水能力低、排水管网堵塞等人为活动的影响（孙喆，2014）。实际内涝现象往往是在不同空间尺度下人文和自然多因子相互作用的结果。我国的城市暴雨内涝，从城市水循环角度来看，主要原因是以地表硬化为主要特征的流域城市化导致的雨水渗透和调蓄能力下降；从城市管理角度来看，“先地上后地下”的发展模式、较低的排水设计标准是主要诱因。下面详细总结了降雨时空特征、城市化和地形条件对暴雨内涝的影响机制。

1. 降雨时空特征对内涝的影响

持续性降雨或短历时高强度降雨是城市暴雨内涝的主要驱动因子（宋晓猛 等，2014），准确认识降雨的时空特征及其对内涝的影响是致灾机理研究的重要内容，也是进行城市排水工程设计的前提。

暴雨雨型用于描述降雨强度的时程分布。对于给定重现期和历时的设计降雨，暴雨雨型决定了其峰值流量，从而影响内涝风险的大小。我国多个城市如北京、上海、广州、深圳、南京、西安的暴雨分析结果表明，暴雨场次呈现增加趋势，主要是因为短历时暴雨的增加，而且短历时暴雨大部分为雨峰在前部的单峰型降雨。西安地区单峰型降雨的内涝模拟结果表明（侯精明 等，2017）：重现期小于 20 年，时雨峰系数越小、内涝越严重，大于 20 年时规律则相反；不同雨峰系数间的内涝差异随着重现期变长而减小。成都地区的内涝模拟结果表明（童旭 等，2019）：重现期大于 20 年时，雨峰系数越小、内涝越严重，小于 20 年时雨峰系数对内涝程度的影响不显著。上述内涝模拟主要采用芝加哥雨型进行暴雨时程分配，广州地区的内涝模拟结果表明采用芝加哥雨型表达降雨过程会显著低估内涝风险（Huang et al.，2019）。

降雨的空间差异不仅表现在江河流域尺度上，也体现在城市尺度上，特别是在城区不断扩张和雨岛效应的影响下（Thorndahl et al.，2019）。比如，广州市 2012 年 11 个雨量站记录的多场致灾降雨数据显示，站点之间 12 小时雨量相差 40 mm～200 mm，相对偏差为 40%～100%（刘成林 等，2016）；西安市西咸新区 3 个气象站同一场降雨的雨量相差 45%（陈光照 等，2019）。考虑到降雨的空间差异，一般用点面折减系数（areal reduction factor，ARF）表示从点雨量到面雨量的换算关系，这对于合理确定城市流域尺度排水设施的规模至关重要，如地表和地下调蓄设施。一般来说，点面折减系数随着降雨历时的变长而增加，随着流域面积的变大而降低。也就是说，与长历时降雨相比，短历时降雨的空间不一致性更高，因而是降雨空间差异研究的重点。短历时暴雨的内涝模拟结果表明，在相同降雨量条件下，降雨空间的不一致性越高，相较于均匀情况下的内涝积水削减量越大（陈光照 等，2019）。除了降雨历时和流域面积，点面折减系数还受到降雨类型、降雨形态、季节、地理区位、流域属性、降雨数据来源和计算方法等因素的影响（Svensson and Jones，2010）。

2. 城市化水文效应及其对内涝的影响

城市化以建设用地扩张和不透水表面增加为主要特征。建设用地扩张使得水系被填埋、挤占，导致河网密度降低，调蓄功能和泄洪能力显著衰减。不透水表面增加的短期水文效应表现为对场次降雨径流关系的影响：①透水面积减少，导致下渗量降低、相应的产流量增加；②自然地表到不透水面的转变降低了地表糙率，因而增加了地表径流的汇流速度；③产汇流特性的变化使得洪峰流量增大、洪峰时间提前。长期的水文效应体现为：①人工陆面的持水能力比自然地表弱，使得城市流域的蒸散发比例明显减少；②地表下渗量减少，使得城市流域的基流量减少、总径流量增加。除了直接对地表和地下水文过程产生影响，城市化对降雨的形成也有一定的影响。在物理机制上，城市化主要通过城市热岛效应、下垫面变化和气溶胶排放等产生影响，而且不同地区间的主导机制有显著差异。关于城市化的增雨效应，国内外站点的降水资料解析倾向于支持的结论是城市化使城区和下风向郊区的雨季降水有较明显的增加，并且使强降水事件的发生频率增加，因而使降水在时程分布上可能更集中，但城市化对旱季降水的影响相对不明显。因此，城市化降低了河网水系的调蓄容量，改变了地表径流的时空模式及水循环过程，进而改变了城市流域的水量平衡情况，形成了促进局部降雨增加的正反馈效应，以及使城市地区局部蒸散发减少的负反馈效应。

从自然灾害系统论来看，城市化对暴雨内涝的致灾因子、孕灾环境和承灾体都有显著加强作用，总有来说，将导致内涝风险增加。致灾因子方面，城市化通过热岛效应、城市冠层三维结构和高气溶胶浓度影响降雨特征，特别是导致暴雨的强度和频率增加，从而增加了内涝风险和防治压力。孕灾环境方面，城市地面结构的变化导致洪峰流量增加和洪峰时间提前，而且城市的快速扩张对水域和洪泛区的侵占降低了其天然的泄洪和调蓄能力，这些因素的共同作用进一步放大了内涝风险。承灾体方面，城市化进程中各地区的人口、财富和资源快速增加与高度集中，使得同等规模的暴雨内涝导致的损失比以往更大。

3. 地形对内涝的控制作用

在暴雨内涝致灾的物理过程中，地形主要影响地表汇流和管网排水，其作用顺序位于降雨和产流过程之后。降雨、产流和管网排水能力决定了内涝积水的量级，地形条件则决定了内涝积水的空间格局。从地形分析角度来看，无论是局部暴雨径流直接积水、管网超载溢流积水，还是水位顶托或倒灌形成的积水，其空间位置一定位于低洼地带。内涝模拟结果表明，在同一个研究区，持续时间越长、重现期越大的暴雨导致的内涝积水和损失越严重，但不同暴雨导致的积水空间位置在很大程度上是一致的（Aronica et al.，2012），这背后是地形因子对内涝致灾的控制作用，即地形直接影响内涝空间格局的形成。

高强度人类活动深刻地改变了城市地区的地形分布，形成了复杂的微地形，进而影响了暴雨内涝的发生位置。例如：①下穿式立交道路由于低洼地形的汇水特征而成为内涝黑点；②新建小区填高地面，使得周边老旧小区的内涝风险增加；③城市主干道的横向高差导致地表水流分隔，形成了局部洼地，成为潜在的内涝发生位置。按照《城市道路工程设计规范》（2016 年版）的标准，道路横坡为 1%～2%。部分主干道的宽度可达 70 m 甚至更宽，按路宽 70 m 计算，则横向高差为 0.35 m～0.7 m，若计入中间绿化隔离带的高度，其阻隔影响更大。因此，精细化暴雨内涝分析必须考虑建成区的高空间异质性和微地形的影响，充分利用高精度高分辨率 DEM 分析城市地形分布。

基于 GIS 数字地形分析进行积水淹没模拟是城市暴雨内涝研究的常规步骤。在积水淹没分析中，地形因子仅作为下垫面基础数据输入模型，尚缺乏类似地形湿度指数（topographic wetness index，TWI）和 HAND（height above the nearest drainage）等已应用于流域洪水模拟的定量指标。Huang 等（2019）提出了一种针对暴雨内涝的以洼地小流域为评价单元的地形控制作用指数（topographic control index，TCI），综合反映流域面积（A）、平均坡度（S）和洼地蓄水体积（V）对发生暴雨内涝风险的影响，该指数的原理如图 16.18 所示。在广州市番禺区市桥地区，基于 1 m 分辨率的激光雷达 DEM 的研究表明，TCI 对内涝黑点的空间位置具有良好的指示能力。此外，TCI 已被成功应用于暴雨内涝主导因子的空间异质性分析（Qi et al.，2020）和易涝地区高压输电塔的稳定性研究（Chen et al.，2020）。

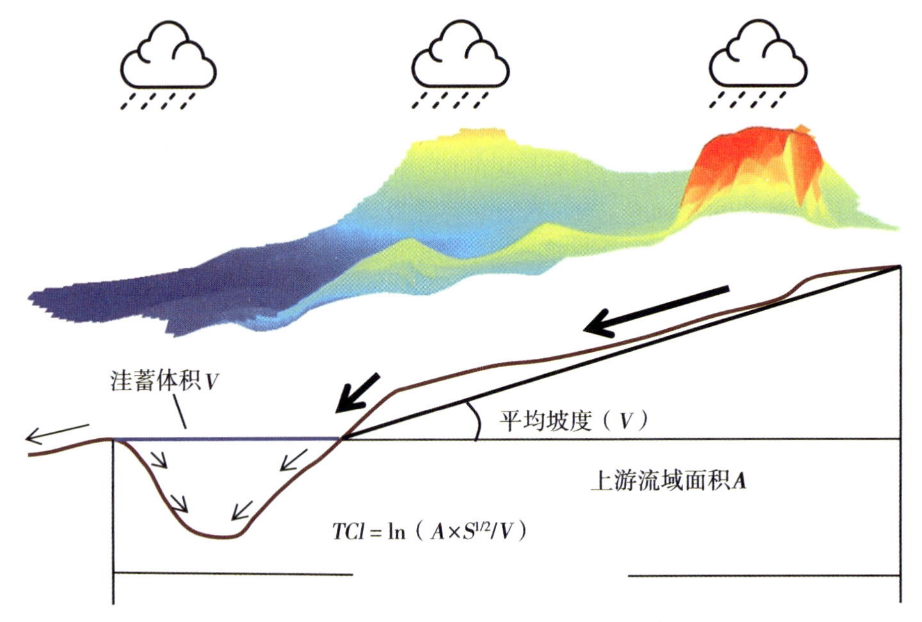

图 16.18　地形控制作用指数的原理示意

（注：完全淹没一个洼地所需要的时间越短，其内涝风险越大。淹没洼地所需要的时间与流域面积 A 和平均坡度 S 成反比，与洼地体积蓄水 V 成正比）

16.4.3　城市内涝模拟数据

暴雨内涝模拟主要使用降雨、土地利用/覆盖、地形、土壤、排水管网、道路和河流水系等基础数据，以及流量、水位和积水范围等验证数据。其中，排水管网、高精度 DEM 和不透水面分布是关键基础数据，是实现暴雨内涝精细化模拟的必要条件。此外，由于降雨过程的高时空变异性以及站点分布和观测范围的局限性，城市降雨观测成为暴雨内涝近实时模拟的主要瓶颈；由于传统的水文监测成本较高，获取大范围、高分辨率的验证数据是暴雨内涝模拟的一个重要挑战。

1. 降雨观测

目前，降雨观测的手段主要包括地面站点观测、卫星遥感和天气雷达估测等。地面站点观测基于固定位置进行连续观测，可以获取高精度、高时间分辨率的点降雨。可以采用泰森多边形或克里金插值等方式从点降雨计算面降雨信息，但是由于站点分布较为稀疏，无论采用何种方式都难以准确表达降雨的空间差异。卫星遥感与天气雷达观测都属于间接观测，需要通过特定的算法来计算地面降雨量。卫星降雨观测的空间覆盖范围大，分辨率较低，如热带降雨测量任务卫星（tropical rainfall measuring mission，TRMM）的分辨率为0.25°，卫星与地面站点融合降雨测量分辨率为0.1°，在大尺度流域水文研究中得到了较多应用，但无法应用于空间尺度较小的城市水文学研究。与地面站点观测和卫星降雨观测相比，天气雷达具有显著的高空间分辨率特征。我国从20世纪末开始部署新一代天气雷达网，主要为S波段与C波段多普勒天气雷达系统，目前部分地区已经开始升级和部署双线偏振天气雷达系统。以广州雷达站的S波段多普勒天气雷达系统为例，其测量范围为230 km，时间分辨率为6 min，空间分辨率为1 km（黄骏、胡东明，2002）。

暴雨内涝模拟的降雨数据需求取决于应用场景。在不同重现期的暴雨情景下评价内涝危险性可以通过雨量站进行降雨观测，而在内涝近实时预报预警中则需要充分利用高时空分辨率的天气雷达观测刻画城市降雨的高时空变异性，从而有效提升暴雨内涝模拟和预报预警的精度。

2. 模型验证数据

为刻画城市水文过程的响应机制，需要采集高空间覆盖度的河流、管道水文参数以及地表积水信息对暴雨内涝模型进行校准。水文监测数据是校准暴雨内涝模型的理想数据，但由于所需成本过高而难以大范围推广应用。地表积水的信息采集中，现场调查和问卷调查等传统手段成本高、效率低、空间覆盖度小；遥感观测的技术手段中，航空照片、雷达与卫星影像的采集受制于植被冠层和云层的遮挡，微波遥感能穿透云层，但由于角反射效应而无法提取城市地区的地表积水信息；广泛分布的传感器网络（如视频监控）也是获取内涝积水信息的一种方式，但监控设备归属于多样化主体，使得大范围数据的获取存在困难。智能手机和商业化小型无人机的普及应用，提供了覆盖范围更广的内涝灾情信息，在应急响应、救援决策和灾情评估中发挥着越来越广泛、重要的作用。互联网技术的快速发展，特别是移动互联网和社交媒体的出现，以及公众的高度参与为大范围感知内涝灾情提供了有效途径。

公众参与产生的互联网大数据包含大量噪声，如由机器人或广告系统生成的非暴雨内涝信息，需要从包含噪声的大数据中筛选出具有空间位置的内涝相关信息。此外，质量控制也是利用互联网大数据的重要挑战（Yang et al.，2019），常用的方法有3类：①通过增加内容贡献者的数量来相互印证，降低个体误差的影响；②根据历史行为评价内容贡献者的可靠性，采用高可信度个体提供的信息；③根据暴雨内涝的经验知识判断信息的可靠性。

互联网大数据在地震、海啸、飓风、洪水与内涝等自然灾害的灾情探测、灾后重建和公众情绪感知上得到了较多应用。国外相关研究主要基于Twitter、YouTube、Foursquare和Flickr等平台进行。新浪微博是国内主要的公众社交媒体平台，其用户群体庞大、内容开放，国内相关研究主要基于其开展，如关于地震（薄涛 等，2018）、台风（梁春阳 等，2018）城市污染（相恒茂 等，2017），以及暴雨内涝的灾情分析，包括北京2012年“7·21”特大暴雨（刘淑涵 等，2019）、武汉2016年夏季特大暴雨（Cheng et al.，2019）、广州2017年“5·7”特大暴雨（黎洁仪 等，2018）等城市暴雨灾害。近年来，哔哩哔哩、抖音等短视频 App 和网站提供了更多的内涝灾害淹没场景信息，可以从多个角度识别灾情发生位置、淹没深度和承灾体属性等，这些平台会在暴雨内涝模拟、灾情评估和应急救援工作中发挥越来越重要的作用。

16.4.4　城市内涝模拟方法

水动力模拟是目前暴雨内涝模拟的主流方法，其物理基础明确，能以较高的精度表达水动力过程，但是对模型数据要求高，依赖于流量、水位等验证数据来校准模型。此外，水动力模拟的计算效率较低，虽然通过硬件发展和并行计算可以提升计算能力，但是在数百平方千米的城市尺度进行高精度快速模拟仍然面临较大的挑战，特别是在需要进行多情景模拟时。机器学习方法的模式识别能力强、计算效率高，但是忽略了水流运动的物理过程，其结论受制于训练样本，因而具有明显的区域性，泛化能力不强。因此，这两类方法具有较好的互补性，结合水动力模拟与机器学习，如以水动力模拟结果作为机器学习的训练样本，可以建立兼具物理基础和计算效率的暴雨内涝模拟方法，实现暴雨内涝的近实时模拟与快速预报预警。

1. 水动力模拟

水动力模拟是研究暴雨内涝致灾机理、评估暴雨内涝风险和提升城市防灾减灾能力的关键技术。根据对管网排水的处理方式不同，水动力模拟模型分为两类：①采用一维模型（1D）模拟管网排水。管道超载后雨水径流由节点溢流到地表，根据地表漫流的模拟可以计算得到积水信息，地表漫流的模拟可以采用二维模型（2D）或者基于 GIS 的简化模型。这类模型包括 InfoWorks CS、Mike Urban 和 EPA SWMM 等。②简化管网排水。根据设计的排水能力将其从降雨中扣除，超出蒸散发、土壤渗透和管道排水能力的部分则在地表低洼处形成积水。这类模型主要基于 DEM 的栅格格网进行计算，包括 LISFLOOD、FloodMap、元胞自动机模型，以及基于 GIS 数字地形分析的快速淹没模型等。第一类模型，特别是采用双向排水概念的“1D＋2D”模式能够准确地表达雨水径流运动和地表积水过程，可以用于分析暴雨内涝的致灾机理，但这类模型对基础数据和验证数据要求高，且计算效率低，适用于具备较好数据基础的小尺度分析，而难以在大范围分析如城市尺度下得到广泛应用。第二类模型对管网排水和地表漫流模拟进行简化，以物理过程表达精度的一定损失为代价降低了基础数据要求，提高了模型计算效率，适用于对效率有一定要求的应用场景，如暴雨内涝预警和应急响应决策等。此外，在暴雨情景下管道压力流的作用将明显增加排水管网的输送能力，应用第二类模型时，简单以设计能力作为管网排涝能力的上限有一定的不合理性，可能会显著高估实际内涝的风险。为了降低暴雨内涝模拟结果的不确定性，需要定量表达出管道压力流的作用。

2. 机器学习

机器学习是人工智能研究中的一个重要领域，最早可以追溯到 20 世纪 40 年代开始的人工神经网络研究。它是一类算法的总称，指可以从大量数据中挖掘隐含规律，并将其用于预测和分类等任务。深度学习是机器学习发展的里程碑，它与大数据、云计算和存储能力的提升共同推动了人工智能的快速发展，在包括信息技术在内的很多领域取得了革命性的进展，最有代表性的是图像识别和语音识别。此外，机器学习也有力推动了自动驾驶、机器人、生物信息学、生态学、医学、遗传学、环境科学、测绘学、地理学和自然灾害等领域的发展。

根据历史灾害记录建立灾害风险与影响因子之间的拟合模型，并依据模型进行风险制图是机器学习在自然灾害研究中的主要应用方式，学习方法包括 Logistics 回归、支持向量机、随机森林、朴素贝叶斯、多目标决策分析和基于人工神经网络的深度学习等。对于暴雨内涝，学习特征（影响因子）包括最大日降雨量、暴雨频率、不透水率、高程、坡度、地形湿度指数（TWI）、距河流距离、距道路距离和排水管网密度等。机器学习建立的模型有良好的拟合能力，然而其得到的规律不会超出样本数据包含的信息。换言之，机器学习模型的可靠性依赖于标记数据（历史灾害记录）的准确性和完整性。然而，暴雨内涝发生的短历时性与空间散布特征增加了完整采集历史灾害数据的困难。提升机器学习模型的可靠性可以从两个方面着手：①挖掘未标记样本包含的信息，如采用分层抽样方法；②利用互联网大数据增加标记样本。

机器学习与互联网大数据的结合，在传统的水动力模拟方法之外为暴雨内涝的模拟提供了新途径，且对模型数据的要求低于水动力模拟，可行性高。但是，基于机器学习的暴雨内涝研究不考虑水动力过程，缺乏物理基础，其模拟结果和致灾机理分析的合理性高度依赖于历史内涝记录的准确性和完整性。

16.4.5 案例应用

本节的研究区域是位于广州市越秀区的东濠涌流域。整个东濠涌流域的汇水面积约为 1247 hm^2，年降水量约为 1800 mm，大部分发生于4—9 月，其地形特点是北高南低。研究区域的干流东濠涌，北起麓湖，向南流至珠江。东濠涌流域的深层隧道系统由一条主隧道（南北红线）、一条新河浦涌支管（东西橙线）和一个靠近珠江的泵站组成（图 16.19）。主隧道全长为 1770 m，起于东濠涌与东风东路路口，止于东濠涌珠江口补水泵站。主隧道沿东风东路（1 号）、中山三路（2 号）、玉带濠路（3 号）、沿江路（4 号）这 4 个竖井（紫色点）接收连接的浅层排水管网输送的雨水。1400 m 长的分支截流管道服务于新河浦涌，并将雨水转移到沿江路（4 号）的竖井。深层隧道系统可以提供 63000 m^3的最大储水量。此外，深层隧道系统终点设有泵组，最大排水能力为 48 m^3/s。

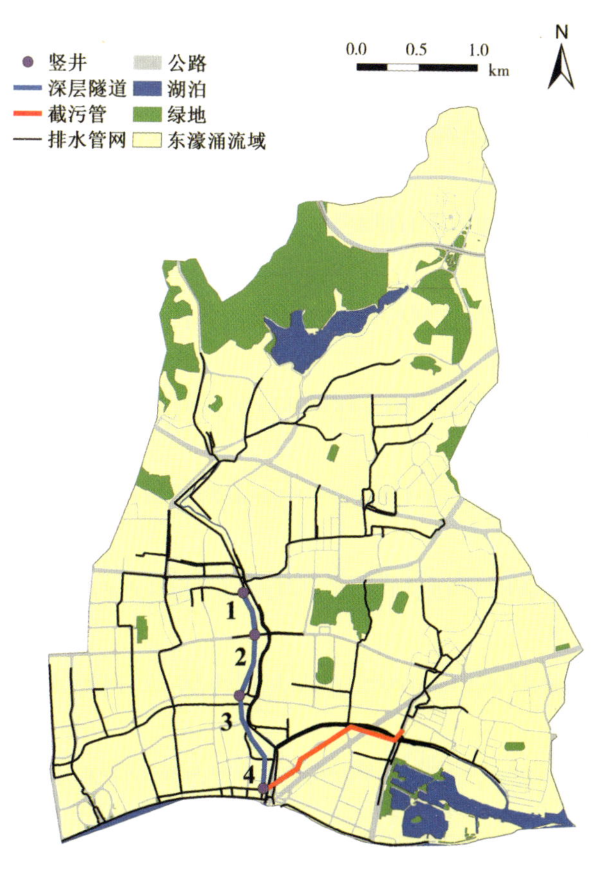

图 16.19 本节的研究区域（Huang et al.，2019）

为了探究深层隧道对城市洪水的缓解效果，本节采用 2 个暴雨洪水管理模型（storm water management model，SWMM）对东濠涌流域进行模拟：一个没有深层隧道系统，另一个有深层隧道系统。模型的雨型都是根据芝加哥雨型设计的。在模型构建过程中，一些参数如面积、坡度和不透水百分比，可以通过现场数据确定；而其他参数则取决于模型校准，其取值范围根据 SWMM 手册设定。模型校准基于 2016 年 6 月 2 日（晴天）在监测点 P（上游社区的出水口）的水深监测数据和暴雨期间广州市东山区政府自动气象站的降雨监测数据，降雨特征见表 16.8。此外，采用 Nash-Sutcliffe 效率（NSE）方程［式（16.17）］、峰值误差（peak error，PE）方程［式（16.18）］和平均绝对相对误差（mean absolute relative error，MARE）方程［式（16.19）］3 个指标评价城市洪水模型的性能。通常，*NSE* 阈值建议在 0.5 和 0.65 之间（Moriasi et al，2007）。考虑到 *NSE* 可能存在的局限性，引入 *PE* 和 *MARE* 对模型进行更稳健的评价。考虑到地表径流和城市洪水过程的复杂性，*PE* 和 *MARE* 的最大阈值分别设置为 10 cm 和 20%。

表 16.8　监测降雨的数据特征

序号	降雨日期	降雨量（mm）	降雨历时（min）	平均雨强（mm/h）	最大雨强（mm/h）	干期长度（d）
1	2016－05－15	17.6	115	9.2	57.6	5
2	2016－09－01	17.1	50	20.5	86.4	5

$$NSE = 1 - \frac{\sum_{i=1}^{n}(S_i - O_i)^2}{\sum_{i=1}^{n}(O_i - \bar{O})^2} \tag{16.17}$$

$$PE = S_{max} - O_{max} \tag{16.18}$$

$$MARE = \frac{1}{n}\sum_{i=1}^{n}\left|\frac{S_i - O_i}{O_i}\right| \tag{16.19}$$

式中：S_i 为模拟水深；O_i 为观测水深；$\bar{O}$ 为观测水深均值；n 为观测次数；S_{max} 和 O_{max} 分别为模拟和观测中的最大水深。

为了探究深层隧道对不同设计雨型减缓效果的影响，本节采用了 2 种应用广泛的雨型：芝加哥雨型和改进 Huff 雨型，并将其与有深层隧道系统的 SWMM 模型结合，对比分析了 2 种雨型下深层隧道内涝减缓的模拟结果，进而评价其效果受雨型的影响。小于 3 小时的短持续时间降雨是造成广州城市洪涝的主要原因，而广州浅层排水管网设计可以用于应对 0.5 年至 1 年一遇的降雨，并且预计将管理 5 年至 10 年一遇的降雨，因此本节选取 1 小时和 3 小时这 2 个降雨历时进行分析，分析使用了 4 个重现期，即 0.5 年、1 年、5 年和 10 年。为了模拟降雨过程，首先使用暴雨强度公式来计算给定降雨历时和重现期的总降雨量，广州的暴雨强度的计算式为：

$$I = \frac{a}{(t + b)^n}; \quad a = 167 A_1(1 + C \log P) \tag{16.20}$$

式中：I 为平均降雨强度［L/(s · ha)］；A_1 为 1 年重现期的降雨深度（mm），C 为降雨深度变化参数；P 为重现期（年）；t 为降雨持续时间（min）；b 和 n 为常数。C、b、n 的值分别使用广州市水务局所采用的 0.438、11.259、0.750。以广州为例，一次持续时间为 1 h 时、重现期为 1 年的暴雨事件的平均降雨强度为 151.319 L/(s · ha)，总雨量为 54.5 mm。

然后，选择芝加哥雨型和改进 Huff 雨型（Pan et al.，2017）来分析降雨历时内的总降雨量，得到 2 个降水过程。芝加哥雨型是一种降雨强度与平均降雨相同，根据降雨强度－历时关系推算暴雨降雨过程的方法［式（16.20）］；而改进 Huff 雨型将降雨过程分为上升段和下降段，分别获取上升段和下降段不同概率下的 Huff 曲线，选取 50% 频率曲线进行应用，将上升段曲线和下降段曲线合并获得改进 Huff 雨型［式（16.21）～式（16.24）］。

$$q(t_b) = \frac{a\left[\frac{(1-n)t_b}{1-r}+b\right]}{\left(\frac{t_b}{1-r}\right)^{1+n}} \tag{16.21}$$

$$q(t_a) = \frac{a\left[\frac{(1-n)t_a}{r}+b\right]}{\left(\frac{t_a}{r}+b\right)^{1+n}} \tag{16.22}$$

$$q(t_b) = 0.017 + 0.040/t_b \tag{16.23}$$

$$q(t_a) = 0.007 + 0.406t_a - 0.927t_a^2 + 0.785t_a^3 \tag{16.24}$$

式中：$q(t_b)$ 和 $q(t_a)$ 分别代表上升段和下降段的降雨强度时间序列；t_b 和 t_a 分别代表峰值降雨强度之前和之后的归一化时间；r 为上升段持续时间与总降雨持续时间之比，在广州取 0.33。

没有深层隧道系统的城市洪水模型由 453 个子集水区、1814 条管道和 1748 个枢纽组成。在 2016 年 6 月 2 日上午 7 点至 11 点、晚上 7 点至 9 点对模型的旱季入流量进行验证，结果如图 16.20 所示。模型选择 2016 年 5 月 15 日的降雨进行模型水文参数的率定，并以 2016 年 9 月 1 日的降雨对模型进行验证，模型性能如图 16.21 所示，优化后的参数见表 16.9。模型模拟的水深变化比观测水深更平滑，但验证过程的模拟水深与观测水深之间的差异大于校准过程。造成这种较大差异的最可能原因是两次降雨的特征不同。它们的总降雨量几乎相同，但 2016 年 9 月 1 日的平均降雨强度更大。模型为校准过程提供了最佳拟合，但由于地表径流和洪涝形成过程的复杂性和非线性，可能造成验证过程中的一些偏差。*NSE*（校准值为 0.38，验证值为 0.48）略低于 0.5，表现出相对较差的性能。但在 *PE* 和 *MARE* 方面，*PE*（校准值为 −7.3 cm，验证值为 4.5 cm）和 *MARE*（校准值为 8.1%，验证值为 16.5%）分别小于 10 cm 和 20%，表明性能良好。综合来看，城市洪涝模型的性能是可以接受的。

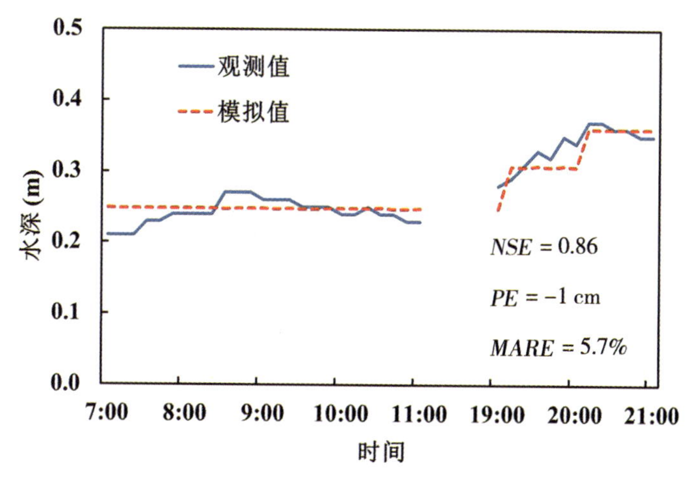

图 16.20 晴天水深验证（Huang et al.，2019）

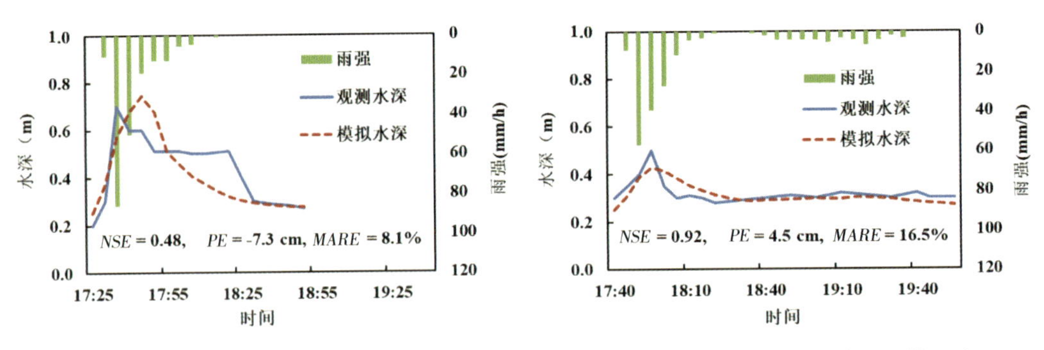

（a）2016 年 5 月 15 日降雨的模型校准　　（b）2016 年 9 月 1 日降雨的模型验证

图 16.21　降雨模型的性能验证

表 16.9　模型参数的率定结果

参数	率定结果
管道曼宁系数	0.01
不透水面曼宁系数	0.024
透水面曼宁系数	0.2
不透水面洼蓄量（mm）	1.9
透水面洼蓄量（mm）	3.8
无洼蓄不透水面比例（%）	17.7
最大下渗率（mm/h）	124.3
最小下渗率（mm/h）	8.13
衰减系数（h^{-1}）	3.5

在模型中加入深层隧道系统后，对比加入前、后模型的溢流总体积和溢流点数（表 16.10 与表 16.11），进而量化深层隧道系统在降低洪水风险方面的作用。在 10 年和 0.5 年的重现期下，溢流总体积显著减少，最小减少了 19%，最大减少了 42%，所有模拟中的溢流点数都略有减少。这说明，深层隧道的建设并没有改变洪涝发生的位置，而是在一定程度上缓解了溢流点的压力。此外，与 1 小时降雨历时情景下的减缓效果相比，3 小时的减缓效果略好，因为后者的强度小于前者。

表 16.10　1 小时降雨历时情景下不同重现期的溢流情况统计

深层隧道设置	0.5 年一遇		1 年一遇		5 年一遇		10 年一遇	
	溢流总体积（m^3）	溢流点数	溢流总体积（m^3）	溢流点数	溢流总体积（m^3）	溢流点数	溢流总体积（m^3）	溢流点数
无	82323	19	130234	21	243708	37	340723	38
有	50177	18	90353	21	185812	34	276353	38
变化量	-32146	-1	-39881	0	-57896	-3	-64370	0
变化百分比	-39%	—	-31%	—	-24%	—	-19%	—

表 16.11 3 小时降雨历时情景下不同重现期的溢流情况统计

深层隧道设置	0.5 年一遇		1 年一遇		5 年一遇		10 年一遇	
	溢流总体积（m^3）	溢流点数	溢流总体积（m^3）	溢流点数	溢流总体积（m^3）	溢流点数	溢流总体积（m^3）	溢流点数
无	59603	17	109689	18	285325	34	394035	38
有	34475	15	70806	19	210608	33	310058	36
变化量	-25128	-2	-38883	1	-74717	-1	-83977	-2
变化百分比	-42%	—	-35%	—	-26%	—	-21%	—

为了解深层隧道系统在不同地点的防洪效果，绘制了溢流点的空间分布图和相应的防洪效果。1 小时降雨历时情景下的模拟结果如图 16.22 所示。重现期越大，溢流点越多。在 10 年重现期情景下，地图上的所有点都被淹没。按某一地点的溢流总体积减小百分比，减缓效果可以分为三类：显著改善（减少超过 5%，图中绿色部分），无变化（变化不超过 5%，图中蓝色部分），和显著恶化（增幅超过 5%，图中红色部分）。大部分洪涝情况得到缓解的地点位于主隧道的西面及北面，而大部分洪涝情况没有明显改善的地点则在东面。在 5 年和 10 年重现期模拟中，东、南两点的洪涝情况恶化，原因可能是连接新河浦隧道后，下游管道的水位较高，不利于上游排水。总体上来说，东濠涌流域模拟的溢流点在不同情景下均呈现出稳定的空间分布特征，缓解点主要集中在研究区西部。

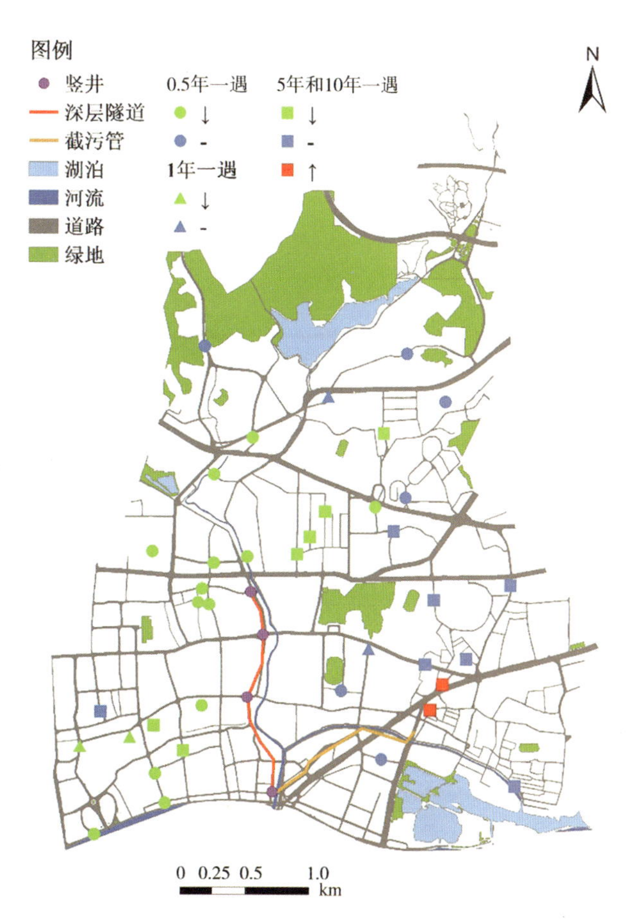

图 16.22 1 小时降雨历时情景下，0.5 年、1 年、5 年和 10 年重现期模拟溢流点的空间分布

根据广州的暴雨强度公式，得到每组暴雨持续时间和重现期的降雨量（表 16.12），相应的芝加哥雨型和改进 Huff 雨型所得的降雨过程如图 16.23 所示。为了比较两者，将降雨过程均分为 10 个时间段，每个时间段内的降雨总量百分比由该时间段内的降雨总量除以总降雨量计算（图 16.24）。改进 Huff 雨型上升段的降雨总量百分比（1 小时降雨历时为 39.5%，3 小时降雨历时为 46.7%）明显高于芝加哥雨型（1 小时降雨历时为 30.7%，3 小时降雨历时为 34.9%）。此外，改进 Huff 雨型前半段的各时间段降雨总量百分比（1 小时降雨历时为 76.7%，3 小时降雨历时为 79.6%）也高于芝加哥雨型（1 小时降雨历时为 64.9%，3 小时降雨历时为 69.8%）。除了总体趋势，在 3 小时的降雨历时中，芝加哥雨型的峰值也大于改进 Huff 雨型的峰值。因此，由改进 Huff 雨型设计的降雨过程的上升段的降雨量比由芝加哥雨型产生的降雨量要多。

表 16.12　不同重现期的对应降雨量

单位：mm

重现期	1 小时降雨量	3 小时降雨量
0.5 年一遇	45.3	57.6
1 年一遇	54.5	72.2
5 年一遇	75.5	108.3
10 年一遇	85.0	126.0

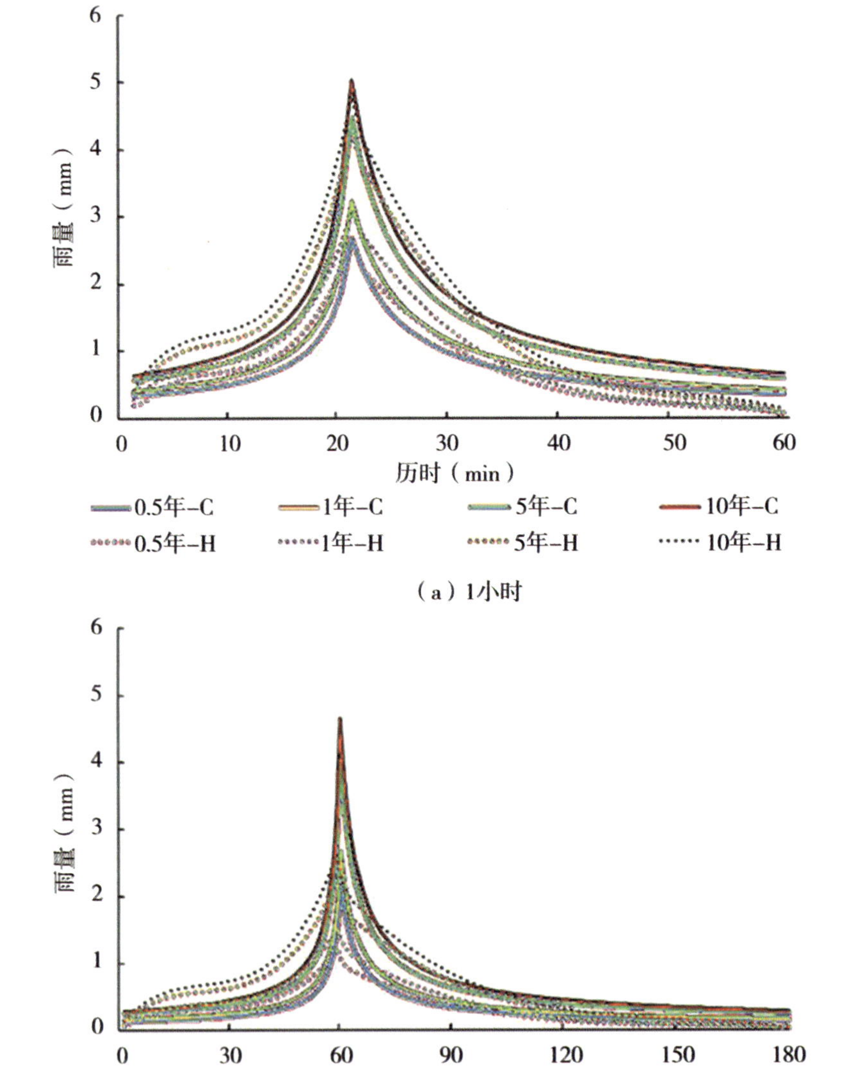

图 16.23　不同降雨历时情景下的降雨过程示意

［注：在每张子图中，展示了在 4 个重现期（0.5 年、1 年、5 年和 10 年）和 2 种设计方法下（芝加哥雨型和改进 Huff 雨型）产生的 8 个降雨过程］

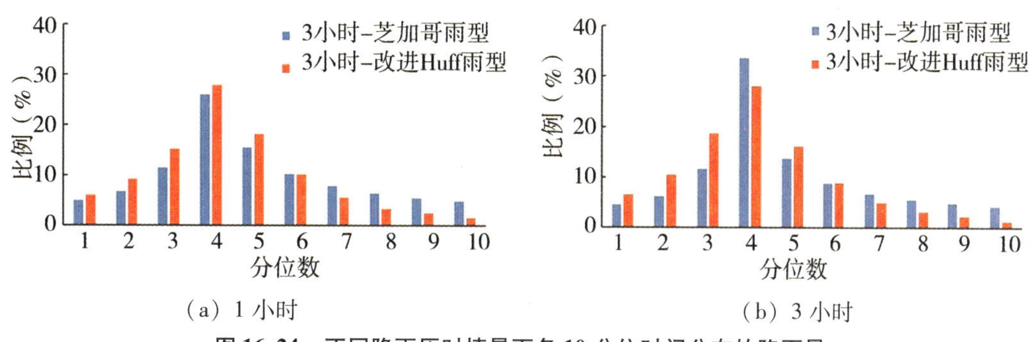

（a）1 小时　　（b）3 小时

图 16.24　不同降雨历时情景下各 10 分位时间分布的降雨量

将芝加哥雨型和改进 Huff 雨型得到的降雨过程输入有深层隧道系统的模型，表 16.13 和表 16.14 分别列出了模型在 1 小时和 3 小时降雨历时情景下的模拟结果。对于 1 小时降雨历时，使用芝加哥雨型模拟的溢流总体积小于使用改进 Huff 雨型模拟的溢流总体积，低估的百分比为 17% ～28% 。溢流点数也呈现出这种低估趋势。但是，3 小时的模拟结果与 1 小时的模拟结果有很大的不同。总体上来说，3 小时的模拟结果也有低估的趋势，但低估的百分比（4%～11%）小于 1 小时模拟的百分比（17%～28%）。特别是在 0.5 年重现期的模拟时，这种趋势是相反的，芝加哥雨型模拟的溢流总体积比改进 Huff 雨型高 3% 。溢流总体积的变化随着重现期的变化不呈现单调下降的趋势。但是，根据溢流总体积的变化量，研究的 4 个重现期可以清晰地分为两组：0.5 年和 1 年，5 年和 10 年。每一组的变化量在同一水平上，但是第一组的变化量明显小于第二组。因此，随着重现期的分组，下降的趋势有所呈现。但组内无明显的变化趋势，最可能的原因是：①总降雨量差异较小；② 地表径流和城市洪水过程的复杂性和非线性。在溢流点方面，芝加哥雨型模拟比改进 Huff 雨型模拟的数量更多，原因可能是芝加哥雨型第 4 个时间段的峰值较高［图 16.24（b）］。

实际上，溢流总体积比溢流点数更能代表排水能力的缺失。除了一组（0.5 年重现期，3 小时降雨历时）的变化仅为 3% 外，在所有模拟中芝加哥雨型得到的溢流总体积都明显高于改进 Huff 雨型。因此，虽然在 3 小时降雨历时的模拟中有例外，但可以得出结论，与改进 Huff 雨型相比，当芝加哥雨型用于设计降雨过程时，洪水风险被低估了。

表 16.13　1 小时降雨历时情景下不同雨型的溢流情况统计

深层隧道设置	0.5 年一遇		1 年一遇		5 年一遇		10 年一遇	
	溢流总体积（m^3）	溢流点数	溢流总体积（m^3）	溢流点数	溢流总体积（m^3）	溢流点数	溢流总体积（m^3）	溢流点数
改进 Huff 雨型	69712	22	116872	22	251222	38	330988	38
芝加哥雨型	50177	18	90353	21	210315	37	276353	38
变化量	-19535	-4	-26519	-1	-40907	-1	-54636	0
变化百分比	-28%	—	-23%	—	-16%	—	-17%	—

表16.14　3小时降雨历时情景下不同雨型的溢流情况统计

深层隧道设置	0.5年一遇		1年一遇		5年一遇		10年一遇	
	溢流总体积（m^3）	溢流点数	溢流总体积（m^3）	溢流点数	溢流总体积（m^3）	溢流点数	溢流总体积（m^3）	溢流点数
改进Huff雨型	33497	8	73756	17	236725	30	330306	32
芝加哥雨型	34475	15	70806	19	210608	33	310058	36
变化量	978	7	−2950	2	−26117	3	−20248	4
变化百分比	3%	—	−4%	—	−11%	—	−6%	—

16.5　顾及洪灾风险的土地利用调控优化

洪水普遍被视为最具破坏性的自然灾害之一，不仅会导致巨大的直接经济损失和人员伤亡（Tanoue et al.，2016），而且会引发广泛且长期的不利经济影响（Koks and Thissen，2016）。有研究指出，气候和社会经济变化是导致洪水损失增加的主要驱动因素。气候变化可能导致极端天气事件的增加和海平面的上升，快速的城市化和经济发展则增加了受灾体的数量和价值，从而进一步加剧了未来洪水可能造成的损害。

在过去的20多年中，学者们在洪水风险评估模型和评价指标的改进等方面做了大量工作，并在多个洪水易发地区进行了洪水风险评估研究。然而，由于受到土地利用模拟模型发展水平的限制，以往一些对未来洪水风险的评估并未考虑到土地利用变化对洪水风险的贡献，而且忽视了洪泛区内快速的城市扩张对洪水风险的加剧作用，这可能导致对未来洪水损失的估计产生较大的偏差。近年来，多项研究已经证明了元胞自动机（CA）在土地利用变化模拟领域的优势。其中，未来土地利用模拟（future land use simulation，FLUS）模型将CA与人工神经网络相结合，并在模拟过程中引入了自适应惯性和竞争机制，能够实现对未来多情景、长时间序列的土地利用变化的高效模拟（Liu et al.，2017）。然而，当前的这些研究大多只关注对未来的洪水风险进行评估，很少涉及通过土地利用优化调控来实现减缓洪水风险。少数研究对比评估了通过限制在洪泛区内进行城市开发可以带来的风险减缓效果（Johnson et al.，2020），但这些研究基于简单的土地利用分区限制，并不能合理地说明未来土地利用空间格局应当如何变化，以能同时满足风险减缓和社会经济发展的需求。此外，对未来多情景的研究有助于预知和明晰当前不同决策可能导致的未来洪水灾害风险。然而，当前的研究很少讨论在不同未来发展情景（结合不同的社会经济发展、气候变化和城市扩张政策等）下，对土地利用精细化空间分布格局的预测，以及洪水风险的评估和减缓。

本节以珠江三角洲地区为例，介绍了如何在共享社会经济路径（shared socioeconomic pathways，SSPs）、代表性浓度路径（representative concentration pathways，RCPs）情景以及不同城市扩张策略的未来发展耦合情景下，建立一个用于对比分析未来不同发展情景下的土地利用变化空间格局对洪水风险影响的研究框架，并定量评估了调控优化手段对洪灾风险和灾害损失的减缓作用。研究结果有助于提高我们对未来不同发展情景下存在的洪水风险的认识，还有助于激励决策者尽早制定相应的发展策略以降低未来的洪水风险。

16.5.1　主要研究方法

1. 未来土地利用模拟（FLUS）模型

FLUS 模型是一个模拟精度较高、具有较好应用和拓展潜力的土地利用模拟模型，本研究采用该模型进行未来城市扩张模拟。珠江三角洲的过往研究证明城市用地面积与社会经济要素存在线性关系（Chen et al.，2020），本研究利用珠江三角洲的社会经济要素和城市用地面积进行数据回归并预测在未来不同情景下珠江三角洲的城市用地需求量。在未来城市用地需求的驱动下，使用 FLUS 模型的 2 个基础模块进行城市用地扩张模拟。

FLUS 模型采用人工神经网络（ANN）模型来计算土地的发展适宜性概率。通过输入土地利用现状数据及驱动力因子，ANN 模型可以训练和挖掘各类驱动因子与各土地类型之间的关系。一般采用的驱动力因子可以分为 3 类：社会经济（人口密度、GDP），区位要素（距铁路、高速公路、国道、省道、河流、海洋及市中心的距离，道路密度），自然条件（高程、坡度）。训练完成后，ANN 模型就可以评估各类土地在每个地块上的发展适宜性概率。

在 FLUS 模型中，城市土地利用的初始状态与周围的邻域效应通过转换规则来估计未来元胞的状态。FLUS 模型采用带自适应惯性竞争机制的 CA 模型来模拟未来用地变化，特定地块单元的土地利用类型转化的总概率可以表示为适宜性概率、邻域效应、限制条件和自适应惯性系数的乘积：

$$Prob_{i,k}^{t} = S_{i,k} \times \Omega_{i,k}^{t} \times con_{c\rightarrow k} \times Inertial_{k}^{t} \qquad (16.25)$$

式中：$Prob_{i,k}^{t}$ 是地块 i 在迭代时间 t 从原始土地利用转换为目标类型 k 的总概率；$S_{i,k}$ 表示土地利用类型 k 在地块 i 上的发展适宜性概率；$\Omega_{i,k}^{t}$ 表示在时间 t 土地利用类型 k 对地块 i 的邻域效应；$con_{c\rightarrow k}$ 定义了从初始类型 c 转换为目标类型 k 的限制条件；$Inertial_{k}^{t}$ 表示在时间 t 土地利用类型 k 的自适应惯性系数。在完成计算 t 时刻各土地类型的总概率后，采用轮盘选择机制建立不同地类的竞争关系，最终确定每个地块上是否发生类型变化。

2. 洪灾风险规避下的城市扩张模拟

对未来城市土地利用的扩张进行科学的调控优化，是减缓洪灾风险和灾害损失的重要途径之一。可以根据不同重现期的洪水淹没深度、城市功能类型及区域深度灾损关系曲线，构建地块的洪灾损失率因子，表征洪泛区内地块的综合风险和潜在损失。在此基础上，基于构建的 FLUS 模型，在转化规则中耦合洪水灾害损失率因子对地块的发展概率进行弹性约束和调控，从而实现以洪灾风险规避为导向的未来城市扩张的多情景模拟。

不同功能类型的城市建设用地在面对洪水淹没时的脆弱性是存在差异的，一般可以通过不同淹没深度的洪水灾害受损率曲线进行表征。采用国际上通用的欧盟委员会联合研究中心（European Commission Joint Research Center，JRC）所提供的“洪水深度－灾损率”函数曲线对不同类别城市建设用地的灾损情况进行描述（图 16.25）。JRC 的“洪水深度－灾损率”函数曲线提供了居住、商业、工业、交通设施以及道路 5 种类型的建设用地在不同淹没深度下的灾损情况，是汇总了大量论文数据和调查结果进行归纳总结所得，并针对不同大洲提供了有针对性的灾损率曲线，具有较好的代表性。本研究以中国珠江三角洲城市群作为研究区，因此以 JRC 提供的亚洲区域的灾损率曲线为准。考虑到 JRC 并未提供公共用地的函数曲线，因此在实施中以 5 类土地利用的灾损率的平均情况代表公共用地的“洪水深度－灾损率”函数曲线。

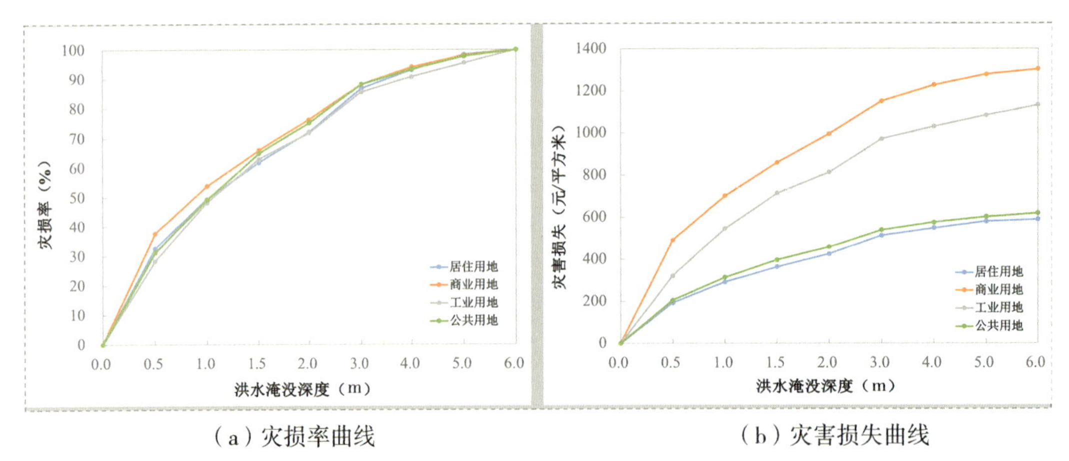

（a）灾损率曲线　　（b）灾害损失曲线

图16.25　不同城市功能类型的灾损率曲线与灾害损失曲线

由于未来地块的洪水灾害风险需要考虑不同水文极值情况和不同城市功能类型，因此需要对未来不同重现期、不同洪水类型以及不同城市功能类型进行一系列的综合。首先，对未来不同重现期的洪水淹没深度进行汇总：

$$MD^{rp} = \max(D^{rp}_{t,type}) \tag{16.26}$$

式中：MD^{rp} 表示重现期为 rp 的最大洪水淹没深度；$D^{rp}_{t,type}$ 表示在未来 t 年洪水类型为 $type$（河流洪水或者沿海洪水）、重现期为 rp 的洪水淹没深度。然后，在此基础上，根据“洪水深度－灾损率”函数曲线对不同重现期的洪水灾损率进行汇总，即：

$$FDR_k = \frac{\sum_{rp} fun_k(MD^{rp}) \times p^{rp}}{\sum_{rp} p^{rp}} \tag{16.27}$$

式中：FDR_k 表示地块上城市功能类型为 k 的综合灾损率因子；$fun_k(\,)$ 表示JRC提供的亚洲区域的城市功能类型为 k 的“洪水深度－灾损率”函数；p^{rp} 表示重现期为 rp 的洪水时间的发生概率，即 $p^{rp} = \frac{1}{rp}$。在该式中，综合灾损率因子 FDR_k 可以用于表征地块上的潜在洪水风险程度：地块上的 FDR_k 数值越大（越趋近于100%），表明未来将该地块开发成为城市土地利用类型 k 存在的洪水灾害风险和潜在损失越大。因此，可以将该综合灾损率因子嵌入至已经构建的FLUS扩张模拟模型之中，对模拟的每次迭代过程中地块的类别转换概率进行约束和调控，即：

$$PF^t_{i,k} = Prob^t_{i,k} \times (1 - FDR_{i,k}) \tag{16.28}$$

式中：$PF^t_{i,k}$ 表示地块 i 在迭代时间 t 经过综合灾损率因子 $FDR_{i,k}$ 的调控约束发展为城市土地利用类型 k 的转换概率。综合灾损率因子 $FDR_{i,k}$ 越大的地块，其调控约束强度越大，可以有效地降低洪泛区内部建成区的无序扩张；同时，原本FLUS模型中的转换概率 $Prob^t_{i,k}$ 综合考虑了土地利用适宜性、类别邻域因子、惯性权重系数以及开发成本四个方面的要素，体现了土地本身的发展潜力。因此，经过综合灾损率因子调控约束的模型，充分考虑了城市社会经济发展与灾害风险规避的共同需求，可以实现以洪灾风险规避为导向的未来城市扩张的多情景模拟。

3. 未来发展情景设置与风险评估

对未来的城市扩张进行预测不能局限于单一情景设定下的单一结果。将不同社会经济发展、气候变化及城市扩张规划政策等维度耦合成为多种未来发展情景，有利于人们研究了解未来的多种发展趋势，综合评估该以怎样的方式去应对各种潜在的风险与挑战。本研究将2种代表性浓度路径情景（RCP4.5、RCP8.5）、2种共享社会经济路径情景（SSP2、SSP5）和2种城市扩张策略［自然扩张（natural expansion，NE）、洪灾风险规避（flood risk avoidance，FA）］相结合构建了未来发展情景SSP5-RCP8.5-NE、SSP2-RCP4.5-NE、SSP5-RCP8.5-FA、SSP2-RCP4.5-FA。其中，NE情景下的城市扩张不考虑洪水风险的干扰，FA情景下的城市扩张则充分考虑未来多种重现期洪水淹没造成的洪水风险的约束，在一定程度上限制了高风险区域内的城市扩张，从而达到了规避洪灾风险的目的。表16.15中列出了本研究使用的4种未来发展情景。

表16.15 未来发展情景的设置

城市扩张策略	SSP5-RCP8.5	SSP2-RCP4.5
自然扩张（NE）	SSP5-RCP8.5-NE	SSP2-RCP4.5-NE
洪灾风险规避（FA）	SSP5-RCP8.5-FA	SSP2-RCP4.5-FA

由于不同类型的城市建设用地受淹后受到的经济损失与洪水淹没深度相关，可以根据居住用地、商业用地、工业用地、公共用地4种城市建设用地类型对应的损失函数和最大损失价值，估算不同重现期洪水对特定建设用地类型造成的潜在经济损失：

$$L_k^{t,rp} = fun_k(FD^{rp}) \times MD_k^t \tag{16.29}$$

式中：$L_k^{t,rp}$ 表示城市建设用地类型为 k 的地块在未来年份 t 经历重现期为 rp 的洪水淹没所造成的单位面积潜在经济损失；$fun_k()$ 表示城市功能类型为 k 的地块灾损率函数曲线；MD_k^t 表示城市建设用地类型为 k 的地块在未来年份 t 的单位面积最大经济损失。JRC提供了不同类型城市建设用地单位面积地块在2010年的最大经济损失估算值。相关研究表明，地块的最大经济损失与区域的人均GDP存在较强的相关性，随着社会经济的发展，未来单位面积城市地块的最大经济价值损失会相应变化。因此，可以利用2010年单位面积的最大经济价值损失与未来的人均GDP估算未来城市建设用地单位面积的最大经济损失：

$$MD_k^t = MD_k^{2010} \times \left(\frac{GDP_{\text{per}}^t}{GDP_{\text{per}}^{2010}}\right)^{b_k} \tag{16.30}$$

式中：MD_k^t 表示城市功能类型为 k 的地块在未来年份 t 的最大经济损失；MD_k^{2010} 为JRC所提供的城市建设用地类型为 k 的地块在2010年的单位面积最大经济损失估算值；GDP_{per}^{2010} 和 GDP_{per}^t 分别表示2010年和未来年份 t 的区域人均GDP；b_k 表示城市建设用地类型为 k 的调整系数，可利用2010年的数据通过最小二乘的回归方式估算得到。

由于未来洪水事件是一个随机事件，其发生的概率为对应重现期的倒数。因此，可以通过不同重现期洪水所造成的经济损失对发生概率 $\frac{1}{rp}$ 进行积分，从而得到特定类型建设用地的年化平均损失期望：

$$AAL_k^t = \int_a^b L_k^{t,rp} \mathrm{d}\left(\frac{1}{rp}\right) \tag{16.31}$$

式中：$L_k^{t,rp}$ 表示城市建设用地类型为 k 的地块在未来年份 t 经历重现期为 rp 的洪水淹没所造成的潜在经济损失，其结果是重现期 rp 的函数；AAL_k^t 是积分所得到的未来年份 t 城市建设用地类型为 k 的年化平均损失期望；积分的上下限为重现期的范围，本研究考虑重现期为5年一遇（20%发生概率）至 1000 年一遇（0.1%发生概率）的洪水灾害损失。此外，结合折现率可以估算未来累积的潜在总损失现值：

$$EAD = \sum_{k} \sum_{t} \frac{AAL_k^t}{(1+r)^t} \tag{16.32}$$

式中：EAD 表示综合了所有城市土地利用类型和研究期限的总损失现值；r 为折现率。

16.5.2　主要结果与讨论

1. 自然扩张策略下的洪泛区城市扩张

以 2018 年的土地利用分类数据为基础，模拟了珠江三角洲至 2080 年在 SSP5-RCP8.5-NE 和 SSP2-RCP4.5-NE 情景下的城市空间分布格局（图 16.26）。城市扩张具有一些共同的空间特征：它们以现有的城市为中心，向周边地区扩散和集聚，这意味着预计新增的城市用地将出现在当前城市的边缘部分。此外，在 SSP5-RCP8.5-NE 情景下，为了满足社会经济的需求，珠江三角洲的城市扩张明显呈现出比 SSP2-RCP4.5-NE 更加激进和集中的趋势。

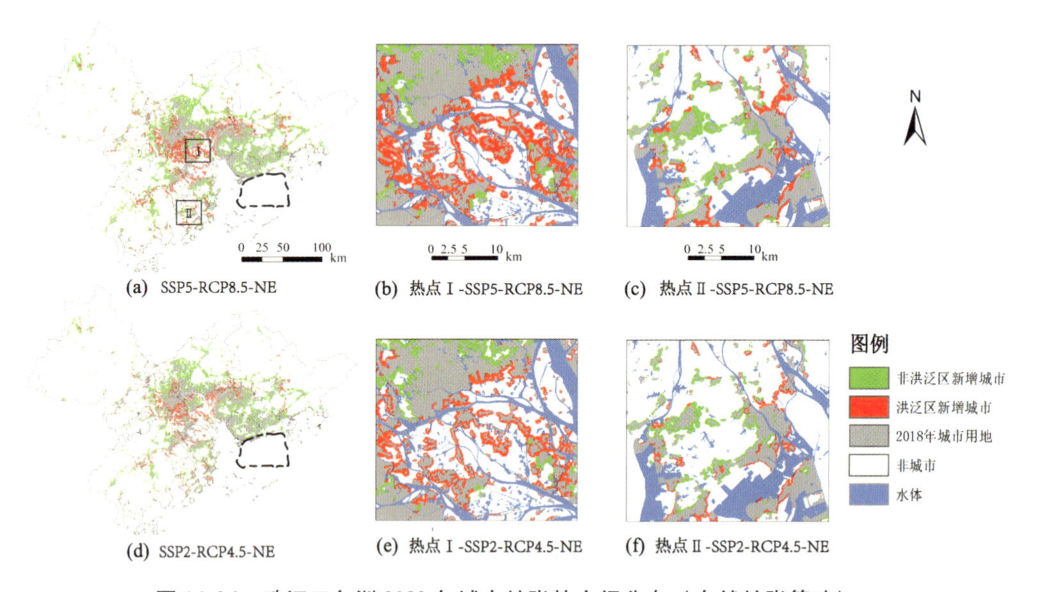

图 16.26　珠江三角洲 2080 年城市扩张的空间分布（自然扩张策略）

由于珠江三角洲的特殊气候地形和社会经济条件，该地区的洪泛区城市化问题相当严重。在 SSP5-RCP8.5-NE 情景下，洪泛区的城市面积可能达到 4248 km^2，约占城市总面积的 32.7%，占洪泛区总面积的约 43.5%。洪泛区新增的城市面积为 1633 km^2（相当于 2021 年广州、佛山和中山的建成区面积总和），占总新增城市面积的 31.5%。如果能够减少温室气体的排放，并将未来的发展控制在 SSP2-RCP4.5-NE 情景，那么洪泛区和城市的面积都将在一定程度上减少，洪泛区新增的城市面积将降低至 1059 km^2（减少 574 km^2，降低了 35.1%），占总新增城市面积的 29.8%。总体上来说，在自然扩张策略下，无论是高速发展情景还是中等速度发展情景，城市用地与洪泛区在空间上都存在较多的重叠，珠江三角洲区域内有大量的人口和财产可能会受到洪水事件影响。此外，为了满足未来的城市用地需求，洪泛区内进行了大量的城市开发，如果任由这种趋势继续或者加剧，未来珠江三角洲的洪水风险将会变得更加严峻。

2. 自然扩张策略下的洪水灾害损失估计

本研究对2080年珠江三角洲地区可能发生的多重现期的海岸洪水和河流洪水所造成的经济损失进行了计算，我们可以了解未来洪水可能造成的经济损失情况（表16.16）。不同重现期的洪水事件造成的经济损失存在较大的差异。由于重现期越长（即概率越低）的洪水事件影响范围越大，平均淹没深度也越高，因此，预计其造成的经济损失也会越严重。在2种情景下，1000年一遇的洪水事件造成的经济损失达到了127034（或85156）亿元，是2年一遇洪水事件的约4.7（或约5.7）倍。尽管长重现期洪水事件发生的概率较低，对年期望损失（expected annual damage，EAD）的贡献并不大，但一旦发生，将会造成巨大的财产损失和人员伤亡。因此，采取一定的措施来规避这些损失是非常必要的。

表16.16 珠江三角洲2080年多重现期洪水造成的经济损失（自然扩张策略）

单位：亿元

情景	类型	2年	5年	10年	25年	50年	100年	250年	500年	1000年	EAD
SSP5-RCP8.5-NE	海岸	20264	25057	28319	32911	36452	41951	47590	54157	58816	12326
	河流	6698	21865	30494	40062	46626	52228	59094	63972	68218	11087
	合计	26962	46922	58813	72972	83079	94180	106683	118129	127034	23413
SSP2-RCP4.5-NE	海岸	13071	16744	19123	22550	25224	29091	33462	37899	41997	8194
	河流	1907	11633	17464	23802	28051	32157	36777	40000	43159	5971
	合计	14978	28376	36587	46351	53276	61248	70238	77899	85156	14165

在SSP5-RCP8.5-NE情景下，预计珠江三角洲地区在2080年因洪水造成的年期望损失可能达到23412亿元，所有可能受洪水影响的城市地块的年期望损失为4.88亿元/km²（图16.27）。广州市南部、佛山市东部、中山市北部以及东莞市西北部地区的单位城市地块的年期望损失较大且分布集中，这些地区是城市洪水灾害较为严重的区域。而在SSP2-RCP4.5-NE情景下，可以避免更多的经济损失，年期望损失可以降低至14165亿元（减少了9247亿元，降低了39.5%），珠江三角洲可能受洪水影响的城市地块的平均年期望损失也可以降低至3.52亿元/km²（减少了1.36亿元/km²，降低了27.9%）。

3. 洪灾风险规避下的城市扩张模拟

在采取洪灾风险规避策略的情况下，在FLUS模型中嵌入综合灾损率因子，以进行调控约束，模拟了珠江三角洲在SSP5-RCP8.5-FA和SSP2-RCP4.5-FA情景下2080年的城市空间分布格局（图16.28）。与自然扩张相比，其总体趋势仍然是以现有城市为中心向外扩张和集聚，但在部分地区，城市扩张的方向发生了改变，城市开发尽可能地避开了洪水风险较严重的地区，更多地转向了没有洪水风险或洪水风险较低的地区。这种策略有助于减少未来洪水可能带来的损失，提高了城市的可持续发展能力。

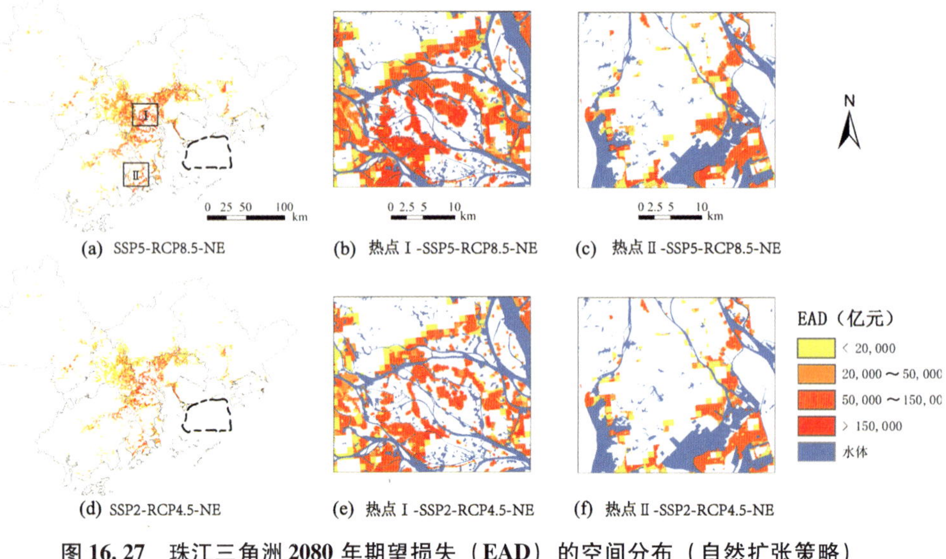

图 16.27　珠江三角洲 2080 年期望损失（EAD）的空间分布（自然扩张策略）

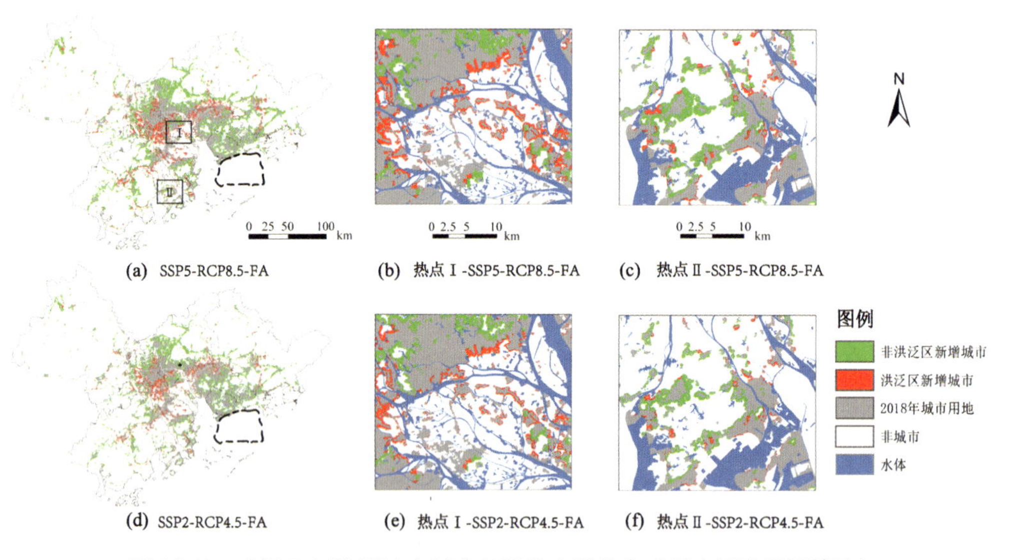

图 16.28　珠江三角洲 2080 年城市扩张的空间分布（洪灾风险规避策略）

在采取洪灾风险规避策略的情况下，城市扩张过程中规避的洪泛区城市新增用地主要集中在广州市南部靠近珠江口的地区以及珠海市南部的临海地区。这些地区与综合城市洪水灾损率高的区域具有较强的空间一致性。总体而言，在 SSP5-RCP8.5-FA 情景下，洪泛区城市总面积可以降低至 3973 km^2（减少了 275 km^2，降低了 6.5%），洪泛区新增城市面积则降低至 1358 km^2（降低了 16.8%）。洪泛区内新增城市用地相较于总新增城市用地面积的比例由 31.5% 降低至 26.2%，这在一定程度上可以抑制洪泛区内城市发展的趋势。在 SSP2-RCP4.5-FA 情景下，呈现出类似的减缓效果（表 16.17）。

表 16.17 珠江三角洲 2080 年 100 年一遇洪泛区城市扩张面积与变化（洪灾风险规避策略）

项目	SSP5-RCP8.5-FA	SSP2-RCP4.5-FA
洪泛区城市面积（km^2）	3973	3362
变化（%），相较 NE	-6.5	-4.7
洪泛区新增城市面积（km^2）	1358	894
变化（%），相较 NE	-16.8	-15.6
洪泛区新增城市面积占比（%）	26.2	25.1

4. 洪水风险减缓评估

当城市扩张策略从自然扩张转变为洪灾风险规避策略时，各个重现期洪水事件造成的经济损失都有所降低，年期望损失曲线也出现了明显的下降。综合考虑两类洪水，各个重现期的经济损失下降的比例范围为 5.5%～19.6%（表 16.18）。短重现期（即高概率）的洪水事件往往发生在最易淹没的区域，也就是综合风险值较大的区域。这些区域可能被洪灾风险规避策略阻止发展为城市，因此经济损失降低的比例较大。虽然短重现期洪水预计导致的经济损失相对较低，但由于其发生的概率较高，对整体年期望损失的贡献更大。这些结果表明，通过采取适当的洪灾风险规避策略，可以有效地减少未来洪水可能带来的经济损失。

表 16.18 珠江三角洲 2080 年多种重现期洪水造成的经济损失（洪灾风险规避策略）

情景	项目	2 年	5 年	10 年	25 年	50 年	100 年	250 年	500 年	1000 年	EAD
SSP5-RCP8.5-NE	合计（亿元）	21669	40112	51230	64671	74322	85080	97213	108465	117215	20010
	相较 NE 变化（%）	-19.6	-14.5	-12.9	-11.4	-10.5	-9.7	-8.9	-8.2	-7.7	-14.5
SSP2-RCP4.5-FA	合计（亿元）	12621	25307	33116	42505	49200	56977	65769	73306	80445	12623
	相较 NE 变化（%）	-15.7	-10.8	-9.5	-8.3	-7.7	-7.0	-6.4	-5.9	-5.5	-10.9

在采取洪灾风险规避策略的情况下，与采取自然扩张策略的年期望损失相比，SSP5-RCP8.5-FA 情景下的 EAD 总和可以降低至 20010 亿元（减少了 3403 亿元，降低了 14.5%）。此外，原本淹没热点区域的 EAD 聚集程度也明显降低（图 16.29）。珠江三角洲单位城市地块的 EAD 值降低至 4.41 亿元/km^2（减少了 0.47 亿元/km^2，降低了 9.6%）。这表明，洪灾风险规避策略可以有效地降低洪水事件造成的经济损失。在 SSP2-RCP4.5-FA 情景下，呈现出类似的减缓效果。这些结果表明，通过采取适当的洪灾风险规避策略，可以有效地减少未来洪水可能带来的经济损失。

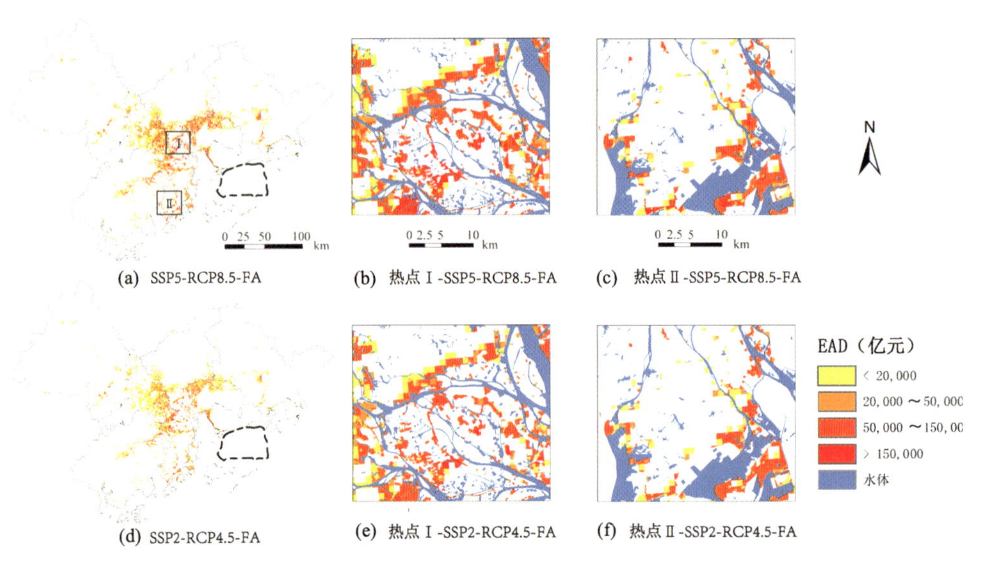

图16.29　珠江三角洲2080年年期望损失（EAD）的空间分布（洪灾风险规避策略）

综上所述，珠江三角洲的城市正在加速向高风险区域发展，未来洪灾风险的系统性和复杂性将持续加剧。通过结合FLUS模型和调控优化情景模拟，我们对珠江三角洲未来洪泛区城市的扩张水平和年期望损失进行了预测评估，主要的结论有如下3个。

（1）在未来，珠江三角洲的洪泛区城市化问题将变得更加突出，年期望损失也将变得更严重。城市用地和洪泛区在空间上呈现出大范围的重叠。在多种未来发展情景下，洪泛区内新增城市用地面积占总新增城市用地面积的21.5%～31.5%。洪水经济损失较为严重且集中的区域主要分布在广州市南部、佛山市东部、中山市北部以及东莞市西北部等地区。

（2）相较于SSP5-RCP8.5极端发展情景，如果能够减少温室气体排放并将未来控制在SSP2-RCP4.5中等速度发展情景下，可以有效地减缓珠江三角洲未来面临的洪水风险。在自然扩张策略下，洪泛区新增城市用地面积可以减少574 km^2，年期望损失可以减少9247亿元。

（3）将洪灾风险规避策略加入城市扩张过程中，对土地利用空间变化格局进行优化调控，可以改变未来城市扩张的方向。在这种情景下，城市扩张倾向于避开洪水风险较高的区域，转向洪水风险较低或无风险的区域。在SSP5-RCP8.5和SSP2-RCP4.5发展情景下，洪灾风险规避策略分别可以避免275km^2和166km^2的洪泛区新增城市用地开发，分别减少3403亿元和1542亿元的年期望损失。

上述结论证实了，通过土地利用的调控优化，可以在不同发展情景下有效地减缓未来城市区域面临的洪灾风险和灾害损失，从而为国土空间规划、应对气候变化风险、优化防灾减灾政策提供理论基础和技术支撑。

参考文献

敖翔宇，谈建国，支星，等，2019. 上海城市热岛与热浪协同作用及其影响因子［J］. 地理学报，74（9）：1789－1802.

薄涛，李小军，陈苏，等，2018. 基于社交媒体数据的地震烈度快速评估方法［J］. 地震工程与工程振动，38（5）：206－215.

曹建军，刘永娟，2010. GIS 支持下上海城市生态敏感性分析［J］. 应用生态学报，21（7）：1805－1812.

陈发虎，吴绍洪，刘鸿雁，等，2021. 自然地理学学科体系与发展战略要点［J］. 地理学报，76（9）：2074－2082.

陈光照，侯精明，张阳维，等，2019. 西咸新区降雨空间非一致性对内涝过程影响模拟研究［J］. 南水北调与水利科技，17（4）：37－45.

陈天喜，2022. 基于 GIS 技术的遥感测绘数据集成处理系统设计［J］. 经纬天地（6）：31－33.

陈亭，祝善友，张桂欣，等，2016. 高分辨率遥感影像阴影与立体像对提取建筑物高度比较研究［J］. 地球信息科学学报，18（9）：1267－1275.

陈晓莹，贾丽娜，李婷婷，2020. 基于 GIS 和模糊综合评价法的南京市空气质量评价［J］. 环境科学与技术，43（2）：252－258.

陈燕申，1999. 城市地理信息系统的系统分析与系统设计［M］. 北京：地质出版社.

陈云浩，史培军，李晓兵，2001. 不同热力背景对城市降雨（暴雨）的影响（Ⅲ）：基于人工神经网络的集成预报模型［J］. 自然灾害学报（3）：26－31.

程琦，张勇，谭波，等，2021. 基于地理国情的城市资源环境监测体系构建与实践：以武汉市为例［J］. 城市勘测（5）：85－89.

程熙，沈占锋，骆剑承，等，2011. 利用混合光谱分解与 SVM 估算不透水面覆盖率［J］. 遥感学报，15（6）：1228－1241.

程晓陶，李超超，2015. 城市洪涝风险的演变趋向、重要特征与应对方略［J］. 中国防汛抗旱，25（3）：6－9.

崔铁军，2017. 地理信息科学在智慧城市建设中的作用［J］. 天津师范大学学报（自然科学版），37（3）：47－53.

党安荣，甄茂成，王丹，等，2018. 中国新型智慧城市发展进程与趋势［J］. 科技导报，36（18）：16－29.

董玉森，詹云军，杨树文，2002. 利用高分辨率遥感图像阴影信息提取建筑物高度［J］. 咸宁师专学报（3）：93－96.

杜云艳，易嘉伟，薛存金，等，2021. 多源地理大数据支撑下的地理事件建模与分析［J］. 地理学报，76（11）：2853－2866.

方梦阳，刘晓煌，孔凡全，等，2022. 一种基于 GEE 平台制作逐年土地覆盖数据的方法：以黄河流域为例［J］. 自然资源遥感，34（1）：135－141.

方志祥，2021. 人群动态的观测理论及其未来发展思考 [J]. 地球信息科学学报，23 (9)：1527 –1536.

方志祥，仲浩宇，邹欣妍，2020. 轨迹延续性与影像特征相似性结合的城市道路提取 [J]. 测绘学报，49 (12)：1554 –1563.

冯健，2005. 北京城市居民的空间感知与意象空间结构 [J]. 地理科学 (2)：142 –154.

冯亦立，2022. 土地覆盖变化对环境安全影响分析 [J]. 能源与环保，44 (4)：83 –88.

付明花，2013. 浅谈 GIS 在城市规划与管理中的应用 [J]. 科技创新与应用 (29)：142.

付晓，陈梓丹，黄洁，2022. 基于手机信令数据的城市居民非通勤出行群体画像：以苏州市为例 [J]. 地理科学，42 (10)：1727 –1734.

傅伯杰，2017. 地理学：从知识、科学到决策 [J]. 地理学报，72 (11)：1923 –1932.

高枫，李少英，吴志峰，等，2019. 广州市主城区共享单车骑行目的地时空特征与影响因素 [J]. 地理研究，38 (12)：2859 –2872.

高强，张凤荔，王瑞锦，等，2017. 轨迹大数据：数据处理关键技术研究综述 [J]. 软件学报，28 (4)：959 –992.

高翔，赵冬玲，张蔚，2008. 利用高分辨率遥感影像获取建筑物高度信息方法的分析 [J]. 测绘通报 (3)：41 –43.

耿莉萍，陈易辰，2011. 城市交通的设计应满足城市物流的需要 [C] //中国地理学会. 地理学核心问题与主线：中国地理学会 2011 年学术年会暨中国科学院新疆生态与地理研究所建所五十年庆典论文摘要集.

龚健雅，王国良，2013. 从数字城市到智慧城市：地理信息技术面临的新挑战 [J]. 测绘地理信息，38 (2)：1 –6.

龚健雅，张翔，向隆刚，等，2019. 智慧城市综合感知与智能决策的进展及应用 [J]. 测绘学报，48 (12)：1482 –1497.

龚强，2018. 测绘地理信息技术融合助力编制空间规划 [J]. 信息技术，42 (10)：153 –156.

郭煜东，杨飞，周涛，等，2023. 基于手机信令的城市机动化方式细分双层模型研究 [J]. 交通运输系统工程与信息，23 (3)：101 –109.

国家统计局，2023. 中华人民共和国 2022 年国民经济和社会发展统计公报 [J]. 中国统计 (3)：12 –29.

韩海洋，龚健雅，袁相儒，2000. 基于 B/S 体系的 Internet GIS 分布式异构空间数据库的集成 [J]. 遥感学报 (1)：76 –82.

韩美玥，冯晓刚，李凤霞，等，2022. 城市热岛与气溶胶交互影响的研究进展 [J]. 遥感信息，37 (4)：128 –134.

何国金，陈刚，何晓云，等，2001. 利用 SPOT 图象阴影提取城市建筑物高度及其分布信息 [J]. 中国图象图形学报 (5)：19 –22.

侯精明，郭凯华，王志力，等，2017. 设计暴雨雨型对城市内涝影响数值模拟 [J]. 水科学进展，28 (6)：820 –828.

黄芳，2005. 空间统计学及其在空间模式分析中的应用 [D]. 武汉：华中师范大学.

黄骏，胡东明，2002. 广州番禺 CINRAD-SA 新一代多普勒天气雷达简介 [J]. 广东气象 (4)：35 –36.

黄正东，于卓，黄经南，2010. 城市地理信息系统 [M]. 武汉：武汉大学出版社.

惠珊，芮小平，李尧，2016. 一种耦合元胞自动机的改进林火蔓延仿真算法［J］. 武汉大学学报（信息科学版），41（10）：1326－1332.

黎洁仪，梁之彦，范绍佳，2018. 基于社交网络的降水灾情检测［J］. 广东气象，40（5）：65－67.

李彬烨，赵耀龙，付迎春，2015. 广州城市暴雨内涝时空演变及建设用地扩张的影响［J］. 地球信息科学学报，17（4）：445－450.

李超超，程晓陶，申若竹，等，2019. 城市化背景下洪涝灾害新特点及其形成机理［J］. 灾害学，34（2）：57－62.

李德仁，姚远，邵振峰，2014. 智慧城市中的大数据［J］. 武汉大学学报（信息科学版），39（6）：631－640.

李积祯，2018. 地理信息科学在智慧城市建设中的作用分析［J］. 农家参谋（2）：233.

李娜，吴凯萍，2022. 基于 POI 数据的城市功能区识别与分布特征研究［J］. 遥感技术与应用，37（6）：1482－1491.

李娜，赵鹏飞，张鹏，2020. 基于 GIS 和遗传算法的武汉市公共自行车站点布局优化［J］. 地理与地理信息科学，36（2）：86－91.

李清泉，2017. 从 Geomatics 到 Urban Informatics［J］. 武汉大学学报（信息科学版），42（1）：1－6.

李汝资，黄晓玲，刘耀彬，2023. 2010—2020 年中国城镇化的时空分异及影响因素［J］. 地理学报，78（4）：777－791.

李晓东，赵文君，邓伟，等，2019. 基于 GIS 和多准则决策方法的重庆市主城区住宅用地适宜性评价［J］. 地理研究，38（1）：177－190.

李新，袁林旺，裴韬，等，2021. 信息地理学学科体系与发展战略要点［J］. 地理学报，76（9）：2094－2103.

李祎峰，宫晋平，杨新海，等，2013. 机载倾斜摄影数据在三维建模及单斜片测量中的应用［J］. 遥感信息，28（3）：102－106.

梁春阳，林广发，张明锋，等，2018. 社交媒体数据对反映台风灾害时空分布的有效性研究［J］. 地球信息科学学报，20（6）：807－816.

梁艳平，2003. 基于 GIS 的统计信息分析与辅助决策研究［D］. 长沙：中南大学.

廖明生，林晖，2003. 雷达干涉测量：原理与信号处理基础［M］. 北京：测绘出版社.

廖小罕，2020. 地理科学发展与新技术应用［J］. 地理科学进展，39（5）：709－715.

刘成林，周玉文，隋军，等，2016. 城市排水防涝系统降雨空间分布特性研究［J］. 给水排水，52（1）：46－49.

刘江涛，2023. 大数据下云计算的人工智能创新分析［J］. 互联网周刊（16）：43－45.

刘清春，赵培雄，袁玉娟，等，2021. 碳中和目标下城市绿色交通体系构建研究：以济南市为例［J］. 环境保护，49（Z2）：33－39.

刘淑涵，王艳东，付小康，2019. 利用卷积神经网络提取微博中的暴雨灾害信息［J］. 地球信息科学学报，21（7）：1009－1017.

刘武平，2019. 基于百度街景的城市街道空间感知品质研究［D］. 武汉：武汉大学.

刘晓东，李彦林，刘强，2018. 基于 GIS 的城市地震灾害风险评估研究［J］. 自然灾害学报，27（4）：1－9.

刘瑜，2016. 社会感知视角下的若干人文地理学基本问题再思考［J］. 地理学报，71（4）：564－575.

刘瑜，2022. 地理信息科学：地理学的核心或是外缘？［J］. 中国科学（地球科学），52（2）：377－380.

刘瑜，康朝贵，王法辉，2014. 大数据驱动的人类移动模式和模型研究［J］. 武汉大学学报（信息科学版），39（6）：660－666.

刘瑜，姚欣，龚咏喜，等，2020. 大数据时代的空间交互分析方法和应用再论［J］. 地理学报，75（7）：1523－1538.

陆大道，刘彦随，方创琳，等，2020. 人文与经济地理学的发展和展望［J］. 地理学报，75（12）：2570－2592.

陆锋，刘康，陈洁，2014. 大数据时代的人类移动性研究［J］. 地球信息科学学报，16（5）：665－672.

罗谷松，孙武，李国，等，2008. 广州建成区三维城市模型的构建及其高度分布特征［J］. 热带地理，28（6）：523－528.

罗桑扎西，甄峰，尹秋怡，2018. 城市公共自行车使用与建成环境的关系研究：以南京市桥北片区为例［J］. 地理科学，38（3）：332－341.

苗世光，蒋维楣，梁萍，等，2020. 城市气象研究进展［J］. 气象学报，78（3）：477－499.

聂敬娣，张俊华，黄波，2021. 城市热岛效应对人体健康影响研究综述［J］. 生态科学，40（1）：200－208.

牛雪峰，杨国东，1998. 城市地理信息系统应用［J］. 世界地质，17（1）：78－83.

彭保发，石忆邵，王贺封，等，2013. 城市热岛效应的影响机理及其作用规律：以上海市为例［J］. 地理学报，68（11）：1461－1471.

彭少麟，周凯，叶有华，等，2005. 城市热岛效应研究进展［J］. 生态环境（4）：574－579.

钱瑶，唐立娜，赵景柱，2015. 基于遥感的建筑物高度快速提取研究综述［J］. 生态学报，35（12）：3886－3895.

秦萧，甄峰，朱寿佳，等，2014. 基于网络口碑度的南京城区餐饮业空间分布格局研究：以大众点评网为例［J］. 地理科学，34（7）：810－817.

瞿嗣澄，徐天真，仲玲华，2022. 地理信息系统及其在城市规划与管理中的应用［J］. 智能建筑与智慧城市（7）：73－75.

芮建勋，2007. 上海市高层建筑的城市热力景观效应研究［J］. 地理与地理信息科学，23（1）：104－108.

石伟波，2023. 基于测绘工程测量中无人机遥感技术运用［J］. 中华建设（9）：151－153.

寿亦萱，张大林，2012. 城市热岛效应的研究进展与展望［J］. 气象学报，70（3）：338－353.

宋丽洁，吴政，戴昭鑫，2023. 基于多源数据的城市功能区的识别与分析［J］. 测绘工程，32（2）：63－68.

宋晓猛，张建云，王国庆，等，2014. 变化环境下城市水文学的发展与挑战：Ⅱ. 城市雨洪模拟与管理［J］. 水科学进展，25（5）：752－764.

苏红军，杜培军，盛业华，2008. 高光谱影像波段选择算法研究［J］. 计算机应用研究，25（4）：1093－1096.

孙喆，2014. 北京中心城区内涝成因［J］. 地理研究，33（9）：1668－1679.

唐璐，许捍卫，丁彦文，2022. 融合多源地理大数据的城市街区综合活力评价［J］. 地球信息科学学报，24（8）：1575－1588.

童庆禧，张兵，郑兰芬，2006. 高光谱遥感：原理、技术与应用［M］. 北京：高等教育出版社.

童旭，覃光华，王俊鸿，等，2019. 基于 MIKE URBAN 模型研究设计暴雨雨型对城市内涝的影响［J］. 中国农村水利水电（12）：80－85.

万太礼，2019. 联合众源地理数据与遥感影像的城市土地利用信息提取研究［D］. 武汉：武汉大学.

王宾波，汪祖进，2005. 应用 RS、GIS 等技术进行城市规划监测管理［J］. 城市规划（9）：39－42.

王慧，蔡志刚，唐伟，等，2023. 面向时空地理数据库的在线异构整合研究［J］. 地理空间信息，21（1）：69－73.

王家耀，2022. 关于地理信息系统未来发展的思考［J］. 武汉大学学报（信息科学版），47（10）：1535－1545.

王家耀，武芳，郭建忠，等，2017. 时空大数据面临的挑战与机遇［J］. 测绘科学，42（7）：1－7.

王劲峰，徐成东，2017. 地理探测器：原理与展望［J］. 地理学报，72（1）：116－134.

王磊，张文忠，高峰，2019. 基于 GIS 和 GPS 技术的北京市出租车运行特征分析［J］. 地理与地理信息科学，35（1）：97－102.

王茂军，张学霞，霍婷婷，2009. 北京城市认知的空间关联模式：城市地名认知率的空间分析［J］. 地理学报，64（10）：1243－1254.

王桥，魏斌，1999. 地理信息系统在我国环境保护中的应用［J］. 测绘通报（10）：10－13.

王晓峰，李小建，刘洋，等，2018. 基于 GIS 和 RS 技术的北京市土地利用变化分析［J］. 地理科学进展，37（9）：1234－1245.

王颖，刘学良，魏旭红，等，2018. 区域空间规划的方法和实践初探：从“三生空间”到“三区三线”［J］. 城市规划学刊（4）：65－74.

魏旭红，开欣，王颖，等，2019. 基于“双评价”的市县级国土空间“三区三线”技术方法探讨［J］. 城市规划，43（7）：10－20.

邬伦，2002. 地理信息系统及应用［M］. 北京：电子工业出版社.

吴志强，王坚，李德仁，等，2022. 智慧城市热潮下的“冷”思考学术笔谈［J］. 城市规划学刊（2）：1－11.

相恒茂，付小康，高浠舰，等，2017. 基于社交媒体的城市污染信息探测［J］. 测绘与空间地理信息，40（8）：47－49.

向雨，张鸿辉，刘小平，2021. 多源数据融合的城市体检评估：以长沙市为例［J］. 热带地理，41（2）：277－289.

项小云，杜嘉，宋开山，等，2021. 湿地对福州市热岛效应影响遥感分析［J］. 地球环境学报，12（4）：411－424.

谢新水，2020. 人工智能发展：规划赋能、技术自主性叠加与监管复杂性审视［J］. 浙江学刊（2）：78－87.

谢永俊，彭霞，黄舟，等，2017. 基于微博数据的北京市热点区域意象感知［J］. 地理科学进展，36（9）：1099－1110.

徐伟，杨涵洧，张仕鹏，等，2018. 上海城市热岛的变化特征［J］. 热带气象学报，34（2），228－238.
许燕君，刘涛，宋秀玲，等，2012. 广东省居民对热浪的健康风险认知及相关因素［J］. 中华预防医学杂志，46（7）：613－618.
薛冰，李京忠，肖骁，等，2019. 基于兴趣点（POI）大数据的人地关系研究综述：理论、方法与应用［J］. 地理与地理信息科学，35（6）：51－60.
薛冰，赵冰玉，李京忠，2023. 地理大数据中 POI 数据质量的评估与提升方法［J］. 地理学报，78（5）：1290－1303.
薛乾明，2023. 大数据背景下智慧城市空间规划与建设方法［J］. 科技和产业，23（19）：128－135.
严涛，金佳鑫，朱青松，等，2022. 1992—2018 年中国及其毗邻地区基于植被功能类型的土地覆盖与香农多样性指数数据集［J］. 中国科学数据（中英文网络版），7（1）：108－117.
阳建强，2012. 城市规划与设计［M］. 2 版. 南京：东南大学出版社.
杨成凤，杨惠茹，韩会然，等，2023. 基于 POI 数据的知识创新型服务业空间布局特征及影响因素研究：以合肥市为例［J］. 地理研究，42（3）：682－698.
杨滔，秦凌，黄奇晴，等，2022. 城市智慧空间的设计与建构［J］. 未来城市设计与运营（1）：17－22.
杨文越，曹小曙，2019. 多尺度交通出行碳排放影响因素研究进展［J］. 地理科学进展，38（11）：1814－1828.
姚欣，2022. 地理信息系统在城市规划管理中的作用分析［J］. 城市建筑，19（18）：60－62.
叶嘉安，宋小冬，钮心毅，等，2008. 地理信息与规划支持系统［M］. 北京：科学出版社.
易娜，陈文，鲁兴，等，2023. “多维切片”视角下的城市体检评估技术方法应用研究：昆明城市体检总结与思考［J］. 城乡规划（3）：25－32.
于永民，2017. 遥感测绘在监测城市发展领域的应用研究［J］. 科技创新导报，14（32）：133－134.
袁源，王亚华，周鑫鑫，等，2019. 大数据视角下国土空间规划编制的弹性和效率理念探索及其实践应用［J］. 中国土地科学，33（1）：9－16，23.
曾磊鑫，刘涛，杜萍，2022. 基于多源数据的夜间经济时空分布格局研究方法［J］. 地球信息科学学报，24（1）：38－49.
张安定，2016. 遥感原理与应用题解［M］. 北京：科学出版社.
张冬冬，严登华，王义成，等，2014. 城市内涝灾害风险评估及综合应对研究进展［J］. 灾害学，29（1）：144－149.
张建平，谭耀宗，李鹏程，2019. 基于 GIS 的城市洪涝灾害风险评估方法研究［J］. 地理与地理信息科学，35（2）：1－6.
张建通，高孝洪，朱月琴，2002. 城市智能交通管理系统［J］. 交通科技（1）：33－36.
张培峰，胡远满，熊在平，等，2011. 基于 QuickBird 的城市建筑景观格局梯度分析［J］. 生态学报，31（23）：266－275.
张硕，刘勇洪，黄宏涛，2017. 珠三角城市群热岛时空分布及定量评估研究［J］. 生态环境学报，26（7）：1157－1166.
张文忠，何炬，谌丽，2021. 面向高质量发展的中国城市体检方法体系探讨［J］. 地理科学，41（1）：1－12.

张晓娟，郑南宁，赵志强，等，2019. 基于 GIS 和 RS 技术的广州市土壤重金属污染监测与评价［J］. 生态环境学报，28（3）：1127－1136.

张永军，程鑫，李彦胜，等，2022. 利用知识图谱的国土资源数据管理与检索研究［J］. 武汉大学学报（信息科学版），47（8）：1165－1175.

张作华，2002. 中巴地球资源卫星红外多光谱扫描仪主体［J］. 航天器工程（Z1）：41－49.

赵明，张健钦，卢剑，2020. 基于云计算的城市交通大数据分析平台［J］. 地理空间信息，18（2）：16－20.

赵桐，李泽峰，宋柳依，等，2022. 基于微博大数据的北京市流动人口情绪与职住分布的关系研究［J］. 地球信息科学学报，24（10）：1898－1910.

赵耀龙，巢子豪，2020. 历史 GIS 的研究现状和发展趋势［J］. 地球信息科学学报，22（5）：929－944.

赵英时，2013. 遥感应用分析原理与方法［M］. 2 版. 北京：科学出版社.

甄峰，张姗琪，秦萧，等，2019. 从信息化赋能到综合赋能：智慧国土空间规划思路探索［J］. 自然资源学报，34（10）：2060－2072.

中国环境科学学会臭氧污染控制专业委员会，2022. 中国大气臭氧污染防治蓝皮书：2020 年［M］. 北京：科学出版社.

中华人民共和国自然资源部，2021. 国土空间规划城市体检评估规程：TD/T 1063—2021［S］. 北京：中国标准出版社：41.

钟镇涛，张鸿辉，刘耿，等，2022. 面向国土空间规划实施监督的监测评估预警模型体系研究［J］. 自然资源学报，37（11）：2946－2960.

周成虎，孙九林，苏奋振，等，2020. 地理信息科学发展与技术应用［J］. 地理学报，75（12）：2593－2609.

周晓敏，孟晓林，张雪萍，等，2016. 倾斜摄影测量的城市真三维模型构建方法［J］. 测绘科学，41（9）：159－163.

周志华，2016. 机器学习［M］. 北京：清华大学出版社.

朱炳贵，2002. 数字城市与城市地理信息系统［J］. 测绘软科学研究，8（1）：26－29.

朱递，刘瑜，2017. 多源地理大数据视角下的城市动态研究［J］. 科研信息化技术与应用，8（3）：7－17.

朱庆，徐冠宇，杜志强，等，2012. 倾斜摄影测量技术综述［EB/OL］.（2012－05－22）［2023－12－20］. http://www.paper.edu.cn/releasepaper/content/201205－355.

朱思诚，任希岩，2011. 关于城市内涝问题的思考［J］. 行政管理改革，11：62－66.

自然资源部办公厅，2020. 自然资源部办公厅关于印发《资源环境承载能力和国土空间开发适宜性评价指南（试行）》的函［J］. 自然资源通讯（4）：41－54.

ALI M E，CHEEMA M A，HASHEM T，et al.，2023. Enabling spatial digital twins：Technologies，challenges，and future research directions［J］. ArXiv Preprint ArXiv：2306.06600.

AMARAL S，CÂMARA G，MONTEIRO A M V，et al.，2005. Estimating population and energy consumption in Brazilian Amazonia using DMSP night-time satellite data［J］. Computers，Environment & Urban Systems，29（2）：179－195.

ANAS A, ARNOTT R, SMALL K A, 1998. Urban spatial structure [J]. Journal of Economic Literature, 36 (3): 1426 – 1464.

ARONICA G T, FRANZA F, BATES P D, et al., 2012. Probabilistic evaluation of flood hazard in urban areas using Monte Carlo simulation [J]. Hydrological Processes, 26 (26): 3962 – 3972.

BALICA R, CUŢITOI A, 2022. Ethical artificial intelligence in smart mobility technologies: Autonomous driving algorithms, geospatial data mining tools, and ambient sound recognition software [J]. Contemporary Readings in Law & Social Justice, 14 (2): 64 – 81.

BALRAM S, DRAGIĆEVIĆ S, 2005. Attitudes toward urban green spaces: Integrating questionnaire survey and collaborative GIS techniques to improve attitude measurements [J]. Landscape & Urban Planning, 71 (2/3/4): 147 – 162.

BAUER M E, HEINERT N J, DOYLE J K, et al., 2004. Impervious surface mapping and change monitoring using Landsat remote sensing [C] // American Society for Photogrammetry and Remote Sensing Annual Conference.

BAUGH K, HSU F, ELVIDGE C D, et al., 2013. Nighttime lights compositing using the VIIRS day-night band: Preliminary results [J]. Proceedings of the Asia-Pacific Advanced Network, 35: 70 – 86.

BERNDTSSON R, BECKER P, PERSSON A, et al., 2019. Drivers of changing urban flood risk: A framework for action [J]. Journal of Environmental Management, 240: 47 – 56.

BOSCHERT S, ROSEN R, 2016. Digital twin – the simulation aspect [M] //HEHENBERGER P, BRADLEY D. Mechatronic Futures. Cham: Springer: 59 – 74.

BREUNIG M, BRADLEY P E, JAHN M, et al., 2020. Geospatial data management research: Progress and future directions [J]. ISPRS International Journal of Geo-Information, 9 (2): 95.

BROOKES C J, 1997. A parameterized region-growing programme for site allocation on raster suitability maps [J]. International Journal of Geographical Information Science, 11 (4): 375 – 396.

BRUNNER D, LEMOINE G, FORTUNY J, et al., 2007. Building characterisation in VHR SAR data acquired under controlled EMSL conditions [C] //Proceedings of the 2007 IEEE International Geoscience and Remote Sensing Symposium. Piscataway: IEEE.

BUHAUG H, URDAL H, 2013. An urbanization bomb? Population growth and social disorder in cities [J]. Global Environmental Change, 23 (1): 1 – 10.

BURROUGH P A, MCDONNELL R A, LLOYD C D, 2015. Principles of geographical information systems [M]. New York: Oxford University Press.

CAO C, LEE X, LIU S, et al., 2016. Urban heat islands in China enhanced by haze pollution [J]. Nature Communications, 7 (1): 12509.

CAO X, CHEN J, IMURA H, et al., 2009. A SVM-based method to extract urban areas from DMSP-OLS and SPOT VGT data [J]. Remote Sensing of Environment, 113 (10): 2205 – 2209.

CASEY H J, 1955. Applications to traffic engineering of the law of retail gravitation [J]. Traffic

Quarterly, 9 (1): 23 – 35.

CASTIGLIA F, WILKINSON S J, OLIVEIRA B, et al., 2021. Wind and greenery effects in attenuating heat stress: A case study [J]. Journal of Cleaner Production, 291: 125919.

CATTANEO C, PERI G, 2016. The migration response to increasing temperatures [J]. Journal of Development Economics, 122: 127 – 146.

CERVERO R, KOCKELMAN K, 1997. Travel demand and the 3Ds: Density, diversity, and design [J]. Transportation Research. Part D: Transport and Environment, 2 (3): 199 – 219.

CHEN G, LI X, LIU X, et al., 2020. Global projections of future urban land expansion under shared socioeconomic pathways [J]. Nature Communications, 11 (1): 537.

CHEN G, XIE J, LI W, et al., 2021. Future "local climate zone" spatial change simulation in Greater Bay Area under the shared socioeconomic pathways and ecological control line [J]. Building & Environment, 203: 108077.

CHEN J, CHEN J, LIAO A, et al., 2015. Global land cover mapping at 30 m resolution: A POK-based operational approach [J]. ISPRS Journal of Photogrammetry & Remote Sensing, 103: 7 – 27.

CHEN M, CHAN T O, WANG X, et al., 2020. A risk analysis framework for transmission towers under potential pluvial flood-LiDAR survey and geometric modelling [J]. International Journal of Disaster Risk Reduction, 50: 101862.

CHEN Y, FENG M, 2022. Urban form simulation in 3D based on cellular automata and building objects generation [J]. Building & Environment, 226: 109727.

CHEN Y, HUANG Z, AI H, et al., 2021. The impact of GIS/GPS network information systems on the logistics distribution cost of tobacco enterprises [J]. Transportation Research Part E: Logistics & Transportation Review, 149: 102299.

CHEN Y, LI X, LIU X, et al., 2010. An agent-based model for optimal land allocation (AgentLA) with a contiguity constraint [J]. International Journal of Geographical Information Science, 24 (8): 1269 – 1288.

CHEN Y, WEI P, LAI J, et al., 2016. An evaluating method of public transit accessibility for urban areas based on GIS [J]. Procedia Engineering, 137: 132 – 140.

CHEN Z, YU B, SONG W, et al., 2017. A new approach for detecting urban centers and their spatial structure with nighttime light remote sensing [J]. IEEE Transactions on Geoscience & Remote Sensing, 55 (11): 6305 – 6319.

CHENG F, THIEL K, 1995. Delimiting the building heights in a city from the shadow in a panchromatic SPOT-image—Part 1. Test of forty-two buildings [J]. Remote Sensing, 16 (3): 409 – 415.

CHENG X, HAN G, ZHAO Y, et al., 2019. Evaluating social media response to urban flood disaster: Case study on an East Asian City (Wuhan, China) [J]. Sustainability, 11 (19): 5330.

CHIOU Y, JOU R, YANG C, 2015. Factors affecting public transportation usage rate: Geographically weighted regression [J]. Transportation Research Part A: Policy & Practice,

78: 161 – 177.

CHURCH R L, 2002. Geographical information systems and location science [J]. Computers & Operations Research, 29 (6): 541 – 562.

CLARKE K C, HOPPEN S, GAYDOS L, 1997. A self-modifying cellular automaton model of historical urbanization in the San Francisco Bay area [J]. Environment & Planning B: Planning & Design, 24 (2): 247 – 261.

CLELAND S E, STEINHARDT W, NEAS L M, et al., 2023. Urban heat island impacts on heat-related cardiovascular morbidity: A time series analysis of older adults in US metropolitan areas [J]. Environment international: 108005.

CLINTON N, GONG P, 2013. MODIS detected surface urban heat islands and sinks: Global locations and controls [J]. Remote Sensing of Environment, 134: 294 – 304.

COLOMINA I, MOLINA P, 2014. Unmanned aerial systems for photogrammetry and remote sensing: A review [J]. ISPRS Journal of Photogrammetry & Remote Sensing, 92: 79 – 97.

COLORNI A, DORIGO M, MANIEZZO V, 1991. Distributed optimization by ant colonies [C] // Proceedings of the First European Conference on Artificial Life. Cambridge: MIT Press.

COVA T J, CHURCH R L, 2000. Exploratory spatial optimization in site search: A neighborhood operator approach [J]. Computers, Environment & Urban Systems, 24 (5): 401 – 419.

CUI Y Y, DE FOY B, 2012. Seasonal variations of the urban heat island at the surface and the near-surface and reductions due to urban vegetation in Mexico City [J]. Journal of Applied Meteorology & Climatology, 51 (5): 855 – 868.

DE COTHI W, BARRY C, 2020. Neurobiological successor features for spatial navigation [J]. Hippocampus, 30 (12): 1347 – 1355.

DEMBSKI F, WÖSSNER U, LETZGUS M, et al., 2020. Urban digital twins for smart cities and citizens: The case study of Herrenberg, Germany [J]. Sustainability, 12 (6): 2307.

DENG C, LIN W, YE X, et al., 2018. Social media data as a proxy for hourly fine-scale electric power consumption estimation [J]. Environment & Planning A: Economy & Space, 50 (8): 1553 – 1557.

DONG X, MENG Z, WANG Y, et al., 2021. Monitoring spatiotemporal changes of impervious surfaces in Beijing City using random forest algorithm and textural features [J]. Remote Sensing, 13 (1): 153.

DOU Y, LIU Z, HE C, et al., 2017. Urban land extraction using VIIRS nighttime light data: An evaluation of three popular methods [J]. Remote Sensing, 9 (2): 175.

DROJ G, DROJ L, BADEA A, 2022. GIS-based survey over the public transport strategy: An instrument for economic and sustainable urban traffic planning [J]. ISPRS International Journal of Geo-Information, 11 (1): 16.

DU S, DU S, LIU B, et al., 2021. Mapping large-scale and fine-grained urban functional zones from VHR images using a multi-scale semantic segmentation network and object based approach [J]. Remote Sensing of Environment, 261: 112480.

ELITH J, LEATHWICK J R, HASTIE T, 2008. A working guide to boosted regression trees

[J]. Journal of Animal Ecology, 77 (4): 802 - 813.

ELVIDGE C D, BAUGH K E, KIHN E A, et al., 1997. Mapping city lights with nighttime data from the DMSP Operational Linescan System [J]. Photogrammetric Engineering & Remote Sensing, 63 (6): 727 - 734.

ELVIDGE C D, BAUGH K E, ZHIZHIN M, et al., 2013. Why VIIRS data are superior to DMSP for mapping nighttime lights [J]. Proceedings of the Asia-Pacific Advanced Network, 35: 62.

ELVIDGE C D, TUTTLE B T, SUTTON P S, et al., 2007. Global distribution and density of constructed impervious surfaces [J]. Sensors, 7 (9): 1962 - 1979.

ELVIDGE C D, ZHIZHIN M, HSU F C, et al., 2013. What is so great about nighttime VIIRS data for the detection and characterization of combustion sources [J]. Proceedings of the Asia-Pacific Advanced Network, 35: 33.

EVANS J, 2017. Optimization Algorithms for Networks and Graphs [M]. Calabas: CRC Press.

FENG C, WANG H, LU N, et al., 2014. Log-transformation and its implications for data analysis [J]. Shanghai archives of psychiatry, 26 (2): 105.

FENG J, WANG F, ZHOU Y, 2009. The spatial restructuring of population in metropolitan Beijing: Toward polycentricity in the post-reform era [J]. Urban geography, 30 (7): 779 - 802.

FIROZJAEI M K, NEMATOLLAHI O, MIJANI N, et al, 2019. An integrated GIS - based ordered weighted averaging analysis for solar energy evaluation in Iran: Current conditions and future planning [J]. RENEWABLE ENERGY, 136: 1130 - 1146.

FIROZJAEI M K, SEDIGHI A, ARGANY M, et al., 2019. A geographical direction-based approach for capturing the local variation of urban expansion in the application of CA-Markov model [J]. Cities, 93: 120 - 135.

FITCH C A, RUGGLES S, 2003. Building the national historical geographic information system [J]. Historical Methods: A Journal of Quantitative & Interdisciplinary History, 36 (1): 41 - 51.

FOTHERINGHAM A S, CHARLTON M E, BRUNSDON C, 1998. Geographically weighted regression: A natural evolution of the expansion method for spatial data analysis [J]. Environment & Planning A, 30 (11): 1905 - 1927.

FRIEDMAN J H, 2001. Greedy function approximation: A gradient boosting machine [J]. Annals of Statistics, 29 (5): 1189 - 1232.

FU P, WENG Q, 2016. A time series analysis of urbanization induced land use and land cover change and its impact on land surface temperature with Landsat imagery [J]. Remote Sensing of Environment, 175: 205 - 214.

GAMBA P, HOUSHMAND B, SACCANI M, 2000. Detection and extraction of buildings from interferometric SAR data [J]. IEEE Transactions on Geoscience & Remote Sensing, 38 (1): 611 - 617.

GAO F, LI S, TAN Z, et al., 2021. Understanding the modifiable areal unit problem in dockless bike sharing usage and exploring the interactive effects of built environment factors [J].

International Journal of Geographical Information Science, 35 (9): 1905 – 1925.

GAO J, O' NEILL B C, 2020. Mapping global urban land for the 21st century with data-driven simulations and Shared Socioeconomic Pathways [J]. Nature Communications, 11 (1): 2302.

GAO Z, PAUL A, WANG X, 2022. Guest editorial: Digital twinning: Integrating AI-ML and big data analytics for virtual representation [J]. IEEE Transactions on Industrial Informatics, 18 (2): 1355 – 1358.

GARDNER M, 1970. Mathematical games: The fantastic combinations of John Conway's new solitaire game "Life" [J]. Scientific American, 223: 120 – 123.

GARUMA G F, 2023. Tropical surface urban heat islands in east Africa [J]. Scientific Reports, 13 (1): 4509.

GAUBATZ P, 1999. China's urban transformation: Patterns and processes of morphological change in Beijing, Shanghai and Guangzhou [J]. Urban Studies, 36 (9): 1495 – 1521.

GELMAN A, HILL J, 2006. Data Analysis Using Regression and Multilevel/Hierarchical Models [M]. Cambridge: Cambridge University Press.

GHOSH T, ELVIDGE C D, SUTTON P C, et al., 2010. Creating a global grid of distributed fossil fuel CO_2 emissions from nighttime satellite imagery [J]. Energies, 3 (12): 1895 – 1913.

GIULIANO G, SMALL K A, 1991. Subcenters in the Los Angeles region [J]. Regional Science & Urban Economics, 21: 163182.

GLOROT X, BENGIO Y, 2010. Understanding the difficulty of training deep feedforward neural networks [J]. Journal of Machine Learning Research, 9: 249 – 256.

GLYKAS M, 2010. Fuzzy Cognitive Maps: Advances in Theory, Methodologies, Tools And Applications [M]. Berlin: Springer.

GOGGINS W B, CHAN E Y Y, NG E, et al., 2012. Effect modification of the association between short-term meteorological factors and mortality by urban heat islands in Hong Kong [J]. PLoS One, 7 (6): 1 – 6.

GOLDSTEIN A, KAPELNER A, BLEICH J, et al., 2015. Peeking inside the black box: Visualizing statistical learning with plots of individual conditional expectation [J]. Journal of Computational & Graphical Statistics, 24 (1): 44 – 65.

GONG J Y, SUI H G, MA G R, et al., 2008. A review of multi-temporal remote sensing data change detection algorithms [J]. The International Archives of the Photogrammetry, Remote Sensing and Spatial Information Sciences, 37 (B7): 757 – 762.

GONG L, HOU S, SU B, et al., 2019. Short-term effects of moderate and severe floods on infectious diarrheal diseases in Anhui Province, China [J]. Science of the Total Environment, 675: 420 – 428.

GONG L, LIU X, WU L, et al., 2016. Inferring trip purposes and uncovering travel patterns from taxi trajectory data [J]. Cartography & Geographic Information Science, 43 (2): 103 – 114.

GONG P, WANG J, YU L, et al., 2013. Finer resolution observation and monitoring of global land cover: First mapping results with Landsat TM and ETM + data [J]. International Journal of Remote Sensing, 34 (7): 2607 - 2654.

GOODCHILD M F, 2007. Citizens as sensors: the world of volunteered geography [J]. Geojournal, 69 (4): 211 - 221.

GRAHAM M, SHELTON T, 2013. Geography and the future of big data, big data and the future of geography [J]. Dialogues in Human Geography, 3 (3): 255 - 261.

GRIMM N B, FAETH S H, GOLUBIEWSKI N E, et al., 2008. Global change and the ecology of cities [J]. SCIENCE, 319 (5864): 756 - 760.

GRONLUND C J, BERROCAL V J, WHITE-NEWSOME J L, et al., 2015. Vulnerability to extreme heat by socio-demographic characteristics and area green space among the elderly in Michigan, 1990 - 2007 [J]. Environmental Research, 136: 449 - 461.

GRUBESIC T H, WEI R, MURRAY A T, 2014. Spatial clustering overview and comparison: Accuracy, sensitivity, and computational expense [J]. Annals of the Association of American Geographers, 104 (6): 1134 - 1156.

HAHNLOSER R H, SARPESHKAR R, MAHOWALD M A, et al., 2000. Digital selection and analogue amplification coexist in a cortex-inspired silicon circuit [J]. Nature, 405 (6789): 947 - 951.

HANSEN M C, POTAPOV P V, MOORE R, et al., 2013. High-resolution global maps of 21st-century forest cover change [J]. Science, 342 (6160): 850 - 853.

HASHEM I A T, USMANI R S A, ALMUTAIRI M S, et al., 2023. Urban computing for sustainable smart cities: Recent advances, taxonomy, and open research challenges [J]. Sustainability, 15 (5): 3916.

HE B, WANG J, ZHU J, et al., 2022. Beating the urban heat: Situation, background, impacts and the way forward in China [J]. Renewable & Sustainable Energy Reviews, 161: 112350.

HE D, SHI Q, LIU X, et al., 2022. Generating annual high resolution land cover products for 28 metropolises in China based on a deep super-resolution mapping network using Landsat imagery [J]. GIScience & Remote Sensing, 59 (1): 2036 - 2067.

HE Y, LEE E, WARNER T A, 2017. A time series of annual land use and land cover maps of China from 1982 to 2013 generated using AVHRR GIMMS NDVI3g data [J]. Remote Sensing of Environment, 199: 201 - 217.

HESS L L, MELACK J M, SIMONETT D S, 1990. Radar detection of flooding beneath the forest canopy: A review [J]. International Journal of Remote Sensing, 11 (7): 1313 - 1325.

HIRT C, 2018. Artefact detection in global digital elevation models (DEMs): The Maximum Slope Approach and its application for complete screening of the SRTM v4.1 and MERIT DEMs [J]. Remote Sensing of Environment, 207: 27 - 41.

HO H C, KNUDBY A, SIROVYAK P, et al., 2014. Mapping maximum urban air temperature on hot summer days [J]. Remote Sensing of Environment, 154: 38 - 45.

HOEHLE J, 2008. Photogrammetric measurements in oblique aerial images [J]. Photogrammetrie, Fernerkundung, Geoinformation, (1): 7 - 14.

HOWARD L, 1833. The Climate of London, vols. Ⅰ - Ⅲ [M]. London: Cambridge University Press.

HUANG F, YU Y, FENG T, 2019. Automatic extraction of urban impervious surfaces based on deep learning and multi-source remote sensing data [J]. Journal of Visual Communication & Image Representation, 60: 16 – 27.

HUANG H, CHEN X, ZHU Z, et al., 2018. The changing pattern of urban flooding in Guangzhou, China [J]. Science of the Total Environment, 622: 394 – 401.

HUANG H, ZHANG L, LIU L, et al., 2019. Assessing the mitigation effect of deep tunnels on urban flooding: A case study in Guangzhou, China [J]. Urban Water Journal, 16 (4): 312 – 321.

HUANG Z, LI S, GAO F, et al., 2021. Evaluating the performance of LBSM data to estimate the gross domestic product of China at multiple scales: A comparison with NPP-VIIRS nighttime light data [J]. Journal of Cleaner Production, 328: 129558.

IMHOFF M L, LAWRENCE W T, STUTZER D C, et al., 1997. A technique for using composite DMSP/OLS "city lights" satellite data to map urban area [J]. Remote Sensing of Environment, 61 (3): 361 – 370.

IRVIN R B, MCKEOWN D M, 1989. Methods for exploiting the relationship between buildings and their shadows in aerial imagery [J]. IEEE Transactions on Systems, Man, and Cybernetics, 19 (6): 1564 – 1575.

JI G, TIAN L, ZHAO J, et al., 2019. Detecting spatiotemporal dynamics of $PM_{2.5}$ emission data in China using DMSP-OLS nighttime stable light data [J]. Journal of Cleaner Production, 209: 363 – 370.

JIANG L, YUE P, KUHN W, et al., 2018. Advancing interoperability of geospatial data provenance on the web: Gap analysis and strategies [J]. Computers & Geosciences, 117: 21 – 31.

JOHNSON K A, WING O E, BATES P D, et al., 2020. A benefit-cost analysis of floodplain land acquisition for US flood damage reduction [J]. Nature Sustainability, 3 (1): 56 – 62.

KAGINALKAR A, KUMAR S, GARGAVA P, et al., 2021. Review of urban computing in air quality management as smart city service: An integrated IoT, AI, and cloud technology perspective [J]. Urban Climate, 39: 100972.

KHASHOGGI B F, MURAD A, 2020. Issues of healthcare planning and GIS: A review [J]. ISPRS International Journal of Geo-Information, 9 (6): 352.

KHODABANDELOU G, GAUTHIER V, FIORE M, et al., 2018. Estimation of static and -dynamic urban populations with mobile network metadata [J]. IEEE Transactions on Mobile Computing, 18 (9): 2034 – 2047.

KITCHIN R, 2013. Big data and human geography: Opportunities, challenges and risks [J]. Dialogues in Human Geography, 3 (3): 262 – 267.

KNOWLES A K, 2008. Placing History: How Maps, Spatial Data, and GIS are Changing Historical Scholarship [M]. Redlands: ESRI Press.

KOKS E E, THISSEN M, 2016. A multiregional impact assessment model for disaster analysis [J]. Economic Systems Research, 28 (4): 429 – 449.

KORCHENKO O, POHREBENNYK V, KRETA D, et al., 2019. GIS and remote sensing as -

important tools for assessment of environmental pollution [J]. Proceedings of the International Multidisciplinary Scientific GeoConference SGEM, 19 (1): 297 -304.

KOTSIANTIS S B, ZAHARAKIS I, PINTELAS P, 2007. Supervised machine learning: A review of classification techniques [J]. Emerging artificial intelligence applications in computer engineering, 160 (1): 3 -24.

KOVARIK V, TALHOFER V, 2013. General procedure of thematic map production using GIS technology [C] //Proceedings of the 2013 International Conference on Military Technologies. Piscataway: IEEE, 525 -532.

KOVATS R S, HAJAT S, 2008. Heat stress and public health: A critical review [J]. Annual Review of Public Health, 29: 41 -55.

LAMBIRI D, BIAGI B, ROYUELA V, 2007. Quality of life in the economic and urban economic literature [J]. Social Indicators Research, 84: 1 -25.

LANGTON C G, 1986. Studying artificial life with cellular automata [J]. Physica D: Nonlinear Phenomena, 22 (1/2/3): 120 -149.

LEI B, JANSSEN P, STOTER J, et al. , 2023. Challenges of urban digital twins: A systematic review and a Delphi expert survey [J]. Automation in Construction, 147: 104716.

LEUNG Y, MEI C, ZHANG W, 2000. Testing for spatial autocorrelation among the residuals of the geographically weighted regression [J]. Environment & Planning A: Economy and Space, 32 (5): 871 -890.

LEVIN N, ZHANG Q, 2017. A global analysis of factors controlling VIIRS nighttime light levels from densely populated areas [J]. Remote Sensing of Environment, 190: 366 -382.

LI D, BOU-ZEID E, 2013. Synergistic interactions between urban heat islands and heat waves: The impact in cities is larger than the sum of its parts [J]. Journal of Applied Meteorology and Climatology, 52 (9): 2051 -2064.

LI D, LIAO W, RIGDEN A J, et al. , 2019. Urban heat island: Aerodynamics or imperviousness? [J]. Science Advances, 5 (4): eaau4299.

LI F, LIU X, LIAO S, et al. , 2021. The modified normalized urban area composite index: A satelliate-derived high-resolution index for extracting urban areas [J]. Remote Sensing, 13 (12): 2350.

LI H, LU H, JENSEN C S, et al. , 2022. Spatial data quality in the Internet of Things: Management, exploitation, and prospects [J]. ACM Computing Surveys (CSUR), 55 (3): 1 -41.

LI M, SONG Y, MAO Z, et al. , 2016. Impacts of thermal circulations induced by urbanization on ozone formation in the Pearl River Delta region, China [J]. Atmospheric Environment, 127: 382 -392.

LI S, LIU X, LI Z, et al. , 2018. Spatial and temporal dynamics of urban expansion along the Guangzhou-Foshan inter-city rail transit corridor, China [J]. Sustainability, 10 (3): 593.

LI S, LYU D, HUANG G, et al. , 2020. Spatially varying impacts of built environment factors on rail transit ridership at station level: A case study in Guangzhou, China [J]. Journal of Transport Geography, 82: 102631.

LI S, LYU D, LIU X, et al., 2020. The varying patterns of rail transit ridership and their relationships with fine-scale built environment factors: Big data analytics from Guangzhou [J]. Cities, 99: 102580.

LI S, ZHUANG C, TAN Z, et al., 2021. Inferring the trip purposes and uncovering spatio-temporal activity patterns from dockless shared bike dataset in Shenzhen, China [J]. Journal of Transport Geography, 91: 102974.

LI W, KAMARGIANNI M, 2018. Providing quantified evidence to policy makers for promoting bike-sharing in heavily air-polluted cities: A mode choice model and policy simulation for Taiyuan-China [J]. Transportation Research Part A: Policy & Practice, 111: 277 -291.

LI X, HE J, LIU X, 2009. Ant intelligence for solving optimal path-covering problems with multi-objectives [J]. International Journal of Geographical Information Science, 23 (7): 839 -857.

LI X, LAO C, LIU X, et al., 2011. Coupling urban cellular automata with ant colony optimization for zoning protected natural areas under a changing landscape [J]. International Journal of Geographical Information Science, 25 (4): 575 -593.

LI X, LIU X, 2008. Embedding sustainable development strategies in agent-based models for use as a planning tool [J]. International Journal of Geographical Information Science, 22 (1): 21 -45.

LI X, XU H, CHEN X, et al., 2013. Potential of NPP-VIIRS nighttime light imagery for modeling the regional economy of China [J]. Remote Sensing, 5 (6): 3057 -3081.

LI X, YEH A G, 2000. Modelling sustainable urban development by the integration of constrained cellular automata and GIS [J]. International Journal of Geographical Information Science, 14 (2): 131 -152.

LI X, YEH A G, 2002. Neural-network-based cellular automata for simulating multiple land use changes using GIS [J]. International Journal of Geographical Information Science, 16 (4): 323 -343.

LI X, YEH A, 1998. Principal component analysis of stacked multi-temporal images for the monitoring of rapid urban expansion in the Pearl River Delta [J]. International Journal of Remote Sensing, 19 (8): 1501 -1518.

LI Y, SCHUBERT S, KROPP J P, et al., 2020. On the influence of density and morphology on the Urban Heat Island intensity [J]. Nature Communications, 11 (1): 2647.

LIANG X, LIU X, LI D, et al., 2018. Urban growth simulation by incorporating planning policies into a CA-based future land-use simulation model [J]. International Journal of Geographical Information Science, 32 (11): 2294 -2316.

LILLESAND T, KIEFER R W, CHIPMAN J, 2015. Remote sensing and image interpretation [M]. 7th ed. Hoboken: John Wiley & Sons.

LIU H, LIU S, XUE B, et al., 2018. Ground-level ozone pollution and its health impacts in -China [J]. Atmospheric Environment, 173: 223 -230.

LIU J, LI T, XIE P, et al., 2020. Urban big data fusion based on deep learning: An overview [J]. Information Fusion, 53: 123 -133.

LIU T, HU W, SONG Y, et al., 2020. Exploring spillover effects of ecological lands: A spatial multilevel hedonic price model of the housing market in Wuhan, China [J]. Ecological Economics, 170: 106568.

LIU X, HU G, AI B, et al., 2015. A normalized urban areas composite index (NUACI) based on combination of DMSP-OLS and MODIS for mapping impervious surface area [J]. Remote Sensing, 7 (12): 17168 - 17189.

LIU X, HU G, CHEN Y, et al., 2018. High-resolution multi-temporal mapping of global urban land using Landsat images based on the Google Earth Engine Platform [J]. Remote Sensing of Environment, 209: 227 - 239.

LIU X, HUANG Y, XU X, et al., 2020. High-spatiotemporal-resolution mapping of global urban change from 1985 to 2015 [J]. Nature Sustainability, 3 (7): 564 - 570.

LIU X, LIANG X, LI X, et al., 2017. A future land use simulation model (FLUS) for simulating multiple land use scenarios by coupling human and natural effects [J]. Landscape & Urban Planning, 168: 94 - 116.

LIU Y, LIU X, GAO S, et al., 2015. Social sensing: A new approach to understanding our socioeconomic environments [J]. Annals of the Association of American Geographers, 105 (3): 512 - 530.

LIU Y, WANG F, XIAO Y, et al., 2012. Urban land uses and traffic "source-sink areas": Evidence from GPS-enabled taxi data in Shanghai [J]. Landscape & Urban Planning, 106 (1): 73 - 87.

LIU Z, DU Y, YI J, et al., 2019. Quantitative association between nighttime lights and geo-tagged human activity dynamics during typhoon Mangkhut [J]. Remote Sensing, 11 (18): 2091.

LIU Z, HE C, ZHANG Q, et al., 2012. Extracting the dynamics of urban expansion in China using DMSP-OLS nighttime light data from 1992 to 2008 [J]. Landscape & Urban Planning, 106 (1): 62 - 72.

LO C P, 2001. Modeling the population of China using DMSP operational linescan system nighttime data [J]. Photogrammetric Engineering & Remote Sensing, 67 (9): 1037 - 1047.

LONG S, FATOYINBO T E, POLICELLI F, 2014. Flood extent mapping for Namibia using change detection and thresholding with SAR [J]. Environmental Research Letters, 9 (3): 035002.

LONGBOTHAM N, PACIFICI F, GLENN T, et al., 2012. Multi-modal change detection, application to the detection of flooded areas: Outcome of the 2009 - 2010 data fusion contest [J]. IEEE Journal of Selected Topics in Applied Earth Observations & Remote Sensing, 5 (1): 331 - 342.

LOPEZ L J R, CASTRO A I G, 2020. Sustainability and resilience in smart city planning: A review [J]. Sustainability, 13 (1): 181.

LU D, TIAN H, ZHOU G, et al., 2008. Regional mapping of human settlements in southeastern China with multisensor remotely sensed data [J]. Remote Sensing of Environment, 112 (9): 3668 - 3679.

LU D, WENG Q, 2006. Use of impervious surface in urban land-use classification [J]. Remote Sensing of Environment, 102 (1/2): 146 – 160.

LYU Z H, XIE S X, 2021. Artificial intelligence in the digital twins: State of the art, challenges, and future research topics [J]. Digital Twin, 1: 12.

MA L, LIU Y, ZHANG X, et al., 2019. Deep learning in remote sensing applications: A meta-analysis and review [J]. ISPRS Journal of Photogrammetry & Remote Sensing, 152: 166 – 177.

MA T, ZHOU C, PEI T, et al., 2012. Quantitative estimation of urbanization dynamics using time series of DMSP/OLS nighttime light data: A comparative case study from China's cities [J]. Remote Sensing of Environment, 124: 99 – 107.

MAERIVOET S, DE MOOR B, 2005. Cellular automata models of road traffic [J]. Physics Reports, 419 (1): 1 – 64.

MALCZEWSKI J, 2004. GIS-based land-use suitability analysis: A critical overview [J]. Progress in Planning, 62 (1): 3 – 65.

MALIK A W, MAHMOOD I, AHMED N, et al., 2019. Big data in motion: A vehicle-assisted urban computing framework for smart cities [J]. IEEE Access, 7: 55951 – 55965.

MANLEY G, 1958. On the frequency of snowfall in metropolitan England [J]. Quarterly Journal of The Royal Meteorological Society, 84 (359): 70 – 72.

MARK D M, FREKSA C, HIRTLE S C, et al., 1999. Cognitive models of geographical space [J]. International Journal of Geographical Information Science, 13 (8): 747 – 774.

MARR B, 2015. Big Data: Using Smart Big Data, Analytics and Metrics to Make Better Decisions and Improve Performance [M]. Hoboken: John Wiley & Sons.

MARTINIS S, TWELE A, VOIGT S, 2009. Towards operational near real-time flood detection using a split-based automatic thresholding procedure on high resolution TerraSAR-X data [J]. Natural Hazards & Earth System Sciences, 9 (2): 303 – 314.

MASSON V, LEMONSU A, HIDALGO J, et al., 2020. Urban climates and climate change [J]. Annual Review of Environment & Resources, 45: 411 – 444.

MATGEN P, HOSTACHE R, SCHUMANN G, et al., 2011. Towards an automated SAR-based flood monitoring system: Lessons learned from two case studies [J]. Physics and Chemistry of the Earth, Parts A/B/C, 36 (7/8): 241 – 252.

MCFEETERS S K, 1996. The use of the Normalized Difference Water Index (NDWI) in the delineation of open water features [J]. International Journal of Remote Sensing, 17 (7): 1425 – 1432.

MILLER M M, SHIRZAEI M, 2019. Land subsidence in Houston correlated with flooding from Hurricane Harvey [J]. Remote Sensing of Environment, 225: 368 – 378.

MISRA M, KUMAR D, SHEKHAR S, 2020. Assessing machine learning based supervised classifiers for built-up impervious surface area extraction from sentinel-2 images [J]. Urban Forestry & Urban Greening, 53: 126714.

MOHR L B, LUO S, MATHIAS E, et al., 2008. Influence of season and temperature on the -relationship of elemental carbon air pollution to pediatric asthma emergency room visits [J]. Journal of Asthma, 45 (10): 936 – 943.

MORIASI D N, ARNOLD J G, VAN LIEW M W, et al., 2007. Model evaluation guidelines for systematic quantification of accuracy in Watershed Simulations [J]. Transactions of the ASABE, 50 (3): 885 - 900.

MORRIS C, SIMMONDS I, PLUMMER N, 2001. Quantification of the influences of wind and cloud on the nocturnal urban heat island of a large city [J]. Journal of Applied Meteorology and Climatology, 40 (2): 169 - 182.

MURRAY A T, XU J, WANG Z, et al., 2019. Commercial GIS location analytics: capabilities and performance [J]. International Journal of Geographical Information Science, 33 (5): 1106 - 1130.

NELSON A C, 1986. Using land markets to evaluate urban containment programs [J]. Journal of the American Planning Association, 52 (2): 156 - 171.

NEUMANN J V, 1966. Theory of self-reproducing automata [J]. Science, 157 (3785): 180.

NI L, WANG X C, CHEN X M, 2018. A spatial econometric model for travel flow analysis and real-world applications with massive mobile phone data [J]. Transportation research part C: Emerging technologies, 86: 510 - 526.

NIEMCZYNOWICZ J, 1999. Urban hydrology and water management-present and future challenges [J]. Urban Water, 1 (1): 1 - 14.

NOARDO F, 2022. Multisource spatial data integration for use cases applications [J]. Transactions in GIS, 26 (7): 2874 - 2913.

NURUZZAMAN M, 2015. Urban heat island: causes, effects and mitigation measures-a review [J]. International Journal of Environmental Monitoring & Analysis, 3 (2): 67 - 73.

ODA T, MAKSYUTOV S, 2010. A very high-resolution global fossil fuel CO_2 emission inventory derived using a point source database and satellite observations of nighttime lights, 1980 - 2007. [J]. Atmospheric Chemistry & Physics Discussions, 11 (2): 543 - 556.

OGNEVA-HIMMELBERGER Y, ROSS L, CAYWOOD T, et al., 2019. Analyzing the relationship between perception of safety and reported crime in an urban neighborhood using GIS and sketch maps [J]. ISPRS International Journal of Geo-Information, 8 (12): 531.

OH S, HAN J, MIN S, et al., 2023. Impact of urban heat island on daily and sub-daily monsoon rainfall variabilities in East Asian megacities [J]. Climate Dynamics, 61 (1/2): 19 - 32.

OKE T R, 1988. The urban energy balance [J]. Progress in Physical Geography, 12 (4): 471 - 508.

OPENSHAW S, OPENSHAW C, 1997. Artificial Intelligence in Geography [M]. Hoboken: John Wiley & Sons.

PAN C L, WANG X W, LIU L, et al., 2017. Improvement to the huff curve for design storms and urban flooding simulations in Guangzhou, China [J]. Water, 9 (6): 411.

PANDA C S, PATNAIK S, 2009. Filtering corrupted image and edge detection in restored grayscale image using derivative filters [J]. International Journal of Image Processing, 3 (3): 105 - 119.

PENG S, PIAO S, CIAIS P, et al., 2012. Surface urban heat island across 419 global big cities [J]. Environmental Science & Technology, 46 (2): 696 - 703.

PIARSA I N, OKA A K, GUNADI G W M, 2012. Web-based GIS by using Spatial Decision Support System (SDSS) Concept for Searching Commercial Marketplace-using Google MAP API [J]. International Journal of Computer Applications, 50 (7): 1-5.

PROKHORENKO V, BABAR M A, 2020. Architectural resilience in cloud, fog and edge systems: A survey [J]. IEEE Access, 8: 28078-28095.

PULVIRENTI L, CHINI M, PIERDICCA N, et al., 2011. Flood monitoring using multi-temporal COSMO-SkyMed data: Image segmentation and signature interpretation [J]. Remote Sensing of Environment, 115 (4): 990-1002.

QI M, HUANG H, LIU L, et al., 2020. Spatial heterogeneity of controlling factors' impact on urban pluvial flooding in Cincinnati, US [J]. Applied Geography, 125: 102362.

RAKTHANMANON T, CAMPANA B, MUEEN A, et al., 2013. Addressing big data time series: Mining trillions of time series subsequences under dynamic time warping [J]. ACM Transactions on Knowledge Discovery from Data, 7 (3): 1-31.

REES G, 2013. Physical Principles of Remote Sensing [M]. Cambridge: Cambridge University Press.

ROSENFELD A H, AKBARI H, ROMM J J, et al., 1998. Cool communities: strategies for heat island mitigation and smog reduction [J]. Energy & Buildings, 28 (1): 51-62.

ROTH L M, 1992. The city shaped: Urban patterns and meanings through history [J]. History: Reviews of New Books, 20 (4): 181-182.

SAADAT H, ADAMOWSKI J, BONNELL R, et al., 2011. Land use and land cover classification over a large area in Iran based on single date analysis of satellite imagery [J]. ISPRS Journal of Photogrammetry & Remote Sensing, 66 (5): 608-619.

SANTÉ-RIVEIRA I, BOULLÓN-MAGÁN M, CRECENTE-MASEDA R, et al., 2008. Algorithm based on simulated annealing for land-use allocation [J]. Computers & Geosciences, 34 (3): 259-268.

SCHATZ J, KUCHARIK C J, 2015. Urban climate effects on extreme temperatures in Madison, Wisconsin, USA [J]. Environmental Research Letters, 10 (9): 094024.

SCHNEIDER A, FRIEDL M A, POTERE D, 2010. Mapping global urban areas using MODIS 500-m data: New methods and datasets based on 'urban ecoregions' [J]. Remote Sensing of Environment, 114 (8): 1733-1746.

SCHUMANN G J, MOLLER D K, 2015. Microwave remote sensing of flood inundation [J]. Physics and Chemistry of the Earth, Parts A/B/C, 83: 84-95.

SCHWARZ N, LAUTENBACH S, SEPPELT R, 2011. Exploring indicators for quantifying surface urban heat islands of European cities with MODIS land surface temperatures [J]. Remote Sensing of Environment, 115 (12): 3175-3186.

SETO K C, WOODCOCK C E, SONG C, et al., 2002. Monitoring land-use change in the Pearl River Delta using Landsat TM [J]. International Journal of Remote Sensing, 23 (10): 1985-2004.

SHAHAT E, HYUN C T, YEOM C, 2021. City digital twin potentials: A review and research agenda [J]. Sustainability, 13 (6): 3386.

SHAHTAHMASSEBI A, YU Z, WANG K, et al., 2012. Monitoring rapid urban expansion using a multi-temporal RGB-impervious surface model [J]. Journal of Zhejiang University Science A, 13: 146 – 158.

SHAN P, SUN W, 2021. Research on 3D urban landscape design and evaluation based on geographic information system [J]. Environmental Earth Sciences, 80: 1 – 15.

SHAO Z, LIU C, 2014. The integrated use of DMSP-OLS nighttime light and MODIS data for monitoring large-scale impervious surface dynamics: A case study in the Yangtze River Delta [J]. Remote Sensing, 6 (10): 9359 – 9378.

SHARMA R C, TATEISHI R, HARA K, et al., 2016. Global mapping of urban built-up areas of year 2014 by combining MODIS multispectral data with VIIRS nighttime light data [J]. International Journal of Digital Earth, 9 (10): 1004 – 1020.

SHEN H, HUANG L, ZHANG L, et al., 2016. Long-term and fine-scale satellite monitoring of the urban heat island effect by the fusion of multi-temporal and multi-sensor remote sensed data: A 26-year case study of the city of Wuhan in China [J]. Remote Sensing of Environment, 172: 109 – 125.

SHETTIGARA V K, SUMERLING G M, 1998. Height determination of extended objects using shadows in SPOT images [J]. Photogrammetric Engineering & Remote Sensing, 64 (1): 35 – 43.

SHI B, TANG C, GAO L, et al., 2012. Observation and analysis of the urban heat island effect on soil in Nanjing, China [J]. Environmental Earth Sciences, 67: 215 – 229.

SHI K, HUANG C, YU B, et al., 2014. Evaluation of NPP-VIIRS night-time light composite data for extracting built-up urban areas [J]. Remote Sensing Letters, 5 (4): 358 – 366.

SHI K, YU B, HUANG Y, et al., 2014. Evaluating the ability of NPP-VIIRS nighttime light data to estimate the gross domestic product and the electric power consumption of China at multiple scales: A comparison with DMSP-OLS data [J]. Remote Sensing, 6 (2): 1705 – 1724.

SHI L, SHAO G, CUI S, et al., 2009. Urban three-dimensional expansion and its driving forces: A case study of Shanghai, China [J]. Chinese Geographical Science, 19: 291 – 298.

SIMONETTO E, ORIOT H, GARELLO R, 2005. Rectangular building extraction from stereoscopic airborne radar images [J]. IEEE Transactions on Geoscience & Remote Sensing, 43 (10): 2386 – 2395.

SMALL C, POZZI F, ELVIDGE C D, 2005. Spatial analysis of global urban extent from DMSP-OLS night lights [J]. Remote Sensing of Environment, 96 (3/4): 277 – 291.

SMITH T R, 1984. Artificial intelligence and its applicability to geographical problem solving [J]. The Professional Geographer, 36 (2): 147 – 158.

SOBRAL T, GALVÃO T, BORGES J, 2019. Visualization of urban mobility data from intelligent transportation systems [J]. Sensors, 19 (2): 332.

SOERGEL U, MICHAELSEN E, THIELE A, et al., 2009. Stereo analysis of high-resolution SAR images for building height estimation in cases of orthogonal aspect directions [J]. ISPRS journal of photogrammetry & remote sensing, 64 (5): 490 – 500.

SONG Y, HUANG B, HE Q, et al., 2019. Dynamic assessment of $PM_{2.5}$ exposure and health risk using remote sensing and geo-spatial big data [J]. Environmental Pollution, 253: 288 – 296.

STEWART I D, OKE T R, 2012. Local climate zones for urban temperature studies [J]. Bulletin of the American Meteorological Society, 93 (12): 1879 – 1900.

STEWART T J, JANSSEN R, VAN HERWIJNEN M, 2004. A genetic algorithm approach to multiobjective land use planning [J]. Computers & Operations Research, 31 (14): 2293 – 2313.

STONE JR. B, VARGO J, LIU P, et al., 2014. Avoided heat-related mortality through climate adaptation strategies in three US cities [J]. PLoS One, 9 (6): e100852.

SU Y, CHEN X, WANG C, et al., 2015. A new method for extracting built-up urban areas using DMSP-OLS nighttime stable lights: A case study in the Pearl River Delta, southern China [J]. GIScience & Remote Sensing, 52 (2): 218 – 238.

SUN R, L U Y, YANG X, et al., 2019. Understanding the variability of urban heat islands from local background climate and urbanization [J]. Journal of Cleaner Production, 208: 743 – 752.

SUN Z, LI X, FU W, et al., 2014. Long-term effects of land use/land cover change on surface runoff in urban areas of Beijing, China [J]. Journal of Applied Remote Sensing, 8 (1): 084596.

SUN Z, ZHAO X, WU M, et al., 2019. Extracting urban impervious surface from WorldView-2 and airborne LiDAR data using 3D convolutional neural networks [J]. Journal of the Indian Society of Remote Sensing, 47: 401 – 412.

SUNG H, CHOI K, LEE S, et al., 2014. Exploring the impacts of land use by service coverage and station-level accessibility on rail transit ridership [J]. Journal of Transport Geography, 36: 134 – 140.

SUTTON P C, ELVIDGE C D, GHOSH T, 2007. Estimation of gross domestic product at sub-national scales using nighttime satellite imagery [J]. International Journal of Ecological Economics & Statistics, 8 (S07): 5 – 21.

SVENSSON C, JONES D A, 2010. Review of methods for deriving areal reduction factors [J]. Journal of Flood Risk Management, 3 (3): 232 – 245.

TAN J, ZHENG Y, TANG X, et al., 2010. The urban heat island and its impact on heat waves and human health in Shanghai [J]. International Journal of Biometeorology, 54: 75 – 84.

TAN M, 2016. An intensity gradient/vegetation fractional coverage approach to mapping urban areas from DMSP/OLS nighttime light data [J]. IEEE Journal of Selected Topics in Applied Earth Observations & Remote Sensing, 10 (1): 95 – 103.

TANG X, WOODCOCK C E, OLOFSSON P, et al., 2021. Spatiotemporal assessment of land use/land cover change and associated carbon emissions and uptake in the Mekong River Basin [J]. Remote Sensing of Environment, 256: 112336.

TANGUY M, CHOKMANI K, BERNIER M, et al., 2017. River flood mapping in urban areas combining Radarsat-2 data and flood return period data [J]. Remote Sensing of Environment,

198: 442 -459.

TANOUE M, HIRABAYASHI Y, IKEUCHI H, 2016. Global-scale river flood vulnerability in the last 50 years [J]. Scientific Reports, 6 (1): 36021.

THENKABAIL P S, SCHULL M, TURRAL H, 2005. Ganges and Indus river basin land use/land cover (LULC) and irrigated area mapping using continuous streams of MODIS data [J]. Remote Sensing of Environment, 95 (3): 317 -341.

THIELE A, CADARIO E, SCHULZ K, et al., 2007. Building recognition from multi-aspect high-resolution InSAR data in urban areas [J]. IEEE Transactions on Geoscience & Remote Sensing, 45 (11): 3583 -3593.

THORNDAHL S, NIELSEN J E, RASMUSSEN M R, 2019. Estimation of storm-centred areal reduction factors from radar rainfall for design in urban hydrology [J]. Water, 11 (6): 1120.

TISON C, TUPIN F, MAÎTRE H, 2007. A fusion scheme for joint retrieval of urban height map and classification from high-resolution interferometric SAR images [J]. IEEE Transactions on geoscience & remote sensing, 45 (2): 496 -505.

TO A, LIU M, HAIRUL M H B M, et al., 2021. Drone-based AI and 3D reconstruction for digital twin augmentation [J]. Springer, 12774: 511 -529.

TOBLER W R, 1970. A computer movie simulating urban growth in the Detroit region [J]. Economic Geography, 46 (sup1): 234 -240.

TSOU M, YANG J, LUSHER D, et al., 2013. Mapping social activities and concepts with social media (Twitter) and web search engines (Yahoo and Bing): A case study in 2012 US Presidential Election [J]. Cartography and Geographic Information Science, 40 (4): 337 -348.

TSYGANSKAYA V, MARTINIS S, MARZAHN P, et al., 2018. SAR-based detection of flooded vegetation - A review of characteristics and approaches [J]. International Journal of Remote Sensing, 39 (8): 2255 -2293.

TWELE A, CAO W, PLANK S, et al., 2016. Sentinel-1-based flood mapping: A fully automated processing chain [J]. International Journal of Remote Sensing, 37 (13): 2990 -3004.

ULPIANI G, 2021. On the linkage between urban heat island and urban pollution island: Three-decade literature review towards a conceptual framework [J]. Science of the Total Environment, 751: 141727.

UNWIN D J, 1996. GIS, spatial analysis and spatial statistics [J]. Progress in Human Geography, 20 (4): 540 -551.

VERBURG P H, EICKHOUT B, Van MEIJL H, 2008. A multi-scale, multi-model approach for analyzing the future dynamics of European land use [J]. The Annals of Regional Science, 42: 57 -77.

VERBURG P H, OVERMARS K P, 2009. Combining top-down and bottom-up dynamics in land use modeling: Exploring the future of abandoned farmlands in Europe with the Dyna-CLUE model [J]. Landscape Ecology, 24: 1167 -1181.

VERBURG P H, SOEPBOER W, VELDKAMP A, et al., 2002. Modeling the spatial dynamics of regional land use: The CLUE-S model [J]. Environmental Management, 30: 391 -405.

WADDELL P, 2002. UrbanSim: Modeling urban development for land use, transportation, and environmental planning [J]. Journal of the American Planning Association, 68 (3): 297 -314.

WANG J, CHEN Y, LIAO W, et al., 2021. Anthropogenic emissions and urbanization increase risk of compound hot extremes in cities [J]. Nature Climate Change, 11 (12): 1084 -1089.

WANG S, HUANG S, HUANG P, 2018. Can spatial planning really mitigate carbon dioxide emissions in urban areas? A case study in Taipei, Taiwan [J]. Landscape & Urban Planning, 169: 22 -36.

WANG X, ZHANG C, WANG C, et al., 2021. GIS-based for prediction and prevention of environmental geological disaster susceptibility: From a perspective of sustainable development [J]. Ecotoxicology & Environmental Safety, 226: 112881.

WANG Y, DENG Y, REN F, et al., 2020. Analysing the spatial configuration of urban bus networks based on the geospatial network analysis method [J]. Cities, 96: 102406.

WANG Y, SHEN L, WU S, et al., 2013. Sensitivity of surface ozone over China to 2000 -2050 global changes of climate and emissions [J]. Atmospheric Environment, 75: 374 -382.

WARD P J, JONGMAN B, WEILAND F S, et al., 2013. Assessing flood risk at the global scale: Model setup, results, and sensitivity [J]. Environmental Research Letters, 8 (4): 044019.

WEGNER J D, ZIEHN J R, SOERGEL U, 2010. Building detection and height estimation from high-resolution InSAR and optical data [C] //Proceedings of the 2010 IEEE Geoscience & Remote Sensing Symposium. Piscataway: IEEE: 1928 -1931.

WEIL C, BIBRI S E, LONGCHAMP R, et al., 2023. A Systemic Review of Urban Digital Twin Challenges, and Perspectives for Sustainable Smart Cities [J]. Sustainable Cities and Society: 104862.

WENG Q, 2012. Remote sensing of impervious surfaces in the urban areas: Requirements, methods, and trends [J]. Remote Sensing of Environment, 117: 34 -49.

WENG Q, HU X, 2008. Medium spatial resolution satellite imagery for estimating and mapping urban impervious surfaces using LSMA and ANN [J]. IEEE Transactions on Geoscience & Remote Sensing, 46 (8): 2397 -2406.

WIE B C, CHAI W Y, 2004. An intelligent GIS-based spatial zoning system with multiobjective hybrid metaheuristic method [C] //the 17th International Conference on In-dustrial and Engineering Applications of Artificial Intelligence and Expert Systems, Berlin: Springer: 769 -778.

WIJAYANTI P, ZHU X, HELLEGERS P, et al., 2017. Estimation of river flood damages in Jakarta, Indonesia [J]. Natural Hazards, 86: 1059 -1079.

WOLFRAM S, 1983. Statistical mechanics of cellular automata [J]. Reviews of Modern Physics, 55 (3): 601.

WU F, WEBSTER C J, 1998. Simulation of land development through the integration of cellular automata and multicriteria evaluation [J]. Environment & Planning B: Planning & Design,

25 (1): 103 – 126.

WU J, JIANG C, HOUSTON D, et al., 2011. Automated time activity classification based on global positioning system (GPS) tracking data [J]. Environmental Health, 10 (1): 1 – 13.

WU S, ZHOU S, CHEN D, et al., 2014. Determining the contributions of urbanisation and climate change to NPP variations over the last decade in the Yangtze River Delta, China [J]. Science of the Total Environment, 472: 397 – 406.

WU Z, SHEN Y, WANG H, 2019. Assessing urban areas' vulnerability to flood disaster based on text data: A case study in Zhengzhou city [J]. Sustainability, 11 (17): 4548.

XIA C, YEH A G, ZHANG A, 2020. Analyzing spatial relationships between urban land use intensity and urban vitality at street block level: A case study of five Chinese megacities [J]. Landscape & Urban Planning, 193: 103669.

XIA H, LIU Z, EFREMOCHKINA M, et al., 2022. Study on city digital twin technologies for sustainable smart city design: A review and bibliometric analysis of geographic information system and building information modeling integration [J]. Sustainable Cities & Society, 84: 104009.

XIAN G, HOMER C, 2010. Updating the 2001 National Land Cover Database impervious surface products to 2006 using Landsat imagery change detection methods [J]. Remote Sensing of Environment, 114 (8): 1676 – 1686.

XIAO C, CHEN N, GONG J, et al., 2017. Event-driven distributed information resource-focusing service for emergency response in smart city with cyber-physical infrastructures [J]. ISPRS International Journal of Geo-Information, 6 (8): 251.

XIAO P, WANG X, FENG X, et al., 2014. Detecting China's urban expansion over the past three decades using nighttime light data [J]. IEEE Journal of Selected Topics in Applied Earth Observations and Remote Sensing, 7 (10): 4095 – 4106.

XIE M, ZHU K, WANG T, et al., 2016. Changes in regional meteorology induced by anthropogenic heat and their impacts on air quality in South China [J]. Atmospheric Chemistry & Physics, 16 (23): 15011 – 15031.

XIE Y, WENG Q, 2017. Spatiotemporally enhancing time-series DMSP/OLS nighttime light imagery for assessing large-scale urban dynamics [J]. ISPRS Journal of Photogrammetry & Remote Sensing, 128: 1 – 15.

XU F, JIN Y, 2007. Automatic reconstruction of building objects from multiaspect meter-resolution SAR images [J]. IEEE Transactions on Geoscience & Remote Sensing, 45 (7): 2336 – 2353.

XU T, GAO J, COCO G, 2019. Simulation of urban expansion via integrating artificial neural network with Markov chain-cellular automata [J]. International Journal of Geographical Information Science, 33 (10): 1960 – 1983.

XU Y, CHEN D, ZHANG X, et al., 2019. Unravel the landscape and pulses of cycling activities from a dockless bike-sharing system [J]. Computers, Environment and Urban Systems, 75: 184 – 203.

XU Z, WU Y, LU X, et al., 2020. Photo-realistic visualization of seismic dynamic responses of urban building clusters based on oblique aerial photography [J]. Advanced Engineering Informatics, 43: 101025.

XUE F, LU W, CHEN Z, et al., 2020. From LiDAR point cloud towards digital twin city: Clustering city objects based on Gestalt principles [J]. ISPRS Journal of Photogrammetry & Remote Sensing, 167: 418-431.

YANG J, WANG Z, 2014. Physical parameterization and sensitivity of urban hydrological models: Application to green roof systems [J]. Building and Environment, 75: 250-263.

YANG J, WANG Z, KALOUSH K E, 2015. Environmental impacts of reflective materials: Is high albedo a "silver bullet" for mitigating urban heat island? [J]. Renewable and Sustainable Energy Reviews, 47: 830-843.

YANG J, YU M, QIN H, et al., 2019. A twitter data credibility framework: Hurricane Harvey as a use case [J]. ISPRS International Journal of Geo-Information, 8 (3): 111.

YANG L, QIAN F, SONG D, et al., 2016. Research on urban heat-island effect [J]. Procedia Engineering, 169: 11-18.

YANG Y, ZHENG Z, YIM S Y, et al., 2020. $PM_{2.5}$ pollution modulates wintertime urban heat island intensity in the Beijing-Tianjin-Hebei Megalopolis, China [J]. Geophysical Research Letters, 47 (1): e2019GL084288.

YAO R, WANG L, HUANG X, et al., 2017. Temporal trends of surface urban heat islands and associated determinants in major Chinese cities [J]. Science of the Total Environment, 609: 742-754.

YAO R, WANG L, HUANG X, et al., 2019. Greening in rural areas increases the surface urban heat island intensity [J]. Geophysical Research Letters, 46 (4): 2204-2212.

YAO Y, CHEN X, QIAN J, 2018. Research progress on the thermal environment of the urban surfaces [J]. Acta Ecologica Sinica, 38: 1134-1147.

YAO Y, LIU X, LI X, et al., 2017. Simulating urban land-use changes at a large scale by integrating dynamic land parcel subdivision and vector-based cellular automata [J]. International Journal of Geographical Information Science, 31 (12): 2452-2479.

YEH A G O, LI X, 1997. An integrated remote sensing and GIS approach in the monitoring and evaluation of rapid urban growth for sustainable development in the Pearl River Delta, China [J]. International Planning Studies, 2 (2): 193-210.

YU B, SHI K, HU Y, et al., 2015. Poverty evaluation using NPP-VIIRS nighttime light composite data at the county level in China [J]. IEEE Journal of Selected Topics in Applied Earth Observations & Remote Sensing, 8 (3): 1217-1229.

YU B, SHU S, LIU H, et al., 2014. Object-based spatial cluster analysis of urban landscape pattern using nighttime light satellite images: A case study of China [J]. International Journal of Geographical Information Science, 28 (11): 2328-2355.

YU B, TANG M, WU Q, et al., 2018. Urban built-up area extraction from log-transformed NPP-VIIRS nighttime light composite data [J]. IEEE Geoscience and Remote Sensing Letters, 15 (8): 1279-1283.

YU W, ZHOU W, QIAN Y, et al., 2016. A new approach for land cover classification and change analysis: Integrating backdating and an object-based method [J]. Remote Sensing of Environment, 177: 37 -47.

YU Z, YAO Y, YANG G, et al., 2019. Spatiotemporal patterns and characteristics of remotely sensed region heat islands during the rapid urbanization (1995 - 2015) of Southern China [J]. Science of the Total Environment, 674: 242 -254.

YUAN H, LI G, 2021. A survey of traffic prediction: from spatio-temporal data to intelligent transportation [J]. Data Science & Engineering, 6: 63 -85.

YUE H, XIE H, LIU L, et al., 2022. Detecting people on the street and the streetscape physical environment from Baidu street view images and their effects on community-level street crime in a Chinese city [J]. ISPRS International Journal of Geo-Information, 11 (3): 151.

ZHANG C, HARRISON P A, PAN X, et al., 2020. Scale Sequence Joint Deep Learning (SS-JDL) for land use and land cover classification [J]. Remote Sensing of Environment, 237: 111593.

ZHANG H, LIN H, WANG Y, 2018. A new scheme for urban impervious surface classification from SAR images [J]. ISPRS Journal of Photogrammetry & Remote Sensing, 139: 103 - 118.

ZHANG J Q, ZHANG Y, ZHANG Z, 2003. Determination of exterior parameters for video image sequences from helicopter by block adjustment with combined vertical and oblique images [J]. Proceedings of SPIE, 5286: 191 -194.

ZHANG L, YANG X, FAN Y, et al., 2021. Utilizing the theory of planned behavior to predict willingness to pay for urban heat island effect mitigation [J]. Building and Environment, 204: 108136.

ZHANG Q, SCHAAF C, SETO K C, 2013. The vegetation adjusted NTL urban index: A new approach to reduce saturation and increase variation in nighttime luminosity [J]. Remote Sensing of Environment, 129: 32 -41.

ZHANG Q, SETO K C, 2011. Mapping urbanization dynamics at regional and global scales using multi-temporal DMSP/OLS nighttime light data [J]. Remote Sensing of Environment, 115 (9): 2320 -2329.

ZHANG T, HUANG X, 2018. Monitoring of urban impervious surfaces using time series of high-resolution remote sensing images in rapidly urbanized areas: A case study of Shenzhen [J]. IEEE Journal of Selected Topics in Applied Earth Observations & Remote Sensing, 11 (8): 2692 -2708.

ZHANG W, VILLARINI G, VECCHI G A, et al., 2018. Urbanization exacerbated the rainfall and flooding caused by hurricane Harvey in Houston [J]. Nature, 563 (7731): 384 -388.

ZHANG X, CAI Z, SONG W, et al. 2023. Mapping the spatial-temporal changes in energy consumption-related carbon emissions in the Beijing-Tianjin-Hebei region via nighttime light data [J]. Sustainable Cities and Society, 94: 104476.

ZHAO J, DENG W, SONG Y, et al., 2013. What influences Metro station ridership in China? Insights from Nanjing [J]. Cities, 35: 114 -124.

ZHAO L, LEE X, SMITH R B, et al., 2014. Strong contributions of local background climate to urban heat islands [J]. Nature, 511 (7508): 216 - 219.

ZHAO N, CAO G, ZHANG W, et al., 2020. Remote sensing and social sensing for socioeconomic systems: A comparison study between nighttime lights and location-based social media at the 500m spatial resolution [J]. International Journal of Applied Earth Observation & Geoinformation, 87: 102058.

ZHENG Z, YANG B, LIU S, et al., 2023. Extraction of impervious surface with Landsat based on machine learning in Chengdu urban, China [J]. Remote Sensing Applications: Society & Environment, 30: 100974.

ZHOU B, RYBSKI D, KROPP J P, 2017. The role of city size and urban form in the surface urban heat island [J]. Scientific Reports, 7 (1): 4791.

ZHOU D, XIAO J, BONAFONI S, et al., 2018. Satellite remote sensing of surface urban heat islands: Progress, challenges, and perspectives [J]. Remote Sensing, 11 (1): 48.

ZHOU D, ZHAO S, LIU S, et al., 2014. Surface urban heat island in China's 32 major cities: Spatial patterns and drivers [J]. Remote Sensing of Environment, 152: 51 - 61.

ZHOU D, ZHAO S, ZHANG L, et al., 2015. The footprint of urban heat island effect in China [J]. Scientific Reports, 5 (1): 11160.

ZHOU L, DICKINSON R E, TIAN Y, et al., 2004. Evidence for a significant urbanization effect on climate in China [J]. Proceedings of the National Academy of Sciences, 101 (26): 9540 - 9544.

ZHOU S, XIE M, KWAN M, 2015. Ageing in place and ageing with migration in the transitional context of urban China: A case study of ageing communities in Guangzhou [J]. Habitat International, 49: 177 - 186.

ZHOU W, MING D, L V X, et al., 2020. SO-CNN based urban functional zone fine division with VHR remote sensing image [J]. Remote Sensing of Environment, 236: 111458.

ZHOU Y, LI X, ASRAR G R, et al., 2018. A global record of annual urban dynamics (1992 - 2013) from nighttime lights [J]. Remote Sensing of Environment, 219: 206 - 220.

ZHOU Y, SMITH S J, ELVIDGE C D, et al., 2014. A cluster-based method to map urban area from DMSP/OLS nightlights [J]. Remote Sensing of Environment, 147: 173 - 185.

ZHU X X, TUIA D, MOU L, et al., 2017. Deep learning in remote sensing: A comprehensive review and list of resources [J]. IEEE Geoscience & Remote Sensing Magazine, 5 (4): 8 - 36.

ZIPPER S C, SCHATZ J, SINGH A, et al., 2016. Urban heat island impacts on plant phenology: Intra-urban variability and response to land cover [J]. Environmental Research Letters, 11 (5): 054023.

ZLATANOVA S, OOSTEROM P V, VERBREE E, 2006. Geo-information support in management of urban disasters [J]. Open House International, 31 (1): 62 - 69.